人力资源和社会保障部职业能力建设司推荐
冶金行业职业教育培训规划教材

烧结生产设备使用与维护

肖　扬　段斌修　吴定新　主编

北　京
冶金工业出版社
2012

内 容 提 要

本书重点介绍了烧结设备的工作原理和功能、操作规则和使用维护、常见故障分析及处理等，反映了近年来的技术进步，内容通俗易懂，理论与实践相结合，具有较强的实用性，有助于读者深入了解本专业的技术应用现状，进一步提高烧结设备的使用和操作维护水平。

本书可供冶金企业技术工人培训之用，也可供相关专业领域的工程技术人员参考。

图书在版编目（CIP）数据

烧结生产设备使用与维护/肖扬，段斌修，吴定新主编.
—北京：冶金工业出版社，2012.3
冶金行业职业教育培训规划教材
ISBN 978-7-5024-5878-2

Ⅰ.①烧… Ⅱ.①肖… ②段… ③吴… Ⅲ.①烧结设备—使用方法—职业教育—教材 ②烧结设备—维护—职业教育—教材 Ⅳ.①TF307

中国版本图书馆 CIP 数据核字（2012）第 032626 号

出 版 人　曹胜利
地　　址　北京北河沿大街嵩祝院北巷 39 号，邮编 100009
电　　话　（010）64027926　电子信箱　yjcbs@cnmip.com.cn
责任编辑　宋　良　王雪涛　美术编辑　李　新　版式设计　孙跃红
责任校对　王贺兰　责任印制　李玉山
ISBN 978-7-5024-5878-2
北京印刷一厂印刷；冶金工业出版社出版发行；各地新华书店经销
2012 年 3 月第 1 版，2012 年 3 月第 1 次印刷
787mm×1092mm　1/16；18.75 印张；498 千字；282 页
49.00 元
冶金工业出版社投稿电话：（010）64027932　投稿信箱：**tougao@cnmip.com.cn**
冶金工业出版社发行部　电话：（010）64044283　传真：（010）64027893
冶金书店　地址：北京东四西大街 46 号（100010）　电话：（010）65289081（兼传真）
（本书如有印装质量问题，本社发行部负责退换）

《烧结生产设备使用与维护》
编辑委员会

序

1996 年以来，我国钢铁产量连续 16 年稳居世界第一，成为钢铁大国，其中烧结生产技术的不断进步发挥了重要作用。随着烧结机的大型化和现代化，烧结工艺不断成熟，我国烧结矿产量从 2000 年的 1.6 亿吨跃升至 2011 年的 7 亿吨，为钢铁生产提供了强大保障。

1890 年，湖广总督张之洞创办了中国第一家也是同时期最大的钢铁厂——汉阳铁厂，被西方视为近代中国觉醒的标志。1958 年，承载着钢铁强国梦想的武钢建成投产，成为新中国成立后兴建的第一个特大型钢铁联合企业。经过 50 多年的征程，尤其是经历了"十一五"期间的跨越式发展，武钢集团已成为生产规模近 4000 万吨的特大型钢铁企业，并跻身世界 500 强企业之列。

武钢烧结厂是武钢铁前工序主体厂，专门为高炉生产人造富矿（烧结矿）。自 1959 年 8 月 29 日一号烧结机建成投产以来，历经半个多世纪的建设与发展，现已成为我国规模最大的现代化烧结厂。武钢烧结厂先后实施了一烧、三烧重建及四烧、五烧新建等一系列重大技术改造，引进了一批先进工艺装备，消化吸收大量先进技术，在烧结工艺、技术装备、产品质量、节能减排等方面都取得了长足进步，实现了生产自动化、设备现代化、管理规范化、工厂园林化，在全国同行业中处于领先水平。2009 年 4 月，三烧车间烟气脱硫工程正式投运，每年可减排二氧化硫 5700 余吨，超设计能力 40% 以上，社会效益十分显著；四烧脱硫项目也投运在即。2011 年，武钢烧结厂生产入炉烧结矿 1830.8 万吨，超设计产能（1772 万吨）58.8 万吨，主要经济技术指标屡创新高，进一步奠定了全国最大烧结厂的地位。近年来，该厂先后荣获湖北省"文明单位"和"五一劳动奖状"，武汉市"优秀企业"和"园林式工厂"，以及武钢"红旗单位"等多项荣誉称号。

武钢烧结厂的发展史，是工艺装备和技术管理进步的发展史，是我国烧结行业快速发展的缩影。在当前钢铁行业更加注重质量效益、更加注重节能减排、更加注重可持续发展的大背景下，加强烧结工艺技术的研究和改进，不断提高烧结机作业率和产品质量，不断提升绿色制造能力，显得尤为重要。武钢烧结厂的领导和技术人员针对烧结机生产操作和设备管理中出现的各种新情况、新问题，结合不断提高烧结机作业率和台时产量、降低工序能耗等方面的新要求，以理论为依据、以实践为基础，在深入总结实践经验的基础上，坚持科学、严谨、务实的精神，编写了本书。

这本教材是武钢几代烧结人心血、汗水和智慧的结晶，有较强的前瞻性、普遍性和实践性，有助于读者了解烧结工艺技术和主要设备性能，提高烧结生产操作水平和设备管理、维护水平；对于推进烧结企业高效清洁生产，培养理论与实际双优的现代化技术人才，具有十分重要的意义。相信本书的出版，一定会受到广大冶金工作者的欢迎。值此《烧结生产设备使用与维护》一书付梓之际，应作者之约，草引短言，是为序。

武汉钢铁(集团)公司党委常委、副总经理
广西钢铁集团有限公司总经理

2012 年 1 月

前　言

钢铁工业是国民经济的重要基础产业，是一个国家经济水平和综合国力的重要标志。近年来，我国钢铁产品无论是在产量、品种，还是在质量方面均取得了显著成就。烧结作为钢铁工业的重要环节之一，对钢铁的生产和发展具有重要意义。

自从 20 世纪 90 年代末以来，随着烧结机的大型化、重型化，烧结工业进入了高速发展阶段，单机烧结面积已超过 $600m^2$，2008 年全国烧结矿产量达 6 亿吨，2011 年预计将突破 7 亿吨，各种综合性能指标大幅度提升，吨矿能耗大幅度下降。

但是，我国的烧结技术发展不平衡，在资源和能源利用率、产业集中度以及环保节能等方面与世界先进水平还有很大差距，所以我国烧结工业要加快科技创新和淘汰落后装备的进程，努力实现烧结企业的清洁生产，使我国烧结工业走可持续发展的道路。

在 2011 年国务院发布的《钢铁工业"十二五"发展规划》中，分析了当前我国钢铁产业面临的形势，提出了调整和振兴钢铁产业的指导思想、基本原则、目标、重点任务及政策措施，强调要控制钢铁企业生产总量，淘汰落后产能，加快联合重组，加强技术进步和自主创新，做好节能减排。为了适应新形势，加快行业的发展与调整，我们整理了国内外烧结设备技术现状，并结合我们多年的烧结生产实践，编写了本书。

本书主要由武汉钢铁股份有限公司烧结厂和设备维修总厂联合编写。全书共分 8 章，主要内容包括：烧结生产概述、原燃料准备设备、烧结生产设备、电力拖动设备、自动控制设备、计量检测设备、烧结环境保护设备及烧结设备发展及展望。本书重点介绍了烧结设备的工作原理和功能、操作规则和使用维护、常见故障分析及处理等，尽可能结合了近年来的实践经验和技术进步，通俗易懂，理论与实践相结合，具有较强的实用性。

　　本书由肖扬、段斌修、吴定新担任主编，参加编写工作的人员有万金德、邹建华、张九红、盛宏章、崔云、张志伟、艾春洪、袁永全、廖海云、李富智、王坤、翁德明、危运龙、汪丽娟。汪连环、孙庆星、王义兵参加了本书的修编工作。在出版过程中，得到有关单位的大力支持，谨此致谢。

　　由于编写时间紧迫，加之作者水平所限，经验不足，书中不足之处，敬请读者批评指正。

编　者

2011 年 11 月于武汉

目　录

1 烧结生产概述

人造块状原料的生产方法有烧结法、球团法和压团法（压团法又分为冷固压团法和高温压团法）等，国内外将其通称为造块。冶金行业常用的烧结工序，就是在高温条件下将粉状物料变成在物理、化学性能上都能满足高炉冶炼要求的人造块状原料的准备过程。

烧结生产是钢铁企业主体生产线上不可缺少的重要环节，是炼铁生产的前道工序，烧结矿的产量和质量在很大程度上决定了高炉生产的各项技术经济指标和生铁质量。

1.1 烧结工业发展过程

烧结过程是一个复杂的高温物理化学反应过程。所谓烧结，就是将添加一定数量燃料的粉状物料（如粉矿、精矿、熔剂和工业副产品）进行高温加热，在不完全熔化的条件下烧结成块，所得产品称为烧结矿。这些粉状物料所含金属元素的成分可分为铁烧结矿和有色金属的烧结矿（如铜烧结矿、铅烧结矿等）。

粉状物料的固结主要靠固相扩散以及颗粒表面软化、局部熔化和造渣而实现，这也是烧结过程的基本原理。烧结方法按其送风方式和烧结特性不同，分为抽风烧结、鼓风烧结和在烟气内烧结；若按所用设备特性区分，又可分为连续带式烧结机、环式烧结机、步进式烧结机、回转窑烧结，以及间歇式烧结盘、烧结锅、平地吹烧结等。目前国内外烧结生产中应用最广泛的是连续带式抽风烧结设备。连续带式抽风烧结方法具有劳动生产率高、机械化程度高、劳动条件较好、有利于实现自动控制、对原料适应性强和便于大规模生产等优点。

造块法中应用最早的是压团法。但随着世界钢铁工业的迅速发展，烧结法突飞猛进，成为钢铁工业生产中必不可少的工艺。烧结法起源于瑞典和法国，大约在 1870 年前后，这些国家就开始使用烧结锅。1892 年，英国也出现烧结锅，1897 年 T·亨廷（T. Hunting）等采用烧结设备完成了鼓风间断作业并申请了硫化铅矿焙烧专利，这是烧结工艺发展史上的第一个标志。1905 年，美国 E. J. 萨夫尔斯白瑞（E. J. Savelsbery）首次将大型烧结锅用于铁矿粉造块。1909 年，S. 佩思北（S. Penbach）申请用连续环式烧结机烧结铅矿石。1910 年在美国，世界钢铁工业第一台带式烧结机用于铁矿粉烧结生产，尽管其烧结机面积仅为 8.325m²，它的出现却带来烧结技术的重大革命，完成了烧结生产从间断式向连续式作业的跨越，此后带式烧结机得到了广泛的应用。1911 年，J. E. 格林纳瓦特（J. E. Greenawat）发明抽风式间断烧结盘，用于铁矿粉烧结，引发了烧结史上第二次革命，使鼓风烧结向抽风烧结转变，从此抽风带式烧结机得到日新月异的发展，至今已有百年历史了。

随着钢铁工业的发展，烧结规模也在不断扩大。烧结面积从数平方米发展到数百平方米，台车宽度从不足 1m，发展到 6m，设备和工艺自动化程度也逐年提高。目前我国最大的烧结机面积为 660m²，平均单台烧结机面积已突破 200m²，年生产能力突破 15 亿吨。

我国在 1949 年前仅有北平的烧结锅、本溪的烧结盘和鞍山的小烧结机，因工艺设备落后，生产能力低下，年产量最高只有十几万吨。新中国成立 60 多年来，铁矿石烧结工业得到飞速发展。1952 年从苏联引进 75m² 烧结机，到 70 年代我国已能自行设计制造 90～130m² 烧结机。从 80 年代初宝钢引进日本 450m² 烧结机，到 90 年代我国已能自行设计和制造该规格的烧结机。迈入 21 世纪后，我国烧结工业得到突飞猛进的发展，主要表现在烧结设备的大型化和自动化步伐加快，改、扩、新建 300m² 及以上的烧结机数十台。在山西太钢新建的烧结机面积达到 660m²，在设备大型化方面赶上了世界先进国家发展的步伐。在自动控制方面，采用了自动配料技术、烧结终点 BTP 自动控制、烧结过程的模糊控制技术和专家系统等，使得烧结矿质量更加稳定和提高，烧结工序能耗指标不断降低，为高炉提供优质炉料。在烧结工艺上，自 1978 年马钢冷烧技术攻关成功后，国内重点企业和地方骨干企业都采用了热烧改冷烧工艺。1984 年在武钢三烧进行烧结矿成品处理工艺的改造后，大多数烧结厂实现了自动配料、小球烧结、偏析布料、冷却筛分、整粒及铺底料技术。特别是国家重点工程宝钢建成投产以后，带来了我国烧结行业的飞跃，烧结设备大型化、自动化、新工艺技术的运用缩小了我国与国外先进水平之间的差距。到目前为止，全国拥有 360m² 及以上的特大型烧结机 37 台，烧结机总台数达 500 多台，总面积近 10 万平方米，年产烧结矿 6 亿吨以上，已成为世界上烧结矿的生产大国。

1.2 烧结原料

烧结原料主要由三种原料组成，即含铁原料、碱性熔剂和固体燃料。

在这三种主要原料中，含铁原料是组成烧结矿的主要成分。含铁原料不仅品种繁多，而且品位相差悬殊，用量也很大。通常含铁原料在烧结原料场或原料仓库要分门别类地堆放贮存（有条件的还要进行中和混匀），以便保证其各种化学成分和物理性能的稳定。烧结生产中使用的碱性熔剂通常有石灰石、白云石、消石灰、生石灰等。熔剂也需分种类分品位堆放贮存，有条件的企业也进行中和混匀，其中石灰石、白云石、蛇纹石、菱镁石、生石灰等根据烧结工艺要求，其粒度必须作加工处理。烧结常用的固体燃料有焦炭、无烟煤，需堆放贮存在专用仓库或场地。

1.2.1 含铁原料

铁是地壳的重要组成元素之一，在地壳中，它约占各种元素总重量的 51%，因此，大部分地壳的岩石中都含有铁。然而，在自然界中，金属状态的铁是极少见的，一般都是和其他元素结合成化合物或混合物，而且铁含量在 70% 以上的矿石很少，大部分铁矿石铁含量在 25% ~ 50% 之间。我国铁矿由于贫矿多（占总储量的 97.5%）和共生有其他组分的综合矿多（占总储量的 1/3），所以在冶炼前绝大部分需要进行选矿处理。现在已知的含铁矿物有三百多种，但在目前技术水平的条件下能用于炼铁而且经济上又合理的只有几种，因此不能把所有的含铁岩石都称为铁矿石。

这些贫矿直接用于冶炼很不经济，必须经过破碎和选矿。即使是富矿，在经过开采、破碎到满足入炉粒度要求的过程中，也将产生 30% 以上的粉末。为保证高炉料柱良好的透气性，这些粉末也需要造块，才能使矿产资源充分利用。另外，对钢铁生产来说，由于往往有较多有害的元素（如 K、Na、Pb、Zn、As、S、P 等）与铁矿石共生，因此需要经过选矿或配矿，以降低其含量，这样就必须经过人造块矿的过程。通过烧结后的矿石是一种品位高、有害杂质含量低、经过高温预处理后热性能稳定的人造富矿。在烧结过程中，有许多物理化学反应都在炉外进行，使高炉的产能得到进一步发挥，达到高炉高产、优质、低耗的目的。

铁矿石主要是由一种或几种含铁矿物和脉石组成。烧结使用的含铁原料，主要是各类含铁矿物的精矿和富矿粉。精矿是铁矿石经过选矿处理后的产物，富矿粉是富矿在开采或加工过程中产生的，粒度小于 5mm 或 8mm 的细粒部分。

目前，烧结生产常用的铁矿石根据含铁矿物的性质不同可以分成四种类型。

（1）磁铁矿矿石（Fe_3O_4）。磁铁矿是一种常见的铁矿石，其化学式为 Fe_3O_4，理论铁含量为72.4%，其中 Fe_2O_3 为69%，FeO 为31%。磁铁矿石的组织结构一般都很致密坚硬，还原性差，呈块状或粒状，其外表有金属光泽，颜色呈钢灰色或黑灰色，有磁性，密度为 4.9 ~ 5.2 t/m^3。

磁铁矿矿石中脉石成分常为石英、各种硅酸盐（如绿泥石等）及碳酸盐，也含有少量黏土。此外，由于矿石中含有黄铁矿及磷灰石，有时还有闪锌矿及黄铜矿，因此，一般磁铁矿中硫磷含量较高，并含锌和铜，含钛（TiO_2）和钒（V_2O_5）较多的磁铁矿分别称为钛铁矿或钒钛磁铁矿。

一般从矿山开采出来的磁铁矿石铁含量为30% ~ 60%，当铁含量大于45%，粒度大于5mm 或8mm 时，可直接供炼铁用；小于5mm 或8mm 时，则作为烧结原料。当铁含量小于45%或有害杂质超过规定，不能直接利用，则需经过破碎、选矿处理，通常用磁选法得到高品位的磁选精矿。

磁铁矿石的烧结特性是由于其结构致密、形状较规则，所以堆密度大，烧结料颗粒间有较大的接触面积，烧结时在液相较少的情况下烧结矿即可成型。因此，烧结过程可以在较低温度和燃料用量较少的情况下，得到熔化度适当，FeO 含量较低，还原性和强度较好的烧结矿。

（2）赤铁矿（Fe_2O_3）。赤铁矿是最常见的铁矿石，俗称"红矿"，化学式为 Fe_2O_3，其理论铁含量为70%，氧含量为30%，赤铁矿的密度为 4.853t/m^3。一般较磁铁矿石易破碎和还原，赤铁矿石所含的有害杂质硫、磷、砷较磁铁矿石、褐铁矿石少，其主要脉石成分为 SiO_2、Al_2O_3、CaO 和 MgO 等。

从自然界开采出的赤铁矿石铁含量在40% ~ 60%。铁含量大于40%，粒度小于5mm 或8mm 的矿粉作为烧结原料；铁含量小于40%或有害杂质含量过大时，需经选矿处理。一般采用重选法、磁化焙烧-磁选法、浮选法或采用混合流程处理。处理后得到高品位赤铁精矿作为造块原料。

赤铁矿的烧结性能与磁铁矿相近，但其开始软化温度较高，要在料层各部位均匀达到这样高温度有一定困难。一般赤铁矿在烧结时比磁铁矿需要的燃料消耗高。如果单纯地增加燃料用量来满足较高温度的要求，虽然能得到足够液相，但不可避免地会产生过熔，形成还原性差、大孔薄壁、性脆的烧结矿，强度差，成品率低。由此可见，赤铁矿比磁铁矿烧结性能差。

（3）褐铁矿（$mFe_2O_3 \cdot nH_2O$）。褐铁矿是含结晶水的 Fe_2O_3，其化学式可用 $mFe_2O_3 \cdot nH_2O$ 表示。按结晶水含量、生成情况和外形的不同可分为五类：水赤铁矿 $2Fe_2O_3 \cdot H_2O$（含5.32%结晶水），针铁矿 $Fe_2O_3 \cdot H_2O$（含10.11%结晶水），褐铁矿 $2Fe_2O_3 \cdot 3H_2O$（含14.39%结晶水），黄针铁矿 $Fe_2O_3 \cdot 2H_2O$（含18.37%结晶水），黄赭石 $Fe_2O_3 \cdot 3H_2O$（含25.23%结晶水），自然界中褐铁矿大部分含铁矿物以 $Fe_2O_3 \cdot 3H_2O$ 形式存在。

褐铁矿的外表颜色为黄褐色、暗褐色和黑色，呈黄色或褐色条痕，密度为 3.0 ~ 4.2t/m^3。自然界中褐铁矿很少，一般铁含量为37% ~ 55%，其脉石成分主要为黏土及石英等，硫、磷、砷等元素含量较高。

褐铁矿由于孔隙率大，所以褐铁矿的还原性比磁铁矿和赤铁矿都好。

当褐铁矿品位低于35%时，需进行选矿。目前主要采用重力选矿法和磁化焙烧-磁选法两种。重选法费用低，但其精矿中含水量高，而且还保留着结晶水，因而给烧结生产带来很大困难，磁化焙烧-磁选法设有焙烧工序，产品中不含结晶水，因而对烧结、球团生产有利。

（4）菱铁矿矿石（$FeCO_3$）。菱铁矿的化学式为 $FeCO_3$，其理论铁含量为48%，FeO 为

62.1%，CO_2 为 37.9%。自然界中常见的菱铁矿坚硬致密，外表颜色为灰色和黄褐色，风化后为深褐色，密度为 $3.8t/m^3$，无磁性，它的夹杂物为黏土和泥沙。

菱铁矿一般铁含量为 30% ~ 40%，但经过焙烧，分解放出 CO_2 后，其铁含量显著增加，矿石也变得多孔，易破碎，还原性好。

菱铁矿的烧结性能基本上与磁铁矿相同。由于菱铁矿在烧结时分解出大量的 CO_2 气体，故对粒度要求较为严格，用作烧结原料的菱铁矿粒度应小于 6mm。粒度过大，在分解时消耗大量的热量和必要的时间，在烧结矿中出现未烧好的块矿，烧结过程中形成大量的微观裂纹，致使烧结矿极易破碎，强度差。

根据生产工艺的不同，含铁原料可分为铁精矿和铁粉矿。铁精矿是通过选矿而获得的一种铁品位高、粒度细的产品。铁精矿的特点是：粒度细，含水量高，铁品位高，其他杂质含量少。在鉴别精矿时，用手抓铁料，手感沉重，潮湿时攥紧后不易松散；还可以从颜色，气味上识别；用火烘干后，精矿呈粉末状。铁粉矿是在矿山采矿过程中，经过富矿块加工破碎后的产品，其粒度一般小于 10mm。粉矿一般为土红色或灰褐色，堆密度为 1.9 ~ $2.3t/m^3$，且粒度比较粗，国内粉矿在 10mm 以下，进口粉矿在 6mm 以下。

1.2.2　熔剂原料

熔剂按其性质分为碱性熔剂（碳类）、中性熔剂（高铝类）和酸性熔剂（磺类）三类。由于我国的铁矿石中酸性脉石含量比较高，所以烧结常用的熔剂为碱性熔剂。常用的碱性熔剂有石灰石、白云石、生石灰和消石灰。

1.2.2.1　石灰石

石灰石的化学式通常用 CaO_3 表示，理论 CaO 含量为 56%，CO_2 为 44%。自然界中石灰石都含有镁、铁、锰等杂质，所以工业上石灰石中 CaO 的含量都低于理论值，一般为 50% ~ 55%。石灰石呈粗粒块状集合体，性脆，易破碎，密度为 2.6 ~ $2.8t/m^3$，颜色呈灰白色和青黑色两种。烧结厂入厂石灰石要求 CaO 含量高，一般 CaO 含量大于 50%，酸性氧化物含量要低，SiO_2 含量小于 3%，CaO 含量波动范围要小，有害杂质硫、磷含量要小。石灰石入厂的粒度要求是：0 ~ 80mm，烧结生产对石灰石的粒度要求是不大于 3mm 粒级含量大于 90%。

1.2.2.2　白云石

白云石常用化学式为 $Mg \cdot Ca(CO_3)_2$。它的理论组成是 $CaCO_3$ 为 54.2%（CaO 为 30.41%），$MgCO_3$ 为 45.80%（MgO 为 21.8%）。白云石呈致密粗粒块状，较硬，难破碎，颜色为灰白色或浅黄色，有玻璃光泽。自然界中，白云石分布没有石灰石普遍。

在白云石与石灰石中间的过渡带，称为互层。互层分石灰石互层（MgO 含量小于 6%）和白云石互层（MgO 含量为 6% ~ 16%）。互层由于成分不稳定，烧结配料时不易控制。

石灰石与白云石的区别除颜色外，白云石有玻璃光泽，其破碎面呈鱼子状小粒，而石灰石较平整。用手握这两种块矿时，石灰石的手感比白云石手感好，白云石有棱角扎手的感觉。

1.2.2.3　生石灰

生石灰的化学式为 CaO。生石灰是由石灰石煅烧而成的，煅烧温度为 900 ~ 1000℃，其反应式为：

$$CaCO_3 \Longrightarrow CaO + CO_2$$

石灰石在煅烧时由于放出二氧化碳，故生石灰表面多裂纹，易破碎，吸水性强，自然粉化。加水消化时，放出大量的热。

烧结使用的生石灰由于含有杂质，故 CaO 含量一般为 85% 左右，粒度要求小于 10mm，其中 0 ~ 5mm 占 85%。由于生石灰易吸水和易扬尘，因此，运输、贮存和破碎应有专门设施，以改善劳动条件。

1.2.2.4 消石灰

消石灰的化学式为 $Ca(OH)_2$，其颜色为白色粉末状，含水量高时有黏性。消石灰是由生石灰加水消化而成的熟石灰，俗称"白灰"。其消化反应式为：

$$CaO + H_2O \Longrightarrow Ca(OH)_2$$

反应中，放出大量的热。消石灰分散度大，有黏性，堆密度小于 $1t/m^3$。

烧结使用的消石灰，一般要求含水分小于 15%，CaO 含量在 70% 左右，粒度要求小于 3mm。

消石灰与生石灰的区别在于生石灰呈粒状，用水喷洒其上时，生石灰放热，而消石灰不放热。

1.2.3 固体燃料

烧结常用的固体燃料主要为焦炭和无烟煤。

1.2.3.1 焦炭

焦炭是炼焦煤隔绝空气高温加热后的固体产物。焦炭为黑灰色，强度大，固定碳高，疏松多孔，主要作为炼铁用。烧结使用的碎焦是高炉用焦炭的筛下物以及焦化厂焦炭破碎产生的筛下物，即小于 25mm 的小块焦或焦末。焦炭的化学成分通常以工业分析表示：固定碳，挥发分，灰分，此外，还有水分含量。一般烧结厂入厂要求：固定碳大于 80%，挥发分小于 5%，灰分小于 15%，水分小于 10%，进厂粒度要求小于 25mm 或 40mm，烧结生产使用粒度小于 3mm。

1.2.3.2 无烟煤

煤是一种复杂的混合物，主要由 C、H、O、N、S 五种元素组成，它的无机成分主要是水和矿物质，因其成因条件不同而分为无烟煤、烟煤、褐煤等。不同种类的煤其密度、脆性、机械强度、光泽、热性质、结焦性及发热量等也有差异。

烟煤结构致密，呈灰黑色或黑褐色。光泽较褐煤亮，密度比灰分含量相同的褐煤大，通常为 1.25 ~ 1.35t/m^3，碳含量为 75% ~ 93%，氢含量为 4.0% ~ 4.5%，氧含量为 3% ~ 15%，挥发分波动于 12% ~ 48% 之间。烟煤是价值最高，用途最广的一种煤，常用来炼焦，供高炉使用，但在烧结生产中禁止使用烟煤。

无烟煤供烧结用，其挥发分低（2% ~ 8%），氢氧含量少（约 2% ~ 3%），固定碳高，一般为 70% ~ 80%，发热量为 31300 ~ 33440kJ/kg，无烟煤密度较烟煤大（为 1.4 ~ 1.7t/m^3），它的硬度较烟煤高，呈灰黑色，光泽很强，水分含量低，经热处理后，可以代替冶金焦。

褐煤平均碳含量为 60% ~ 75%，密度小，着火点低，易燃，含水量高，天然的含水量达

30% ~ 60%，空气干燥条件下水分为 10% ~ 30%，灰分含量大，挥发分在 40% ~ 55% 之间，所以发热值低，约为 8360 ~ 12540kJ/kg，颜色为褐色。

1.2.4　工业副产品

冶金及其他一些工业生产部门有不少副产品，其铁含量都比较高，如果将这些工业副产品当作废物抛弃，不仅造成资源浪费而且导致环境恶化。烧结配用这些工业副产品不仅可以降低烧结成本，实现资源综合利用，还减少了环境污染。

1.2.4.1　瓦斯灰

瓦斯灰是高炉煤气带出来的炉尘，通常铁含量为 40% 左右，它实际上是矿粉和焦粉的混合物。瓦斯灰粒度较细，呈深灰色，亲水性差。烧结料中加入部分瓦斯灰，可节约铁料和燃料，加之价格低廉，可以降低生产成本。进厂的瓦斯灰，要适当加水润湿，以便运输和改善环境条件。

1.2.4.2　轧钢皮

轧钢皮系轧钢厂生产过程中产生的氧化铁鳞，也称为氧化铁皮。轧钢皮一般占总钢材的 2% ~ 3%，铁含量为 70% 左右。从水泵站沉淀池中清理出来的细粉铁皮铁含量也达 60% 左右，其他有害杂质含量较少。轧钢皮密度大，是生产烧结矿的最好原料。进厂的轧钢皮必须筛去大块杂物以保证粒度小于 10mm。烧结使用轧钢皮，可节约铁矿石，由于其中的 FeO 氧化放热，还可降低燃料消耗。

1.2.4.3　钢渣

钢渣一般指平炉渣，多为碱性平炉钢渣，这种钢渣各钢铁厂堆积如山。钢渣是炼钢中后期的混合物，由于日晒雨淋等原因，使钢渣发生不同程度的风化，故称风化渣，筛分后小于 10mm 的用于烧结，它具有一定的吸水性和黏结性。

另一类是水淬渣，主要是炼钢过程的初期渣经水淬后呈粒状的钢渣，其颗粒不规则、多棱角、结构疏松。实践表明，烧结料中配入少量钢渣后，能较大地改进烧结矿的宏观结构和微观结构，有利于液相中析出晶体，使烧结矿液相中的玻璃质减少，提高烧结矿强度和成品率。试验证明，当烧结中使用 4% ~ 6% 的钢渣时，产量可提高 8%，但配比不宜过高，否则会使烧结矿含铁品位下降，磷含量升高。由于钢渣中 CaO、MgO 含量高，烧结料中添加钢渣可以代替部分熔剂。

1.2.4.4　黄铁矿烧渣

黄铁矿烧渣是用黄铁矿制取硫酸后剩下的残渣，其粒度较细，铁含量在 50% 左右，硫含量较一般铁矿石高。目前，我国很重视烧渣的利用，最简单的利用方法是代替铁料参与烧结，有些烧结厂已大量使用烧渣作含铁原料，近年来，有些厂将烧渣进行选矿处理，以提高含铁品位（> 55%）和降低硫含量（< 0.1%），这种烧渣精矿作为烧结或球团的原料则更为有利。

1.3　烧结生产工艺流程

带式抽风烧结是目前国内外广泛采用的烧结矿生产工艺，这类烧结方法具有劳动生产率高，机械化程度高，便于自动化控制，劳动条件较好，对原料适应性强和便于大规模生产等优点。

我国 20 世纪 70 年代以前建的烧结厂，工艺并不完善，且烧结机单台面积较小，一般有 13.2m²、18m²、24m²、36m²、50m²、75m²、90m² 和 130m² 等 8 种规格。80 年代以后建的烧结厂，不仅工艺完善，而且烧结设备趋于大型化。80 年代中期，消化移植宝钢 450m² 大型烧结机后，1999 年 1 月 8 日投产的武钢四烧车间，其烧结面积 450m²，除少量设备引进外，绝大部分都由我国自行设计和制造，代表了国内 90 年代烧结工艺装备水平。

图 1-1 为典型的烧结生产工艺流程。这种流程首先是把所有的铁矿粉在原料场进行混匀，使矿石的多品种为一种矿，而且烧结矿在冷却前进行了热破碎，取消了热筛，没有热返矿，使得烧结生产条件改善。在烧结矿成品处理上有筛分整粒和冷矿破碎工艺，使成品矿的粒级更均

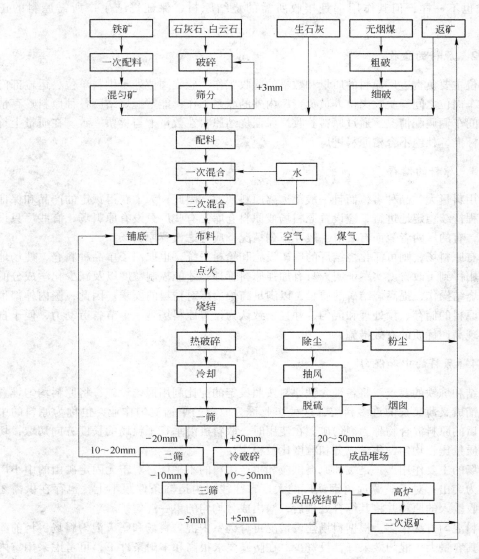

图 1-1 典型的烧结生产工艺流程

匀，粉末更少。但是在烧结过程中有热返矿，对称量、环境等有一定影响。

1.3.1　烧结原料准备

烧结原料准备包括原料的接收、验收、铁矿石混匀、熔剂和燃料的破碎加工、原料的输送等工序。

1.3.1.1　烧结原料的接收

由于烧结厂所处的地理位置、生产规模大小以及原料的来源不同，所需原料的运输方式也不尽相同。一般地，沿海地区、离江河较近的烧结厂主要采用水运方式，不具备水运条件的烧结厂则以陆运方式为主。大中型烧结厂陆运烧结原料主要以火车运输为主。有的小厂很多品种以汽车运输为主。由于运输方式、生产规模的不同，烧结原料的接收与储存方式也不一样，但其作用都是接收所需的烧结原料，保证烧结生产所需原料的正常供给。

1.3.1.2　原料的验收

验收岗位主要负责进厂原料的质量和数量的验收工作。验收岗位处于供料单位、运输部门及烧结厂卸车岗位之间。验收岗位人员负责厂内外的联系工作，能掌握烧结厂各种原料贮存情况及运输车间车辆调配情况。通过原料验收，保证烧结原料在数量上与货票一致，在质量上符合原料验收标准，杜绝不合格原料进厂。

1.3.1.3　原料的储存

烧结厂用料量大、品种多，而且一般都远离原料产地。因此，为了获得预定的产品和保证烧结生产过程持续稳定地进行，应设置原料场或原料仓库。有些厂只设有原料场，有些厂只设有原料仓库，有的厂两者兼而有之。一般在下列情况下应考虑设置原料场：

若设置有原料场，则可简化烧结厂的储矿设施和给料系统，也取消了单品种料仓，使场地和设备的利用得到了改善。实践证明，只有加强原料管理，才能控制粒度以及减少化学成分的波动，稳定烧结操作，提高烧结矿的质量，以满足高炉冶炼对精料的要求。因此，国内外都很重视烧结前原料的储存、预处理和混匀，并且一致认为设置原料场是一个节省劳动力，便于自动控制和实现高产优质的有效措施。

1.3.1.4　原料的中和混匀

根据烧结和炼铁的要求，将各种含铁原料按照设定的配比利用混匀设施，将原料均匀堆置在料场内，铺成又薄又长的许多料层，这种作业称为原料的平铺混匀作业，也称为原料的中和。经混匀后的原料混合物称为混匀矿。在使用时，取料机沿垂直于料场的长度方向切取，切取的混匀矿质量比较均匀，化学成分和粒度比较稳定。

混匀料场的主要作用，一是缓和原料供应和生产用料的不平衡，对于无固定矿山的中小厂供需矛盾尤为突出；对于矿源远离钢铁厂的大厂，往往因为运输条件跟不上，也存在供需矛盾。二是接收输入的原料并将其综合处理后，输出成分均匀的单一混匀矿。

烧结原料混匀方法很多。根据料场建设情况可分为室内混匀料场和露天混匀料场，目前露天料场多，其容量大，混匀效果好，投资少。在防寒要求很高和多雨条件下，可考虑采用室内料场，其容量小，投资高。若根据料场占地形状分，有圆形料场和长方形料场。因长方形料场布置灵活，发展扩建方便，故长方形料场在钢铁厂使用较普遍。

为了稳定和调整混匀矿的粒度组成，也就是为了稳定烧结混合料的透气性，混匀料场还设置了矿石的破碎和筛分装置。

1.3.1.5 熔剂、燃料的破碎加工

A 熔剂的破碎与加工

烧结生产除对熔剂化学成分有要求外，对其粒度也有一定的要求，一般粒度要求 0 ~ 3mm 的含量不小于90%，因为溶剂适宜的粒度是保证烧结优质、高产、低耗的重要因素。通常进入烧结厂的石灰石（或白云石）的粒度为 0 ~ 40mm，有时达 100mm，因此，在配料前必须将熔剂破碎至生产所要求的粒度。

为了保证熔剂破碎产品的质量和提高破碎机的生产能力，往往由破碎机和筛分机共同组成破碎流程。一种是为一段破碎与检查筛分组成闭路流程，筛下物为合格产品，筛上物返回与原矿一起破碎。另一种为预先筛分与破碎组成闭路流程，原矿首先经过预先筛分分出合格的细级，筛上物进入破碎机破碎后返回与原矿一起进行筛分。

B 燃料的破碎与筛分

烧结厂所用的固体燃料有碎焦和无烟煤，其破碎流程是根据进厂燃料粒度和性质来确定的。当粒度小于25mm 时可采用一段四辊破碎机开路破碎流程。如果粒度大于25mm，应考虑两段开路破碎流程，先采用对辊破碎机粗破，再采用四辊破碎机细破。

我国烧结用无烟煤或焦粉的来料都含有相当大的水分（大于10%），采用筛分作业时，筛孔易堵，降低筛分效率。因此，固体燃料破碎多不设筛分。

1.3.1.6 原料运输

烧结厂的物料运输一般都采用胶带运输机，这种设备输送量大，投资省，易维护。此外，还有提升机、板式运输机和链板运输机等。随着科学技术的发展，在胶带运输机的基础上使用了气垫胶带机和管状胶带机，还有风动输送设备等。

1.3.2 烧结料制备

烧结料的制备也就是烧结工艺流程中的配混工艺，它包括配料、混匀、制粒等工序。

1.3.2.1 配料

根据规定的烧结矿化学成分，通过配料计算，将使用的各种原料按比例进行配料。国内普遍采用重量及验算法配料。一般大型烧结机厂都实行全自动配料，从而使烧结矿的物理化学指标越来越好，化学成分的波动范围越来越小。

1.3.2.2 一次混合

一次混合的目的主要是将配好的烧结混合料混匀并加水润湿。

1.3.2.3 二次混合

二次混合除补充少量的水分继续将物料混匀外，主要目的是制粒，使烧结混合料在水分含量和粒度组成上满足烧结工艺要求。

1.3.3　烧结过程

烧结过程包括布料、点火、烧结终点控制等工序。

1.3.3.1　布料

布料是将铺底料、混合料分别按先后平铺在烧结机台车上，以保证烧结料层达到所规定的厚度，并且料面要平整。铺底料一般是从烧结矿成品中选出粒级为 12~25mm 的部分，在烧结机布料前平铺在台车底部，以保护抽风机转子和炉算条。

1.3.3.2　点火

在布料完毕后用气体或液体燃料对烧结料面点火，点火的目的是供给混合料表层以足够的热量，使其中的固体燃料着火燃烧，同时使表层混合料在点火器内的高温烟气作用下干燥，预热脱碳和烧结。20 世纪 80 年代后一般采用多缝式点火烧嘴，从 90 年代开始大都采用的是双斜式点火烧嘴。

1.3.3.3　烧结终点控制

在点火高温的作用下，烧结料中的固体燃料被点燃，并在抽风条件下自上而下继续燃烧，烧结料在高温条件下产生一系列的物理、化学反应，将烧结料烧结成合格的烧结矿。

1.3.3.4　抽风系统

抽风系统包括风箱、降尘管、集气管（大烟道）、除尘器、抽风机、烟囱等，该系统的作用是为烧结料层内提供足够的空气（即供氧）。抽风烧结过程若没有空气（风量），燃烧反应则会停止，料层中因不能获得必要的高温，烧结过程将无法进行。为了保证料层中固体燃料迅速而充分地燃烧，在点火的同时，从料面吸入足够的空气是必不可少的，这一任务需借助于抽风机来实现。与此同时，强大的风力自上而下地穿过烧结料层，抽风烧结的废气中含有大量的粉尘及有害化学成分，因此，废气必须经过除尘等系统处理后方可排放到大气中。

1.3.3.5　烧结矿成品处理

烧结矿成品处理包括热破碎、热筛分、冷却、冷破碎、冷筛分及成品运输等工序，其作用是对烧结饼进行冷却、整粒分级。粒级为 5~50mm 的部分为烧结矿，其中分出粒级为 12~25mm 的部分作为铺底料，小于 5mm 的为返矿。随着烧结技术的进步，20 世纪 90 年代后新建和改建的烧结厂已取消了热矿筛，不仅改善了现场劳动环境，还为实现自动配料创造了良好的条件。部分厂还取消了冷破碎，减少了工艺环节。

1.3.3.6　返矿

在烧结工艺的各工序中，物料的运输，装卸的落差，烧结的抽风，冷却的气流作用和各岗位除尘，成品的整粒等都会产生部分散料和小于 5mm 的物料，还有高炉在烧结矿入炉前再次筛分出小于 5mm 的粒级，这部分物料通称为返矿，其中大部分是熟料，且铁含量较高，还可作为造球核粒，因此该部分料在烧结生产中循环利用。

1.3.3.7 除尘系统

除尘系统的任务是收集烧结厂各工序扬尘点的粉尘。依据不同的物料及物料的不同特性，分别采用不同的除尘方式和不同的除尘设备。通常燃料采用袋式除尘器，其他一般都采用各种规格的电除尘器，含尘的气体经除尘器净化后，废气排入大气，粉尘经加水润湿后返回到返矿矿槽内，集中参加配料，重新获得利用。

1.4 烧结生产技术经济指标

烧结厂生产技术经济指标内容较多，如烧结机生产能力指标，产量和质量指标，原料、动力消耗指标，生产成本，加工费和厂内设施费用等，在此，仅介绍其中几个常用指标。

1.4.1 生产指标

1.4.1.1 烧结机的生产能力

烧结设备的生产能力与其他设备一样有合格量、废品量的含义，通常烧结机的生产能力以台时能力或利用系数表示。

烧结机生产能力是指单台烧结机在单位时间内的产量($t/(h \cdot 台)$)，其计算公式为：

$$一台烧结机台时产量 = \frac{烧结机的烧结矿产量}{烧结机运转时间}$$

或

$$烧结机平均台时产量 = \frac{烧结矿总量}{\Sigma 烧结机运转时间}$$

烧结机利用系数与原料、燃料、熔剂的物理化学性质，烧结特性及烧结过程的强化措施，烧结设备性能和设备完好程度以及工人操作水平等有关。

烧结机利用系数($t/(m^2 \cdot h)$)，是指在烧结机单位面积单位时间内生产成品烧结矿的重量，其计算公式为：

$$烧结机利用系数 = \frac{烧结机台时能力}{烧结机有效面积}$$

或

$$烧结机平均利用系数 = \frac{烧结矿总产量}{\Sigma(烧结机运转时间 \times 烧结机有效面积)}$$

1.4.1.2 烧结矿质量指标

烧结矿的质量指标，主要根据高炉冶炼的要求来考虑，其技术要求必须执行国家标准、部门标准或企业标准。当然，企业标准通常按国标和部标来制定。表 1-1 为我国冶金标准中优质烧结矿的技术指标。

从表 1-1 可知，烧结矿的质量指标是一个综合性指标，它包括烧结矿的化学成分、物理性能和冶金性能。在日常质量控制中主要是对化学成分和物理性能进行定时检查，而冶金性能检测是阶段性的检测。

表 1-1　优质烧结矿的技术指标（YB/T 421—92）

类　别			化学成分				物理性能			冶金性能	
			TFe	CaO/SiO₂	FeO	S	转鼓指数(+6.3mm)/%	抗磨指数(−0.5mm)/%	筛分指数(−5mm)/%	低温还原粉化指数RDI(+3.15mm)/%	还原度指数RI/%
			允许波动范围/%								
碱度	1.5 ~ 2.5	一级品	±0.5	±0.08	≤12.0	≤0.08	≥66.0	<7.0	<7.0	≥60	≥65
		二级品	±1.0	±0.12	≤14.0	≤0.12	≥63.0	<8.0	<9.0	≥58	≥62
	1.0 ~ 1.5	一级品	±0.5	±0.05	≤13.0	≤0.06	≥62.0	<8.0	<9.0	≥62	≥61
		二级品	±1.0	±0.10	≤15.0	≤0.08	≥59.0	<9.0	<11.0	≥60	≥59

注：1. TFe、CaO/SiO₂（碱度）基数根据生产情况确定。

　　2. 烧结矿铁含量按下式计算：

$$w(\text{Fe}) = \frac{w(\text{TFe})}{100} - w(\text{CaO} + \text{MgO}) \times 100\%$$

式中　$w(\text{TFe})$——化验后得到烧结矿中全铁含量,%；

$w(\text{CaO} + \text{MgO})$——化学分析得到的 CaO 与 MgO 含量的质量分数之和,%。

　　3. 碱度按下式计算：

$$碱度(Ro) = \frac{w(\text{CaO})}{w(\text{SiO}_2)}$$

式中　$w(\text{CaO})$——化学分析得到的 CaO 含量,%；

$w(\text{SiO}_2)$——化学分析得到的 SiO₂ 含量,%。

A　烧结矿综合合格率

烧结矿的质量检查方式是按时间进行抽样检查。烧结矿综合合格率是指成品烧结矿中所检查的合格品的样数与总样数的百分比,而综合合格品是指烧结矿的各项性能,包括化学成分、物理指标等特性指标都合格的成品。

$$烧结矿综合合格率 = \frac{综合合格品样数}{检查总样数} \times 100\%$$

B　烧结矿综合一级品率

烧结矿的综合一级品是指所要求的所有指标都达到一级品的要求。综合一级品率是指对成品烧结矿进行质量检查的一级品的样数与合格品总样数的百分比。

$$烧结矿综合一级品率 = \frac{综合一级品样数}{合格品总样数} \times 100\%$$

C　单项质量指标

为保证烧结矿的质量稳定和烧结生产的稳定,各企业还将单项指标进行管理和考核,如 TFe 稳定率、FeO 稳定率、碱度稳定率、转鼓强度、筛分指数、一级品率等。

1.4.2　成本指标

烧结矿成本指标是指生产 1t 烧结矿所需要的成本。

1.4.2.1　烧结消耗指标

A　原料消耗

原料消耗是指生产 1t 成品烧结矿所需的原料量,通常以 kg/t 为计算单位,计算公式为：

$$原料消耗 = \frac{某种原料量}{烧结矿产量}$$

在统计和计算过程中，某种原料单指铁矿石时，为矿石消耗量；原料单指熔剂时，为熔剂消耗量；原料单指固体燃料时，则为固体燃料消耗量。

B 能源消耗

能源消耗是指生产1t烧结矿所需各类能源消耗的总和，通常用千克标煤来表示。烧结工序所用能耗指煤气、固体燃料和动力消耗，其中动力包括水、电、风、空气和蒸汽等。

a 电耗

电耗是指生产1t成品烧结矿所需电能的消耗。电能消耗（kW·h/t）一般有两种表示方法：

一是用烧结厂总电耗（W）与成品烧结矿总量（Q）之比。在作全厂技术经济指标分析时，多用这种方法表示。

二是用抽风机所耗电能（W）与成品烧结矿总量（Q）之比。在分析风量、烧结矿产量以及电耗之间的关系时，多用这种方法表示。

无论用哪种形式表示电耗，均采用如下公式：

$$U = \frac{W}{Q}$$

式中 U——单位烧结矿的电能消耗，kW·h/t；

W——烧结厂总电耗（或抽风机所耗电能），kW·h；

Q——烧结机生产成品烧结矿总量，t。

b 其他能耗

在烧结生产中还需要使用煤气、蒸汽等。这些消耗都是指生产1t成品烧结矿所需使用量，其计算方法与电耗指标相同。

c 工序能耗

工序能耗（kg 标煤/t）是指在烧结工序中，每生产1t成品烧结矿所需的能源消耗之和，即：

$$工序能耗 = \frac{\Sigma\ 能耗}{烧结矿产量}$$

在计算过程中，为使得单位统一，通常是将各类能源消耗指标折算成相同单位即千克标煤进行计算。

C 烧结辅材、动力消耗

烧结辅材、动力消耗指每生产1t成品烧结矿所需辅材、动力的消耗指标。

辅材通常包括台车炉箅条、挡板、破碎机锤头、箅板、熔剂筛网、油脂、胶带等。

动力通常指煤气、电力、蒸汽、水、压缩空气、蒸汽等。动力消耗、辅材消耗计算公式与其他消耗计算相同，单位以元/t来表示。

1.4.2.2 生产成本与加工费

生产成本（元/t）是指生产1t烧结矿所需的各类费用的总和。计算公式为：

$$某种消耗的单位成本 = \frac{单价 \times 某种消耗}{烧结矿产量}$$

$$生产成本 = \Sigma\ 某种消耗的单位成本$$

加工费是指加工 1t 成品烧结矿所需的费用之和。通常加工费包括煤气、动力、辅助材料、人工成本、折旧、修理、备件、运输、制造和管理等的费用。

1.5　烧结设备简介

1.5.1　定义与分类

1.5.1.1　定义

通常所说的机械设备，是现代工业生产的技术装备。设备工程学把设备定义为"有形固定资产的总称"。而通常我们只把直接或间接参与改变劳动对象的形态和物质资料看作设备。一般认为，设备是人们在生产或生活上所需的机械、装置和设施等可供长期使用，并在使用中基本保持原有实物形态的物质资料，是固定资产的重要组成部分。根据有关规定，设备构成固定资产要同时具备两个条件：一是使用期限在一年以上；二是单位价值在规定的限额以上。不能同时具备以上条件的，列为低值易耗品。

用于烧结生产的各类专业设备，称为烧结设备。

1.5.1.2　分类

设备的品种繁多，型号规格各异。为了分清主次，需要对设备进行合理的分类，以便分级管理。设备分类的方法很多，可以根据不同的需要，从不同的角度加以选择。比较常用的方法有：

（1）按照管理对象分类。

生产设备：直接改变产品形状、性能的设备。在烧结厂生产设备主要包括烧结机、混合机、冷却机、破碎机等。

辅助设备：为生产直接服务的设备。在烧结厂辅助设备主要包括物料运输设备、液压润滑设备、筛分设备等。

非生产设备：由行政、基建部门使用的设备。

（2）按工作类型分类，可分为机械设备、专用设备、动力设备等。

（3）按设备在生产中的重要程度分类。

关键设备，也称为重点设备，指在生产过程中起主导、关键作用的设备。这类设备一旦发生事故、故障，会严重影响企业产品产量、质量、生产均衡、人身安全、环境保护，造成重大的经济损失和严重的社会后果。

主要设备，指在生产过程中起主体作用的设备。这类设备一旦发生事故或故障，会严重影响产品的产量、质量和生产的均衡，会造成一定的经济损失和严重的社会后果。

一般设备，指结构相对简单，维护方便，数量众多，价格便宜的设备。这类设备若在生产中发生故障，对生产影响较小，不会造成主作业线停产。

这种分类方法可以帮助企业分清主、次设备，明确设备管理的主要对象，以便集中力量抓住重点，确保企业生产经营目标的顺利实现。

1.5.2　烧结设备

1.5.2.1　原料准备设备

原料准备设备包括原料接收设备、原料混匀设备、原料加工设备和原料运输设备等。

（1）原料接收设备主要有：翻车机、卸料机、抓斗吊车等，主要功能是将火车、汽车、轮船等运输的原料进行卸料。

（2）原料混匀设备主要有：矿槽、皮带电子秤、堆取料机，主要功能是将同品种不同质量的原料按所规定的配比进行中和、混匀成单品种原料，有利于烧结矿质量的稳定。

（3）原料加工设备主要有：破碎设备、筛分设备，主要功能是将烧结用熔剂和燃料进行破碎，使熔剂和燃料在粒度上满足烧结工艺要求。

（4）原料运输设备主要有：板式给料机、圆盘给料机、胶带运输机、斗式提升机等，主要功能是原料运输和烧结上下工序的衔接。

1.5.2.2 配混设备

配混设备包括配料设备和混匀、制粒设备等。

（1）配料设备主要有：配料矿槽、皮带电子秤、自动配料设备等，主要功能是将不同品种原料按规定的配比配成混合料，在化学成分上满足高炉冶炼的需求，在燃料配比上满足烧结要求。

（2）混匀设备主要是圆筒混合机、混匀搅拌机等，主要功能是将混合料混匀、润湿，使混合料充分混匀，其加水量达到所要求的水分值的80%以上。

（3）制粒设备主要有圆筒混合机、造球盘等，主要功能是对混合料进行制粒造球，使混合料中大于6.3mm粒级含量最大化，并为混合料补水，使混合料的水分达到规定指标。

1.5.2.3 烧结设备

烧结设备包括布料设备、点火设备、烧结机、单辊破碎机、抽风机和抽风系统等。

（1）布料设备主要有：铺底料、烧结料矿槽、泥辊给料机、辊式布料器等，主要功能是将铺底料和烧结料均匀地布在烧结机台车上，在布料高度和料面平度上满足烧结工艺要求。

（2）点火设备主要有：空气、煤气管道和阀门、点火炉本体及检测、控制装置，主要功能是供给烧结料表层足够的热量。

（3）烧结机设备主要有：台车、烧结机传动部分、轨道和润滑系统，主要功能是将台车上的烧结料在抽风条件下烧结成烧结矿。

（4）单辊破碎机的主要功能是将烧结机台车上卸下的烧结矿进行破碎。

（5）抽风设备主要有：抽风机、风箱和烟道等，主要功能是为烧结提供足够的氧气。

1.5.2.4 烧结矿成品处理设备

烧结矿成品处理设备包括冷却设备、破碎设备、筛分设备等。

（1）冷却设备主要由冷却机本体和风机组成，主要功能是将平均温度为600℃以上的烧结矿冷却到150℃以下。

（2）烧结矿的破碎设备以齿辊破碎机为主，主要功能是将大块烧结矿破碎为100mm以下，以满足高炉对炉料的上限要求。

（3）筛分设备以振动筛为主，主要功能是按粒度要求将烧结矿分为成品、铺底料和返矿。

1.5.2.5 除尘设备

除尘设备包括电除尘设备、布袋除尘设备等，主要功能是将烧结过程的烟气进行净化、粉尘收集，以达到排放符合国家标准和改善岗位劳动环境的目的。

由于烧结生产是一个连续性的作业过程，所以上述各系统设备相互关联，缺一不可，共同发挥功效，完成整个烧结生产过程，以获得满足高炉要求的优质烧结矿。

1.6　烧结工艺对设备的要求

1.6.1　企业生产对设备的要求

1.6.1.1　企业对设备的总体要求

在现代企业的生产中，主要的生产活动是由人操作设备，由设备直接把原料变成人们所需要的产品，为社会创造财富。只有使设备始终保持良好的技术性能和受控状态，才能保证生产的正常进行，使企业取得最佳的经济效益。

设备是企业生产的物质技术基础和必要条件，设备反映了企业现代化建设程度和科学技术水平，设备的技术性能决定了企业的生产效率和产品质量，企业只有不断采用先进的设备，才能提高生产技术水平。

1.6.1.2　生产工艺对设备的具体要求

工艺适用性：指按照产品的工艺要求，输出参数和保持输出参数的性能。

质量稳定性：指工序处于标准化和稳定状态下所具有的满足产品质量要求的性能。

技术先进性：指生产效率、物料和能源消耗、环境保护等方面的性能。

运行可靠性：指随时间的推移，其技术状态劣化和功能下降影响完成加工工艺的情况。

机械化、自动化程度：指生产全过程机械化、自动化装备水平和装备程度的高低。

1.6.1.3　设备在企业中的地位

随着科学技术的发展，设备在企业生产活动中所起的作用，越来越被人们所认识。现代化企业是运用机器和机器体系进行生产的，机器设备是现代化企业生产的物质技术基础，是决定企业生产效能的重要因素之一，特别是在市场经济条件下，对机器设备及其管理与维修提出了更高的要求，产品要质优价廉，才能赢得用户、占领市场，取得最佳的经济效益。由此可见，机器设备在生产活动中的地位越来越重要，而且随着市场竞争日趋激烈，它在生产三要素中所处的地位必然会越来越高。

1.6.2　烧结生产工艺对设备的要求

烧结工艺生产过程中，设备对生产的影响体现在各方面，例如：

（1）因煤气设施缺陷，导致压力、流量出现控制误差，点火温度将不能满足工艺要求，会严重影响烧结矿的质量和产量。

（2）因烧结机密封缺陷，漏风严重超标，将会严重影响烧结矿的产量和质量。

（3）因破碎设备磨损，原、燃料物理质量将会下降。

（4）因筛分设备磨损，将会影响产品的粒度级别控制。

总之，烧结设备技术装备水平和技术性能，对烧结生产工艺有着直接的影响，所以提高烧结设备装备水平和自动化，确保设备技术指标的先进，对于提高烧结矿产量、质量具有非常重要的意义。

烧结设备常用的技术经济指标如下：

（1）设备作业率。设备作业率是衡量设备工作状况的指标，通常以运转时间占日历时间的百分数表示。

$$作业率 = \frac{设备运转时间}{日历时间} \times 100\%$$

对于一台烧结机而言，运转时间就是设备实际运转时间，一天的日历时间为24h。计算设备作业率时，运转时间是烧结机实际运转时间的总和，一天的日历时间为24h×烧结机台数。计算月和年作业率时，日历时间依此类推，即：

$$日历时间 = 24h \times 烧结机台数$$

影响作业率的因素很多，如设备检修、故障、事故、原料、水、电、煤气供应及炼铁厂进料及供矿运输等。因此，保持良好的设备状况是提高作业率的有效途径。

设备事故：凡正式投产的设备，在生产过程中造成设备的零、部件损坏，使生产突然中断；或由于设备的原因使能源供应中断；或因工业建筑倒塌、歪扭等损坏，停机在4h以上；或设备修复费用在5万元以上的事故，皆称为设备事故。

设备故障：凡因设备原因停机5min以上，4h以下；或设备故障修复费用在5万元以下的均称为设备故障或零星设备事故。

设备事故的分级：

重大设备事故，凡达到下列条件之一视为重大设备事故：

1）设备事故的修复费在100万元以上；

2）主要生产设备发生设备事故，致使生产系统停产24h（含24h）以上。

较大设备事故，凡达到下列条件之一视为较大设备事故：

1）设备事故的设备修复费达30万元以上、100万元以下；

2）主要生产设备发生设备事故，致使生产系统停产16h（含16h）以上、24h以下。

一般设备事故，凡达到下列条件之一视为一般设备事故：

1）设备事故的设备修复费达5万元以上、30万元以下；

2）主要生产设备发生设备事故，致使生产系统停产4h（含4h）以上、16h以下。

设备故障台时按设备故障停机时间累加计算。

（2）设备综合完好率。它是一个衡量设备技术精度等级高低的指标。指标越高，说明设备安全运行越有保障，凡评定为Ⅰ、Ⅱ级的设备为完好设备；评定为Ⅲ级的设备为不完好设备。

$$设备综合完好率 = \frac{设备综合完好台数}{设备综合总台数} \times 100\%$$

（3）设备可开动率。该指标一般应控制在96%左右；过高，则可能造成设备失修；过低，则说明设备状况较差。设备不可开动时间指设备计划检修、非计划检修、设备事故、设备故障台时等。

$$设备可开动率 = \frac{日历时间 \times 设备台数 - 不可开动时间}{日历时间 \times 设备台数} \times 100\%$$

（4）设备维修费。它表示投入与产出的比例关系。比值过高，说明投入太大、效益低；比值过低，则难以保证设备功能精度的恢复。该项指标通常是指单位产品的设备维修费，在烧结行业用每吨烧结矿所消耗的设备维修费用进行计算。

（5）设备甲级维护率。该指标能准确地反映出设备所处的运行环境，是维护人员和设备使用人员对设备保养情况的评价标准。

$$设备甲级维护率 = \frac{甲级设备台数}{设备总台数} \times 100\%$$

2 原燃料准备设备

2.1 翻车机

翻车机广泛应用于冶金、煤炭、发电厂等企业，是重要的进料设备，其用途是翻卸矿石、精矿粉、焦炭、煤等。翻车机是翻卸火车单车车辆的设备。烧结原燃料翻车设备主要采用机械式和液压式两种形式的翻车机进行翻卸车。机械式翻车机的特点是结构简单、故障率低、维护量小。机械式翻车机采取"车皮动、压靠车臂静"的机械碰撞式的压靠车方式，对车皮的撞击损伤大，其基建成本低，但运行成本高；液压式翻车机的特点是结构复杂、故障率高、维护量大，但由于液压式翻车机采取"车皮静、压靠车臂动"的液压接触式的压靠车方式，对车皮的撞击损伤小，其基建成本高，但运行成本低。为了提高作业效率，有的翻车机常常采用"双翻"和"三翻"等翻车方式，即每次同时翻两个、三个车皮，作业效率平均可提高50%～100%，但其工作原理是一样的。

2.1.1 机械式翻车机

2.1.1.1 工作原理与功能

翻车机是一个大型卧式圆柱形筒体，中间有一个工作平台，一节火车车厢整体进入平台，在动力的作用下，翻转170°，将车厢内的物料全部卸下，每次最多可卸60t的物料。翻车机是大型冶金、煤炭、发电厂等企业重要的进料设备，其用途用于翻卸矿石、煤炭、焦炭、块矿、粉矿和球团矿等，是一种大型的卸料设备。从翻车机的发展历史看，翻车机的发展主要经历了三代，见图2-1。

第一代：20世纪70年代末，三支点卷筒拖动式（图2-1a）。其特点是：两个转子，三个支撑点，钢绳卷扬拖动翻转。由于钢绳易磨损、老化、断裂，两个转子不易同步，故障率高，逐步被第二代所代替。第二代：20世纪80年代末，三支点开式牙驱动式（图2-1b）。其特点是两个转子，三个支撑点，四对开式牙由两组电动机驱动翻转。由于各开式牙啮合不均，两个转子同步性差而逐渐被第三代替代。第三代：20世纪90年代末，两支点开式牙驱动式（图2-1c）。其特点是一个转子，两个支撑点安装在两端端盘下，四组八个托轮支撑，开式牙驱动翻转。某重型机械厂制造的KFL-2C型翻车机以其开式牙啮合均匀、同步性好、驱动平衡、故障率低、寿命长而得到广泛应用。伴随着三代产品的更新，电力拖动系统也不断进化，由最初的J型电动机，改进为YZR型电动机，发展到如今的YZR型电动机与PLC控制系统配合作业。可以说，翻车机已发展到越来越能够满足现代化大生产的需要了。图2-2为机械式翻车机结构示意图。

翻车机的结构可分为四大部分：转子、摇臂连杆、平台、传动机构。

转子也称为筒体，是翻车机承载车皮及物料重量、控制摇臂连杆与平台走向、确保正常翻车的主体部分，主要包括：上支撑梁、下支撑梁、两个端盘、两个联系盘、6根联系管梁、支撑滚轮轨道、大开式牙等。其中，上、下支撑梁平行地、对称地把两个端盘和联系盘连接在一

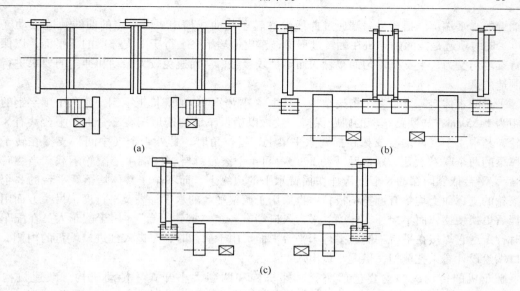

图 2-1 翻车机发展经历

（a）三支点卷筒拖动式（第一代）；（b）三支点开式牙驱动式（第二代）；（c）两支点开式牙驱动式（第三代）

起，在铺以 6 根联系管梁进行加固。端盘设计为两个半盘，靠夹紧板用高强度螺栓连接在一起，端盘非传动机构边开有曲线槽（图 2-3），以引导摇臂曲线轮正确走向。下支撑梁滚轮与下支撑梁接合部分设计有磨损板，便于磨损后更换，而不损伤本体。上支撑梁用作翻转 90°后，支撑车辆上平面，以夹紧车皮。两端盘分别设计有转子支撑滚轮轨道，传动机构大开式牙。其中，轨道包满一圈（360°），大开式牙包围大半圈（270°）。

摇臂连杆机构共有两套，紧靠两端端盘内侧安装，用作支撑平台和翻转时夹紧车皮。直连杆一端铰接于转子上，另一端铰接

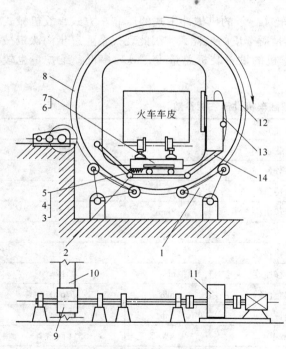

图 2-2 机械式翻车机结构示意图

1—托轮支座；2—缓冲器；3—滚轮装置；4—站台辊子；
5—弹簧装置；6—平台压车装置；7—平台；8—转子；
9—开式小齿轮；10—开式大齿轮；11—驱动机构；
12—端盘；13—滑槽；14—摇臂机构

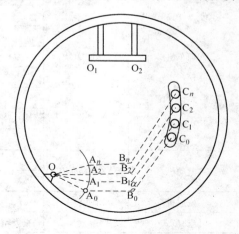

图 2-3 曲线槽轨迹放样示意图

于摇臂的水平端部。摇臂另一端通过曲线轮在转子的曲线槽中，以一定的曲线轨迹滚动（图2-3）。曲线轨迹是按照翻车机在翻转过程中，车皮上端始终平行于上支撑梁的下平面，以保证靠背梁均匀受力，上支撑均匀面接触，而不是线接触，从而避免较大振动和冲击的要求进行设计制造的。

平台的本体实际上是一个桁架结构，其主体是位于两边的焊接工字钢。这两个工字钢的中心距为1435mm，与铁路车辆的轨距保持一致，以确保车辆均衡地压在平台上。平台共有8个滚轮，其中4个（两端）支撑在摇臂水平梁上，零位角时，另外4个（中间）支撑在转子下支撑梁的两个联系盘处。靠帮后（约5°）中间4个滚轮腾空，两端4个滚轮承载。当翻转约90°后，平台依靠两端的8个挂钩挂在摇臂水平的边缘上，而不至于整体垮落。平台的8个支撑滚轮的支撑面上均垫有调整垫板，一方面用于调整平台的水平标高及平行度，另一方面用于磨损后更换便捷，而不损坏本体梁。平台入口端有一个"摘钩平台"，用于配车人员在配车摘钩时行走。它焊接在平台一侧，平行于平台平面。用于摘钩时，要进入到进口端盘的内侧，故入口端盘设计有人孔侧门，供配车员出入。

翻车机的传动机构主要包括两套减速机构和两套大小开式牙传动机构。减速机构由一台Y型电动机带动一台斜齿轮减速机组成；开式牙传动机构由大小开式牙组成。这两套机构分别设计在进出口两端，又利用同步轴和斜齿轮减速机的慢速轴连接，起强制同步的作用。但有的翻车机取消了同步轴，通过翻车机转子自协调同步。自同步还处于理论探讨阶段。但同步传动机构，自同步性能好，受冲击小，故障率低，必将在生产实践中逐步被应用。

机械式翻车机采用的是："车皮动、压靠车臂静"的机械冲击式的压靠车方式，故机械式翻车机在运行中冲击大，对设备损耗大，尤其是对车皮的损耗大，因此现代企业逐步淘汰机械式翻车机，改用液压式翻车机。但机械式翻车机的设备装机总量少，故障率低，维护量也较少。其基本性能参数，见表2-1。

表 2-1　KFJ-2C 型翻车机设备性能参数

名　称	型　号	设备性能	单　位	技术参数
翻车机	KFJ-2C	最大载重	t	100
		翻车数量	辆/h	30
		最大回转角度	(°)	175
		转子回转角度	r/min	1.2
		靠帮角度	(°)	3~5
		开始上移角度	(°)	55
		摇臂上移速度	m/s	0.194
		滚动圆直径	mm	φ7600
		站台长度	mm	17100
电动机	YZR3155-10	功　率	kW	55（两台）
		转　速	r/min	580
减速机	ZHL-850	速　比		46.75
传动形式		直齿轮传动大小开式传动比		11.538
总　速　比				539.40

2.1.1.2　操作规程与使用维护要求

翻车机工作过程是指从零位开始，经过翻转达到170°的翻转角后，卸完物料再回转至零位的过程，其中，前半程称为工作行程，后半程称为复位行程。复位行程是工作行程的简单回放，工作行程主要包括：零位（0°）、靠帮（0°~5°）、上移（5°~75°）、夹紧（75°）、卸料（75°~170°）、极限位（170°）。

A　工作行程

（1）零位，即0°，平台平行于水平面，也就是平行路轨平面，且保持平台轨道与路轨上下左右正对，一般不允许错位。可通过调整传动机构的主令器调整零位，若由于支撑滚轮的轴、轴瓦及支撑滚轮下面的支撑板磨损或摇臂直连杆的各铰座轴及轴瓦磨损造成错位，可通过更换相关部件，加以调整，使水平方向向上错位不超过10mm，向下错位不超过10mm，否则，配车时车辆容易掉道。

（2）靠帮，0°~5°。当转子翻转到一定角度（一般5°左右）时，平台在摇臂底梁方向上重力分力大于滚动摩擦阻力。平台将连同平台轨道上的车辆沿摇臂底梁向曲线槽侧滚动，直至车辆撞在靠背梁上，即为靠帮。

（3）上移，5°~75°。转子继续翻转，约为55°时，曲线槽的切线倾斜向下，曲线轮在重力作用下，将沿曲线槽向下支撑梁方向滚动，从而带动摇臂连杆、平台及车辆向上支撑梁方向移动，即为上移。

（4）夹紧，约75°。当转子翻到约75°时，车辆上方撞到上支撑梁上，此时，车辆三面受到了平台、靠背梁和上支撑的夹持，即为夹紧。

（5）卸料。75°~170°均为卸料过程，此过程占工作过程的大部分时间，随着翻转角度增加，物料逐步由车辆滚入大矿槽内，随皮带机运走，当达到170°时，车辆停止翻转，物料卸空，即为卸料。

（6）极限位，170°。为了保证物料卸空，且不让车辆滚落，一般极限定于170°，此时受传动机构主令器的控制，达到170°时，主令器切断主电源，翻车机停转。

B　复位行程

当翻车机开关打到反转时，翻车机做复位行程，主要包括解套、离帮、回零等程序。

（1）操作前的检查。

1）翻车司机必须持有操作牌方可启动设备。

2）确认传动部件、摇臂机构、曲线滑槽、进出车口辊道、平台及压车装置、齿轮啮合情况、部件技术状况和润滑应良好。

3）确认矿槽内、平台上下、左右应无人和障碍物。

4）确认被翻车辆应符合要求。

5）确认光电装置工作正常。

（2）操作程序。

1）上述条件确认无误后，通知车辆联系员报告操作盘具备翻车条件。当接到车辆联系员配车完允许翻车信号后接通电源发出翻车信号。

2）按下"向前"压扣，启动翻车机。启动翻车机至170°时，按下停止压扣；待物料卸完后按"回转"压扣回至零位，再按信号压扣通知车辆联系员翻车完，可重新配车。

（3）重车对位要求。

1）车辆应停在转筒的进出口端盘之间。

2）车辆挂钩不能伸出转筒外。

3）车辆至少应被三个压点压住。

（4）运转中异常状态的紧急处理规定。

1）翻车机正常运转，电动机电流应低于85A，如有上升必须停机查找原因。

2）翻车机平台回不到零位，应立即切断电源开关，查找原因。

3）翻车时，如车皮与靠背未接触好，或翻至120°时车皮脱轨，应立即停翻，检查原因，采取措施后，方可继续翻车。

4）翻车时，突然停电，应立即切断事故开关，查找原因。

5）翻车时，如平台不能移动，应及时检查，若是曲线滑槽卡住应排除。其他机械出现故障，上报有关单位，请维修人员处理。

6）车皮掉道，先使其复位，然后分别排除故障。

7）在运转中发生飞车现象，应立即切断事故开关，查找原因，以免事故扩大。

（5）运转中的注意事项和严禁事项。

1）配车车速不能过快，车辆存料不能严重偏重。

2）平台轨道与路轨左右不能错位，不得碰撞。

3）车辆的车帮破损严重，门未关好，车型不符的车皮不得进入翻车机。

4）平台上护轨损坏严重的不能翻车。

5）严禁长列空车通过翻车机。

6）严禁空车或重车长时间压在翻车机平台上。

7）严禁配重车时，空车未完全推出或挂钩又挂上，开始翻车。

8）主令控制器的传动齿轮打滑或轴断应立即停翻。

（6）使用维护要求。

1）开机、停机时，应检查整机是否灵活可靠，电气设备，极限开关是否灵敏可靠。

2）托辊、传动轴承以及其他各注油点，运转前必须检查是否有油。

3）严禁长列空车从翻车机溜车。

4）严格执行技术操作规程，禁止同时翻两个车皮。

5）严格执行给油标准。

6）油脂标号正确，油脂与机具保持清洁。

7）采用代用油脂，需经过设备管理部门批准。

8）新减速机运转三个月后，更换新油。

9）每月至少检查一次摇臂机构是否灵活无故障，平台轨道是否错位和断裂，传动机构的轴承，齿轮啮合磨损情况，机构梁架及车辆是否完好无裂痕，立式缓冲器是否灵活以及磨耗板与矿槽衬板磨损情况，并做好记录。

10）对平台滚轮和挡轮每周用油枪加油一次。

2.1.1.3　常见故障分析及处理

（1）翻车机的平台轨道与路面轨道上下左右错位故障。翻车机垂直断面结构见图2-4，平台轨道上下左右错位故障主要是由于以下几个方面引起的：

1）关节1、关节3的铜瓦及轴磨损，产生间隙，直连杆边下沉，带动平台向直连杆方向下沉，由此造成平台倾斜错位。

2）平台滚轮轴及轴承磨损，产生间隙，且两边磨损不均匀。

3）上下垫板及支撑垫板磨损，产生间隙，且两边磨损不均匀。造成磨损及两边磨损不均匀的主要原因如下：

①由于现场环境差，加油孔堵塞，或未按时加油等原因，造成加油不到位。

②平台滚轮油孔设计不合理，加油孔没有引出，无法加油。

③由于重载启动时，直连杆边总是加速启动，承受额外载荷，故一般情况下总是直连杆边磨损严重。

通过上述分析可知，由于加油不到位，润滑不良，或两边承载不一样，形成磨损间隙，且两边间隙大小不一样，各个间隙积累形成累积间隙，在翻车机自重作用下，平台总是向某一方向倾斜错位。针对这种状况，处理的方法有三种：

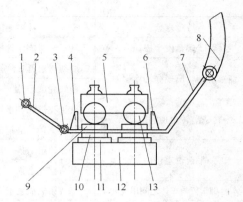

图 2-4 平台轨道错位分析示意图
1，3—关节；2—直连杆；4—定位挡铁；5—平台；
6—靠帮挡板；7—摇臂；8—曲线槽；9—上垫板；
10—下垫板；11—支撑垫板；12—下支撑梁；
13—平台滚轮

1）当累积间隙较小时（5mm 以内），通过重新调零位，抵消间隙。

2）当累积间隙较大时（5～20mm），零位外用塞尺检查 8 个平台滚轮与上垫板之间，8 个下垫板与支撑板之间的间隙，然后加垫厚薄适当的钢板填充各部位间隙，在直连杆边，加入定位挡铁，强制平台定位。

3）当累积间隙很大时（20mm 以上），只有通过中修或大修，将摇臂连杆整体换新，关节轴、轴瓦换新，平台滚轮换新等，方可完全解决平台错位的问题。

（2）其他常见故障的处理与方法，见表 2-2。

表 2-2 机械式翻车机一般常见故障及处理方法

故障现象	故障原因	处理方法	专业分类
电动机、减速机的温度过高	润滑不足	检查、加油	机械电气
	轴承间隙过大	更换轴承	
	杂物进入轴承内	检查、加油	
传动轴承座振动或摆动	地脚螺栓松动	紧固地脚螺栓	机 械
	传动齿轮啮合间隙小	调整啮合间隙	
	两齿轮轴心线不平行	调整找正	
	传动轴承间隙过大或轴承坏	更换轴承	
托车梁（平台）钢轨与外部轨道不对位	平台轨道及外轨固定卡开焊移位	调整、固定	机 械
	主令控制器接点窜位	调整零位接点	
托车梁、靠车梁、小纵梁焊接口裂，紧固螺栓松断	转子圆盘不同步，传动齿轮啮合错齿	调整两组传动齿轮啮合间隙使其一致	机 械
		开裂处焊补背板	
		紧固螺栓更换，重新调整齿轮	

故障现象	故障原因	处理方法	专业分类
转子端盘发生振动	转子端盘固定螺栓松	更换螺栓或把紧	机　械
翻车机翻转出现同心度误差	曲线槽磨耗板磨损	更换磨耗板	机　械
	曲线轮磨损	更换曲线轮	机　械
转子翻转出现圆跳动	转子支撑轮轴承坏	更换元宝座组件	机　械
	转子支撑轮磨损或破裂	更换元宝座组件	机　械
平台轨道错位	平台轨道磨损	相关磨损部件更换	机　械
	平台挂钩磨损	加装定位挡铁	机　械
压车时翻车机与车体之间出现间隙	靠背梁表面变形	更换变形钢板	机　械
翻车机无法运转或运行缓慢	传动机构同步轴断裂	同步轴更换	机　械
	端部挡轮磨损或轴承坏	挡轮更换	机　械
平台复位时冲击大	立式弹簧弹性失效	更换立式弹簧	机　械
转筒运转过位和回车过位	主令控制器失效	调整或更换	机械电气
	主令传动齿坏	更换主令传动齿轮	机械电气
	前进极限或回位极限失效	更换极限	机械电气
	空气开关黏结	更换空气开关	机械电气
	定位挡铁间隙大，变形磨损	重新调整，加固更换	机械电气
配车时，平台左右窜动	水平弹簧弹性失效	更换水平弹簧	机　械

2.1.2　液压式翻车机

2.1.2.1　工作原理与功能

液压式翻车机是在机械式翻车机的基础上发展而来的。翻卸时，通过液压压车和液压靠车，靠板支撑车辆的侧面，压车梁压紧车辆，靠板和压车梁都有可靠的锁紧装置，传动装置驱动端盘上的齿条，对翻车机进行倾翻，回转角度170°。翻卸过程中通过平衡杠活塞杆退一定的距离，使翻卸重车后，压车力控制在标准范围内，允许车辆弹簧压力得以释放，从而有效地保护了车辆和设备，一次翻卸一个车辆。

液压式翻车机由回转框架、传动装置、压车机构、靠板振动装置、托辊装置、液压站、电缆支架等几个部分组成，如图2-5所示。

液压式翻车机有"O"形单车翻车机、"C"形单车翻车机两种。回转框架由两个"O"形端盘（或"C"形端盘）、托车梁、靠车梁和小纵梁用高强螺栓连接而成的一个回转体，进出两端上的圆形轨道（360°）置于托辊上作回转运动。在两端盘上轨道边还装有驱动齿条（270°），用以驱动回转框架作往返回转运动。在托车梁上装有轨道以停靠车辆，设置有液压站，并用来作为靠板振动装置的一个支撑点。在靠车梁上装有推动靠板振动装置的液压油缸座、压车装置油缸座和压车臂的支座。在小纵梁上装有压车装置油缸座和压车臂支座，构成一个刚性闭式笼形结构，每个端盘安装在两组四个托辊上，并定位在翻车机基础上。

由于液压运行平稳，没有冲击，且液压翻车机采用的是："车皮静、压靠车臂动"的液压

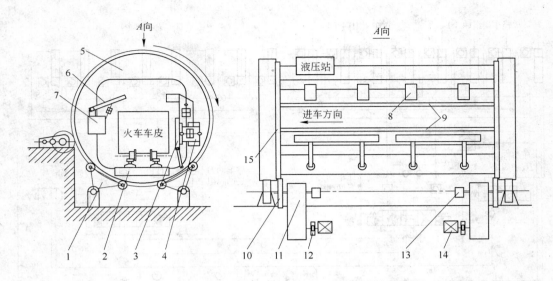

图 2-5 液压式翻车机结构简图

1—元宝座；2—托车梁；3—靠板；4—靠车梁；5—端盘；6—轻压梁；
7—小纵梁；8—重压梁；9—轨道；10—开式小齿轮；11—减速机；
12—抱闸轮接手；13—主令控制器；14—电动机；15—开式大齿轮

接触式的压靠车方式，故液压式翻车机在运行中振动小，无冲击力，对设备损耗小，有效地保护了整个设备的结构基础，比机械式翻车机使用寿命长，车辆损坏小，因此是许多企业的首选。但由于设备装机总量的增加，故障点的增加，维护量也相应增加。

液压式翻车机的翻车主要流程是：车皮进车；靠板靠车；重车梁压车；轻车梁压车；翻车；回车；松轻车梁；松重车梁；松靠板；定位；进车等，其旋转机构为机械式，压车、靠车机构为液压式。所谓液压式翻车机就是指其压车、靠车机构是液压式的。

值得注意的是，液压式翻车机的轻车梁和重车梁的结构是不同的，主要区别是重车梁是直线升降点压式压车，而轻车梁是铰接旋转线压式压车，其原因是翻车机向重车梁方向翻车，如用线压式，在翻到极限时，则有少量的物料存在重车梁的压板上，积少成多，日积月累，浪费了不少物料，提高了生产成本。实际上，目前重车梁的点压式就是在生产经验积累的基础上由线压式改进而来的。

翻车机只有在0°的时候才能压车、靠车或松压、松靠。只有当轻梁和重梁的平齐信号以及所有的压车、靠车或松压、松靠信号都来了之后，PLC才认为翻车机压车、靠车或松压、松靠到位。

翻车机在正常工作情况下，整个过程是从零位开始翻车到170°。当从零位开始运行时，电动机推动整个翻车机向170°方向运行。从零位到15°是一个初始阶段，运转速度较慢。从15°—45°—60°—110°这个过程，运转速度逐渐加速，由于翻车机自重，加上车皮和物料的重量，从0°～110°左右整个过程中，电动机的作用是推着翻车机运转，当达到110°左右时，车皮内的物料开始逐渐倾滑出。电动机这时转变为发电机，拉动翻车机运转到170°，这时段，运转速度逐渐慢下来至零速，物料全部卸完。大约停顿3s，翻车机开始往回翻，这时翻车机处于偏重状态，电动机推着翻车机往回翻至15°时，速度逐渐降下，然后回至零位。典型液压式翻车机液压原理如图2-6所示。以某厂FZ17-100型液压式翻车机为例介绍其基本技术参数，见表2-3。

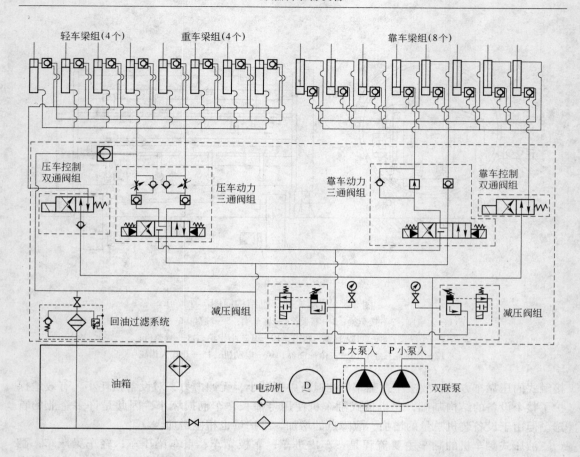

图 2-6 典型液压式翻车机液压原理示意图

表 2-3 **FZ17-100 型翻车机设备性能**

名 称	设备性能	单 位	技术参数	备 注
翻车机	最大起重量	t	100	型号：FZ17-100（二支座）
	翻车数量	辆/h	25	
	最大回转角度	(°)	170	
	转子旋转速度	r/min	1.2	
	滚动圆直径	mm	φ7600	
	站台长度	mm	17000	
电动机	功 率	kW	45（两台）	型号：YZP280M-10ZR
	转 速	r/min	600	
减速机	速 比		31.5	型号：ZSY315-31.5
翻转传动方式				齿轮齿条
总速比			369（$Z_1=29$, $Z_2=340$）	
钢轨型号		kg/m	50	
轨 距		mm	1435	

名 称	设备性能		单 位	技术参数	备 注
	适用车型				C1、C16、C50、C62B、C64、C16、C61 长 11938～13938mm 宽 3160～3242mm 高 2993～3293mm
翻车机液压站	电动机	功率	kW	22	型号：Y180L
		转速	r/min	1500	
	液压泵				型号：T6DC-038-003-2R00-01
	油箱有效容积		L	850	
	液压介质			YB-N46 抗磨液压油	
	工作油温		℃	10～60	
	控制工作压力		MPa	6	
	车辆弹簧释放压力		MPa	8	
压车机构	压车方式			液压压车	油缸型号：GGKl-125/70E-2531-420-1160
	压车油缸		台	8	
	缸径		mm	125	
	杆径		mm	70	
	压车工作压力		MPa	5	
平衡液压缸	平衡杠		台	1	油缸型号：G125/70-200
	缸径		mm	125	
	杆径		mm	70	
	行程		mm	200	
	工作压力		MPa	5	
靠车机构	靠车油缸		台	8	油缸型号：HSGKO1-100/70E-1521-250-668
	缸径		mm	100	
	杆径		mm	70	
	行程		mm	250	
	工作压力		MPa	3.5	

2.1.2.2 操作规程与使用维护要求

（1）液压式翻车机操作说明：

1）准备，启动电动机，空转几分钟后，待达到系统内循环平衡，查看液压管路是否有泄漏，吸油和回油管路上的蝶阀是否开启等。

2）车皮定位，操作盘员工联系铁路运输部门，进重车皮。

3）靠车板靠车，靠车板电磁阀得电，靠车板开始压车，到位信号发出后，电磁阀停电，靠车到位。

4）重车梁压车，重车梁电磁阀得电，重车梁开始压车，到位信号发出后，电磁阀停电，重车梁压车到位。

5）轻车梁压车，轻车梁电磁阀得电，轻车梁开始压车，到位信号发出后，电磁阀停电，轻车梁压车到位。

6）翻车。所有重载信号到位，且无故障信号，开始翻车，一直翻转170°。

7）回车。主令控制器检测到翻车机翻到170°传回电控信号后，电动机反转，翻车机开始回车。

8）归零，回到0°后，靠车板电磁阀得电，靠车板松靠，到位信号发出后，电磁阀失电，松靠到位；轻车梁电磁阀得电，轻车梁松压，到位信号发出后，电磁阀失电，轻车梁松压到位；重车梁电磁阀得电，重车梁松压，到位信号发出后，电磁阀失电，重车梁松压到位。所有空载信号到位，且无故障信号，方可进入下一次循环。

翻车过程中应注意事项：

1）非液压技术人员或未经允许不要随意改动各压力值；

2）平衡油缸起释放车辆弹簧势能的作用（车辆卸完物料后，由于重量减轻，被压缩的弹簧将有一个向上的反弹力），在正翻0°~95°区间，单个压车油缸将释放20mm左右，相应平衡油缸回推160mm左右距离，在正翻0°~95°区间如平衡油缸若无回退动作或在翻卸前压车过程中平衡油缸回有回退动作，属于不正常现象，应迅速停机处理，否则将导致压车油缸断裂或油管爆裂等严重事故。

（2）控制方式。翻车机的控制方式主要有调试运行、就地手动、集中手动和自动等四种，这四种方式均通过PLC来控制，下面根据不同的运行方式分别做简要叙述。

1）调试运行。本操作方式仅供调试、试运转和检修时使用。在此方式下，运行设备解除了很多连锁条件，各项操作都可随意不受限制，虽方便操作，安全性能却大大降低。因而操作前必须对设备运行相当熟悉，同时要特别注意安全，正常情况下禁止采用该种操作方式。

2）就地手动运行。就地手动运行是把集控台（T01）上的钥匙转换开关转换到"就地手动"工作位置，翻车机的操作在翻车机就地操作箱（J22）上操作，这种操作方式的优点是：在机旁操作，对现场的情况比较了解，运行过程中能够正确操作，出现异常情况及时处理。在操作过程中只要按启动按钮，到位后自动停止，运行过程中的速度切换由PLC控制，自动运行，使操作过程简单易行。手动运行必须投入联锁，防止误操作。

3）集中手动运行。这种操作方式与就地手动的操作方式唯一的区别就是在翻车机操作室内的集控台（T01）上进行翻车机全系统的集中操作（软手操），操作与运行步骤与就地手动完全相同。

4）自动运行。这种操作方式是经过一段时间手动运行，输入输出信号正常，车辆状态良好的情况下采用的一种翻车机系统全联机自动运行方式，即只要满足起始条件，按下自动启动按钮，系统将全部自动运行，操作人员只起监控作业，翻卸完最后一节车厢则系统自动停止运行，当发生机械故障或意外情况时，按自动停止或急停按钮，解除自动程控操作。

翻车机操作时应注意事项：

1）无论是手动还是自动运行均通过PLC来控制，但对于操作频繁的附属设备的控制，则只限于手动，诸如风机、油泵控制。

2）在任何一种运行方式中，操作都有相应的指示灯信号指示动作状态，当出现运行范围超限、电流过大或按紧急停机按钮等异常情况，都能迅速切断电源，保护人员和设备安全。

3）翻车机每周进行一次定检，每两年进行一次中修，使其设备达到完好标准，提高设备精度。每次检修中对每个极限开关进行调试清灰、防水密封检查，测试其是否灵敏可靠。

4）检查平台轨道是否错位和断裂，传动机构的轴承齿轮啮合磨损情况，液压缸、管路和元件等是否正常或渗油，压车梁胶皮是否脱落，结构梁架是否完好无裂纹。

5）经常检查出车口显示信号是否灵敏，严禁空车皮未推出翻车机，另一辆重车皮进行翻车。

6）在进行拆卸、移动液压元件，或断开系统的液压管道之前，液压系统必须关停液压泵，压车梁及靠板液压缸缩回到位，并将系统内的剩余压力排放至零。

液压系统维护应注意事项：

1）应经常保持设备表面清洁，检修前应先消除系统内部压力及关闭进油口和出油口蝶阀。

2）松卸油管预先做好标记，并封堵，防止固体杂质混入；防止空气和水入侵；有丝扣部分注意保护，防止丝扣损坏。

3）各阀件和辅件的油口表面都要封口、封面，防止异物进入或划伤表面。

4）各密封圈、螺栓等配件应分类有序，防止丢失或损坏。

5）油箱中油液排出应用专用清洁容器盛装，同时应检查、过滤后方可注入油箱或更换新油（必须经不大于 $20\mu m$ 滤网过滤）。

6）油箱的清洗清洁应用面团或绸布，绝对不能用棉纱等擦洗清洁油箱及配件。

7）选择适合的液压油。应使用牌号为 YB-N46 的抗磨液压油。

8）加强油箱中的液压油的定期维护。新机运行 24h 后过滤一次，72h 后再过滤一次，以后每隔 2 个月过滤一次，过滤时应配合清洁滤网和油箱，液压油每季应化验检查水分、杂质、酸碱值是否超标。液压油每年更换一次。

9）液压油要保持适宜的温度，液压系统的工作温度一般要控制在 30～80℃ 之间；液压油箱气压和油量要控制在标准范围之内；加油时必须用专用的加油泵加油。

（3）操作规则。

1）操作前的检查。

①翻车机岗位操作人员必须持有操作牌方可启动设备。

②确认传动部分、进出口轨道、齿轮啮合情况、液压系统（阀打开）油缸、管路、部件技术状况和润滑应良好。检查压车梁、靠车梁是否松压、松靠自如。

③确认矿槽内、托车梁（平台）上下左右应无障碍物。

④确认被翻车符合翻车要求。

⑤检查光电装置是否完好。

2）操作程序。

①启动液压电动油泵，测试各点动作是否完好，无异常。

②确认无误后，具备翻车条件，发出允许配车信号。车辆联络员得到允许翻车信号后，根据所需的运行情况，选择控制方法（控制方法有四种：常用的有三种，即就地手动、集中手动和自动。不常用的有一种，即调试操作，主要用于检修），启动变频器就可以投入运行。

手动：按（压车）→按（靠车）→按（正翻）→到170°按（回翻）→到 0 位后按（松靠）→按（松压）。

自动：按集中控制台上的系统启动按钮，翻车完毕后，发出允许配车信号，可以重新配车。

3）运转中异常状态的紧急处理规定。翻车机正常运转，电动机电流应低于100A，如有上升必须停机查找原因；翻车机托车梁（轨道平台）回不到"0"位，应立即切断电源开关查找原因；翻车时若发现异常，如靠、压不到位等情况应立即切断事故开关查找原因；翻车时忽然停电，应立即切断事故开关，查找原因；车皮掉道，使其复位，然后分别排除故障。

4）重车对位要求。车辆应停在转筒的进出口端盘之间；车梁挂钩不能伸出转筒外；车辆至少应被主梁压三点。

5）运转中的注意事项和严禁事项。

①配车车速不能过快，车皮存料不能偏重严重。

②托车梁（平台）轨道与路轨左右不得错位，不得碰撞。

③车皮的车帮损坏严重，门未关好。车型不符合车皮不得进入翻车机。

④托车梁（平台）上的护轨损坏严重不能翻车。

⑤严禁长列空车通过翻车机。

⑥严禁空车或重车长时间停在翻车机托车梁（平台）上。

⑦在转筒翻至90°以上，故障停机时，要用手动回翻至0°。

⑧在转筒翻转过程中，发现松靠松压现象应立即停机，直至处理故障完毕，才能恢复生产。

⑨在配车中观察靠板是否收到"0"位，压车梁是否升至高位。

⑩主、轻压车梁在运转中，发现松压现象，应立即停机，检查液压系统。

（4）使用维护要求。

1）开机、停机时，应检查整机是否灵活可靠，电气设备、极限开关是否灵敏可靠。

2）托辊、传动轴承以及其他各注油点，运转前必须检查是否有油。

3）严格执行技术操作规程，禁止同时翻两个车皮。

4）油箱液压油每半年化验一次，不合格更换。

5）稀油过滤网每三个月更换一次。

6）油脂标号正确，油质与机具必须保持清洁。

7）新减速机运转三个月后，更换新油。

8）每周至少检查一次重、轻压车梁的油缸、压臂、支撑点、磨损、润滑情况以及靠车板的油缸、支撑点磨损润滑情况。

9）每周检查一次重、轻压车大梁，平台大梁钢结构的焊缝及连接点。

10）每月检查一次拖动电缆的外表磨损情况。

2.1.2.3　常见故障分析及处理

与机械式翻车机相比，液压式翻车机的故障相对较高，主要表现在液压系统故障、控制信号故障频率较高，其常见故障分析与处理方法见表2-4。

表2-4　液压翻车机的常见故障分析与处理方法

故障现象	故障原因	处理方法
电动机、减速机的温度过高	（1）润滑不足 （2）轴承间隙过大 （3）杂物进入轴承内 （4）轴承坏	（1）检查、加油 （2）调整间隙或更换轴承 （3）更换轴承或清洗加油 （4）更换轴承
传动轴承座振动或摆动	（1）地脚螺丝松动 （2）传动齿轮啮合间隙小 （3）两齿轮轴心线不平行 （4）传动轴承间隙过大	（1）紧固地脚螺丝 （2）调整啮合间隙 （3）调整找正 （4）更换轴承

故障现象	故　障　原　因	处　理　方　法
托车梁（平台）钢轨与外部轨道不对位	（1）平台轨道及外轨固定卡开焊移位，外轨道枕木下沉 （2）主令控制器接点窜位	（1）调整、固定、加固枕木基础 （2）调整零位接点
托车梁、靠车梁、小纵梁焊接口开裂，紧固螺丝松断	转子圆盘不同步，传动齿轮啮合不良	调整两组传动齿轮啮合间隙使其一致；开裂处挖补打背板；更换紧固螺丝
压车梁胶垫脱落	（1）固定垫孔撕开 （2）积料进入接合部使其鼓起、变形	（1）更换胶垫 （2）清除积料
翻车机液压系统压力不正常	（1）油箱油位过低 （2）溢流阀整定值不正确 （3）油泵电动机旋转方向及转速不正常 （4）油泵磨损 （5）滤网堵塞 （6）溢流阀线圈没通电 （7）压力表损坏 （8）阀件型号有误	（1）加油至正常油位 （2）重新调整压力值，清洗各阀件，检查阀件中阻尼孔，阀芯是否堵塞、卡涩 （3）检查电气接线是否正确 （4）检查、修理或更换备件 （5）清洗更换滤芯 （6）如有损坏，更换线圈 （7）更换合格压力表 （8）更换正确型号阀件
液压系统执行机构工作不正常	（1）油管路接错 （2）执行机构内泄 （3）换向阀芯卡涩 （4）电磁铁未通电或断路、烧损 （5）压力不够	（1）重新更正 （2）更换合格品 （3）清洗换向阀，检查油质是否符合要求，否则检查滤网是否有损坏 （4）接通电源，更换电磁铁 （5）调整至额定工作压力
液压系统有噪声	（1）油箱油位过低，油泵吸空 （2）吸油口滤网堵塞 （3）油泵磨损或质量问题 （4）阀件卡涩节流	（1）加注油至规定油位 （2）清洗滤网 （3）更换备件 （4）清洗阀件，检查油质是否符合标准
油温过高	（1）油位过低 （2）出口滤油器堵塞 （3）回油口滤油器堵塞 （4）调定压力过高 （5）液压油牌号不符	（1）加油至正常油位 （2）更换滤芯 （3）更换滤芯 （4）降低工作压力 （5）更换合格牌号液压油
靠车、松靠、压车、松压信号不到位	（1）车皮原因或油压过低 （2）卡料 （3）靠紧信号因机械原因断不开 （4）靠板靠不到位 （5）开关地脚变形，感应距离大 （6）靠紧信号开关弹簧装置失效，将弹簧不能复原位	（1）机械液压处理 （2）清除积料调整间隙 （3）联系检修人员处理 （4）检查靠板不到位原因再处理 （5）重新安装或修复地脚，调整距离 （6）更换弹簧
光电管故障	（1）光电管坏 （2）光电管线路故障 （3）光电管有灰尘	（1）更换 （2）检查光电管线路，损坏的处理或更换 （3）清除灰尘

续表 2-4

故障现象	故障原因	处理方法
回翻过零位	（1）变频器故障 （2）凸轮控制器接点故障	（1）断电后检查处理，送电恢复 （2）处理接点故障点
变频器显示乱码，声音不正常或有异常气味	变频器故障	（1）重新写入程序 （2）查找故障源，进行处理
计算机工作不正常	计算机死机	重新启动或联系计算机程序员处理
油泵电动机发热	风扇叶坏或堵塞	更换扇叶或清理堵塞物
飞车	（1）尼龙棒断裂 （2）操作失误	（1）更换 （2）规范操作

思 考 题

1. 翻车机发展演变分为哪几个阶段，各有什么特点？
2. 试述翻车机工作过程。
3. 如何减少液压式翻车机日常的维护量？
4. 液压系统是液压式翻车机关键设备，你对液压式翻车机维护有什么更好的见解？
5. 机械式和液压翻车机相比各有什么优缺点？
6. 简要说明液压式翻车机的液压原理。

2.2　斗轮堆取料机

斗轮堆取料机在发电、冶金和采矿等企业的散料场得到了广泛应用。它通过斗轮机构连续挖取和机上胶带机连续运转，实现了物料的连续装卸。斗轮堆取料机实现了产地料场、中转料场和消耗地料场的连续装卸，衔接起料场与前后环节，使得生产至消耗的整个散料输送流程中速度和流量能够相互匹配。斗轮堆取料机在烧结物流运输中得到了广泛的应用。

2.2.1　工作原理与功能

2.2.1.1　工作原理

斗轮堆取料机是利用斗轮连续取料，用机上的带式输送机连续堆料的有轨式装卸机械。它是散状物料（散料）储料场内的专用机械，是在斗轮挖掘机的基础上演变而来的，可与卸车（船）机、带式输送机、装船（车）机组成储料场运输机械化系统，生产能力每小时可达1万多吨。斗轮堆取料机的作业有很强的规律性，易实现自动化。控制方式有手动、半自动和自动等。散料种类不同，散料功能不同，加之料场自然条件各异，致使斗轮堆取料机在半个世纪的发展过程中衍生出种类繁多的机型。

2.2.1.2　功能

斗轮堆取料机按功能进行区分，它有堆料和取料两种作业方式。堆料由带式输送机运来的散料经尾车卸至臂架上的带式输送机，从臂架前端抛卸至料场。通过整机的运行，臂架的回转、俯仰可使料堆形成梯形断面的整齐形状。取料是通过臂架回转和斗轮旋转连续实现的。物料经卸料板卸至反向运行的臂架带式输送机上,再经机器中心处下面的漏斗卸至料场带式输送机运走。通过整机的运行,臂架的回转、俯仰,可使斗轮将储料堆的物料取尽。

A 按照工艺与结构分类

按照工艺斗轮堆取料机可分为堆料机、取料机、堆取料机、混匀堆料机、混匀取料机等。按照结构斗轮堆取料机可分为臂架式、门式和桥式斗轮堆取料机等。两种分法是相互交叉的,例如,堆取料机既有悬架式,也有门式和桥式。

(1)堆料机,如图2-7所示。其基本功能是将散料堆放在料场内,形成料堆。作业对象可以是煤炭、铁矿石,也可是水泥、磷矿石、粮食等各类散料。地面胶带机系统通过尾车与堆料机相连,散料沿着尾车爬升,到达一定高度后,抛落到悬臂胶带机上,随着悬臂胶带机运转,从卸料臂向地面堆场抛料,形成料场。

(2)取料机,如图2-8所示。其基本功能是在场内的料场上取料。取料机的悬臂长度决定了设备能够取料的范围。取料机悬臂长,取料范围广,但同时也意味着整机设备重量增加,制造成本高。悬臂短,设备重量轻,但取料范围窄,不能将料堆中远离取料机侧的物料取走。

图2-7 堆料机

图2-8 取料机

(3)斗轮堆取料机,如图2-9所示。通过对堆料和取料工艺加以规划,划分合理的作业时段,将堆料和取料功能集中到一台设备上,能够大幅降低设备成本,这种设备就是斗轮堆取料机,通常简称为斗轮机。

斗轮堆取料机按结构又分臂架型和桥架型两类。

1)臂架型斗轮堆取料机。如图2-10所示,臂架型斗轮堆取料机由斗轮机构、回转机构、

图2-9 斗轮堆取料机

图2-10 臂架型斗轮堆取料机

带式输送机、尾车、俯仰与运行机构组成，它有堆料和取料两种作业方式。堆料由带式输送机运来的散料经尾车卸至臂架上的带式输送机，从臂架前端抛卸至料场。通过整机的运行，臂架的回转、俯仰可使料堆形成梯形断面的整齐形状。取料是通过臂架回转和斗轮旋转连续实现的。物料经卸料板卸至反向运行的臂架带式输送机上，再经机器中心处下面的漏斗卸至料场带式输送机运走。通过整机的运行，臂架的回转、俯仰，可使斗轮将储料堆的物料取尽。

2）桥架式斗轮堆取料机。桥架式斗轮堆取料机按桥架形式又分为门式和桥式两种：

门式斗轮堆取料机，如图 2-11 所示。它有一个门形的金属结构架和一个可升降的桥架。门架横梁上有一条固定的和一条可移动且可双向运行的堆料带式输送机，在门架一侧的料场带式输送机线上设有随门架运行的尾车。斗轮通过圆形滚道、支承轮、挡轮套装在可沿升降桥架运行的小车上，桥架内装有带式输送机。

图 2-11　门式斗轮堆取料机

堆料时，物料经料场带式输送机、尾车转至堆料带式输送机上，最后抛卸至料场。通过门架的移动及其上的堆料带式输送机的运行，使物料形成一定形状的料堆。取料时，由横向运行的小车及其上的旋转的斗轮连续取料，物料在卸料区卸到桥架带式输送机上，最后转卸到料场带式输送机运走。通过桥架的升降和门架的运行，可将料堆取尽。

桥式斗轮取料机，如图 2-12 所示。与门式斗轮堆取料机在结构上的主要区别是，它没有高大的门架，桥架是固定不升降的，而且处于较低位置，没有堆料带式输送机和尾车。在斗轮的前方有固定在小车上的料耙，小车运行时带动料耙沿料堆端面运动，使上面的散料下滑，以便斗轮取料。料耙还能使由堆料机按不同物料分层堆放的物料在下滑时进行混匀，因此往往又称为桥式斗轮混匀取料机。

（4）混匀堆料机与混匀取料机。混匀堆料机与混匀取料机既有通用的散料堆、取功能，也有散料均化功能。基本原理是通过堆料机将各种散料堆存为分层的纵向料堆，再通过取料机在整个料场的宽度上取料，以保证取得的散料特性最为接近。混匀可以是钢铁烧结厂铁矿石的混匀、水泥厂的石灰石混匀、发电厂的煤炭混匀等，也可以是铁矿石、焦炭与石灰石等散料在喂入高炉前的混匀。混匀的重要意义在于经过均化后，原料的化学成分相对稳定，是保证产品质量稳定均衡的最简单、最可靠的办法。

如图 2-13 所示，混匀堆取料机通常是悬臂式结构，可以是单悬臂结构或者双悬臂结构。

图 2-12　桥式斗轮堆取料机

图 2-13　混匀堆取料机

单悬臂结构可增加回转功能，以便设备能够在轨道两侧的料场中作业，通常采用连续行走堆料的方式。若没有回转机构，也可直接在垂直轨道方向各布置一条固定悬臂，称为双悬臂堆料机。

B 按照生产能力分类

斗轮堆取料机根据生产能力和臂长可分为大、中、小三种形式：大型设备一般臂长 50 ~ 80m，工作能力在 6000 ~ 10000t/h 之间；中型设备臂长 40 ~ 50m，工作能力在 3000 ~ 5000t/h 之间；小型设备臂长 25 ~ 35m，工作能力在 300 ~ 2000t/h 之间。

2.2.2 操作规则与使用维护要求

斗轮堆取料机作业环境粉尘多，结构磨损快，工作时间长，操作人员容易产生疲劳。为了保障斗轮堆取料机能够无故障地运行并达到较长时间的使用寿命，保证操作、检修人员的安全，降低使用营运费用，在实际使用过程中，要严格遵守操作规程和使用维护要求。

2.2.2.1 堆取料机操作规则

为保证斗轮机的安全使用及操作人员人身安全，操作斗轮机必须遵循如下安全规则：

（1）操作者必须是经过培训，考试合格的专职人员。

（2）严禁超越说明书规定的堆取料能力，俯仰角度范围，回转角度范围进行工作。

（3）堆取料机正常工作条件的环境温度为 - 25 ~ + 45℃，七级风以下才能正常工作。

（4）经常检查限位开关的位置是否正确，制动器制动是否可靠，严禁随意移动限位开关及调整制动器。

（5）斗轮机只能在风速小于 20m/s 以下工作，因为夹轨器和走行机构制动器只能在风速小于 25m/s 时起到制动作用。斗轮机一旦被风吹走，再制动就困难了。为此，必须经常保持夹轨器完好，并定期检查风力警报系统，以确保其可靠性。工作时应遵守下列规定：1）当风速达到 16m/s 时，如不能保证工作安全，则操作者应停止工作，立即将斗轮机开到锚定位置，锚固、夹轨；2）当风速为 20m/s（8 级风）时，警报系统发出报警信号，应立即停止工作，开到锚定位置锚固，夹轨器夹紧，斗轮着地；3）控制室必须注意，当预测风速可能超过 25m/s 时，应保证有足够时间提前把斗轮机开到锚定位置锚固、夹轨，同时迅速将斗轮着地；4）斗轮机停止工作时，必须开到锚定装置锚固、夹轨，斗轮着地。

（6）作业过程中突然停电或线路电压波动较大时，司机应尽快切断电源总开关，各控制开关复零。

（7）作业时，严禁加油、清扫和检修；停机检修时必须切断电源。

（8）工具及备品必须贮放在专门的箱柜内，禁止随处散放。

（9）机上、司机室、电气室内禁止贮放易燃、易爆物品，并配备干式灭火器。

（10）经常清理梯子、平台、走道上的油垢、雨水、冰雪和散落煤块、煤粉等杂物。

（11）电气部分应有专职人员进行检查和维护，并应严格遵守电气安全操作规程。

（12）保持电动机和其他电气设备接地良好。

（13）用户要制定安全操作和检修维护规程。

（14）必须按规程作业和进行作业前的准备、作业后的结束工作。

2.2.2.2 堆取料机的使用维护要求

（1）斗齿和耐磨衬板是物料挖取和转载的关键部位，应定期检查，发现损坏及时更换。

（2）电气限位和检测开关是保障设备安全工作的关键元件，使用频率较高，应定期检查，发现损坏及时更换。

（3）液压系统和润滑系统的高压软管，无论是否已损坏，都应在保养期或失效之前更换，以免导致泄漏、停机等故障。

2.2.3　常见故障分析及处理

2.2.3.1　回转支撑常见故障分析及处理

（1）回转轴承辊柱和辊道破损。回转支撑是传递转台与门座架间各种载荷的重要部件，但轴承本身刚度很小，若转台与回转轴承相连的座圈刚度小，轴承受载变形较大，会改变辊子与辊道的接触状况，回转以上部分的载荷不再由全部的辊子承载，而是集中作用在小部分辊子上，从而加大了单个辊子所受到的压力，上仰和下俯大偏载工况下更为严重，变形严重时会减少辊子和辊道的接触长度，并导致接触应力大幅增加，使得辊柱和辊道磨损，轴承的安装面应有足够的强度和刚度，以保证轴承全部辊子参与承载。

回转轴承尺寸规格大，本身的加工质量受到制造精度、轴向间隙和热处理状态的影响很大，辊道表面淬硬层深度不足，心部硬度偏低时，重载反复作用下加剧了辊子和辊道的破坏速度，应选择质量好的轴承，以提高轴承寿命。

（2）回转轴承辊柱和辊道接触面产生胶合。润滑通道阻塞，回转轴承润滑不到位，辊柱与辊道之间存在干摩擦，在取料反复回转运行的情况下，金属干摩擦产生大量的热，降低了辊柱和辊道的硬度，使接触面产生胶合，造成破坏。应清洗辊道和辊柱，检修润滑装置，保证轴承得到充分润滑。

（3）回转轴承外齿圈断齿。回转外圈要承受水平挖掘载荷，回转启、制动惯性载荷与风载荷，在最不利的工况组合下，外齿圈承受的载荷往往会超过轮齿的承载能力。回转外齿圈与驱动小齿轮为开式啮合，环境恶劣，尤其是超载使用时，容易造成外齿圈断齿。应规范操作设备，避免造成突然性载荷。

（4）回转轴承外齿圈磨损。斗轮机回转速度较低，一般要求外齿圈和小齿轮的传动比在10左右，因此要求小齿轮硬度较高，而外齿圈硬度相对较低。由于运行结构的限制，一般驱动小齿轮的是悬臂支撑结构，自由端变形较根部大，使得与外齿圈的啮合偏离理论位置，在重载作用下会切断润滑膜，与外齿圈发生干摩擦，在齿面上磨出切屑痕迹。因此，润滑脂黏度适中，不宜过稀，必要时采用极压油脂。

（5）回转轴承保持架破损。在辊子和辊道存在剥落、破损等缺陷时，辊柱容易卡在保持架上，在外界重载作用下，相互挤压造成保持架破损，此时应及时检修轴承，更换保持架。

2.2.3.2　走行装置常见故障分析及处理

（1）走行装置的车轮啃轨。大车走行时车轮和轨道之间发生异常的声音，即轮缘和钢轨头部之间发生滑动摩擦产生的噪声。有时会出现车轮在走行一段距离后发生车轮在水平面内垂直轨道方向上窜动，并会冲击轨道。走行装置在轨道上行驶时如果出现啃轨现象是由多方面的原因造成的。如地面轨道的安装精度未满足设计要求，地面轨道在料场堆积物料后发生了水平方向上的漂移。另外，设备本身的制造与安装的精度达不到要求也是导致车轮啃轨的一个重要原因。这些情况出现严重时必须对轨道和设备进行必要的调整和修理，应立即按照相关制造要求和安装标准调整轨道。

（2）台车梁和平衡梁的开裂。在设计、制造台车梁和平衡梁时通常需要对其应力进行计算，以满足其强度和刚度的要求。有时会出现部分设备台车梁和平衡梁的钢板或焊缝开裂。这种情况的出现大多数是由于制造质量和钢板的质量存在问题，如果发现应及时进行修理和更换。

（3）车轮踏面出现点蚀和严重的磨损。有的斗轮堆取料机走行装置在车轮的踏面上出现了凹痕，并时有铁屑掉下，使得凹痕逐渐加重。这种情况主要是由两个方面的原因产生的，一是设备车轮的轮压超过了车轮能够承受的轮压，二是车轮的制造质量不良或车轮材料的热处理工艺未满足车轮工况的要求。

（4）驱动走行轮轴断轴。走行轮轴断轴是指在车轮轴上装有空心轴减速机，当设备使用一段时间后这个轴就出现了断裂，这种情况大多数是由于机构设计不合理所致。其原因是这个减速机是立式平行轴减速机，最末级的输出形式为空心轴形式。减速机的固定方式是在减速机的机体上设有连接法兰面，这个法兰面与固定在驱动台车上的法兰面相连接，并采用螺栓连接，这样就相当于减速机的壳体与驱动台车的机体成为一体。当车轴转动时会出现多余约束，即在一个轴上出现了四个支撑点而导致轴承承受了径向附加载荷而发生轴断裂。

（5）减速机高速轴断轴。减速机高速轴的断裂主要有两个方面的原因：一是减速机本身输入轴的质量问题，如第一级的伞齿轮轴存在较大的应力集中，长期疲劳后发生破坏；二是在使用了全部为平行轴的立式减速机时，减速机的固定方式是下部通过输出空心轴固定在车轮轴上，减速机的上部为一个固定活动环，减速机为浮动式固定。运行时电动机轴和减速机输入轴之间发生一定的径向窜动位移，产生的径向载荷最终导致减速机输入轴断裂。

（6）减速机漏油。减速机漏油是比较常见的故障。通常是减速机的质量问题，需要及时处理。如果运行时漏油严重，当漏油量达到一定程度时会使齿轮失去润滑油而造成齿轮磨损而损坏。

（7）平衡梁的销轴孔被压长。斗轮堆取料机的走行装置实际上是由多个驱动台车和从动台车组成，最终又有多个平衡梁将各个台车组成四个支腿。所有的连接都是由连接销轴连接。有时销轴连接处的挤压应力会很大，可能出现销轴孔被压长的情况，孔在沿装配方向上变成了椭圆。所以在设计连接销轴时，需要仔细计算和核对与销轴连接的各个平衡梁处的挤压应力。

（8）平衡梁连接销轴出现转动与平衡梁销轴的润滑。在整个走行装置上有许多平衡梁连接用的销轴，正常情况下销轴连接处的上部结构和销轴之间是不转动的，销轴是由轴端挡板固定在上部结构上，工作时销轴与其连接的下部结构之间发生微量转动。少数情况出现销轴与上部结构之间发生转动，并在转动后将轴端挡板顶坏，其根本原因是销轴与下部结构连接处的摩擦力过大。所以，在设计时需要在销轴和下部结构的连接处设有润滑系统，经常向此处加油脂，减少此处的摩擦力就不会发生销轴与所连接的上部结构之间发生转动。

（9）电动机的功率不足。走行装置驱动电动机的功率不足常常表现在使用过程中大车走不动，力量不够。这个时候往往是在大风逆风的条件下走行时表现出来。原因就是设计阶段电动机总功率选用过小所致。如果偶尔出现且不出现长时间的电动机过电流可以继续使用。如果问题严重需要通过增加驱动电动机的数量来解决。斗轮堆取料机工作时大车走行的功率应按照20m/s的风速来设计。

2.2.3.3　斗轮机构的使用维护

（1）检查料斗的紧固、磨损情况。料斗是斗轮机构最容易磨损的部位，如发现斗体变形，妨碍了正常取料，应及时修复或更换。斗齿磨损、脱焊，应进行堆焊。料斗磨损出现空洞造成漏料时，应及时进行更换。

（2）斗齿磨短时要补齐，斗齿头部磨损超过 1/2 时应更换，否则会增大挖掘力，降低挖掘能力。斗齿有缺齿、断齿或严重磨损时，应及时进行修复或更换。

（3）斗轮轴承是关键部位，应进行重点检查。首先应转动斗轮，查看斗轮转动是否灵活，然后打开轴承座，用汽油清洗轴承，检查内、外圈及保持架和滚动体是否有损坏的现象，用塞尺测量轴承间隙，并做好记录。向轴承座内补充油脂，加润滑脂量不超过轴承座容积的 2/3，轴承透孔盖应加密封，轴承座地脚螺栓应均匀紧固并有可靠的防松措施。斗轮机构稳定运行时轴承温升不高于环境温度 40℃。

（4）检查斗轮传动轴的磨损及润滑情况，必要时更换新油。检查斗轮轴上有无裂纹，有无过度的扭转变形。检查驱动减速机、电动机固定是否可靠，与斗轮体固定是否可靠。轮轴与斗轮体采用法兰连接的，应检查固定螺栓是否缺损，法兰与轴的连接是否有裂纹。检查轴承座是否定位可靠牢固。

（5）检查驱动装置。驱动机构的电动机、减速机等各元件应固定可靠无松动，发现松动应及时拧紧。泵的振动不大于 0.06mm，减速机的振动不大于 0.10mm。力臂无扭曲、弯曲变形。检查电动机轴与减速机轴的径向和轴向跳动不大于 0.08mm。偶合器稳定运行温度不得超过 120℃，定期更换油液，加油前清洗前后辅腔，油量参照电动机功率和偶合器型号确定，但不得超过内腔容积的 80%。检修偶合器时不得敲击壳体，检修后及时把防护罩装回原位。

> **思　考　题**

1. 斗轮堆取料机的工作原理是什么？
2. 斗轮堆取料机如何分类？
3. 斗轮堆取料回转支撑常见故障有哪些？
4. 斗轮堆取料走行机构常见故障有哪些？
5. 沿海地带的斗轮堆取料和内地相比，在结构上有什么不同？

2.3　桥式抓斗起重机

2.3.1　工作原理与功能

桥式抓斗起重机是一种搬运块状或粒状、粉状松散物料，可自动装料和卸料的专用机械，其特点是劳动强度低、劳动生产率高、操作方便、适用范围广等。在冶金、水泥、煤炭等企业被广泛采用。在烧结厂主要用于原料、燃料、熔剂的装卸，同时也可作为辅助中和混匀设备。

2.3.1.1　设备性能参数

桥式抓斗起重机的特征用起重量、起升高度、工作速度、跨度和工作类型表示。

（1）起重量。起重量是起重机械的主要参数，表示一台起重机能力的大小。起重机标称的起重量为额定起重量，它是指起重机实际允许的起吊最大负荷量，通常以吨为单位。目前我国起重机已有系列标准。

（2）起升高度。起升高度是取物装量的上极限与下极限位置之间的距离，又可称为起升的最大高度，以米为单位。

（3）工作速度。根据起重机具体条件及起重机所属的类型而定，工作速度可分为起升速度和运行速度。起升速度指抓斗开闭或提升时的速度，用 m/min 表示，运行速度是指桥架和小车运行时的速度，以 m/min 为单位。

（4）跨度。跨度表示起重机工作范围的大小，主要根据具体作业需要及机器结构的可能性而定。桥式起重机主梁两端车轮中心线的距离，即大车轨道中心间的距离，称为桥式起重机的跨度，以米为单位。

（5）工作类型。起重机各工作机械具有重复短暂的工作特征，不同场合、不同机构在时间上被利用的程度及其载荷波动的程度是不一样的。在考虑起重机各部分的强度、疲劳、磨损和发热情况时，必须考虑它们实际的工作条件，即以实际的工作繁忙性、载荷特征及环境条件为根据。工作类型即由以上这些因素而定。目前，国内起重机划分为轻级、中级、重级和超重级四种工作类型。

2.3.1.2 结构

桥式起重机主要是由三相交流绕线式感应电动机，其次是鼠笼式电动机，通过机械组件（如各类齿轮减速机、滑轮、车轮）传递动力和运动。桥式抓斗起重机结构如图 2-14 所示。

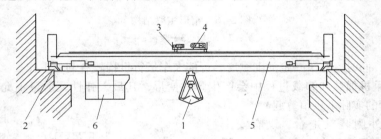

图 2-14 桥式抓斗起重机结构示意图
1—抓斗；2—大车运行机构；3—小车运行机构；4—升降开闭卷扬；5—桥架；6—操作室

桥式抓斗起重机一般由桥架、大车运行机构、小车运行机构、抓斗及起升开闭机构、操作室、小车导电装置、起重机总电源导电装置（大滑线装置）、附属安全装置等组成，下面将分别概述各装置的结构及作用。

A 桥架

桥架由主梁、端梁、走台等部分组成，主梁有箱形、桁架、腹板、圆管等形式，走台在主梁的外侧，用于安装及检修大车运行机构和放置某些电气设备以及小车导电滑线等。端梁用于装置大车轮，一般分为两体由中间接头连接组成。桥架是桥式起重机的基本构件。

桥式抓斗起重机的桥架一般是箱形的双梁桥架，这里主要介绍这种，它是由两个箱形主梁和两个箱形端梁组成，其结构见图 2-15。

桥架主梁主要受弯矩或弯矩与扭矩的联合作用力。由结构力学可知，若结构采用薄板闭合断面，在重量和尺寸都有利的情况下，使结构获得较大的刚度。为保证薄板组合梁的几何不变性和薄板受压区域的稳定性，在主梁内部多处还装设肋板。

两个箱形主梁（图 2-16）均制作成具有一定上拱度形状，因为桥式起重机在运送物件时，物件对大梁产生载荷，主梁会产生下挠。如果没有上拱度，小车在运行中会产生附加阻力或自

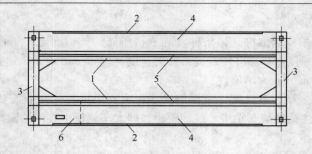

图 2-15　桥架结构示意图

1—主梁；2—栏杆；3—端梁；4—走台；5—小车轨道；6—操作室

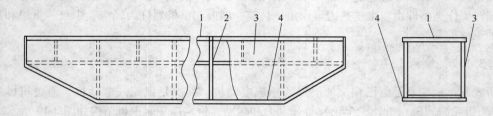

图 2-16　箱形主梁结构

1—上盖板；2—肋板；3—腹板；4—下盖板

动向中间滑动。同时，有了一定的上拱度，可使大车运行机构较有利地工作。

主梁在起重机加载和卸载过程中会产生弹性变形，其最大弹性变形量不允许超过跨度的 1/800（由负荷的实际上拱值算起）。

在主梁的外侧装有走台，设有安全栏杆，在两端装有门，门上有安全开关。操作室一侧的走台上有大车走行机构，另一侧装有小车滑触线、集电器、电缆。主梁上方铺设小车轨道。

B　大车运行机构

大车运行机构由电动机、制动器、传动轴、减速机、联轴器、车轮等部件组成。

大车运行机构的驱动方式一般有两种，

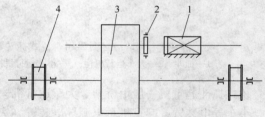

图 2-17　大车的集中驱动

1—电动机；2—制动器；3—减速机；4—车轮

一种是集中驱动（图 2-17），另一种是分别驱动（图 2-18）。集中驱动是电动机通过一台减速器上的双头慢速输出轴驱动车轮行走。分别驱动则是桥架两边的车轮有两个相同的驱动装置独

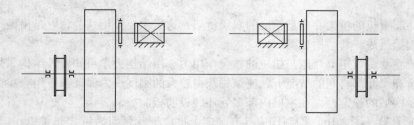

图 2-18　大车的分别驱动

立驱动，此种驱动装置装拆方便，运行性能好，工作时不受桥架主梁变形影响，工作寿命长。

C　小车及运行机构

小车由小车架、起升机构及运行机构等部分组成，小车架上承载运行小车上所有的机械和电气部件，因此它应具有足够的强度与刚度，以保证各部件在工作时正常运行。

小车运行机构主要用来驱动小车行走，它包括电动机、制动器、联轴器、减速机、角型轴承箱及车轮等。

小车运行机构的驱动方式一般分为两种：一种是减速机在中间的中间驱动式（图2-19a），另一种是减速机位于小车一侧的侧边驱动式（图2-19b）。近年来，小车运行机构广泛采用了分别传动方式，以比较先进的三合一传动件（即电动机、减速机、制动器装成一体）作为驱动装置。

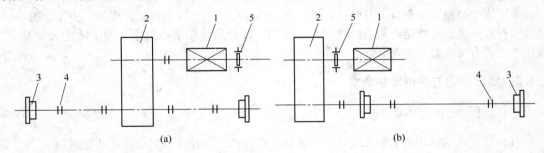

图 2-19　小车运行机构

（a）中间驱动式；（b）侧边驱动式

1—电动机；2—减速机；3—车轮；4—联轴器；5—制动器

三种驱动方式各有特点，减速机位于一侧的方式，安装与维修比较方便；减速机位于中间的方式，减速机的输出轴及两侧的传动轴所承受的扭矩比较均匀；第三种方式（即三合一体）结构紧凑，装拆十分方便，它集中了前两种方式的优点。

D　抓斗及起升开闭机构

抓斗是搬运散料物品的取物装置，它由颚板、扇形侧板组成的两片斗以及上下滑轮箱、支撑腿、平衡板所组成，如图2-20所示。

起升和开闭机构中主要部件之一是卷筒。卷筒有两套，一套用于抓斗上升下降，另一套用于抓斗打开与闭合。电动机通过制动轮、联轴器与减速机连接。减速机的输出轴与缠绕钢绳的卷筒连接，电动机的力矩传到卷筒后，卷筒运转，从而通过缠绕在卷筒上的钢绳绕放带动抓斗上升、下降和打开、闭合。

抓斗内载荷的充满程度，是抓斗起重机的一个重要操作特性。为了保证抓斗具有良好的抓取性能，常将抓斗的自重设计成与所抓物料的重量相近。抓斗颚板的几何形状对抓斗关闭后的装满率有直接影响，故不同物料要用不同的抓斗。为了搬运矿石、石块、金属等，或者用于挖掘工作，还在抓斗颚板上装置耐磨材料制成的斗齿。

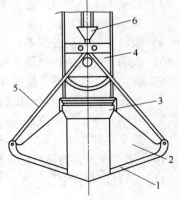

图 2-20　抓斗结构示意图

1—颚板；2—扇形侧板；3—下滑轮箱；
4—上滑轮箱；5—支撑腿；6—平衡板

E　操作室

操作室又称驾驶室，在操作室内，主要装有大、小车运行机构和起升开闭机构的操纵系统及相关装置，如控制器、控制屏及照明开关箱、相关安全开关（如紧急开关、电铃开关、报警器等），以及司机座椅。

操作室一般固定在主梁一侧的下方，根据工作环境和需要，有敞开式和封闭式两种。

F　其他装置

起重机桥架运行动力一般由摩电道（即三根平行的角钢作为输送电缆，由桥架上的摩电块作为受电器组成）及导电装置来完成电力输送。小车电源有的用桥架输送形式，有的由电力电缆及小滑车来完成。近年来，安全滑触线的应用，避免了裸滑线的不安全因素，有逐渐取代裸滑线的趋势。

为了安全起见，起重机上各舱口、操作室门等处均安装有安全开关，桥架、小车、抓斗等处装有行程开关，桥架运行轨道两终端装有车挡，以避免摔车事故发生。为了防止火灾发生，操作室还备有灭火器等装置。

2.3.2　操作规则与使用维护要求

2.3.2.1　操作前检查

（1）岗位人员必须持有技术合格证、特殊工种操作证操作牌方可启动抓斗起重机。

（2）确认 TC 盘和 B 型盘的各接触点接触良好，各控制器灵活，事故开关正常。

（3）确认电动机滑环无麻点，线圈无破损，无烧损现象。

（4）确定各运行机构制动器良好。

（5）确定走行轨道、减速机、电动机及联轴器、卷筒、钢绳、抓斗完好。

（6）空载操作无异常现象。

2.3.2.2　操作程序

（1）接到上料信号，抓斗司机应在启动抓斗前响铃警示，通知周围的人离开作业区域，第二次响铃送电，第三次响铃开车。

（2）拨动大车控制器，将大车开至要抓物料堆上方。

（3）拨动小车控制器，使抓斗对准要抓的料堆。

（4）拨动抓斗卷扬控制器，使抓斗张开。

（5）拨动升降卷扬控制器，使抓斗向料堆下落。

（6）拨动抓斗控制器，使抓斗闭合，然后将抓斗提起。

（7）当抓斗提升到一定高度后，停下卷扬将小车开到适当位置。

（8）开动大车至卸矿位置，再开动小车。

（9）抓斗对准卸矿位置，逐渐张开抓斗卸料。

（10）第一次抓完物料后，重复以前的操作。

（11）抓料作业完毕后，将大车开至停车台，将各控制器拨至"0"位，并切断相关电源。

2.3.2.3　运转中异常状态的紧急处理

（1）制动器抱闸失灵（打不开，闸不住）。

1）闸不住：应立即全速启动电动机，下放抓斗。

2）制动器抱闸打不开、液压推杆不灵：制动器抱闸线圈烧损，及时停车进行维修处理。

（2）钢绳掉道应停车处理复位；销子脱落应及时复位后方可抓料。

（3）传动部位发出异常响声，应立即停止操作，确认情况后作出决定。

（4）发现小车走行轮掉道，不能再行走，应将抓斗的物料卸空，进行检修处理。

2.3.2.4 运转中的注意事项和严禁事项

（1）严禁使用起毛刺严重的钢绳（按钢绳报废标准）。

（2）大、小车行走轮出现卡、赶道的现象应注意操作，并及时进行维修处理。

（3）严禁斜拉、歪抓、甩抓斗，应直上直下取料。

（4）取料时抓斗应横向依次截取，严禁乱抓乱取。

（5）抓斗运行中应保持平稳，严禁高速启动和紧急制动。

（6）严禁大车、小车碰撞两端车挡。

（7）严禁超负荷抓物料。

（8）严禁吊车在运行中打反接制动。

（9）严禁抓斗重负荷运行中，突然打反向操作。

（10）严禁在不拆除抓斗，将抓斗起重机作为起重机用于起吊物件。

2.3.2.5 操作维护人员点检及维护

（1）操作人员必须按表 2-5 进行操作点检。

1）每月至少检查一次主梁和端梁是否有裂纹，轨道是否有断裂现象和轨道接口是否有偏移，轨道的压铁是否松动。

2）每周至少检查一次抓斗斗体，上下横梁、颚板、抓牙、支撑板是否有裂纹，及钢绳的磨损情况，并做好记录。

表 2-5 操作点检表

序 号	部 位	检查内容	检查标准	检查方法	检查周期
1	电动机	温 度	<65℃	手 摸	2h
		运 转	平稳，无杂声	手摸耳听	随 时
		接手地脚螺栓	紧固，齐全	手摸观察	8h
		滑环炭刷	无麻点，完整	观 察	8h
		电 阻	完整，不断	观 察	8h
2	减速机	各部螺栓	牢固，安全	手摸观察	随 时
		油 位	油标中线	看油标	随 时
		运 转	平稳，无杂声	手摸耳听	随 时
		安全罩	齐全，可罩	观 察	随 时
3	制动器	闸轮闸皮	完 整	观 察	随 时
		闸 架	灵 活	观 察	随 时
		电磁铁	能吸住	试 车	随 时
		电力液压推动器	工作灵活	试 车	随 时
		运 转	能抱住	试 车	随 时
4	起重机	小 车	灵活，不赶道	观 察	随 时
		轨 道	牢 固	观 察	随 时
		卷 扬	灵活不卡	观 察	随 时

（2）桥式抓斗起重机维护要求。

1）生产和巡回检查中发现问题应及时处理。

2）抓斗各油点油枪每间隔2天加油一次，大、小车走行轮定期加油，每次加油量要使各油点见新。

3）积灰积料、油泥及杂物应及时清除。

4）当吊车运转中突然发生故障，应检查处理后，方可运转。

5）卷扬制动器不好使用时，处理后方可抓料。严禁打反接制动抓料。

6）定期检查钢丝绳和对其润滑。对钢丝绳润滑时一定要用钢丝绳润滑脂。如有一股钢丝绳断裂，钢绳也应报废，重新更换钢绳。

7）抓斗每工作一周至少需检查一次抓斗斗体、上下横梁、颚板、抓齿、支撑杆等是否有裂纹、开焊、变形等缺陷，上下方箱滑轮组是否运转灵活，润滑油是否充分。

8）滑轮罩磨损或罩与滑轮间的间隙过大是造成钢绳脱槽的原因。只要保证罩不与滑轮摩擦，间隙应越小越好。

9）起重机各机构的使用寿命很大程度取决于正确的润滑。因此，操作人员和维护人员要经常检查各运转部件的润滑情况及定期合理地向各润滑点加注润滑油。

2.3.3　常见故障分析及处理

2.3.3.1　车轮啃道

起重机的正常运行是"蛇"形前进的，因此，车轮的轮缘贴着轨道侧面运行，车轮的轮缘与轨道的侧面有轻微的摩擦，这是属于正常的导向。

所谓车轮啃道是指轮缘与轨道的严重抵触，在同一方向运行时，车轮一侧的轮缘始终抵着轨道侧面，并且发出响声产生剧烈的振动，轮缘很快被磨损。

常见的车轮啃道有下列几种：

（1）车轮歪斜，是产生车轮啃道的主要原因。造成车轮歪斜，一般是由于车轮安装不当和在使用过程中车架变形所引起的，车轮踏面中心线不平行于轨道中心线。因为车轮是一个刚性结构，它的行走方向永远向着踏面中心线的方向前进。因此，当车轮沿着轨道走一定距离后，轮缘便与轨道侧面摩擦而产生啃道。

纠正办法是重新调整车轮的位置。在调整时，把车轮的四块定位键板全部割掉，重新找正定位、按移动记号将轮子和键板装好，开空车试验，调整至不啃道时，将定位板焊好。为了防止由于焊接变形，采取焊一段再试车，再焊的办法。

（2）车轮不同步引起的啃道。如在往返行程中啃道方向相反，则两个电动机或制动器不同步的可能性最大。若是车轮直径（主动轮）不等也会产生车轮啃道。这是因为两个主动车轮的直径差异影响其线速度不等而引起啃道。

其原因前者因电动机非同一制造厂制造或同一厂制造但非同一时期所出的电动机可能转速有较大差异；两个制动器调整不一致，有附加力矩现象。后者车轮直径不等：一是加工精度不好；二是车轮表面淬火硬度不均，经过使用后两主动轮有不均匀磨损所致。

处理方法应选配转速一致的电动机，检查调整制动器，使两个制动器制动力矩达到一致。由主动轮引起的啃道应更换新的主动轮。

（3）轨道的缺陷。如在其一行程上啃道，则轨道安装不正确的可能性较大，尤其是方钢轨道，因为在方钢上行走的主动轮没有锥度，失去自动调节线速度的作用，以致容易啃道。轨道缺陷如相对高不等，使起重机主梁倾斜；轮跨和轨跨的尺寸有误差，对轨跨可能是全长尺寸或局部的尺寸不对；轨道顶面倾斜，使车轮轮缘与轨道和轨道侧面磨损；轨道接头不齐，左右偏移大，当轮子通过时引起摩擦；轨道顶面有过多油污，使主动轮打滑，造成车体扭斜等。

以上现象主要针对轨道缺陷的具体情况加以调整，如调整不过来时则应更换新的轨道并按安装技术要求调整好。在主梁变形的情况下，调整大车轮要以轨道为基础，不要单靠主梁，在实际使用过程中，只要大车能够正常运行，车架稍微倾斜也影响不大。

（4）传动系统的啮合间隙不等，也会造成啃道。这是由于使用过程中不均匀的磨损，使减速机齿轮、联轴器齿轮的啮合间隙不均，在起步或停车时有先后，使车体扭斜而啃道。这就要通过检查来更换损坏的零件，达到消除啃道缺陷。

2.3.3.2　小车轮行走不平及打滑

小车车轮行走不平（三条腿现象）是一个比较复杂的问题，有各种各样的原因。小车车轮行走不平，是指小车车轮支撑着的小车体中的某一个轮子的滚动面与轨道的接触之间有间隙，从而造成小车行走不平。

（1）某一个车轮沿全长轨道运行时总是表现不平，造成这种现象主要有以下三种原因。安装时，四个车轮的中心线不在同一水平面上，其中必有一个轮子与轨道面有间隙；四个轮子的中心线虽然在同一水平面上，但其中一个直径太小；对角线上的两个轮子中心线不一致或两个轮子直径太小，当三个轮子着轨后，必有一轮悬空。

根据实践证明，车轮不平基本出现在某一主动轮上。处理办法则不论毛病出在哪一个轮子，一般不调整主动轮。因两主动轮的轴是同心的，移动主动轮会影响轴的同心度，以主动轮为基准去调整被动轮。若两主动轮直径相差太大，则应更换主动轮。

（2）某一主动轮在全长的轨道上，产生局部高低不平时，主要是小车轨道不平，有局部凹陷或波浪形，若当小车运行到轨道的局部凹陷时，则处于凹陷处的小车轮悬空或轮压大大降低而出现高低不平现象。

其修理办法主要是对轨道的相对标高和直线性进行修理，在轨道进行局部修理时，应注意顶轨道的工具要放置在主梁内柱板附近，以免使盖板变形。在加力顶时，为防止轨道的变形，需将弯曲部分附近加压板压紧后再顶。轨道在极短的距离内有凹陷现象时，要想调平是很困难的，对于这种情况，可采用补焊的方法来找平。

（3）小车轮打滑。主要原因是两个主动车轮的轮压相差太大；主动轮有高低不平现象；电动机的启动转速太高；轨道上有油、水或结冰。

当用肉眼检查不出是哪一种情况打滑或是哪个轮子打滑时，可用两根直径相等的铅丝放在轨道面上，将小车移到此处压铅丝，然后移开小车，用卡尺测铅丝厚度，铅丝厚的一轮说明该轮轮压小。也可将细砂均匀地撒在打滑地段的一根轨面上，开车往返几次，若仍打滑则说明不是这个主动轮有问题，而是另外一个轮子。当找到打滑的原因后就可以针对性处理。

2.3.3.3　减速机故障

升降卷扬减速机和抓斗减速机损坏是起重机中最常见的故障。以20t抓斗起重机为例，大部分减速机的壳体采用灰口铸铁，壳体受到一定的冲击力，发生裂纹或是破损。发生故障原因是多方面的，一是冲击力，这是操作人员操作不当所引起的，在抓斗上升、下降还没有停稳时，进行反向操作，电动机的快速反向运转，使还在运转中的齿轮，突然反向加力，就会导致减速机内传动二轴的轴齿打坏或是机壳破损。二是抓斗抓料时，抓斗的歪拉斜拽，导致钢绳不能按卷筒绳槽排列运行。卷筒受到钢绳轴向力的冲击，卷筒向减速机方向窜动，就会将卷筒支撑座顶破。三是卷筒磨损严重，绳槽磨损后，钢绳就不会整齐地顺着绳槽进退，发生紊乱，后面的钢绳压到前面的钢绳上，发生崩绳，亦可导致前述事故。四是乱绳，抓斗在放到地面后，放松的钢绳太多，上升时，钢绳又没有整齐地排列到绳槽内，乱绳、堆绳没有及时处理，就会使卷筒发生轴向传动窜动，导致卷筒支撑座破损等事故。

处理办法：一是在条件允许的情况下，可改进减速机壳体材质和制作工艺，采用结构钢焊接经热处理后制作的壳体，可大大提高抗冲击能力。二是操作人员要规范操作，上升或下降抓斗时，一定要等停稳后，再作反向操作。三是抓料时不能歪拉斜拽，这样就能使钢绳顺利排列卷筒，不至于钢绳乱槽，发生窜动。四是及时更换磨损严重的卷筒，新卷筒能使钢绳在上升、下降过程中能有效排列到绳槽中。

2.3.3.4　其他机械故障的处理

其他机械故障原因及处理方法见表 2-6。

表 2-6　桥式起重机一般故障原因及处理方法

缺陷及故障现象	原 因 分 析	处 理 方 法
(1) 滑轮不均匀磨损 (2) 滑轮不转	(1) 滑轮不活 (2) 钢绳不正 (3) 心轴损坏	(1) 加油 (2) 磨损量超过 3mm 更换 (3) 调整钢绳，更换或加油
(1) 卷筒裂纹 (2) 卷筒槽磨损大	(1) 载荷大或冲击载荷 (2) 使用时间长	更换
(1) 减速机发热 (2) 漏油 (3) 响声大	(1) 油脂不好，轴承坏，透气孔堵 (2) 机壳振松，回油孔堵塞 (3) 齿轮磨损，轴承间隙大	(1) 换油，检查换轴承，疏通透气孔 (2) 重新密封，疏通回油孔 (3) 调整轴承，更换齿轮
(1) 齿接手损坏 (2) 传动轴弯	(1) 齿缺油，疲劳磨损 (2) 强度不够，疲劳	(1) 更换 (2) 更换轴
小车停不住	(1) 轨道不平 (2) 大梁下挠	(1) 调整轨道 (2) 处理大梁下挠
(1) 制动器过热 (2) 不能刹住重物	(1) 制动器开口间隙小 (2) 杠杆系统卡住 (3) 制动轮有油 (4) 闸瓦磨损过大 (5) 制动杠杆松 (6) 液压推杆不灵	(1) 调整闸杆 (2) 加油润滑，调整灵活 (3) 用煤油清洗 (4) 更换闸瓦 (5) 调整锁紧螺母 (6) 检查调整
钢绳磨损剧烈	(1) 滑轮不转或损坏 (2) 绳通道边紧压障碍物	(1) 更换滑轮 (2) 检查消除障碍物
抓斗漏料严重	(1) 刃口板过度磨损 (2) 斗板变形合不严	(1) 更换刃口板 (2) 处理变形加焊加固
斗角焊缝开焊	碰撞所致	用锰钢合金焊条及时补焊
钢丝绳易脱槽	(1) 滑轮罩磨损或变形 (2) 滑轮破损	(1) 修复滑轮罩 (2) 更换滑轮

思 考 题

1. 桥式抓斗起重机由哪几大部分组成？
2. 运行机构的主要部件有哪些？
3. 车轮啃道的原因有哪些，怎样排除？
4. 大车运行驱动方式有哪两种？
5. 减速机齿轮缺陷有哪几种？

2.4 原燃料破碎设备

烧结用原燃料主要包括铁矿石、石灰石、煤、焦炭等，原燃料破碎的目的是粉化筛选，提高纯度；细化粒度，提高利用率；应用充分，降低能耗。破碎主要包括原料破碎和燃料破碎。原料破碎包括铁矿石、石灰石等破碎，燃料破碎包括煤和焦炭的破碎。铁矿石的用料量大、原矿可利用率低、细化后扬尘率低、便于运输，为了减少运输量，降低环境污染，将铁矿石的破碎工作放在矿山采选矿工艺中；而石灰石（熔剂）、煤、焦炭等，由于用料量小、原矿可利用率高、细化后扬尘率高、不便于运输，故将石灰石、煤、焦炭的破碎工作放在烧结工艺中。

为了降能节耗，提高利用率和生产效率，降低制造成本，煤和焦炭的破碎又细分为两级：粗破和精破，即两段开路破碎；也有少数烧结厂根据进厂燃料粒度和性质仅采取精破，即一段开路破碎，见图 2-21a。其中粗破设备有对辊破碎机和反击式破碎机，精破设备有四辊破碎机和棒磨机等。石灰石的制造成本较低，且破碎难度低，故其破碎一般只用单级破碎（见图 2-22），主要有锤式破碎机等设备。

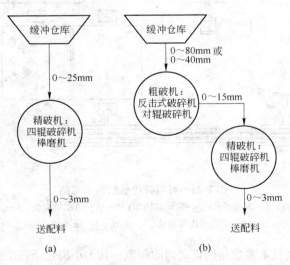

图 2-21 燃料破碎筛分流程
（a）一段开路破碎流程；（b）两段开路破碎流程

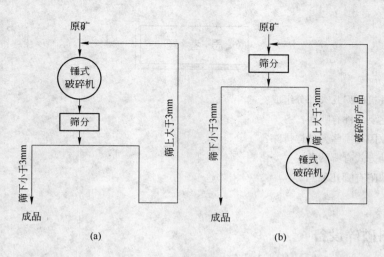

图 2-22   熔剂破碎筛分流程
（a）先破后筛式；（b）先筛后破式

2.4.1   对辊破碎机

2.4.1.1   工作原理及功能

对辊破碎机是烧结燃料破碎设备之一，一般用作燃料的粗级破碎。它主要是由两个平行安装的圆柱形辊子组成，见图2-23。由于辊子的转动，把物料带入两个辊子的间隙内，使物料受挤压而破碎。对辊破碎机主要由机架、辊子、调控装置、驱动机构和防护罩等部分组成。其主要用途是对燃料进行初级破碎，为精破碎提供原料准备。

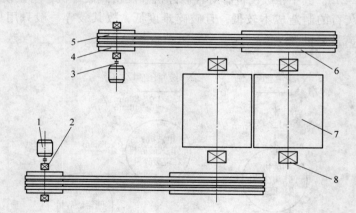

图 2-23   对辊破碎机结构示意图
1—电动机；2—滚动轴承；3—齿轮联轴器；4—小三角皮带沟轮；5—三角皮带；
6—大三角皮带沟轮；7—辊子；8—滚动轴承

对辊破碎机的主要技术参数是两辊之间的间隙，其大小决定于两个方面的因素：一是破碎粒度的大小需求；二是对辊子寿命长短要求。一般首先要保证生产的需要，尽可能调小该间隙，以满足下道工序四辊破碎机的用料需求，同时为了保证辊子的使用寿命，还要保持两辊之间有适当距离。两个因素平衡的结果就是最佳间隙。间隙可通过调整穿心螺杆实现：若实际间隙大于理论间隙，先将主、被动辊之间的调整垫取出适当厚度，再用千斤顶将两辊收紧到需要的间隙，固定好调整垫，拧紧穿心螺杆即可；反之，若实际间隙小于理论间隙，作反向调整即可实现。

2.4.1.2 操作规则与使用维护要求

A 操作规则

(1) 按"启动"按钮，使对辊破碎机运转；

(2) 合上给料皮带机的电磁铁电源开关；

(3) 待电磁铁工作正常后，合上给料皮带机电源开关，启动皮带机；

(4) 待皮带机运转正常后，启动电振给料器，打开给料闸门给料；

(5) 停机时，先关给料闸门，再停振给料器，待皮带机上的料转完后停皮带机，待对辊中的料卸完后停对辊；

(6) 切断电磁铁的电源，清扫电磁铁下的铁杂物；

(7) 根据产品粒度，调整对辊的间隙；

(8) 运转中的注意事项：1) 运转中随时注意穿心螺杆、传动皮带的情况；2) 运转中注意调整物料，使其均匀地分布在辊子全长上；3) 随时检查辊子轴颈处的密封圈，发现损坏应及时联系处理；4) 注意矿槽棚料，应用风管捅开；5) 严禁带负荷启动对辊破碎机。

B 使用维护要求

a 维护规则

(1) 生产和操作点检中发现问题，应及时联系处理；

(2) 保持各润滑点良好，每4h加油一次；

(3) 生产完后应将积料和设备清扫干净；

(4) 检查清扫器、辊子罩子，有积料及时消除。

b 点检标准

对辊破碎机的点检标准见表2-7。

表 2-7 对辊破碎机的点检标准

部 位	检查内容	检查标准	检查方法	检查周期
电动机	温 度	<65℃	手摸	8h
	运 转	平稳，无杂声	耳听	8h
	联轴器地脚螺栓	紧固，齐全	手摸、观察	24h
破碎机本体	三角皮带及大小三角皮带沟轮	完 整	观 察	48h
	轴承温度	<65℃	手 摸	24h
	密封圈	完 整	观 察	24h
	穿心螺杆	完整，不变形	观 察	24h
	润滑部位	有 油	观 察	4h
	运 行	平 稳	耳 听	4h

2.4.1.3 常见故障原因及处理方法

对辊破碎机常见故障原因及处理方法见表2-8。

表 2-8 对辊破碎机常见故障原因及处理方法

故　障	原　因	处　理　方　法
堵　料	（1）辊子间隙过小，对辊来料粒度粗，辊皮咬不住物料，造成不能排矿 （2）给料量太大、太湿	（1）重新调整间隙并恢复给料破碎 （2）对粗破要把关，注意物料水分，给料量要适当
声音异常	（1）联轴器打滑 （2）辊皮或辊皮穿心螺杆窜动 （3）轴承无油 （4）辊子间有夹杂物 （5）弹簧橡皮垫损坏	（1）更换联轴器 （2）将辊皮重新固定。拧紧穿心螺杆并焊死 （3）加油或更换轴承 （4）停止上料，清除夹杂物 （5）更换橡皮垫
产品粒度不合格	（1）内衬板与辊皮间隙过大 （2）给料量超过规定 （3）弹簧丝杆松，辊子间压力变小，粒度变粗	（1）调整内衬板与辊皮间隙 （2）调整给料量 （3）拧紧弹簧丝杆

2.4.2 反击式破碎机

2.4.2.1 工作原理及功能

反击式破碎机是烧结燃料破碎设备之一，一般用作燃料的粗级破碎。反击式破碎机主要是由机壳、转子及反击衬板等部件构成，见图2-24。它通过三角带或直接由电动机传动。机壳的四周开有几个小门，以便检查转子的运转情况和更换被磨损的部件，机壳的内表面装有耐磨钢板制成的反击衬板。前、后反击衬板为焊接结构，在反击衬板的表面装有高锰钢衬板，它在机壳上、下端可以移动以便调整。当板腔内落入杂物时，反击衬板可自动升起、后退，把杂物放过，而不致损坏机器和其他部件，这一保护作用是通过反击衬板后面的弹簧连杆装置来实现的，有的是将反击衬板制造得重些，靠其自重来起保护作用。

转子是机器重要的工作部件，一般是用铸

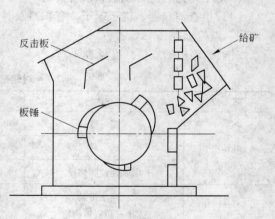

图 2-24 反击式破碎机结构示意图

钢或钢板焊接而成。转子与主轴连接，轴两端由轴承支撑，固定在机壳上。在转子的圆柱面上装有三个（或多个）坚硬的板锤。板锤是用抗冲击耐磨性能良好的材料制成，且要求安装得牢固而又容易更换。当物料由进料口进入破碎机后，被飞速旋转的转子上的板锤冲击，以很快的速度按切线方向冲向第一块反击衬板，其与反击衬板冲撞后又返回转子方向受第二次冲击，物料在两个破碎腔中被反复地碰撞而破碎，然后达到所要求的粒度，从转子的下方排料口排出。

反击式破碎机的重要参数是转子旋转时的线速度。当其他条件相同时，无论破碎燃料或其他物料，转子速度越高，则破碎产品中含0～3mm粒级的部分越多。反击式破碎机具有生产能力大，结构简单，破碎效率高等特点，雨季水分大时，对破碎工作的影响也没有对四辊破碎机大。

2.4.2.2 操作规则与使用维护要求

A 操作规则

(1) 开机前的检查与准备工作：1) 开机前对各连接部位、电动机、传动皮带机等有关设备进行点检；2) 将各检查孔关闭密封好；3) 进行人工盘车数次。

(2) 加料操作程序：1) 检查完毕，情况正常，关好机体的各个小门，将配电盘上的选择开关转至手动位置，将机旁操作箱上的事故开关合上，即可按操作箱上的启动按钮，破碎机随之启动，待机器运转正常后可开始均匀加料，停机时按停止按钮，并切断事故开关；2) 启动时，破碎机运转正常后，将选择开关打在自动位置，然后把电磁分离器开关和事故开关闭合，方可与中央控制室联系，参加连锁启动，停机时，切断电磁分离器开关和事故开关，并清理电磁分离器上的废钢铁等，系统需要手动时，将选择开关打到手动位置；3) 反击式破碎机启动前，先联系启动除尘风机。

(3) 运转中注意事项：1) 严禁非破碎物进入破碎机内，特别是金属物进入破碎机内；2) 在清除筛条间的堵塞杂物时，要切断事故开关；3) 加料时要连续均匀地布满转子全长，停机后应检查筛条是否有堵塞现象，并及时清理反射板；4) 停机前首先停止给料，把机内物料转空后方可停机。

B 使用维护要求

(1) 维护规则。

1) 生产和操作点检发现的问题，应及时处理。

2) 保持各部位润滑良好，每4h打油一次。

3) 生产完后将积料和设备清扫干净。

4) 开展设备三清工作，各部位有积料及时清理干净。

(2) 点检标准。反击式破碎机的点检标准见表2-9。

表2-9 反击式破碎机的点检标准

部 位	检查内容	检查标准	检查方法	检查周期
电动机	温 度	<65℃	手 摸	8h
	运 转	平稳，无杂声	耳 听	8h
	接手及地脚螺栓	紧固，齐全	手摸、观察	24h
破碎机本体	轴承温度	<65℃	手 摸	24h
	密封圈	完整	观察	24h
	板锤	不掉，不磨损	观察	72h
	三角皮带及大小三角皮带沟轮	完整	观察	48h
	振动弹簧	完整，可靠	观察	24h
	润滑部位	有油	观察	4h
	运 行	平稳	耳 听	4h

2.4.2.3　常见故障原因及处理方法

反击式破碎机故障原因及处理方法见表2-10。

表 2-10　反击式破碎机故障原因及处理方法

故　障	原　因	处 理 方 法
转子不动或机内卡料	(1) 机内有大块和积料 (2) 转子发生窜动 (3) 板锤螺栓松动 (4) 锤体移动，发生无间隙磨损	(1) 切断事故开关 (2) 打开封闭门清理 (3) 处理杂物积料并及时检查调整 (4) 进行盘车，使转子有回转自身惯性力
堵料嘴	有大块或杂物	清理
皮带脱落	(1) 三角皮带松 (2) 皮带轮不正	(1) 打蜡或张紧皮带 (2) 停机调正
转子振动大	(1) 板锤脱落 (2) 板锤磨损不均匀 (3) 转子筒体不平衡	(1) 补齐板锤或更换 (2) 全部更换板锤 (3) 转子找平衡

2.4.3　四辊破碎机

2.4.3.1　工作原理及功能

四辊破碎机是用于燃料精细破碎的设备，主要是由上下两组平行安装的圆柱形辊子组成，见图2-25。由于辊子的转动，把物料带入上组两个辊子的间隙，物料受挤压而破碎，落到下组两个辊子之间的间隙后再次进行破碎。因此，四辊可以看作是重叠起来的两组对辊破碎，其目的是增大破碎比，减少占地面积。四辊主要由机架、辊子、调控装置、传动装置、车辊机构和防护罩等部分组成。

四辊的两个机架用螺栓固定在混凝土基础上，上下各一对平行辊安装在机架上，上下辊各

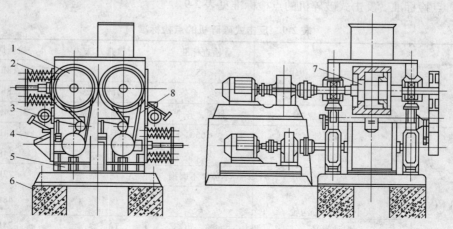

图 2-25　四辊破碎机结构示意图

1—辊子；2—调整螺杆；3—液压机构；4—车辊机构；5—下料槽；

6—混凝土基础；7—辊轴；8—传动皮带

有一个主动辊和被动辊。上下主动辊通过皮带传动各自的上下被动辊，而上下被动辊的轴承座可用带有弹簧的调整丝杆来调整辊子的水平位置，控制所需要的开口度。为了张紧传动皮带，在连接辊轴的大小皮带之间，有一压轮。在主动辊的一端，通过联轴器与减速机、电动机连接。四个辊子轴头处，都装有链轮，机架上还装有走刀机构，用来车辊皮。当辊皮磨损后，不用拆卸就可以车辊，从而减少了停机时间。

四辊破碎机是两个对辊破碎的简单组合，其主要技术参数是上主、被动辊之间的间隙和下主、被动辊之间的间隙。该间隙的大小决定于两个方面的因素：一是破碎粒度的大小；二是四辊的辊子寿命长短。首先要保证生产的需要，尽可能调小该间隙，一般情况下间隙要小于上间隙，同时还要保证主、被动辊之间有适当距离。两个因素平衡的结果就是最佳间隙。四辊破碎机是通过液压缸的压力来调整该间隙的：若实际间隙大于理论间隙，通过液压缸将被动辊收紧到需要的间隙；反之，则将液压缸作反向调整即可。

在四辊破碎机的生产中，其产品的产量和粒度是主要的技术指标。在其他条件相同的情况下，当其产量增加时，其产品质量就下降。为了保持四辊有足够高的产量，又要保证产品粒度合格，就需要了解影响四辊破碎机粒度和生产能力的因素。

（1）给料粒度。燃料的给料粒度越小，破碎的效果越好，产量也较高。目前，烧结厂都采用粗破后再进四辊进行细破的二段破碎流程，其目的是降低四辊破碎机的给料粒度，提高四辊破碎机的产量和质量。

（2）给料的均匀程度。给料的均匀程度分为两个方面：一方面是单位时间内给到四辊上的料量一定；另一方面是沿辊子长度方向均匀给料。生产实践表明，当料流稳定，料量适当时，四辊的产量和粒度是比较好的。一般地，当上下辊开口度分别为 10mm、20mm 时，较为合适的给料量是：无烟煤 18～20t/h，焦末 16～18t/h，当辊子长度方向给料均匀时，物料对辊皮的磨损也趋于一致；有利于对产品粒度的保证，而且减少对辊子间隙的调整，产能也较正常。

（3）大块物料。目前不少烧结厂使用的固体燃料，特别是无烟煤中常夹杂大于 100mm 以上的大块物料，这些杂物对生产的危害性大，常造成卡坏闸门、堵料嘴、给料不均匀、划伤辊皮、料咬不进、降低产品质量等。因此需要从各个环节，把好关，彻底清除杂物和大块物料。

（4）原料的水分。物料水分大时，对破碎有较大影响，尤其是无烟煤，因为无烟煤中含有一定的泥质，又比较光滑，因此不仅会造成给料不均匀，还会堵漏斗，粘辊皮，不易被咬进，给产量和质量带来一定的影响。生产实践表明，在无烟煤水分超过 12% 时，在无烟煤中掺入适量的焦末，能够使下料均匀，对产品的产量和质量均有改善。

（5）保持辊面平整。四辊辊面经过一段时间使用后，由于杂物和物料磨损，会使辊面凸凹不平，产品粒度也会变粗。为了保证产品粒度合格，需要定期进行车辊，以保证辊皮平整。

2.4.3.2　操作规则与使用维护要求

A　操作规则

（1）开机前，对电器、各润滑部位、连接部位、弹簧等设备进行逐一检查。

（2）将选择开关选在自动、手动或车削的位置上，启动前应先盘车，并将除尘风机风门关死，待运转正常后，再将风机风门慢慢打开。

（3）联锁启动时，当听到预告音响 50s 后，将电磁分离器开关与事故开关调在"0"位，并通知中央控制室，随着系统设备启动而自动运转。

（4）启动之后，调整丝杆弹簧，确认压力一致、上下辊间隙适当时，开动皮带机给料进行破碎。

（5）停止生产时，应先停止皮带机给料，然后松开调整丝杆弹簧，待辊内无料后，方可将控制开关调回"0"位，切断事故开关，破碎机停止运转，拉掉电磁分离器的开关，清理电磁铁上吸附的杂物。

（6）非联锁工作制时，可使用机旁的"启动"、"停止"按钮，进行单机开、停机操作。

（7）操作时注意事项：1）四辊未正常启动前，不得往机内给料，停机前先停止给料，待料下完后，才能停四辊破碎机；2）启动时，应先启动下主动辊，待运转正常后，再启动上主动辊，运转正常后再给料，给料要均匀；3）四辊间隙要经常调整，调整间隙时应缓慢，由松到紧，并保证两辊中心线平行，上辊间隙为 8~10mm，下辊间隙为 3mm；4）辊子被大块料挤住或有金属物进入辊内，应停机处理，不得在运转中处理。处理时应拉开事故开关或切断电源。

B　使用维护要求

a　维护规则

（1）生产和操作点检发现的问题，应及时联系处理。

（2）保持各润滑良好，每 4h 打油一次。

（3）生产完后将积料和设备清扫干净。

b　点检标准

四辊破碎机点检标准见表 2-11。

表 2-11　四辊破碎机的点检标准

部　位	检查内容	检查标准	检查方法	检查周期
电动机	温　度	<65℃	手　摸	8h
	运　转	平稳，无杂声	耳　听	8h
	接手及地脚螺栓	紧固，齐全	手摸、观察	24h
减速机	接手及地脚螺栓	齐全，紧固	观　察	24h
	运　转	平稳、无杂声	耳　听	24h
	油　位	油标中线	看油标	24h
破碎机本体	轴承温度	<65℃	手　摸	24h
	密封圈	完　整	观　察	24h
	辊　面	无明显沟槽	观　察	72h
	皮带及皮带轮	完整，不打滑	观　察	48h
	润滑部位	有　油	观　察	4h
	运　行	平　稳	耳　听	4h

2.4.3.3　常见故障原因及处理方法

四辊破碎机的故障原因及处理方法见表 2-12。

表 2-12 四辊破碎机常见故障原因及处理方法

故 障	原 因	处 理 方 法
堵 料	（1）辊子间隙过小，对辊来料粒度粗，辊皮咬不住物料，造成下辊不能排矿 （2）给料量太大、太湿	（1）重新调整间隙并恢复给料破碎 （2）对粗破要把关，注意物料水分，给料量要适当
声音异常	（1）接手打滑 （2）辊皮或辊皮穿心螺杆窜动 （3）轴承无油 （4）辊子间有夹杂物 （5）弹簧橡皮垫损坏	（1）更换接手 （2）将辊皮重新固定。拧紧穿心螺杆并焊死 （3）加油或更换轴承 （4）停止上料，清除夹杂物 （5）更换橡皮垫
产品粒度不合格	（1）辊皮磨损严重，辊子间隙过大 （2）内衬板与辊皮间隙过大 （3）给料量超过规定 （4）弹簧丝杆松，辊子间压力变小，粒度变粗	（1）定期车辊，调整辊间隙 （2）调整内衬板与辊皮间隙 （3）调整给料量 （4）拧紧弹簧丝杆

2.4.4 棒磨机

棒磨机是近年来用于烧结煤粉、焦粉精破的一种新型设备，其破碎产品品质比四辊破碎机的产品更高。国外烧结厂几乎都配置了棒磨机。国内近年来新改扩建的烧结机基本上也都设计安装了棒磨机。

棒磨机的结构形式很多，有平盘磨、E 形磨、碗形磨和 MPS 磨等多种形式，但破碎原理基本相同。图 2-26 所示是平盘磨的结构，转盘和辊子是平盘磨的主要部件。电动机通过减速箱带动转盘转动，转盘又带动辊子旋转，煤在转盘与辊子之间得到研磨。平盘磨是依靠碾压作用将煤磨碎的，碾压力来自于辊子的自重和弹簧的拉紧力（有的来自于液压力）。其工作原理是原煤经落煤管送到转盘的中部，转盘转动所产生的离心力使煤连续不断地向边缘推移，煤在辊子下面被碾碎。转盘边缘上装有一圈的挡环，可以防止煤从转盘上直接滑落出去。挡环还能保持转盘上一定厚度的煤层，以提高磨煤效率。干燥气从风道引入气室后，高速通过转盘周围的环形风道进入转盘上部。气流的卷吸作用，将煤粉带入磨煤机上部的粗粉分离器中，过粗的煤粉被分离后又直接返回到转盘上重新研磨，合格的煤粉随气流进入贮藏室。

棒磨机主要技术参数是转盘和辊子之间的间隙，该间隙决定破碎产品品质。其大小主要由辊子的自重、弹簧的拉紧力或液压力决定的。若实际间隙大于理想间隙，通过弹簧（液压缸）将辊子收紧到一定程度，就会达到需要的间隙；反之，若实际间隙小于理想间隙，则将弹簧（液压缸）作反向调整即可。

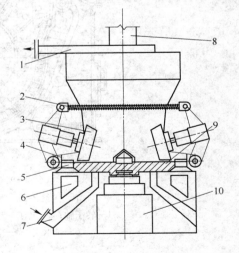

图 2-26 平盘磨结构示意图

1—煤粉出口；2—弹簧；3—辊子；4—挡环；

5—干燥气通道；6—气室；7—干燥气入口；

8—原煤入口；9—转盘；10—减速箱

　　棒磨机与四辊破碎机相比有如下主要优点：耗电低、品质高、噪声小、占地少、投资少、功能全、密封性能好，故棒磨机对煤粉精破尤为适合。

2.4.5　锤式破碎机

2.4.5.1　工作原理及功能

　　锤式破碎机是烧结熔剂破碎的主要设备，主要是由机壳、转子、锤头及衬板等部件构成，见图2-27。机壳的四周开有几个小门，以便检查转子的运转情况和更换被磨损的部件，机壳的内表面装有耐磨钢板制成的衬板，在衬板的表面装有高锰钢衬板，起到延长使用寿命，降低维护成本的作用。

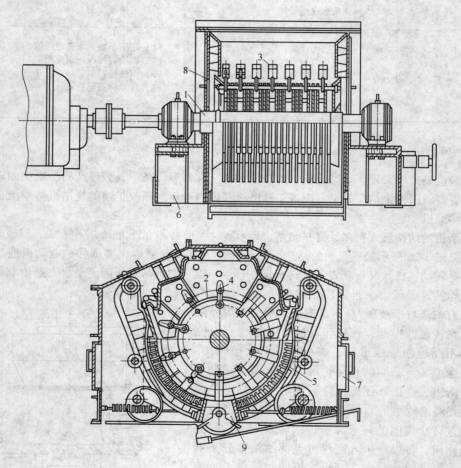

图 2-27　锤式破碎机结构示意图
1—转子轴；2—转子；3—锤头；4—悬挂锤头小轴；5—算板；
6—轴承座；7—检查孔门；8—机壳；9—折转板

　　转子是破碎机的重要工作部件，一般是用铸钢或钢板焊接而成。在转子的圆柱面上装有多个坚硬的锤头。锤头用抗冲击耐磨性能良好的材质制成，且要求与转子圆盘铰接，既可以旋转，又容易更换。当物料由进料口进入破碎机后，被快速旋转的转子上的锤头撞击，物料在板腔中被反复地碰撞而破碎，然后达到所要求的粒度，从转子的下方排料口排出。

影响锤式破碎机破碎能力的主要因素是设备、操作、熔剂的原始块度及湿度等，通常在这些影响因素中，设备本身的尺寸、转速等是不变的，因此，提高破碎机破碎能力、效率的措施可以从以下两个方面进行。

（1）操作方面。1）按技术操作规程进行操作。当电磁吸铁器有故障时，不能启动皮带机给破碎机供料，以保证金属杂物不进入破碎机而打坏算板和锤头；2）增加给矿量，保持满负荷生产。因为增加给矿量，能使破碎产品中新产生的3mm以下物料的绝对数量增加，这对提高破碎机的破碎产量是有利的；3）破碎机的算板做成可调动的。这样可使锤头与算板的间隙保持在10~20mm之间。一方面保证产品中新产生0~3mm级数量增加，可使破碎能力和效率提高，另一方面还可延长锤头的使用寿命；4）沿转子轴线方向均匀给料，可使锤头均匀磨损，使锤头与算板之间间隙一致，可提高破碎效率，同时，可延长锤头使用寿命，减少锤头倒眼时间；5）要经常检查锤头磨损情况，及时倒眼或更换锤头。同时对锤头的材质应采用耐磨钢，以减少倒眼、调面或更换锤头的时间，并减轻操作人员的劳动强度；6）及时补充打掉、打坏的锤头和衬板，以提高破碎机的破碎能力，防止转子失去平衡发生振动，防止造成设备的损坏。

（2）原料方面。1）保证给料粒度均匀。减少0~5mm范围的物料，因为0~5mm含泥量高、潮湿，易堵塞算板，不仅造成电耗增加，而且会影响破碎能力和破碎效率的提高；2）应尽量降低块料的水分。因为水分大易造成算板堵塞，使破碎机排料不畅，即影响破碎产量，又影响破碎效率，同时会使破碎机的单位电耗增加，使整个破碎筛分系统的生产不顺。雨季时，采用适当配加部分石灰石大块，以解决原料湿度太大的矛盾。

2.4.5.2 操作规则与使用维护要求

A 操作规则

（1）检查转子与各连接螺栓是否紧固，如有松动应拧紧，锤头是否完整，算板弧度是否均匀，各种电线连接是否牢固可靠，电磁分离器是否良好。

（2）正常开、停机操作程序由原料集中控制室统一操作，非连锁工作制时，可使用机旁的"启动"、"停止"按钮，进行单机开、停机操作。

（3）合上给料皮带机的电磁铁电源开关。

（4）待电磁铁工作正常后，合上给料皮带机电源开关，启动皮带机。

（5）待皮带机运转正常后，启动电振给料器，打开给料闸门给料。

（6）停机时，先关给料闸门，再停电振给料器，待皮带机上的料转完后停皮带机，待锤式破碎机中的料卸完后停锤式破碎机。

（7）运转中的注意事项：

1）运转正常后，开动皮带机均匀给料。熔剂要连续均匀地布满转子全长，以保证生产效率最大。电磁铁上杂物应及时处理，不允许杂物尤其是金属块进入破碎机内，停机时，应先停止给料，待锤式破碎机内的物料转空后，方可停止破碎。

2）运转中有杂声和振动时，应立即停机检查、处理。

3）在清除算板间的堵塞杂物时，要切断事故开关。

4）注意破碎粒度的变化。及时调整折转板、算板和锤头间隙，一般折转板与锤头间隙为3mm，算板与锤头间隙为5mm，如有锤头磨损、算板折断等应及时倒向或更换。更换锤头时，各排锤头质量应基本相等，特别是对应轴的锤头必须质量相等。

5）破碎机在运转时，严禁调整折转板、锤头与算板间的间隙。

6）严禁两台锤式破碎机同时启动，严禁连续频繁启动；皮带跑偏时应及时调整，严重时停机处理等。

7）严禁非事故状态下带负荷停机。

（8）锤头的倒眼与更换。锤式破碎机的锤头在生产过程中逐渐被磨损，锤头与算条之间的距离也增大了，完全依靠调算板，也不能保证锤头与算板之间的间隙在 10～20mm，这时破碎效率明显下降。因此，需要将锤头倒向或更换新锤头。由锤式破碎机的构造可知：破碎机转子圆盘上有两组销孔，其中一组距转子大轴中心线近，另一组距大轴中心线远。当上新锤头时，悬挂锤头的小轴穿在距大轴中心线近的一组销孔中。当锤头磨损到锤头与算板之间间隙超过 20mm 时，锤头就要更换位置，悬挂锤头的小轴穿在距大轴中心线远的一组销孔中（生产中称为倒眼）。

1）倒眼的方法。对于可逆式破碎机，由于其可以正反向旋转，因此在倒眼时，不存在锤头的调面问题。只要将悬挂锤头的小轴从一组销孔中退出，同时卸下锤头，然后将小轴穿入另一组销孔中，同时挂上原来卸下的锤头，便完成了一排锤头的倒眼。在倒眼时，同一排旧锤头，可以根据锤头的磨损情况调换位置。但不允许用新锤头与不同排的旧锤头进行调换，以免转子失去平衡，产生振动。在倒眼时，所有各捧应一次调完，不能只调其中几排。否则，也会造成转子失去平衡，也不利于破碎效率的提高。

对于不可逆式锤式破碎机，由于只能单方向旋转，其锤头的一个面磨损很严重，因此在倒眼的同时，还应该进行调面，这样可以提高锤头的利用率，节约材料消耗。而可逆锤式破碎机由于定期正转和反转，各排锤头及锤头的不同面磨损比较均匀，故其锤头不需要倒眼和调面。

2）锤头的更换。当锤式破碎机的锤头通过倒眼、调面后，又磨损到无法保持锤头与算板之间间隙在 10～20mm 时，破碎效率明显下降，这时，就需要更换新锤头，在更换新锤头时应注意：①新锤头的材质应尽量相同；②各个新锤头的重量应基本一致，其偏差不得超过 0.01kg；③各排锤头的总重量应基本一致，其偏差不应超过 0.05kg；④悬挂锤头的小轴端部应与端盘并齐，以免使转子卡住。

B　使用维护要求

a　维护规则

（1）生产和操作点检发现的问题，应及时联系处理。

（2）保持各润滑良好，每 4h 打油一次。

（3）生产完后将积料和设备清扫干净。

b　点检标准

锤式破碎机点检标准见表 2-13。

表 2-13　锤式破碎机的点检标准

部　位	检查内容	检查标准	检查方法	检查周期
电动机	温　度	<65℃	手　摸	8h
	运　转	平稳，无杂声	耳　听	8h
	接手及地脚螺栓	紧固，齐全	手摸、观察	24h
破碎机本体	轴承温度	<65℃	手　摸	24h
	密封圈	完　整	观　察	24h
	机　壳	无破裂，不冒灰	观　察	24h
	大小轴及锤头	不窜动，锤头不掉	观　察	24h
	润滑部位	有　油	观　察	4h
	运　行	平　稳	耳　听	4h

2.4.5.3 常见故障原因及处理

锤式破碎机常见故障原因及处理方法见表2-14。

表2-14 锤式破碎机常见故障原因及处理方法

故 障	原 因	处 理 方 法
出料粒度大	(1) 锤头、箅板破损严重 (2) 箅板及折转板没有调整到合适间隙	(1) 更换锤头、箅板 (2) 适当调整箅板和折转板
出料个别力度大	(1) 箅板有短缺 (2) 折转板没有调整回去	(1) 更换或增加箅板 (2) 关闭折转板
出料粒度均匀， 但普遍大于3mm	锤头或箅板已磨损	更换锤头或箅板
轴承温度高	(1) 轴承有磨损或装配太紧 (2) 缺油 (3) 轴承内有杂物	(1) 更换或重新安装轴承 (2) 加油 (3) 清洗检查轴承内滚珠体是否损坏
机体振动大	(1) 电动机轴与转子轴不同心 (2) 轴承损坏 (3) 转子偏重、掉锤头 (4) 物料堵塞 (5) 地脚螺栓松动 (6) 检修安装时超过允许误差	(1) 重新找正 (2) 检查转子轴换新 (3) 对齐锤头，更换锤头 (4) 畅通堵料 (5) 检查紧固地脚螺栓 (6) 重新安装

思 考 题

1. 熔剂破碎的工艺流程有哪些?
2. 对辊破碎机和四辊破碎机的区别与联系是什么?
3. 简介棒磨机的工作原理。
4. 反击式破碎机的故障原因及处理方法有哪些?
5. 锤式破碎机的故障原因及处理方法有哪些?
6. 简介锤式破碎机的倒眼与更换流程。

2.5 原料筛分机械

2.5.1 工作原理及功能

2.5.1.1 概述

振动在多种场合是有害的，比如传动减速机的振动、抽风机的振动、驱动电动机的振动等，这些振动，轻者影响设备的使用性能和使用寿命，重者造成重大设备事故。1994 年 2 月 19 日，某烧结厂 75m^2 抽风机由于转子失衡振动，造成转子叶片瞬间整体剥离，被迫停产 7 天，造成重大损失。振动有时又是需要利用的，比如振动给料机、振动筛分机，两者均是利用振动原理达到某种工艺需求的振动筛分机械。振动筛分机械是近30年来得到迅速发展的一种新型机械，目前已广泛用于采矿、冶金、石油化工、水利电力、轻工、建筑、交通运输和铁道等工业部门中，用于完成各种不同的工艺过程。在冶金工业部门，选矿厂普遍采用圆振动筛对矿石进行预筛分和检查筛分，原料厂利用振动细筛对破碎机的产品进行分级，烧结厂采用直线运动轨迹和二次隔振原理，形成了整粒筛；焦化厂采用直线筛对焦炭进行筛分；在水电站的建设工作中，如三峡工程需要各种大型筛机对砂石进行分级；在交通工业部门，采用椭圆等厚筛和热矿筛对石渣和石头分级、清沙、除泥；在化工部门，振网筛和化肥筛是关键设备，在环卫部门的垃圾处理中，出现了新型筛机——弛张筛和水煤筛。随着我国建设事业迅猛发展和现代化建设的迫切需要，对这类振动筛分机械的研究日益引起人们的重视。

2.5.1.2　发展概况

国外从16世纪就开始研究与生产筛分机械了，到20世纪末，筛分机械发展到一个较高水平。德国的申克公司可提供260种筛分设备；KHD公司生产200多种规格的筛分设备，且通用化程度较高；KUP公司的海因勒曼公司研制了双倾角的筛分设备。美国RNO公司新研制了DFH型双频率筛，采用了不同速度的激振器；日本东海株式会社和RXR公司等合作研制了垂直料流筛，把旋转运动和回旋运动结合起来，对细料一次分级特别有效。英国为解决从湿原煤中筛分出细粒末煤，研制成功旋流概率筛。前苏联研制了一种多用途兼有共振筛和振动筛优点的自同步直线振动筛。我国的筛分机械由于基础薄弱，理论研究和技术水平落后，发展自20世纪50年代开始，大体分为三个阶段：

（1）仿制阶段。这期间，仿制了前苏联的PYⅡ系列圆振筛，BKT-Ⅱ、BKT-OMZ型摇动筛；波兰的WK-15圆振动筛、CJM-21型振动筛和WP1、WP2型吊式直线振动筛。这些筛机的仿制成功为我国筛分机械的发展奠定了坚实的基础，并培养了一批技术人员。

（2）自行研制阶段。从1966年到1980年研制了一批性能优良的新型筛分机械。有1500mm×3000mm重型振动筛及系列，15m²、30m²共振筛分系列，煤用单轴、双轴振动系列，YK和ZKB自同步直线振动筛系列，等厚概率筛系列，冷矿筛系列。这些设备虽然存在着故障较多、寿命较短的问题，但是它们的研制成功基本上满足了国内需要，标志着我国筛分机械走上了独立发展的道路。

（3）提高阶段。进入改革开放的80年代后，我国筛分机械的发展进入了一个崭新的发展阶段，成功研制了振动概率筛系列、旋转概率筛系列，完成了箱式激振器等厚筛系列、自同步重型等厚筛系列、重型冷热矿筛系列、弛张筛、螺旋三段筛的研制。粉料直线振动筛、琴弦振动筛、旋流振动筛、立式圆筒筛的研制也取得成功。

2.5.1.3　分类

（1）按振动方式分为固定筛和振动筛。固定筛的倾角大，靠筛分物料自重下滑达到筛分目的；振动筛倾角小，靠振动传递能量到筛分物料，使之振动下滑，达到筛分目的。目前绝大部分是振动筛，固定筛仅用于颗粒大、粗筛的场合。

（2）按筛分物料温度可分为冷矿筛和热矿筛。二者分界温度为500℃左右，热矿筛主要对筛板、筛箱墙板的材质有耐热、耐高温要求。

（3）按有无减振架可分为单箱筛和双箱筛。单箱筛仅有筛箱而无减振架，特点是振幅易控制，能耗低，但对基础冲击大，仅适合于小型振动筛；双箱筛有筛箱和减振架，特点是振幅稳定,对地基冲击小,能耗较大。大、重型振动筛均采用双箱式结构,目的在于减少对基础的冲击。

（4）按筛分物料过筛工艺不同可分为单层筛、双层筛。单层筛仅一层筛板,双层筛有两层筛板,其结构紧凑,有的可采用单层且进出口筛孔不同规格可同样达到"一筛两用"的紧凑型结构。

（5）按规格大小不同,可分为小型、中型、大型、重型筛分机械。

（6）按幅频特性可分为亚共振筛、共振筛和过共振筛。激振频率与筛机固有频率之比远小于1的筛机,为亚共振筛;两者远大于1的筛机,为过共振筛;介于二者之间的筛机,为共振筛。亚共振筛、共振筛的振幅受外界因素影响较大,不易控制;过共振筛的振幅稳定,受外界因素影响很小,故被广泛采用。烧结筛分机械大多采用过共振筛形式。

（7）按筛箱振动轨迹可分为圆振动、直线振动和椭圆振动。圆振动筛是靠单轴传动形成圆振动轨迹,直线振动筛是靠双轴传动形成直线振动轨迹,椭圆振动筛是靠三轴传动,直线振动与圆振动的叠加形成的椭圆振动轨迹。

（8）按筛体在空间运动方式可分为平面筛和空间筛。平面筛是运动轨迹在同一个平面的筛机;空间筛是运动轨迹在空间不同平面运动的筛机,其结构复杂,筛分效率较高。

（9）按驱动电动机的频率变化可分为单频筛和双频筛。双频筛可有两种频率运动,用于满足不同的筛分效率的需求,单频筛只有一种固定频率。

（10）按激振方式可分为强制同步筛和自同步筛。强制同步筛靠同步器强制同步运行,其特点是启动平稳、运行平稳,但故障点多、故障多;自同步筛靠筛体自身协调同步运行,其特点是运行平稳、故障少,但启动和停机不太平稳,冲击大。

2.5.1.4　型号说明

筛分机械的型号、规格和大小均在筛机的铭牌上标注,具体说明见图2-28。

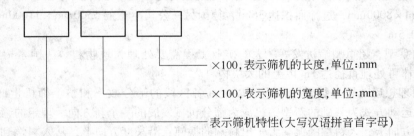

×100,表示筛机的长度,单位:mm

×100,表示筛机的宽度,单位:mm

表示筛机特性(大写汉语拼音首字母)

图2-28　筛分机械型号说明

举例说明:

（1）LGS3055,表示长5500mm,宽3000mm的冷矿(L)固定(G)筛(S)。

（2）SZR3175,表示长7500mm,宽3100mm的热矿(R)直线(Z)振动筛(S)。

（3）TDLS3080,表示长8000mm,宽3000mm的冷矿(L)椭圆(T)等厚(D)振动筛(S)。

2.5.1.5　使用简介

烧结厂使用筛分机械的主要地方有:原燃料破碎之后的原料筛和烧结成品矿的整粒筛。两者外观规格、形状、大小、处理原料不同;设备性能相近（见表2-15）;运行原理相同（参见第3.8节整粒筛分设备）。

表 2-15　原料筛和整粒筛的设备性能对照表

项目名称	单 位	原料筛	整粒筛
规　格		中、小型	大、重型
筛机构成	个	单 箱	双 箱
筛箱倾角	(°)	25 ~ 35	30 ~ 40
电 机	个	单电动机	双电动机
偏心回转轴	个	1	2、3
振动轨迹		圆振动	直线振动、椭圆振动
双振幅	mm	6 ~ 8	8 ~ 12
振动强度	g	3 ~ 5	4 ~ 7
筛面型号		低粘筛网	耐磨筛板
筛面规格		轻 型	重 型
安装形式		座 式	座 式
生产能力	t/h	100 ~ 300	300 ~ 600

2.5.1.6　发展方向

（1）向大型化发展。通过设备大型化，降低单位成本，创造规模效益，增加企业竞争力，是现代冶金企业发展的必由之路。以前，年产 500 万吨的烧结厂就是大型的，而现在出现了年产量近 2000 万吨的烧结厂，这就需要重型筛分机械与之匹配。德国 KHD 公司生产的 USK 筛机已达 4500mm × 8000mm，过筛面积达 36m^2，德国另一公司生产的 5500mm × 11000mm 筛机，过筛面积达 60.5m^2。

（2）向重型、超重型筛机发展。大的矿业工程需要处理大块物料。法国素梅斯塔公司生产的振动筛棒可处理直径达 1m 以上的大块物料。

（3）向理想运动轨迹振动筛发展。以提高各区段的筛分效率和整个筛机生产率为目标，一种以理想运动方式为基础的新型筛机成为筛分机械发展的一个新方向。理想的筛面运动方式是：在垂直方向上，入料端的振幅大于出料端的振幅；沿长度方向上，从入料端到出料端，物料运动速度递减，在此理想情况下，可以创造良好的透筛环境，该理想筛机的筛分效果要优于一般筛分机械。

（4）向反共振振动筛发展。以减轻整机重量、降低成本、提高使用寿命和可靠性为目标，提出新型的反共振振动筛机，该筛机是以下质体为工作体，而激振器安装在上质体上。该新型筛机大大简化，参振重量可以减少30% ~ 50%，激振力也可以随之减小，由此可以保证强度和刚度，降低振动噪声，并可得到良好减振效果。

（5）向标准化、系列化、通用化等"三化"发展。这是便于设计、生产，降低成本的有效途径。德国 KHD 公司生产的 USL 和 USK 筛机系列的侧板、筛板、横梁、传动轴均已实现标准化、通用化，振动器也只有 3 种，同属德国的申克公司生产的冷、热烧结矿筛和椭圆等厚筛也只有两种标准，可见三化程度之高。

（6）向应用自同步技术发展。采用双电动机自同步技术以代替齿轮强迫同步，可简化结构，降低噪声，简化了润滑、维护和检修等日常性工作，减少了设备故障。

（7）振动强度增大。筛机的振动过程逐渐强化，以取得较大的速度和加速度，从而提高生产能力和筛分效率。日本和德国的筛机所采用的振次为 980r/min，振动强度为 4.5～7g，圆振动筛的倾角达 25°～30°。

（8）向空间发展。针对细物料，先后出现了旋流振动筛、锥形振动筛、旋转概率筛等，既减少了占地面积，又提高了生产能力和筛分效率。

（9）向难筛分物料筛机发展。对于 $d < 1mm$，含水量为 7%～14% 的细湿物料的干筛以及水煤浆垃圾处理等。筛分难度很大，德国海因勒曼公司生产的弛张筛，物料运动速度达 1.3 m/s，筛分效率达 90%～95%，为解决难筛分物料的筛机研发开创了先河。

2.5.1.7　发展策略

20 世纪 80 年代以来，我国筛分技术长足发展，掌握了筛分机械的设计理论和方法，进行了卓有成效的研制工作，解决了很多实际问题，已接近了世界先进水平，但仍有一定差距，还要加倍努力做好以下几点工作。

（1）研究先进筛分理论，发展新型筛分技术。以物料理想运动轨迹理论、自同步理论、新型隔振技术为代表的筛分理论为基础，研究新型高效筛分机械，以获得功能更优良、结构更合理的筛分机械。

（2）发展大、重、超重型筛分设备。我国有 30 多个筛分设备制造厂家，可提供 200 多个品种。但是，许多厂家缺乏对重型、超重型筛机关键设备的研制能力。为适应筛分机械的发展方向，应加大对重型、超重型筛机的研制。

（3）研究难筛分物料的筛分机械。为解决粒度小于 1mm，含水量 7%～14% 的细料、湿料筛分难度大的问题，应加大科研力量研制弛张筛、高频振动脱水筛、真空抽气高频振动细筛等有特殊用途的筛分设备。

（4）提高"三化"程度。为了便于设计、安装和调试，便于大批量生产和降低成本，振动器、筛箱侧板、筛板、横梁、传动轴等设备的标准化、系列化、通用化应加快进程。

（5）加强筛分机械关键技术研究。筛箱强度是技术关键，主要问题是侧板开裂，应研究焊接、铆接工艺；筛板固定可靠性是一个技术关键，要研究可靠度较高的固定方式和防松结构；振动器是筛分机械的关键部件，要研究新型振动器；筛板也是筛分机械的关键部件，要研究新材料、新工艺，提高其寿命；对振动轴承润滑脂的耐候与防凝等问题也应进行专项攻关研究。

（6）搞好引进与吸收工作。应在 80 年代从国外引进设计制造的基础上继续引进，同时还要立足国内，自力更生。国内高校、科研部门、用户和制造厂家四位一体，搞好协作，联合攻关，不断提高我国筛分机械的设计、生产和制造水平。

2.5.2　操作规程与使用维护要求

2.5.2.1　操作规则

（1）开机前检查弹簧与各部螺栓是否有松动，各轴承之间的油量是否符合要求，筛体与弹簧是否有裂痕，三角皮带是否有磨损或断裂的现象，筛网口是否干净，有无破网或堵塞现象。

（2）连锁启动时，在接到"预启动"信号后，即可合上事故开关，设备即随系统启动。

（3）非连锁工作时，设备可单个启动。

（4）振动筛运转正常后，将风机风门打开。

（5）正常停机由操作盘统一进行。

（6）非连锁工作制时，待筛内料走完，即可按机旁停机按钮进行停机，停机后要切断事故开关。

（7）运行中注意事项：

1）注意筛网的使用情况，保证熔剂小于3mm的粒级达90%以上。

2）振动筛工作时，正常情况下不准带负荷启动。

3）筛子经过长期使用后容易出现磨损，从而影响筛分效率，因此，应经常检查振动筛上的料是否均匀，筛网有没有堵塞现象。若发现振动筛有异常现象应及时检查、调整和更换，以保持较高的筛分效率。

4）正常停机时，筛网上不准压料；振动筛运转时，筛子各部位不能进行修理。

2.5.2.2　使用维护要求

A　维护规定

（1）操作点检中发现问题应及时联系处理。

（2）每班手动油泵加油2次。

（3）及时拧紧卡板丝，使筛网不松动，筛体平衡。

B　点检标准

原料振动筛点检标准见表2-16。

表 2-16　原料振动筛的点检标准

部　位	检查内容	检查标准	检查方法	检查周期
电动机	温　度	<65℃（不烫手）	手　摸	4h
	运　转	平稳，无杂声	耳　听	4h
	地脚螺栓、地线	牢固，可靠	观　察	4h
部分传动	三角皮带	完　好	观　察	8h
	偏心块	牢　固	观　察	8h
振动筛	筛　体	平稳，无裂纹	观　察	8h
	筛　网	完　好	观　察	8h
	筛网卡板	紧　固	观　察	8h
润　滑	油　管	完好，不漏油	观　察	24h
	油　泵	完　好	观　察	24h

2.5.3　常见故障分析及处理

原料振动筛常见故障原因及处理方法见表2-17。

表 2-17　原料振动筛常见故障原因及处理方法

故　障	原　　因	处　理　方　法
筛分质量不佳	（1）筛网的筛孔堵塞 （2）入筛的碎块增多，入筛物料水分增加 （3）给料不均匀 （4）料层过厚 （5）筛网拉得不紧	（1）减轻振动筛负荷 （2）改变筛框倾斜角度 （3）调整给料 （4）减少给料 （5）拉紧筛网
工作时转动过慢	传动皮带松	拉紧传动皮带
轴承发热	（1）轴承缺乏润滑油 （2）轴承堵塞 （3）轴承磨损	（1）向轴承注入润滑油 （2）清洗轴承，检查更换密封圈 （3）更换轴承
振动过度剧烈	安装不良或飞轮上的配重脱落	重新配重，平衡振动筛
筛框横向振动	偏心距的大小不同	调整飞轮
突然停止	多槽密封套被卡住	停车检查，调整及更换

思 考 题

1. 国内筛分机械的发展分为哪几个阶段，各有什么特点？
2. 筛分机械有哪几种分类？
3. LZS3080 筛分机代表什么意思？
4. 筛分机械今后发展方向是什么？
5. 我国筛分机械今后发展策略是什么？
6. 原料筛和整粒筛主要有哪些区别？

2.6　运输设备

2.6.1　概述

烧结生产过程的运输设备是一种高效、连续、有节奏、衔接性强、自动化程度高的设备，其工作特点是以连续的流动方式输送物料。

2.6.1.1　运输物料的特性

（1）粒度。表示矿物尺寸大小的物理量，一般以矿物颗粒的最大线长度表示，但有时也用加权平均计算其平均粒度，单位为 mm；μ 表示网目，$1\mu = 10^{-6}$ m，网目是指 1 平方英寸的筛面上的筛孔数目，用来衡量筛分粒度的大小。网目愈多，筛孔愈小，例如 60 目的尺寸相当于 0.25mm，200 目的孔的尺寸相当于 0.074mm。

（2）容重（堆密度、假密度）。散状物料在自然状态下颗粒之间有空隙，所以单位体积的重量（容重）用堆密度来表示，即 $\gamma = G/V$，式中，γ 表示容重，G 表示重量，V 表示体积。物料的堆密度与物料的水分、粒度有关，准确值以实测值为准。在烧结生产中，物料都是散状的，因此多用堆密度表示矿物的密度，常用单位为 t/m³。根据堆密度大小，散料又可分级为：轻散料 $\gamma \leqslant 0.8t/m^3$；中等散料 $0.8t/m^3 < \gamma \leqslant 1.6t/m^3$；重散料 $\gamma > 1.6t/m^3$。

（3）安息角，又称堆积角、休止角。它是自然形成的散料堆的表面与水平面的最大夹角。流动性良好的散料的堆积角等于散料的内摩擦角，在静止平面上自然形成的堆积角称为静堆积角，在运动平面上形成的堆积角称为动堆积角。物料堆积角随其水分、粒度不同而有差异，准确数据由实测得出，一般物料的动安息角为静安息角的 2/3 左右。

流动性不好的黏性散料，堆积角比内摩擦角大。将黏性散料放在带孔的平板上，把孔打开后，一部分散料从孔中落下，在平板上余下的散料堆表面与水平夹角称为该散料的逆息角 ρ_2（也称隔落角）；从孔中落下的料堆表面与水平面的夹角称为该散料的安息角 ρ_1，见图 2-29。

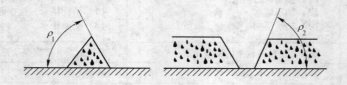

图 2-29　黏性散料的安息角 ρ_1 与逆息角 ρ_2

（4）含水率（湿度）。散料中除本身的结晶水外，还有散料颗粒自周围空气中吸入的收湿水和充满在散料颗粒间的表面水。含水率即收湿水和表面水重量与干燥散料重量之比，用百分数表示。含水率大将增加散料的黏性，影响物料输送，一般含水率以不大于 15% 为宜。

（5）侧压力系数。散料垂直面上的正压力与该点水平面上正压力之比称为散料的侧压力系数。在运输机中流动性良好的散料的侧压力系数可按下式计算。

$$K_c = \tan^2\left(\frac{\pi}{4} - \frac{\rho_d}{2}\right) = \frac{1 - \sin\rho_d}{1 + \sin\rho_d}$$

式中　K_c——侧压力系数；

　　　ρ_d——动安息角。

2.6.1.2　物料输送设备的选择

运输设备的种类繁多，其实用特性也不尽相同，一定的运输设备具有适合运送一定类别的物品、一定的应用范围和使用条件。因此，在给定运输条件下就要特别考虑选出最优化的机械方式、最合理的机械形式和机组。

对运输设备的要求是满足在给定条件下能完成任务的性能，从装载与卸载间全运输距离内最大限度的机械化与自动化，最少的看管及辅助工作量，同时，它还应保证最大程度的安全，最经济的基建投资及维修费用。

烧结生产常使用的运输设备有胶带运输机、螺旋输送机、链板运输机、刮板运输机、斗式提升机、水封拉链机、振动运输机、气力运输机等，其中最大量使用的是胶带运输机。胶带运输机的主要优点是：运输量大、工作可靠、操作方便、维护检修简便、易于自动化。对于煤粉、石灰石及消石灰可采用埋刮板运输机，消石灰、煤粉可采用气力运输机。

埋刮板运输机主要用于水分小于 10%，温度低于 500℃ 的粒状、小块或粉状物料。由于埋刮板运输机、螺旋运输机中输送的物料全部在壳体或管道内运，降低了扬尘率，大大改善了劳动条件。

　　烧结机固定筛和整粒筛下的热返矿，温度一般为400～750℃，其运输方式主要有两种，一种是通过返矿槽由返矿圆盘输料机将热返矿卸到由混合料铺底的胶带运输机上运走，另一种是用板式运输机运走。

　　烧结机尾部的散料，集尘管的散料的运输，一般采用刮板机输送。

　　对于电除尘器和布袋除尘器之类设备收集的粉尘灰，一般采用埋刮板运输机和螺旋运输机输送，其特点是密封性能好，可以减少扬尘。

　　斗式提升机仅用在受地域限制，物品落差大，需垂直或陡峭运输的情况，如需把烧结矿在几平方米的平面范围内直接提升到20m高的矿槽内贮存，就用斗式提升机。斗式提升机的优点是：外形尺寸小，提升高度可达30～50m，生产率范围大（5～160m³/h）。它的缺点是：对超载的敏感性大并且供载必须均匀。

　　下面介绍烧结生产过程中主要使用的胶带运输机、斗式提升机和板式给矿机。

2.6.2　胶带运输机

2.6.2.1　工作原理及功能

A　概述

　　胶带运输机是烧结生产工艺中应用最广泛和普及程度最高的一种连续运输机械，它用来在水平方向和坡度不大的倾斜方向运送堆密度为0.5～2.5t/m³的各种块状、粉状等散状物料和小体积的成件物品。胶带运输机具有基建投资少、运输距离远（远可达几公里）、生产率高（可达1000m³/h以上）、结构简单、操作方便、工作可靠、维修简便等特点。

B　工作原理

　　胶带运输机的工作原理是用一条很长的胶带，绕过机头尾的滚筒后连接起来，组成一条封闭的循环线。动力由电动机经过减速机带动传动滚筒转动，依靠传动滚筒与带子间的摩擦力带动带子运转。为了避免带子在传动滚筒上打滑，需用张紧装置将带子拉紧，给予必要的预张力。输送的物料由机器的一端或中部进入带子。带子在运转时即将物料输送到另一端或其他指定的部位卸料，在输送带的全长上，有许多组托辊将带子托起，避免带子下垂。胶带运输机结构示意图如图2-30所示。典型的胶带运输机的结构是由运输带、驱动装置、支承装置、改向装置、装载与卸载装置、张紧装置、清扫装置、安全装置、机架等组成。

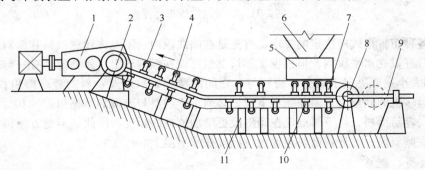

图2-30　胶带运输机总体结构简图

1—驱动机构；2—斗轮；3—输送带；4—上托辊；5—导料拦板；6—漏斗；
7—缓冲托辊；8—尾轮；9—螺杆张紧装置；10—下托辊；11—支承架

C　布置形式

胶带运输机的基本布置形式如图 2-31 所示，图 2-31a 表示水平布置；图 2-31b 表示倾斜布置；图 2-31c 表示倾斜-水平布置；图 2-31d、g 表示水平倾斜布置；图 2-31e、f 表示有两个以上弯曲线路布置。

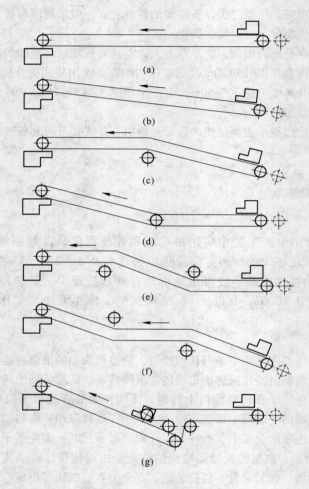

图 2-31　皮带运输机布置方式

对于各种布置形式所决定的要求，首先是在曲线段内，不允许设置给料和卸料装置；其次是给料点最好设在水平段内，但根据实际情况也可设在倾斜段上。倾斜段上有一与水平线的夹角 β，β 的大小主要决定于运送时物料与带之间的摩擦系数以及物料的静摩擦角和卸载方式。实际胶带运输机的倾角为了避免物料下滑，必须小于物料与胶带的摩擦角 7°～10°。实践证明，倾角大时，容易掉料，将下料点设在倾斜段更增加掉料的频度。因此，不是万不得已，不可将下料点设在倾斜段；另外各卸料装置也应设置在水平段上。

D　类型、规格

胶带运输机是以它的宽度来表示规格的。按结构形式分为特轻型、轻型和标准型等，其中标准型按结构的不同及设计定型时间的顺序分为 TD62、TD72、TD75 和 TD75 改进型或 TDⅡ型。TD 是通用的意识，其后面的数字表示年代。近来国内采用的绝大部分胶带运输机倾向于使用 TDⅡ型。运输带的功能是承载与牵引,对其要求是:强度高、自重小、伸长性小、弹性好、耐磨性强、抗剥伤性好、吸潮性小、耐腐蚀性强以及寿命长等。运输带主要有橡胶带、塑料带、钢绳芯带等几种,可根据不同工况及载荷选择不同的输送带。

E 驱动机构

驱动机构是胶带运输机的传动机组,由电动机、减速机、联轴器及传动滚筒等组成。驱动方式可分为单滚筒驱动(图2-32)、双滚筒驱动(图2-33)及多滚筒驱动(图2-34)。单滚筒传动是一种最基本的,也是应用最广泛的驱动方式。电动滚筒驱动方式也属于单滚筒驱动,有油冷和风冷两种。电动滚筒的特点是整体空间尺寸小、重量轻,适应于环境潮湿、有腐蚀性工况及机构紧凑的场合,缺点是结构复杂、维修不方便、成本较高。

F 支撑装置

支撑装置的作用是在整个输送机长度方向上支撑输送带。支撑装置主要是托辊。托辊是带

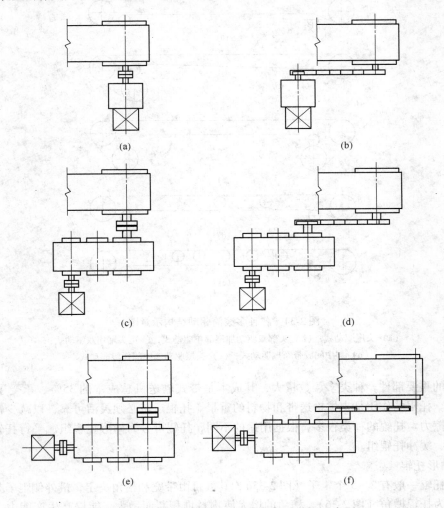

图2-32 胶带运输机的各种单滚筒驱动装置示意图
(a) 机电一体针摆减速机传动方式;(b) 链条连接的机电一体针摆减速机传动方式;
(c) 平行轴减速机传动方式;(d) 链条连接的平行轴减速机传动方式;
(e) 螺旋锥齿轮减速机传动方式;(f) 链条连接的螺旋锥齿轮减速机传动方式

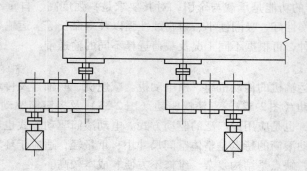

图 2-33　双滚筒驱动结构示意图

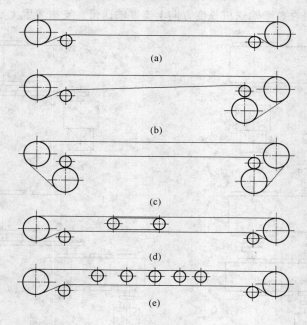

图 2-34　各种多滚筒驱动结构示意图
（a）头尾驱动式；（b）头部双驱动加尾部单驱动式；（c）头尾均双驱动式；
（d）加中间胶带摩擦驱动式；（e）头尾驱动加中间托辊驱动式

式输送机的重要部件，种类多、数量大，其成本是带式输送机总成本的 35%，承受了 70% 以上的阻力。托辊的作用是支撑输送带和物料的重量。托辊运转必须灵活可靠，以减少输送带同托辊的摩擦力。托辊的种类很多，根据用途的不同，托辊可分为槽形托辊组、平行托辊组、调心托辊组、缓冲托辊组。

　　a　槽形托辊

　　槽形托辊一般有 2～5 个辊子（图 2-35），其数目由带宽和槽角决定，最外侧辊子与水平线的夹角称为托辊槽角（图 2-36）。槽角的增大使物料堆积断面增大，能提高生产能力，同时防止撒料、跑偏等作用。刚性三节槽形托辊最为常见，它主要用于支撑物料输送，其槽角有 35°、45°，各托辊间距一般为 1.2～1.5m。

　　b　平行托辊

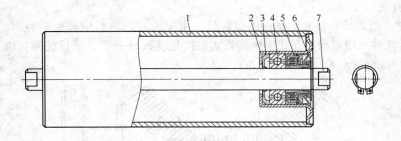

图 2-35 辊子结构图

1—辊体；2—轴承座；3—密封；4—轴承；5—迷宫式密封；6—挡圈；7—心轴

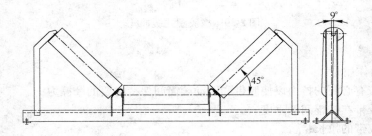

图 2-36 普通槽型托辊槽角

平行托辊用于支承空段输送带，各托辊间距一般为 3m，如图 2-37 所示。

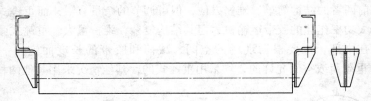

图 2-37 平行托辊

c 调心托辊

调心托辊的作用是在输送带发生跑偏时，调心托辊能起到调节输送带跑偏的作用。调心托辊有上调心托辊、下调心托辊，上调心托辊有平行托辊和槽形托辊，其中运用最多的是自调心托辊，如图 2-38 所示。

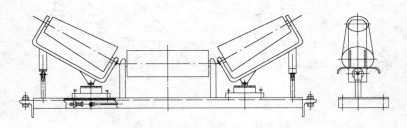

图 2-38 自调心托辊

d　缓冲托辊

缓冲托辊（图 2-39）装在输送机的接料处，用于缓冲物料对输送带的冲击，从而保护输送带和设备。缓冲托辊有橡胶圈式、弹簧板式。按托辊数分一节（平行缓冲托辊）、二节、三节、五节。

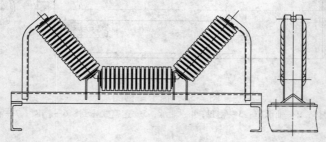

图 2-39　橡胶圈式缓冲托辊

G　张紧装置

张紧装置的作用是：

（1）保证带有必要的拉力以使胶带和驱动滚筒间保持必要的摩擦力；

（2）限制胶带在托辊间的垂度；

（3）补偿胶带的拉长；

（4）能使胶带缩短时接头有余量（如果没有这个余量，则换一小段新胶带就要有两个接头，这将增加各接头的故障）。

张紧装置有螺杆张紧式（图 2-40）、液压缸张紧式（图 2-41）和重锤张紧式（图 2-42）等三类。其中，前两者的结构简单、维修方便，但可调节的余量有限；而重锤式张紧装置的调节余量大，适合大功率作业的胶带运输机，但其结构复杂，维护量大。重锤式张紧装置可设在尾部，也可以设在中部，主要根据现场的空间、载荷和胶带的长度而定。一般来讲，单程 600mm 及以上、重载荷或空间允许的，均采用重锤式的，其他情况采用其他两种装置。

图 2-40　螺杆张紧式结构示意图　　　　　图 2-41　液压缸张紧式结构示意图

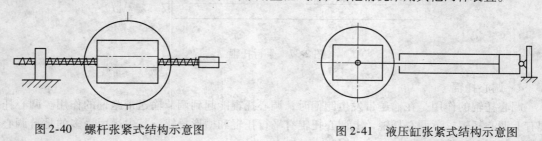

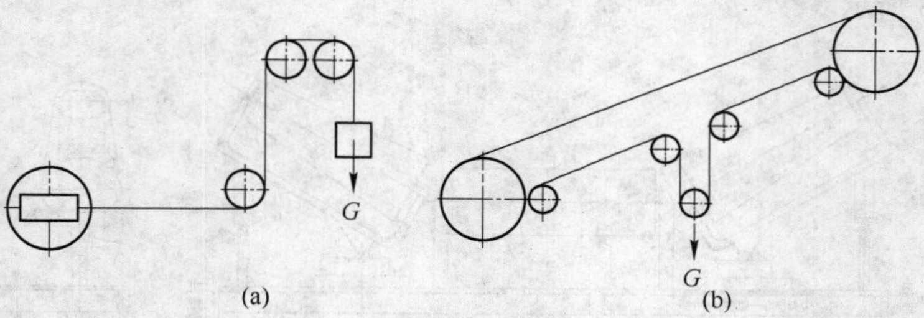

图 2-42　重锤张紧式结构示意图

（a）机尾重锤式；（b）中间衬轮重锤式

H 胶带运输机的简易计算公式

(1) 运输量的计算。

输送散料物品时输送量的计算公式:

$$Q = 3600Fv\gamma c \tag{2-1}$$

式中 Q——运输量,t/h;

F——承载截面积,m^2;

v——带速,m/s;

γ——物料堆密度,t/m^3;

c——倾角系数。

输送散料物品时输送量的计算公式:

$$Q = kB^2\gamma vc\xi \tag{2-2}$$

式中 Q——运输量,t/h;

k——断面系数;

B——带宽,m;

γ——物料堆密度,t/m^3;

v——带速,m/s;

c——倾角系数;

ξ——速度系数。

输送成件物品时输送量的计算公式:

$$Q = 3.6\frac{Gv}{t} \tag{2-3}$$

式中 Q——运输量,t/h;

G——单件物品重量,kg;

v——带速,m/s;

t——物件在运输机上的间距,m。

(2) 带宽的计算。

$$B = \sqrt{\frac{Q}{k\gamma vc\xi}} \tag{2-4}$$

式中 Q——运输量,t/h;

k——断面系数;

B——带宽,m;

γ——物料堆密度,t/m^3;

v——带速,m/s;

c——倾角系数;

ξ——速度系数。

(3) 带速的计算。

$$v = n\frac{\pi D}{60} \tag{2-5}$$

式中 v——带速,m/s;

n——传动滚筒转数，r/min；

D——传动滚筒直径，m。

（4）传动滚筒圆周力的计算。

$$P = F = F_1 + F_2 + F' \tag{2-6}$$

式中　P——传动滚筒总圆周力；

　　　F——运行时的总阻力；

　　　F_1——承载段运行阻力；

　　　F_2——空载段运行阻力；

　　　F'——附加阻力。

（5）传动滚筒功率的初步计算。

$$N_0 = \frac{Pv}{102} = \frac{Fv}{102} \tag{2-7}$$

式中　N_0——传动滚筒功率，kW；

　　　P，v，F 同上述公式。

（6）电动机功率的初步计算。

$$N = K \frac{N_0}{\eta} \tag{2-8}$$

式中　N——电动机功率，kW；

　　　K——满载启动系数；

　　　N_0——传动滚筒功率，kW；

　　　η——传动总效率。

胶带运输机的详细计算是比较复杂的，这里不作介绍，有关详细资料及公式中代号等详细数据请参阅有关设计手册。

2.6.2.2　安装操作规则与使用维护

A　胶带运输机的安装

胶带运输机安装水平的好坏，直接关系到以后的运行状况和使用寿命，因此必须严格按规范要求进行安装、验收。

a　驱动装置的安装要求

驱动装置的减速机根据传动滚筒找正，其联轴器无论是柱销、棒销或十字滑块联轴器的径向位移和两轴中心线倾斜度都要在允许范围内，一般倾斜度不应大于1°30′。

滚柱逆止器安装后，不应影响减速机正常运转。制动轮装配后，外圆跳动量允差应小于零件外圆尺寸允许偏差的15%，制动闸瓦在松闸状态下，不得接触制动轮表面，合闸后，其接触面积不低于90%。

b　传动滚筒、改向滚筒、增面轮的安装

（1）各滚筒的横向中心线对运输机纵向中心线重合度允许偏差为2mm。

（2）各滚筒的轴向中心线对运输机纵向中心线垂直度允许偏差为1mm/m。

（3）各滚筒轴的水平度允许偏差为0.5mm/m。

（4）传动滚筒上母线应比托辊上母线高3～8mm。

（5）头、尾滚筒中心线必须平行，平行度最大允许偏差为5mm。

c 机架的安装

(1) 机架、头架、张紧装置架、卸料车架等装轴承座的两个对应平面，应在同一平面内，其平面度、两边轴承座上对应孔间距偏差和对角线偏差应为 3mm/1000mm。

(2) 机架、头架、尾架、驱动装置架、卸料车架、张紧装置等应校平直，其直线度不大于 1mm/1000mm，对角线之差不大于两对角线平均值的 3mm/1000mm；对角线交叉处的间隙不大于两对角线平均值的 1mm/1000mm。

(3) 主梁中心线垂直度，主梁接头处左右、高低的偏差，同一横截面内主梁水平差，托辊安装孔对角线尺寸，孔间偏差等应不大于 2mm/1000mm。

d 托辊的安装

(1) 托辊应位于同一平面上（水平面或倾斜面）或者在一个公共半径的弧面上，在相邻三组托辊之间其高低差不大于 2mm。

(2) 托辊横向中心线对机架纵向中心线的重合度要求同滚筒。

(3) 托辊横向中心线对机架纵向中心线的垂直度允许偏差在 1mm/300mm 之内。

e 张紧装置的安装

(1) 小车式张紧装置车轮应灵活，其对角线允许偏差为 ±2mm。

(2) 螺旋张紧装置应保证滑道灵活，滑座与机架中心平行。

B 胶带运输机的维护

为了维持运输机的正常运行，预防事故发生，使设备在正常使用周期内保持良好状态，就必须做好对运输机的日常维护和点检，其点检标准见表 2-18。

表 2-18 胶带运输机点检标准

检查部位	检查内容	检查标准	检查方法	检查周期
电动机	地脚螺栓与联轴器	紧固，齐全	观察、手摸	8h
	地线	完好	观察	8h
	联轴器安全罩	不缺，可靠	观察	8h
	轴承温度	<65℃（不烫手）	手试	4h
	运行	平稳，无杂声	耳听	4h
减速机	各部螺栓	紧固，齐全	观察	8h
	油量	油标中线	看油标	8h
	联轴器	不窜动，连接牢固	观察	8h
	轴承温度	<65℃（不烫手）	手摸	4h
	运转	平稳，无杂声	耳听	4h
胶带机	托轮、支架	不缺，不响，可靠	观察	4h
	运行	不跑偏	观察	4h
	头尾轮各轴承	<65℃（不烫手），转动无杂声	手试、耳听	4h
	胶带接头	不开裂	观察	8h
	头尾轮、增面轮	无破损，无粘料	观察	8h
	清扫器、挡皮	完整	观察	8h
	制动器	灵活，好用	空转试车	4h
张紧小车	钢绳、卡子	钢绳有油卡子紧固	观察	8h
	小车轮	灵活	观察	8h
	小车架接料板	不脱焊，完整齐全	观察	8h

C　胶带机的检修

检修是为了恢复和部分恢复设备的性能，达到和部分达到新安装时的水平。检修前应确定检修内容并编制项目表，其中包括检修项目、图号、技术要求、所需备件、工程材料等，检修人员必须熟悉图纸和该设备结构及性能特点，确定检修工期，落实安全措施。胶带运输机的检修方法如下：

（1）清净各部上、下漏斗料，办理开工手续。

（2）割掉胶带并从机上清除，清除其他障碍物。

（3）拆除传动装置电动机、传动轮、罩等。

（4）拆除头尾装、卸料装置；拆除拉紧装置；拆除尾、中部改向轮。

（5）拆除上、下托辊支架，清理或更换托辊。

（6）修理或更换纵、横梁、立柱。

（7）减速器等装置常规清洗、换油、换零件。

（8）根据运输机安装要求重新安装运输机。

（9）运输机安装拆除顺序按互逆程序进行。

检修质量及试车如下：

（1）单机无负荷试车 2h，负荷试车 24h。

（2）运行平稳，无异常声响。

（3）托辊灵活、无异常声响。

（4）各部位连接螺栓紧固、齐全。

（5）各部位润滑良好。

（6）驱动部分运转平稳，无异常声响，轴承温度不超过 65℃。

2.6.2.3　常见故障分析及处理

胶带运输机常见故障多是胶带跑偏、打滑、压料、撕裂、接头断等故障。

A　胶带跑偏

引起胶带跑偏的原因很多，但不管何种原因，只要跑偏发生不太严重，都可以用调整托辊的方法调整。一种方法是：在运输机适当的位置（便于操作），将托辊支架的固定螺栓卸掉三个（余下的一个螺栓卸松，一般支架为 4 个螺栓），当胶带向站立的一端跑偏时，就将这组支架沿胶带运行的方向前移适当角度；若胶带向站立的另一端跑偏时，就将这组支架向后移动适当角度。若胶带仍跑偏，可移动若干组托辊。另一种方法是将托辊组一端垫高，亦可以垫高数组托辊，同样可以消除跑偏。胶带在回程跑偏时，可以调整下托辊来纠偏。跑偏严重时，可以调整尾部拉紧装置进行纠偏，一般原则是：通过调丝杆、加配重、加手动葫芦等方式，将跑偏一边的装置拉紧即可，这是由于胶带永远是向松的一边跑偏。胶带跑偏原因及处理方法见表 2-19。

表 2-19　胶带运输机胶带跑偏原因及处理方法

类　别	跑 偏 原 因	处 理 方 法
空载跑偏	机架安装不正，支架扭曲	检修校正
	胶带接头不正	重新胶接头
	胶带松弛，两侧拉力不一致	调整拉紧装置
	传动轮、改向轮和托辊粘料	停机清除
	胶带成槽性差（对新胶带）	压料使用一段时间
	掉托辊，支架不正	更换补齐托辊，调整支架

类　别	跑 偏 原 因	处 理 方 法
空载跑偏	托辊不活或不转	更换托辊
	环境引起（如两边冷热不均）	改善环境
	卸料小车不正	校　正
重载跑偏	空载时造成的原因	在空载时，相应处理
	尾部下料漏斗下料不正	调整下料
	尾部漏斗不正	校正漏斗或调整下料位置
	尾部漏斗挡皮不当	调整更换

B　胶带打滑、撕裂

胶带打滑和撕裂也是胶带运输机的常见故障，其原因及处理方法见表 2-20。

表 2-20　胶带打滑、撕裂原因及处理方法

故障现象	故 障 原 因	处 理 方 法
胶带打滑	物料过载	停机将胶带上料卸除一部分
	驱动轮胶皮坏	更换胶皮或塞沥青、草袋、松香等
	驱动轮有油、水、潮泥	停机清除
	胶带过松	调整拉紧装置
胶带撕刮或划穿	尾部漏斗掉尖锐硬物	修补或更换胶带
	上托辊掉边托辊	修补或更换胶带
	尾部漏斗下沉	处理漏斗
	相关罩子等设施脱落	处理相关设施
	驱动轮、改向轮破损不活	更换轮子
	胶带跑偏擦支柱	调整胶带
	清扫器压力大或损坏	更换清扫器
	回程段尾部带进硬杂物	停机清除杂物

C　胶带压料、接头断裂

胶带压料一般是由于打滑或负荷过载引起，如遇此情况，先要停机清除胶带上的料，然后根据打滑的原因逐一处理，对于过载，就要查明给料机械的原因并加以调整，减小料流。

胶带的接头断裂一般是由于接头质量不好或接头方法不对，所使用的胶结材料质量有问题导致接头强度不够以及接头在使用中刮坏而又未及时发现。

为了避免接头的损坏，除了保证接头胶结质量外，还应加强日常的维护检查，减少带负荷启动次数，减少压料、打滑事故。

若遇胶带受损或断裂，可采取适当方法加以连接与修补。胶带的连接有机械连接与胶连接两种方法。机械连接又分胶带扣连接和铆连接。现在胶连接基本取代了机械连接，机械连接仅在处理事故，为了迅速恢复生产时才采用。胶连接又分为热胶接和冷胶接法，其接头强度均可达到胶带强度的 85% ~ 90%；冷胶法工艺简单、操作时间短，故而烧结胶带胶接基本采用冷胶接。

2.6.3　斗式提升机

斗式提升机是用于垂直或大倾角输送粉状、颗粒状及小块状物料的连续输送设备，在烧结生产中常用斗式提升机输送颗粒灰等。斗式提升机的优点是结构简单紧凑，横断面外形尺寸小，可显著节省占地面积，提升高度较大，有良好的密封性，可避免污染环境。其缺点是对过载敏感，料斗和牵引构件易磨损，输送物料种类受限制。斗提机提升物料的高度可达80m（如TDG型），一般常用范围小于40m，输送能力在1600m³/h以下。一般情况下，采用垂直式斗提机，当垂直式斗提机不能满足特殊工艺要求时，才采用倾斜式斗提机。由于倾斜式斗提机的牵引构件在垂直度过大时需增设支承牵引构件的装置，而使结构复杂，因此很少采用倾斜式斗提机。

2.6.3.1　斗式提升机工作原理和结构功能

A　工作原理

斗式提升机工作原理如图2-43所示，在挠性牵引构件3上，每隔一定间距安装若干个钢质料斗4，闭合的牵引构件卷绕过上部和下部的滚轮，由底座5上的拉紧装置6通过改向轮2进行拉紧，由上部驱动轮1驱动。物料从下部供入，由料斗把物料提升到上部，当料斗绕过上部滚轮时，物料就在重力和离心力的作用下向外抛出，经过卸料斜槽送到料仓或其他设备中。提升机形成具有上升的有载分支和下降的无载回程分支的无端闭合环。

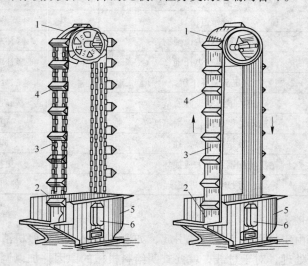

图2-43　斗式提升机工作原理示意图
1—驱动轮；2—改向轮；3—挠性牵引构件；4—料斗；5—底座；6—拉紧装置

B　斗式提升机类型

斗提机的分类方法很多，按照安装方式、卸载特性、装载特性、牵引构件形式、料斗形式等不同可进行如下分类：

（1）按安装方式不同，可分为垂直式、倾斜式、垂直水平式；

（2）按卸载特性不同，可分为离心式、离心-重力式、重力式；

（3）按装载特性不同，可分为掏取式、流入式；

（4）按牵引构件形式不同，可分为带式、链式（板链、环链）；

（5）按料斗形式不同，可分为深斗式、浅斗式、鳞斗（三角斗或梯形斗）式。

C　斗式提升机结构功能

斗式提升机通过固定在牵引构件（胶带、链条）上的许多料斗，并环绕在提升机上部头轮和下部尾轮之间，构成封闭轮廓；驱动装置与头轮轴相连接，张紧装置一般和下部尾轮相连，使牵引构件获得必要的张紧力，以保持牵引部件的正常运转。物料从斗式提升机下部机壳的进料口进入，由料斗运输到头部进行卸出，实现垂直输送物料的目的。

a　驱动装置

驱动装置由电动机、联轴器、减速器、传动带或传动链组成，如图2-44所示。电动机一般选用Y系列鼠笼型异步电动机，根据需要选用各种形式的减速器。斗式提升机的驱动装置形式，对其工作性能、使用寿命、经济成本等都有直接影响。对驱动装置的要求是体积小、自重轻、效率高。

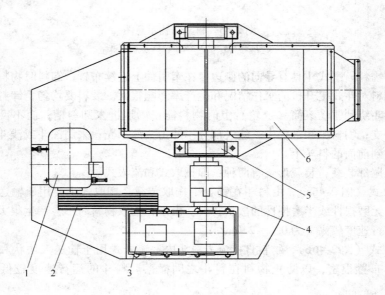

图2-44　驱动装置图

1—电动机；2—传动带；3—减速机；4—滑块联轴器；5—头轮；6—上部机罩

为了防止提升机因临时停电或突发事故等负载下停车引起牵引构件和装料料斗逆行，与带式运输机类似，在斗式提升机驱动装置中还装有逆止器。提升机常用的逆止器有滚柱逆止器、棘轮逆止器和凸轮逆止器等。

为了防止斗式提升机因装料过多、异物卡阻和掉斗等引起过载，在斗式提升机驱动装置中还应安装过载保护装置，以免造成事故，常用的有电器过载保护装置和机械过载保护装置。

b　料斗

料斗是斗式提升机装载物料的构件，一般用厚度2~6mm钢板冲压焊接制成。为了减少边唇的磨损，在料斗边唇外焊上一条附加的斗边。根据物料特性的不同以及装载、卸载方式不同，料斗常制成深斗（S制法）、浅斗（Q制法）、鳞式斗（三角式斗），如图2-45所示。图中深斗斗口下倾角度较小（斗口与后壁一般成65°角），深度大，用于输送干燥、松散、易于卸出的物料。浅斗斗口下倾角度较大（斗口与后壁一般成45°角），深度小，用于输送易结块的

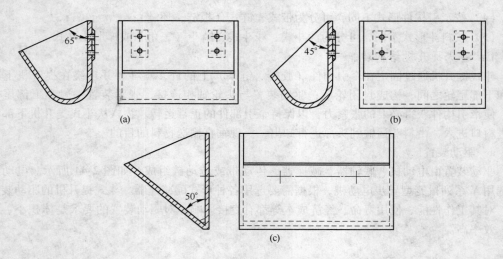

图2-45　料斗结构示意图

（a）深斗；（b）浅斗；（c）鳞式斗

又易于卸出的物料。鳞式斗具有导向的侧边，在牵引件上连续布置，卸料时物料沿斗背溜下。

　　装料和卸料对斗式提升机的工作情况和生产率影响很大。装料要均匀，卸料量要符合生产率的需要；料斗绕到驱动滚筒（链轮）上时物料能正确地进入卸料槽，而不反洒回有载分支或掉入无载分支；物料抛卸过程中，绝大部分不冲击头部罩壳；采用深斗或浅斗时，物料卸载过程中不碰撞到前面的料斗上。

　　斗提机在尾部装载，装载形式有两种：即掏取式和流入式。

　　（1）掏取式（图2-46a），由料斗在物料中掏取装载。掏取式主要用于输送粉末状、颗粒状、小块状的无磨损性或半磨损性的散状物料。由于在掏取物料时不会产生很大的阻力，所以允许料斗的运行速度较高，为0.8～2.0m/s；

　　（2）流入式（图2-46b），物料直接流入料斗内。流入式用于输送大块状和磨损性大的物料。其料斗的布置很密，以防止物料在料斗之间撒落。料斗的运行速度较低，一般不超过1m/s。

　　斗式提升机的卸料方式有三种：重力式、离心式和重力-离心混合式。属于哪一种卸料方

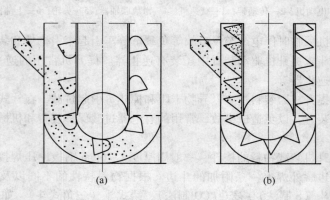

图2-46　斗提机装载形式示意图

（a）掏取式；（b）流入式

式，决定于驱动滚筒（链轮）的转速、半径和料斗的尺寸。

（1）重力式。料斗绕上驱动轮并随驱动轮一起旋转时，斗内物料同时受到重力和离心力的作用，当重力大于离心力，物料将沿斗的内壁卸料，这种卸载方式称为重力式卸载。输送小块状、密度较大、磨损性较大及脆性物料，常采用这种卸载方式。通常用链条作牵引构件，料斗的运行速度一般为 0.4～0.8m/s，可以采用深斗。

（2）离心式。当离心力远大于重力值，料斗内的物料将随着斗的外移动从外抛出，这种卸载方式称为离心式卸载，常用于输送干燥和流动性好的粉料、黏性料及小块状物料。带式提升机通常采用该卸料方式。料斗的运行速度较高，一般为 1.0～3.5m/s，最高可达 5m/s。

（3）重力-离心混合式。当离心力和重力值相差不大，物料从料斗内整个表面卸出，卸载特性介于离心式和重力式之间，这种卸载方式称为重力-离心混合式卸载，适用于输送潮湿的、流动性差的粉状和粒状物料。牵引构件可用输送带，也可用链条，料斗的运行速度为 0.6～1.5m/s。

　　c　牵引构件

牵引构件是斗式提升机的重要构件，对提升机的工作性能和运行情况等具有决定性作用。牵引构件的主要要求是重量轻、成本低、承载能力大、运行平稳、挠性好、寿命长、与料斗连接牢靠。

斗式提升机常用的牵引构件有橡胶带、锻造环链、板式套筒辊子链和铸造链。斗轮提升机的类型常由所采用的牵引构件种类来确定。在烧结应用中，牵引构件通常使用橡胶带。用橡胶带作为牵引构件的斗式提升机也称为带式提升机，主要适用于输送粉状、粒状、小块磨损性小的物料，如煤粉、沙、水泥等。物料温度不得超过 60℃；采用耐热胶带，物料温度可达 150℃。料斗与橡胶带的连接如图 2-47 所示。

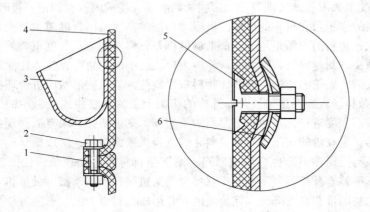

图 2-47　料斗与橡胶带连接示意图
1—胶木；2—螺栓；3—料斗；4—橡胶带；5—沉头螺栓；6—垫片

　　d　张紧装置

斗式提升机的下部滚筒或链轮需用张紧装置使牵引构件保持一定张力，以防止因牵引构件张力不足造成驱动滚筒与胶带打滑、牵引构件运行波动、牵引构件脱轨等故障。斗式提升机一般采用螺旋丝杆张紧装置和重力式张紧装置。螺旋丝杆张紧装置结构简单、紧凑，但缓冲力小，当牵引构件伸长时，不能自动进行调节张紧。当料斗掏取物料阻力较大时，会出现掉斗、丝杆被顶弯等故障。重力式张紧装置的优点在于当牵引构件伸长后，张紧力保持不变，缓冲性能好，可防止掉斗、牵引构件掉道等。缺点是结构较复杂，占用空间较大。

2.6.3.2　操作规则与使用维护要求

（1）提升机须在无负荷状况下启动。空机启动 2～3min 后，再向提升机喂料。停车前先停止喂料，将物料卸完后方可停车。

（2）喂料要均匀，不能超出提升机的额定输送量，以免提升机下部发生堵料现象。如发生堵料必须立即停机清除。

（3）提升机在首次使用或修理后运行 100h 时，要重新检查整机，拧紧所有螺栓接点。

（4）提升机在工作过程中应保持各润滑点正常润滑。

（5）减速机维护按减速机使用要求进行。

（6）如装备有慢动装置，慢动装置必须在空载状态下运行。

（7）要定期检查各部件的运行情况，检查各连接处螺栓是否紧固，牵引件与料斗是否磨损损坏。如有损坏应及时拆换。

（8）各工厂应根据本厂使用情况和工作环境，定期进行大小检修。操作人员发现设备运行存在问题时，应做好记录，待检修时消除。

（9）提升机在运转时，不允许对运动部件进行清扫与修理。

（10）设备在操作使用中，应有固定的操作人员，同时必须制定严格的交接班制度。物料特性、工作条件、输送量等应符合设计要求，定期维护润滑和检修提升机。

2.6.3.3　斗提机常见故障及处理

（1）产量不高，达不到原设计的生产率。

1）物料未能最大限度地装满料斗。影响物料装满程度的因素有四个：极限物料面的高低、头轮转速、物料的堆积角和料斗的形状。极限物料面越高，装满程度越大；头轮转速越慢，料斗装满程度越大；物料的堆积角越大，即散满性越差，料斗的装满程度也就越高；一般说料斗的口越大，肚越小，则越容易装满，故料斗应为口大肚小的三角形；浅斗比深斗容易装满。总之，为使料斗装满，底轮的转速应慢些，物料口要高些，料斗的形状应更合理些。

2）提升段撒料。观察办法是打开提升机的机头上盖，观察曲线段料斗的装满程度，并与底部位料斗的装满程度进行比较。若上部料少于底部，则说明提升段有撒料现象。产生撒料的原因有三种：第一是胶带的初张力不够，料斗因自身重量而扭转，形成撒料；第二是胶带运行跑偏，此时料斗与机筒碰撞，也会形成撒料；第三是自身有振动现象，比如旋转轮的惯性振动、胶带接头不平整等及机器周围有产生强烈振动的机械，如振动筛、鼓风机、内燃机等。振动将使散粒体物料的堆积高度降低。使装满的料斗形成撒料。为此，解决料斗撒料的方法是调整提升机胶带的初张力，纠正胶带跑偏，使提升机上各转动达到平衡；改进胶带接头，尽量做到平滑、柔软。增加隔振措施；减少其他机械的振动干扰。

3）回流，即料斗抛出的物料不能全部进入卸料管而是部分返回机座的现象。回流是大多数提升机产量不高的原因。检查回流的方法是将耳朵贴在提升机机筒上，听筒内有无像落雨的声音，根据声音的大小、稠密状态判断回流的程度。这种方法对铁壳提升机尤为有效。产生回流的原因分析：打开提升机的机头上盖，仔细观察提升机在工作中物料撒出的运动轨迹。若物料抛出得又高又远，已经越过料管的进口，则说明机头外壳的几何尺寸过小。解决的办法是适当把机头外壳尺寸放大。若发现部分物料抛得很高，落下来又达不到卸料管口时，说明料斗抛扔的时间过早，解决办法是降低胶带的运动速度。降低带速最简单的方法是将电动机上的带轮改小一些，使头轮的转速 n 能满足 $n \leqslant \dfrac{2684}{D}$（式中 D 为头轮直径）；若发现部分物料抛出后落得很近，不能进入卸料管，甚至倒入无载分支机筒内，这说明料斗卸料结束的太迟，解决办法是修改料斗形状，加大料斗底角或减小料斗深度。若发现部分物料抛出后碰到前方料斗的底部撞到机筒形成回流时，说明料斗间距过小，可适当增加料斗间距。若发现料斗在头轮的后半圆时尾部翘起，改变了物料抛出后的运动轨道，形成回流，这说明料斗全高尺寸太大，可适当减小料斗高度。

以上是从提升机的装料、提升及卸料三部分分析提升机产量不高的原因及解决办法。若通过以上办法产量仍然过小，就可以将料斗跨度和料斗宽度都适当放大。但要在机筒尺寸允许的范围内，使用这种方法一定要注意电动机的负荷。电动机的工作电流绝不能超过其允许值，否则会将电动机烧毁。

（2）机座堵料。若机座中物料过多、挖料阻力过大，则会导致胶带打滑或停止运动。发生这种现象有五个原因：一是进料不均，忽多忽少。当进料多时，进料量大于提升量，以致机座中物料剩余并积累，使底座内物料逐渐升高、料斗的运行阻力逐渐加大，达到一定程度，胶带出现打滑，还会造成停机或电动机烧毁。解决的办法是严格控制进料量，操作时要空载开车，逐渐打开进料闸门。由机座的正面视孔（玻璃窗孔）观察物料上升状况。物料面达到底轮的水平轴线时（既物料斗脱离角为40°时），进料闸门不能再增大。二是回流量太大，使提升机的物料不能全部流入卸料管而返回机座，这样机座中物料增多造成堵塞。解决的办法是按前述方法减小回流。三是因停电或其他故障突然停机时，提升分支与回行分支质量不等，使提升机产生倒转，料斗内的物料倒入机座，再开机时易发生机座堵塞。解决这一问题的办法是在提升机主轴的一侧安装止逆器，防止提升机倒转。四是胶带打滑，减少了提升机的提升量，使机座内物料增多形成堵塞。解决的办法是增大张紧力，防止胶带打滑。五是大块异物进入机座造成堵塞。解决的办法是在提升机进料口处安装护栅网和导向板，以防止事故发生。

2.6.4 板式给矿机

2.6.4.1 工作原理及结构功能

A 工作原理

板式给矿机是一种高强度连续运输机械，主要作用是由料仓、漏斗或溜槽向配料、破碎、胶带输送等设备连续均匀地运送各种散状物料，特别适用于运载各种尖锐的、腐蚀性的和灼热高温的物料。板式给矿机是原矿处理和连续作业过程中重要的辅助机械设备，它主要由传动装置、驱动链轮装置、运载机构、支承轮、防护导料装置、张紧装置等组成，见图2-48。

作为一种连续运输机械，物料从尾部卸到板式给矿机的运载机构中，然后沿设计的线路和距离，按规定的速度向前运行，由机头的排料口卸出，完成物料的运输过程。板式给矿机的运行线路是直线的，但可以在0°～25°的倾角范围内任意布置，输送距离一般不大于20m。速度可以通过不同方式调节，一般采用交流电动机变频调速的方式来调节速度。

B 技术性能参数

板式给矿机的生产能力取决于输送槽宽度、允许通过物料层的厚度和运载机构的运行速度。某烧结厂板式给矿机技术性能参数见表2-21，重型板式给矿机技术性能参数见表2-22。

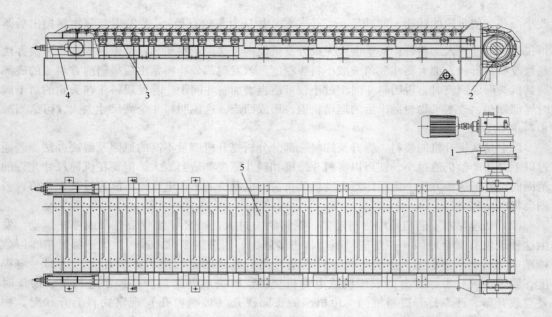

图 2-48　板式给矿机结构示意图

1—驱动装置；2—传动装置；3—支承轮；4—张紧装置；5—运载机构

表 2-21　板式给矿机技术性能参数

设备名称	技术性能	单位	技术参数	备注
链板运输机	外形尺寸	mm × mm × mm	74290 × 4511 × 1485	型号：B800mm × 73575mm
	运　输	t/h	150	
	运输坡度		9°37′	
	链板速度	m/s	0.26	
	头轮转速	r/min	7.745	
	链板节距	mm	320	
电动机	转　速	r/min	980	型号：Y280M-6
	功　率	kW	55	
减速机	速　比		42.75	型号：ZHL-1150-16C

表 2-22　重型板式给矿机技术性能参数

设备名称	技术性能	单位	技术参数	备注
链板运输机	运输槽宽	mm	280	型号：2400mm × 5000mm
	运输量	t/h	240	
	运输坡度	(°)	0	
	链板速度	m/s	0.05	
	链轮中心距	mm	4500	
	链板节距	mm	280	
电动机	转　速	r/min	1460	型号：Y200L-4
	功　率	kW	30	
减速机	速　比		284.46	型号：UT4-1450

C 板式给矿机的结构功能

板式给矿机是由传动装置、驱动链轮装置、张紧装置、运载机构、机体、防护导料装置、过载自动保护装置、润滑装置等部分组成。各主要部件由钢架结构的机体组成给料机整体，机体固定在混凝土基座上，传动装置可以单独安装。下面简要说明其主要构件。

a 传动装置

传动装置由电动机、减速机、辅助传动、联轴器和机座等部件组成。电动机通常采用的是Y系列电动机，在需要调速的情况下，一般采用变频调速方式。减速机目前多采用人字齿轮减速器和斜齿轮减速器，辅助传动是为了满足某种速比时采用的开式齿轮传动、链传动等辅助传动设施。一般都有独立的润滑系统以保证正常运转。

b 驱动链轮装置

驱动链轮装置由驱动轴和一对（一组）驱动链轮及两端的轴承座组成。链轮布置在承载机构两侧或下部与牵引链相对应，齿形轴的齿廓和公差应符合规定，材质为低合金铸钢，齿面硬化处理，具有高可靠性和良好的使用寿命。采用自动调心辊子轴承（重型板式为轴瓦式）支承结构和迷宫式密封自动干油润滑，具有阻力小、使用可靠等优点。

c 张紧装置

张紧装置由张紧轴、张紧轮和滑座式张紧机构组成。光面的张紧轮固定在张紧轴上，张紧轴由滑座支承，滑座由张紧丝杆调整移动使牵引链保持适当的张力。

d 运载机构

运载机构由牵引链、输槽和连接件组成。牵引链采用的是高强度套筒辊子式输送链，应符合输送链、附件和链轮的国标规定。单根链条取用安全系数应达到6级以上，以便有充分的强度保证。输送槽分为鳞板形、平板形和槽形等结构形式，在正常使用情况下能达到2年的使用寿命，采用高强度螺栓，与牵引链连接成挠性的运载机构。运载机构的自重和物料的重量由支承辊传递到机体。

e 过负荷保护装置

板式给矿机在运行过程中难免会发生大块物料或异物堵塞的情况，为了防止电动机、减速机和传动链条的过载损坏，必须采取保护性措施。一般采用的是电气过流自动保护，即当负荷阻力大于传动装置的许用力矩时，保护装置发生作用切断电源。

2.6.4.2 操作规则与使用维护要求

板式给矿机作为重要生产设备，其故障率相对来说是比较低的，但在设备生产运行中还应注意以下几点。

（1）设备的定检与维护。维护人员专业点检必须按照点检标准进行填写、记录，应随时注意设备运行时链带是否打滑跑偏，若跑偏严重应停机处理。

（2）设备的润滑。虽然板式给矿机的传动部位和各部位轴承均有良好的润滑保障，但还是必须坚持定期检查设备运行状况，特别是自动给油系统要保障转动部位的充分润滑。

（3）生产操作人员的日常维护。必须坚持设备清扫，将积料、积灰、杂物清理干净，严格执行交接班制度，发生事故及时停机，及时上报。

2.6.4.3 常见故障分析及处理

（1）链带打滑。链带由于长期运转造成链条与链板磨损严重，以致出现链带打滑现象。简单的处理办法是调整链板的张紧程度，即调整张紧装置使链板张紧适度，或者对链轮的齿进行堆焊修复，也可以在一定程度上消除打滑现象。

（2）传动装置空转。传动装置空转原因主要是链节断或是联轴器损坏，一般进行更换后即可恢复。

（3）链带跑偏。链带发生跑偏的原因比较复杂，头尾轮中心线不对，托辊磨损不一致，两侧托辊不水平，链带磨损等都可能发生链带跑偏。根据不同情况采取调整张紧、更换托辊等措施，可以改善跑偏的情况。

思 考 题

1. 胶带运输机有什么特点？
2. 胶带运输机常见故障有哪些，如何处理？
3. 板式给矿机与斗式提升机相比，各有什么优缺点？
4. 板式给矿机的主要技术性能参数有哪些？
5. 斗式提升机有哪些常见故障，如何处理？

3 烧结生产设备

3.1 配料设备

在烧结生产过程中，原料的配料对提高烧结矿的产量、质量和降低燃料消耗等具有十分重要的意义。各烧结机均配有专门的配料室，用以完成配料功能。配料室内一般配有 1～2 条配料主皮带，主皮带上方配有若干圆盘给料机，用于原料，如铁料、返矿、生石灰、熔剂、煤粉等配料。对于大型烧结机而言，为了满足烧结正常生产，一般依照上述所给原料顺序，按照 5∶3∶2∶4∶2 的比例进行原料装槽。所以，一般大型烧结机至少要配备 16 个以上的圆盘给料机。20 世纪，烧结机主要采用立卧分体式的配料圆盘，进入 2000 年后新改扩的烧结配料工程主要采用立卧一体式（PDX 系列）圆盘给料机。

3.1.1 工作原理与功能

3.1.1.1 PDX 系列圆盘给料机的工作原理与功能

PDX 系列圆盘给料机是将传统的立卧分体式（图 3-1）的立式和卧式减速机一体化的给料设备，主要由传动机构（包括电动机、减速机、锥形齿轮对、大直径内齿式回转支承、小齿轮等）、料套、圆盘、底架、本体支架、底座、防尘罩、扇形门装置、刮刀装置、落料导板等部件组装（图 3-2）。

与传统的圆盘给料机相比，PDX 系列给料机具有以下特点：

（1）传动装置安装在圆盘下，结构紧凑、体积小，节省安装空间。基础简单并呈对称规则分布，改变了传统圆盘给料机体积大、基础大、结构复杂的缺点。

（2）采用不易堵料、挂料的蜗壳形料套，

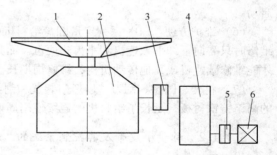

图 3-1　传统立卧分体式给料机示意图

1—盘面；2—立式减速机；3—齿轮联轴器；
4—卧式减速机；5—弹性联轴器；6—电动机

可防止物料因久存发生固化而不能卸出，避免了传统直料套仓压大，易堵料、挂料的缺点。在料套上安装了新型料层控制闸门（扇形门装置）和可调角度的刮刀装置，能方便地调节料层厚度和物料的流向。

（3）所有传动部分均采用高精度硬齿面齿轮传动，传动效率大于 92%，相对其他类型圆盘，特别是蜗轮副圆盘（效率最高只有 60%）而言，节能效果显著，运行更经济。PDX 系列圆盘给料机的驱动电动机采用先进的变频电动机。

（4）采取三道密封装置（分别为一道迷宫密封、毡密封和脂密封），使传动机构润滑良好，能保证设备长期无故障运行，噪声小，寿命长。改变了老式圆盘给料机润滑条件差、噪声大的缺点。

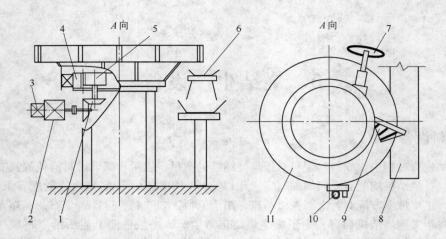

图 3-2　PDX 系列圆盘给料机结构示意图

1—锥形齿轮；2—行星针摆减速机；3—变频电动机；4—大内齿圈；5—小齿轮；
6—电子秤小皮带；7—扇形调节装置；8—配料主皮带；
9—刮料板；10—给排油管；11—盘面

（5）采用大直径内齿式回转支承，承受仓压大，运行平稳、可靠，特别是在低频满载情况下，能顺利启动、运转及平稳提速。而以往采用的三环减速机圆盘和伞齿轮圆盘给料机等，因圆盘直接安装在减速机输出轴或主轴上，受力面积小，难以保证可靠、平稳传动及满载启动。

（6）维护方便。PDX 系列定量圆盘给料机的盘面与减速机输出轴是通过一对内齿传动的，维修时只需向下卸下减速机和小齿轮便可。而其他老式圆盘都要先清空料仓，卸下料套及盘面才能维修减速机或其他传动机构，维修周期长。

（7）料套、圆盘、刮刀、扇形门装置和刮刀组装中与物料直接接触的部位采用耐磨性好的高铬铸铁衬板，延长了给料机的连续使用周期，减少了维护量。

3.1.1.2　称量小皮带及其控制系统的工作原理与功能

为了达到良好的混匀效果，生产工艺要求必须按配料计算的结果进行严格的配料。因此，在烧结配料中圆盘配料皮带电子秤的控制精度十分关键。对圆盘配料皮带电子秤控制提出了较高的要求。

皮带电子秤校准方式有：实物校准、动态挂码校准、电子校准和链码校准等。不论采用何种方式，都需要进行以下工作：确定速度分频数，使之1min 内的速度脉冲记数在 500～1000 范围内，以确保数据的准确性。电子秤调零，在实验时间内电子秤的累计量达到要求的零点范围内，输入此时系数作为零点系数（01P）。调间隔，使测得的累计数和实验量接近到误差范围之内，将测定的数记录下来即为秤的校准系数（02P）。

大型烧结机配料自动控制系统多采用 PLC 控制技术，其核心控制是"PLC-变频器-圆盘及称量小皮带组成的配料秤-二次仪表（CFC）-PLC"形成流量的闭环控制，通过变频器同时调节给料机（圆盘或螺旋）、称料小皮带来调节料种流量，以达到设定的配比，完成配料功能。

所有料种下料之和为综合输送量，各个料种相对综合输送量的比例（配比）是由生产工艺自己定义，但是每一料种的工作秤的数量及料流分配是由 PLC 事先按程序进行控制，当其中一个工作秤出现问题或其相对应配料矿槽料位低于设定低料位时，PLC 就自动启动剩下的备用盘来维持生产，当生产所需料种中缺少其中一个料种时，PLC 自动地将系统全停。

　　圆盘及螺旋起到控制下料重量的目的，称量小皮带起到控制速度的目的。在现场秤架上安装有一个计量箱，内部安装有重量传感器，读取压在称量皮带上的重量信号，在皮带非驱动端的尾轮轴承上安装有速度传感器，其信号直接上传到电磁站。CFC-100C 称量仪表读取称量小皮带上的速度和重量信号，并转换为流量信号反馈到主控 PLC，继而进一步控制圆盘及称料小皮带来完成自动配料。

　　由 DCS 进行 PI 主控制，仪表进行过程变量反馈，通过安装在电磁站的 CFC-100C 仪表把转换了的瞬时流量信号反馈给 DCS，DCS 将流量反馈信号与输送量设定信号进行比较后经过 PI 调节，再把此偏差输出控制信号传给变频器，驱动控制现场圆盘给料机及称料小皮带的速度实现下料量的自动跟踪调节。

　　配料的精确性在很大程度上取决于所采用的配料方法。常用的配料方法有容积配料法和质量配料法。容积配料法是基于物料堆积密度不变，原料的质量与体积成比例这一条件进行的，准确性较差。质量配料法是按原料的质量配料，比容积配料法准确，便于实现自动化。配料室圆盘给料机的配料见图 3-3。

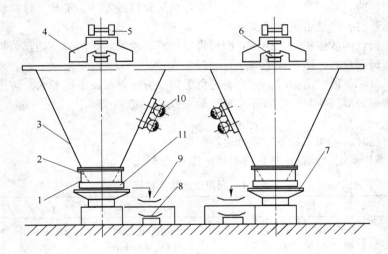

图 3-3　配料室圆盘给料机的配料示意图

1—大套；2—锥套；3—矿槽；4—进料裤衩漏斗；5—可逆移动带式皮带机；6—带式皮带机；
7—圆盘给料机；8—主皮带；9—皮带电子秤；10—振动器；11—小套

3.1.2　操作规则与使用维护要求

3.1.2.1　操作规则

（1）联锁操作。联锁操作是由中控室集中操作。接到中控室通知后，岗位将所有要工作的螺旋、圆盘、胶带秤的选择开关置"联动"位。检查设备润滑良好，圆盘、螺旋料门正常打开，电子秤传感器无卡杂物，运转部位无人和杂物。确认完毕后通知中控室可以启动设备。非事故状态严禁岗位带负荷停机。岗位要经常观察原料下料量、水分、粒度等情况，发现情况应立即通知中控室换盘。发现"负荷率异常"报警应及时检查并做相应处理。随时了解各种原料储存情况，保证正常配料。依据巡检卡内容，按规定时间、规定路线进行巡回检查。

（2）机旁操作仅限于事故处理或设备检修及检修后的试车。机旁操作应先通知中控室说明情况，中控室需将计器盘选择开关置"LOCAL"位，位置开关置"单独"位，给出一定输出。岗位将现场开关置"机旁"方可启动。正常生产时，严禁将料用机旁操作转入主皮带。机旁操作结束后，通知中控室将计器盘恢复正常，并将现场选择开关置"联动"位。

3.1.2.2　使用维护要求

（1）运转中异常状态紧急处理。

1）配料电子秤小皮带或配料主皮带出现打滑、拉断或卡死等异常现象时，应立即停机处理，并上报中控室。

2）圆盘排料口堵杂物或大块时，应及时停机处理。

3）小套磨损拉料严重时，可用大锤向下敲打小套，使之与盘面间隙为5mm左右即可。

4）圆盘压料，应立即切断电源，用手倒转电动机联轴器；若倒转不动，尽量扒料，直到手能拨动电动机为止。

（2）运转中注意事项。

1）严禁钻、跨、站、坐皮带机，严禁用皮带机运送机械零件、工具、材料或其他物品。

2）正常运转时，严禁带负荷停机。

3）当运转圆盘因故停机时，必须立即报告中控室启动同料种的另一圆盘给料，然后处理。

4）用手倒转圆盘时，防止联轴器快速回转伤人。

5）检查设备、加油、清扫时，应注意避免手脚、劳保服被皮带机卷入，防止滑倒。

6）捅矿槽和头部漏斗时，应站好位置，防止铁棍和散料伤人，杜绝一边人工捅料，一边机械振动松料。

7）清扫圆盘时，人和工具不要靠近运转部位。

（3）点检维护规定。圆盘给料机的点检标准见表3-1。

表 3-1　圆盘给料机点检标准

检查部位	检查内容	检查标准	检查方法	检查周期
电动机	运　行	平稳、无杂声	耳　听	随时
	温　度	<65℃（不烫手）	手　试	2h
	各部螺栓	齐全、紧固	目　视	8h
减速机	运　行	平稳、无杂声	耳　听	随时
	温　度	<65℃	手　试	8h
	油　位	油标中线	看油标	8h
	各部螺栓	齐全、紧固	目　视	8h
	联轴器	不窜动、牢固	目　视	8h
圆　盘	刮刀、小套、闸门运转	齐全、磨损不严重、平稳、无异常响声	观　察 耳　听	随时 随时

维护人员点检与专业点检必须按"点检标准"进行，并认真填写点检记录卡。点检中发现的问题应立即处理。处理不了而又危及设备正常运行的缺陷，应立即向专业人员反映。利用停机机会，检查盘面衬板磨损和刮料板的固接情况。各润滑点每班加油一次并严格执行给油标准。油脂牌号选择正确，油质与油具必须保持清洁。各检测装置要保持正常，如有偏差要及时调整。

3.1.3 常见故障分析及处理

圆盘给料机的常见故障分析及处理方法见表3-2。

表 3-2 圆盘给料机的常见故障分析与处理方法

缺陷与故障现象	故 障 分 析	处 理 方 法
轴窜动间隙过大	(1) 轴承压盖压的不紧 (2) 滚动体及套磨损间隙大 (3) 外套转磨压盖	(1) 调整压盖的垫 (2) 换轴承 (3) 外套加垫调整
轴及端盖漏油	(1) 端盖接触不平 (2) 螺丝拧得不紧 (3) 出头轴密封不好，或油量过多，回油槽堵	(1) 调整、改善接触 (2) 拧紧螺丝 (3) 更换密封环，油过多放油，清理回油槽
减速机内有异常噪声	(1) 轴承隔离环损坏 (2) 轴承滚珠有斑痕 (3) 机内缺油，润滑不好	(1) 更换轴承 (2) 更换轴承 (3) 适量加油
机壳发热	(1) 油变质 (2) 透气孔堵 (3) 盘面下沉，擦机壳	(1) 换油 (2) 通透气孔 (3) 检查推力滚珠
盘面跳动	(1) 盘面衬板翘起 (2) 有杂物卡进盘面与套之间 (3) 立轴压力轴承坏 (4) 伞齿磨损严重	(1) 处理衬板 (2) 清除杂物 (3) 换轴承 (4) 换伞齿轮
回转支承高强度螺栓剪断	(1) 矿槽内料过满过重 (2) 螺栓松动导致剪断 (3) 回转支承润滑不好	(1) 保持矿槽内料位正常 (2) 定期检查，螺丝紧固 (3) 定期加油检查

思 考 题

1. 配料圆盘主要有哪两种形式，各有什么优缺点？
2. 皮带电子秤的功能是什么？
3. 配料方式有哪几种？
4. PDX 型配料圆盘的回转支撑高强度螺栓剪断的原因及处理措施有哪些？
5. PDX 型配料圆盘主要故障及处理方法有哪些？

3.2 圆筒混合机

圆筒混合机是目前烧结生产工艺流程中的重要设备之一，其结构示意图见图3-4。它的主要作用就是将配好的各种烧结原料（通常称混合料）进行润湿、混匀和制粒，强化烧结料组分均匀，保证烧结过程中的物理、化学性质一致。同时，通过混匀制粒还可以提高混合料在烧结过程中的透气性，以获得高产、优质、低耗的成品烧结矿。圆筒混合机具有结构简单，生产率大，操作方便，满足工艺要求，易于维护等优点。

我国混合设备的发展是和烧结工业的发展同步发展的，经历了从简单到逐步完善，从小型到大型的发展历程。早期的土法烧结、球团烧结等多采用简易设备，混合机以搅拌机、轮式混合机为主，之后逐步发展统一为单一的圆筒混合机。到了 20 世纪 70 年代末，我国已自行设计制造了多台不同规格的圆筒混合机，最大直径达 3m，长度达 12m，并形成了系列产品，基本满足了烧结机发展的需要，但也存在滚筒托轮磨损掉屑、传动啮合质量不好、冲击振动及噪声大等问题。进入 80 年代，尤其是宝钢 $450m^2$ 烧结机建成投产后，有力地促进了我国烧结工业的发展，圆筒混合机设计制造水平有了很大提高，自行解决了 $264m^2$、$300m^2$ 烧结机配套的大型圆筒混合机设计制造技术。仅为 $450m^2$ 大型烧结机配套而言，我国的圆筒混合机制造水平已有了很大的进步，已经掌握了直径超过 5m 的圆筒混合机制造技术。

3.2.1　工作原理与功能

3.2.1.1　结构组成与功能

按圆筒混合机在生产过程中的主要功能分为一次混合机、二次混合机。一次混合机的主要作用是给配好的烧结料加水润湿和混匀，使混合料各组分的物理、化学性质保持一致，达到水分、粒度均匀分布。二次混合机的主要作用是制粒。

按照圆筒混合机的传动方式可分为大小开式齿轮传动和摩擦传动。齿轮传动的优点是传动可靠，托辊的使用寿命较长，但是大齿圈的制造工艺较为复杂。摩擦传动结构比齿轮传动简单，运转平稳，对电动机和减速机可以起到一定的保护作用，但是传动的可靠性不如齿轮传动；同时，由于该类托辊既承受压力，又承受剪切力，故其寿命也较短，目前大部分采用开式齿轮传动的方式。

按照筒体的支撑方式，可以把圆筒混合机分为刚性支撑和柔性支撑两种。柔性支撑以聚氨酯托辊和大型汽车轮胎为主，它比刚性支撑振动小，噪声小，但是托辊的消耗较大；刚性支撑以钢托辊为主，振动大，噪声大，但托辊消耗小，故障率低。目前大部分混合机集合二者的优点加以完善的办法是以钢托辊为基础，在钢托辊表面喷高黏度的润滑油加以减振。这样的减振效果非常好，且故障率非常低。

混合机工作时，胶带运输机将烧结混合料输入筒体，由于筒体倾斜设置，随着筒体旋转，筒内物料在沿圆周翻滚的同时，沿轴向向前移动，这样从进料到排料，经过几分钟反复翻滚前移，就完成了物料的混匀、制粒和输送任务。物料在筒体运动过程中，洒水装置按规定比例给物料加水，使其达到适宜的水分。一次混合机与二次混合机筒体功能稍有差异，一混主要完成混匀加水，二混完成水分微调和制粒。混合料在圆筒尾部经排溜槽卸到输送带上，为烧结机提供合格的烧结原料。

混合机由圆筒本体、传动装置、托轮装置、挡轮装置、头尾溜槽与罩体、设备润滑系统等部分组成，见图 3-4。

混合机倾斜一定角度安装在基础上，其倾角在 2° ~ 6° 之间，一般二次混合机比一次混合机的倾角小，主要是为了使物料造球充分。筒体由四组刚性托轮装置支承，并有一对挡轮装置轴向限位。驱动系统安装在筒体一侧，由传动小齿轮和联结于筒体的大齿轮圈啮合，驱动筒体转动。圆筒齿圈和托轮部位均设有罩体，罩体和筒体间采用迷宫式密封，头部供料端溜槽罩体安

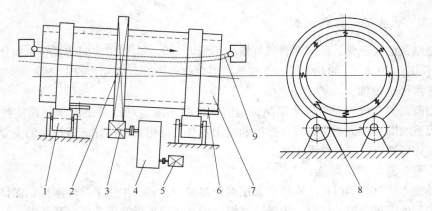

图 3-4　混合机结构示意图

1—托辊；2—大开式齿轮；3—小开式齿轮；4—减速机；5—电动机；
6—挡轮；7—筒体；8—耐磨衬板；9—洒水装置

装在皮带供料机支架上，既起到对供料口的密封，又可以收集皮带给料时的散料。尾部排料溜槽、尾部罩体、蒸汽排送筒三位一体，安装在尾部台架上。一次混合机洒水装置悬挂在钢丝绳上，钢丝绳穿越筒体，分别固定在头尾支架上。二次混合机洒水装置只在头部伸入筒体内三根水管，水管靠焊接在皮带机架体上的角铁支承。

托轮装置承受整个回转部分的重量，与托圈接触，控制筒体平稳转动。挡轮装置承受因筒体倾斜安装产生的轴向载荷，限制筒体的轴向窜动，仅在前托轮装置上有一组挡轮成对安装在一托圈的两侧，通过锥形辊面和托圈侧部接触。因接触面小，要求挡轮有较高的接触强度，轮面采用淬火处理。托轮采用带紧定衬套的双列向心球面辊子轴承，挡轮采用双列圆锥辊子轴承，满足重载传动。同时对出料端托轮轴承固定，进料端托轮轴承游动结构，以适应筒体旋转过程中可能出现的窜动。

传动装置由主电动机、主减速器、齿轮副实现设备的正常运转。另外，在主传动电动机的对侧设置一套微动装置，包括一个带制动器的齿轮减速电动机。电动机通过牙嵌式联轴器与主减速机高速轴的另一端连接，在微动电动机旁设有换向开关。微动时，微动电动机驱动主减速机使筒体正转或反转。当混合机正常工作时，牙嵌式联轴器是分离的。

混合机润滑分为两个系统，一个系统是托圈、托辊间，托圈挡辊间，大小齿轮间的多点喷嘴油润滑系统。另一个是托辊、挡辊和小齿轮轴轴承及端盖迷宫的油脂密封，这一系统采用油站集中给脂。喷油润滑系统在三个喷油点处各设一操作板，其上的喷嘴与润滑油管及压缩空气配管相连，油泵供给和压缩空气在喷嘴出口处混合，使油气雾化，在空气压力作用下润滑油扩散，形成雾状喷射在被润滑表面上，润滑油采用系统特定的油型。此种润滑油内含有易挥发稀释剂，经喷嘴喷出后立即挥发，即在被润滑表面形成一层固态油层，不仅润滑效果好，且有效地防止接触表面的磨损并起到很好的减振效果。

头尾溜槽系焊接结构，且与筒体间都采用迷宫形式密封。头部（给料端）溜槽支承在皮带机支架上，散料经溜槽卸到散料小车上定期运走，尾部（排料端）溜槽支承在专门设计的支架上，上部设有排气筒，排放圆筒内产生的蒸汽。混合料经下部溜槽卸到皮带输送机上，托圈、托轮、齿轮均由各自的罩体遮住，罩体与转动筒体间亦采用迷宫式密封。罩体由几部分焊接组成，各部分间用螺栓连接并分别安装在底座和支架上。

3.2.1.2 大型混合机新技术

随着烧结机的大型化，圆筒混合机规格也不断大型化。宝钢二次圆筒混合机筒体的直径已达 5.1m，长度达 24.5m。如此大型、重载荷的混合机必须有与之配套的先进技术装备。

A 整体锻造滚圈

中小型圆筒混合机均采用铸造滚圈，但铸造滚圈不能很好地满足大型圆筒支撑强度的要求，改用锻造滚圈可保证质量，提高强度和使用寿命，应用效果良好，该技术的主要困难在于大型滚圈整体锻造有一定的技术困难。

B 滚圈与筒体直接焊接技术

直接焊接方法改变了以往滚圈松套和用螺栓连接的方式，加强了筒体刚性，保证了滚圈和托轮、齿轮和齿圈较理想的接触，为减少磨损、提高运转平稳性创造了有利条件。

C 筒体焊缝退火处理和探伤检查

大型混合机受加热炉限制很难实现整体热处理，红外履带加热技术可以在圆筒焊缝上分部进行热处理操作，其成功应用较好地解决了这一问题。此外，焊后对焊缝进行超声波探伤或放射线照相检查，使大型筒体质量有了保证。

D 进料端铺设耐磨橡胶衬板

在入料端约 4m 的区段铺设耐磨橡胶衬板，能有效缓解给料冲击振动，降低噪声，减轻因混合料在入口黏结形成的倒流现象，避免了向外撒料，有效地保护了筒体。

E 钢丝绳吊挂洒水管

这种洒水装置解决了因跨度大，洒水水管变形严重、强度不足、水流不畅等问题，安装调整方便，使用可靠，对落料撞击有较好的缓冲。

F 集中喷油装置

小型圆筒混合机采用橡胶轮胎托辊或聚氨酯托辊，寿命短，故障率高；若采用刚托辊，噪声非常大，均不适应现代大生产的需要。大型圆筒混合机采用润滑油，利用集中喷油润滑装置定时向滚圈与托轮、挡轮等接触部位，齿圈齿轮啮合部位均匀喷油润滑，使接触部位之间始终保持一层抗压油膜，能有效地消除磨损现象，并且可以有效地减轻振动噪声。

G 中硬齿面减速机

这种减速机能满足大型混合机重载传动要求，减少传动事故率和维修量，为安全连续生产，提高作业率创造了条件。

H 柔性传动

柔性传动的传动方式是小齿轮装置悬挂在筒体大齿圈上，随大齿圈而变化，并能始终保持两者间的良好啮合，克服因大齿圈安装误差和筒体变形等引起的啮合不良问题。

3.2.2 操作规则与使用维护要求

3.2.2.1 操作前的检查

操作人员必须持有该机操作牌，方可启动该机。开机前，必须按点检标准逐项进行认真检查，并确认无误。注意与相关岗位联系。确认转动部位周围无人与障碍物。启动自动喷油润滑装置、集中给油装置，检查冷却水及压缩空气供给，并确认正常。启动后，若有异常响声，应立即停机检查。

3.2.2.2 生产操作

联锁操作由中控室集中操作。接中控室通知后，岗位将选择开关置"联动"位，紧急开关置"正常"位。检查设备润滑良好，稀油泵、喷油泵工作正常，运转部位无人和杂物。确认完毕后，通知中控室可以启动设备。非事故状态严禁岗位带负荷停机。发现混合料水分或料温异常，应及时通知中控室调整。自动加水装置出现故障、使用旁通水管人工加水时，应严格执行技术操作标准，上料、缓料时应及时开关水。自动加水恢复后，旁通水管阀一定要关紧。机旁操作仅限于事故处理或设备检修后试车。机旁操作应先通知中控室将系统状态置"单机"位，并说明情况。现场选择开关置"单机"位，并到中控室登记、领取操作牌方可启动。混合机内有料时，应确认下游设备运行正常。使用微动电动机应确认牙嵌式联轴器联结牢固，方可启动。使用完毕后，必须使联轴器完全脱开。机旁操作结束后，应通知中控室恢复系统"联动"，将现场开关置"联动"位，将操作牌归还中控室。

3.2.2.3 运转中异常状态的紧急处理

混合机压料转不起来，应立即停机并报告主控室。混合机振动大时，应停机检查滑道与托辊表面以及挡轮、开式齿轮等情况，发现异常应及时报告主控室。混合机润滑装置发生故障或断水时，应停机检查处理。

运转中注意事项与严禁事项：

根据来料的粒度和湿度，稳定混合料的水分。运转中随时观察稀油给油泵运转情况，油压与油量符合规定值，油路畅通，喷油正常。混合机需连续启动时，必须待混合机停稳后，方可再次启动。正常生产时，严禁混合机筒体反转。在设备运转部位附近，严禁有人和杂物。严禁往混合机托辊与滑道上打水。电动机接地线必须可靠，严禁无接地启动。严禁使用非安全灯作临时照明。进行筒体内作业时，必须报告主控室并停电，且应有专人看护。

3.2.2.4 点检维护规定

混合机点检标准见表3-3。

表3-3 混合机点检标准

检查部位	检查内容	检查标准	检查方法	检查周期
电动机	地脚与联轴器螺栓	齐全、紧固	五 感	8h
	安全罩	完好、稳固	目 视	8h
	温 度	<65℃	手 试	2h
	运 行	平稳、无杂声	五 感	4h
减速机	各部螺栓	齐全、紧固	五 感	8h
	油 位	油标中线	目 视	8h
	温 度	<65℃	手 试	2h
	运 行	平稳、无杂声	五 感	4h
混合机	运 行	平 稳	五 感	2h
	滑 道	固定牢固无缺陷	目 视	
	托辊、挡轮	接触良好	目 视	4h
	开式齿轮	啮合良好	目 视	4h
	喷水装置	喷嘴不堵	目 视	8h

检查部位	检查内容	检查标准	检查方法	检查周期
润滑系统	电动油泵	运行良好	目视、五感	2h
	油质	符合标准	目视	8h
	自动油泵	换向灵活	目视	2h
	给油器	指针灵活	目视	2h
	油路	通畅、无渗漏	目视	2h
其他	水、蒸汽泵	完好、无泄漏	目视	2h
	各阀门	灵活	手试	24h
	漏斗、衬板	不漏料、不掉	目视	8h

　　维护人员点检与专业点检必须按"点检标准"进行，并认真填写点检记录卡。点检中发现的问题应立即处理。处理不了而又危及设备正常运行的缺陷，应立即向有关人员反映。利用停机机会，检查筒体内粘料情况，喷水装置的堵塞与损坏情况。检查开式大齿圈的螺栓紧固情况。各润滑点每班加油一次并严格执行给油标准。油脂标号选择正确，油质与油具必须保持清洁。按照标准搞好设备"三清"。

3.2.3　常见故障分析及处理

3.2.3.1　混合机一般故障及处理

混合机一般故障分析及处理方法见表3-4。

表3-4　混合机一般故障分析及处理方法

故障现象	故障分析	处理方法
筒体振动大	(1) 四组托辊位置不正 (2) 滑道变形或裂开 (3) 托辊或挡轮破损 (4) 托辊与滑道润滑不良 (5) 齿轮磨损或折断 (6) 传动装置松动 (7) 筒体里物料失衡	(1) 调整托辊 (2) 修理 (3) 检查更换 (4) 检查 (5) 检查更换 (6) 检查调整紧固 (7) 清料
减速机响声大、振动大	(1) 电动机或减速机对中不好 (2) 地脚螺栓松动 (3) 润滑油不适当 (4) 筒体粘料失衡 (5) 减速机齿轮或轴承有问题	(1) 重新找正 (2) 重新紧固 (3) 调整油量 (4) 清理粘料 (5) 开盖定检
减速机温度高	(1) 润滑油变质 (2) 断油或油过多、过少 (3) 冷却水故障 (4) 过负载 (5) 环境温度高	(1) 更换润滑油 (2) 调整油量 (3) 排除故障 (4) 减少混合机给料量 (5) 改善环境温度

3.2.3.2　混合机筒体的振动

　　在通常情况下，筒体的振动只会发生在齿轮传动或者刚性支撑的圆筒混合机上，而在摩擦传动柔性支撑的混合机中,由于没有钢与钢的接合面,从而没有振源,一般不会产生振动。下面分三种情况进行分析。

A 齿轮传动-柔性支撑方式

这种方式的振源主要在大小齿轮的传动界面上。由于制造工艺的要求,开式小齿轮的齿宽小于筒体大齿圈的齿宽,混合机运行一段时间以后,便会在大齿圈轮齿的齿合界面上形成中间凹槽,两端是凸台的台阶形状。一旦由于某种原因引起筒体的窜动,大小齿轮齿合面发生变动,小齿轮与大齿圈轮齿台阶处接触而运行,就会产生振动。这种振动的消除方法就是用砂轮或气割将大齿圈上的台阶磨平或割除。

B 摩擦传动-刚性支撑方式

这种方式的振源主要在支撑钢托辊与筒体滚道的接合面上。筒体滚道与钢托辊表面都是经过调质、渗碳等热处理的。由于热处理不均或处理不当,运行一段时间后,表面总会形成硬度不同的区域,在摩擦力的作用下,较软区域点蚀剥落,较硬区域则产生硬点突起,每当运转至这些突起处筒体便会产生振动。要消除这种振动,首先要仔细观察振动情况,找出硬点区域,用砂轮适当打磨即可。

C 齿轮传动-刚性支撑方式

这种方式的振源主要产生于前两种方式的相关部位,对于此类混合体筒体产生振动,只要先确定具体的振动原因,再用前面提到的相关办法进行适当处理,就可以消除。

3.2.3.3 混合机筒体的窜动

混合体筒体窜动的一个主要原因就是托辊安装位置不正。从理论上讲,圆筒混合机安装完后,托辊的轴线与筒体的中心线是平行的,如果这两条线发生交错就会引起筒体的上、下窜动。上窜是指混合机筒体在运转中向进料方面移动,反之就是下窜。

这里以下窜为例,具体说明混合机筒体下窜的调整办法。处理混合机筒体下窜,要依据筒体的旋转方向,先选定一组托辊的安装位置,做微小调整,使其恢复到正常运行的状态。若试车后,效果不明显则适当加大该托辊的调整量或者选另外一组托辊进行适当调整,直到运行正常为止。调整量的大小要通过现场实验确定。

思 考 题

1. 混合机的支撑托辊有哪几种方式,各有什么优缺点?
2. 一、二、三次混合机的主要功能是什么?
3. 21世纪混合机装备先进技术有哪些?
4. 混合机主要故障及处理方法有哪些?
5. 混合机的喷水装置有什么更新?

3.3 布料设备

3.3.1 工作原理与功能

3.3.1.1 工作原理

烧结机的布料设备是将烧结混合料均匀铺在烧结机台车上,通过点火供给烧结料表层足够的热量，使混合在其中的固体燃料着火燃烧，同时使表层烧结料在点火器内的高温烟气作用下干燥，预热脱碳和烧结，从而实现矿物的整个烧结过程。

　　混合料由混合机混匀后，经由布料设备均匀布在烧结机台车上。准备烧结布料时，基本要求混合料的粒度、化学成分及水分等基本参数，沿着台车宽度方向均匀分布并使料面平整，保证混合料具有均匀的透气性。除此之外，应保证物料具有一定的松散度，防止混合料在布料时产生堆积和受压，保证料层具有良好的透气性，以达到较高的生产率。最理想的布料方式除满足以上要求外，应使混合料及燃料沿料层高度产生垂直偏析，即：（1）混合料粒度由上而下逐渐变粗；（2）碳含量由上而下逐渐减少。由此改善料层的气体动力学特性和热制度，降低生产成本，提高烧结矿质量，这些特质，均需布料设备来满足。目前大烧结厂主要采用两种布料设备（图3-5）：圆辊给料机＋反射板式布料方式和圆辊给料机＋辊式布料方式，其中圆辊布料器见图3-6，九辊辊式布料器见图3-7。反射板式布料适用于普通小型烧结，在大型烧结机上逐步淘汰；辊式布料不仅适用于小球烧结，而且可以产生偏析布料，获得良好经济效益，代表着大型布料设备未来发展方向。

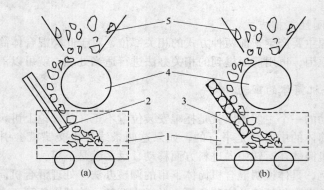

图 3-5　烧结机的两种布料方式
（a）圆辊给料机＋反射板式布料方式；（b）圆辊给料机＋辊式布料方式
1—台车；2—反射板布料器；3—辊式布料器；4—圆辊布料器；5—受料矿槽

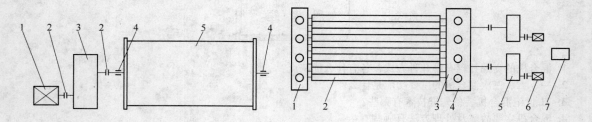

图 3-6　圆辊布料器的传动示意图　　　　　图 3-7　九辊辊式布料器传动示意图
1—电动机；2—联轴器；3—减速机；　　　　1—轴承箱；2—布料辊；3—齿轮箱；4—润滑孔；
4—轴承；5—圆辊　　　　　　　　　　　　5—减速机；6—电动机；7—变频调速器

3.3.1.2　辊式布料器组成

　　辊式布料器主要由轴承箱、齿轮箱、布料辊、减速机、电动机变频调速器等部分组成，见图3-7，其工作原理如下。

从烧结机圆辊滚出的烧结混合料，落到多辊布料器的布料辊上，并随着布料辊向下转动而滚出。混合料在向下滚动的过程中，有一部分细粒级的混合料从布料辊之间的缝隙落到料层的表面，而粒度大于布料辊间隙的粗粒级的混合料则一直滚到布料器的下端（此功能相当于对混合料起筛分作用），同时混合料在布料辊上滚动，松散了混合料。烧结混合料从多辊布料器下端落到烧结机台车上产生料层粒度的偏析。多辊布料器转速加快，多辊布料器上的混合料向下移动速度加快，烧结机台车上料层的粒度偏析增大，反之，烧结料层粒度偏析减弱。

辊式布料器是向烧结机台车上偏析布料的设备，其特点是：在布料过程中具有"筛分"效果，保证偏析布料：一是混合料在台车垂直方向由下而上，粒度逐渐减小，小粒度级的混合料在上，大粒度级的混合料在下，可以保证良好的透气性；二是混合料中的燃料（煤粉）在台车垂直方向由下而上，粒度逐渐增加，小粒度级的煤粉在下，大粒度级的煤粉在上，以保证燃料燃烧充分，热量充分利用，可以优化烧结热制度。通过调节多辊布料器布料辊的转速，可控制混合料粒度的偏析度，达到料层中固定碳适度偏析，在烧结过程中使烧结料层上部温度和下部温度趋于均匀，提高垂直烧结速度，以提高烧结矿的质量，降低烧结能耗。辊式布料器在布料辊数量、工作原理、机械结构、传动系统、润滑方式、安装及控制方式上均有讲究，参数不同，结果和效果均不同。烧结机布料时多辊布料器的混合料向下滚动的速度由布料辊的转速控制，通过转速控制可控制混合料的偏析度。一般多辊布料器的安装角度在30°~40°之间。多辊布料器由于故障不能运行时，混合料向下运行不畅，影响烧结机的正常运行。布料辊的使用寿命一般要求18个月左右，可通过整体更换的方法进行处理。

辊式布料器的型号说明见图3-8。

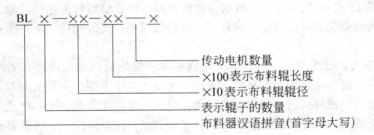

图 3-8　辊式布料器的型号说明

举例说明：

BL7-12-26-2，表示辊径120mm，宽度为2600mm，双电动机驱动，第2代改良型的七辊布料器。

3.3.1.3 辊式布料器结构特点

（1）轴承箱结构。轴承箱位于布料器的末端，其作用是支撑布料器，轴承全部选用21系列轴承，考虑到要加强承载能力，可选择351系列轴承。在轴承座中有一空腔用于储存润滑脂。轴承工作时全部浸于润滑脂中，润滑脂不仅对轴承起到润滑作用，而且对轴承具有降温作用。为使轴承更好地润滑和冷却，防止轴承箱上部轴承润滑不良，在轴承箱上盖分别开有多个润滑接点，分别加油，以确保均匀润滑。轴承箱轴头伸出处，应用双密封，里面为高温骨架油封，外层采用毡圈密封，既可防止里面润滑脂泄漏，又可防止外边的灰尘进入轴承箱磨损轴承，缩短轴承寿命，密封可靠。

（2）布料辊。布料辊是多辊布料器的主要工作部分，用厚壁不锈钢管制成。一端通过法兰及法兰上的花键槽与齿轮箱输出轴连接，连接方式为动配合，另一端通过法兰及法兰上的键槽与轴承箱输出轴结合，连接方式为动配合，这种连接方式给更换布料器带来极大方便。布料辊表层设计外包一层胶皮，以减少粘料的可能性，进而减小阻力，但由于工作环境温度较高，表层胶皮容易老化、脱胶，不便于均匀布料，故最好的方式是用不锈钢管制作，外皮表面经过一道精加工最好。

（3）齿轮箱。齿轮箱是辊式布料器重要工作部件，作用是将电动机通过减速机传递来的扭矩分配给各个布料辊。齿轮箱中共有上下两排齿轮，上排齿轮为过渡齿轮，用于在输出轴之间传递扭矩；下排齿轮为主动齿轮，用于将减速机传递来的扭矩传递给布料辊。齿轮轴采用 351 × 系列轴承支撑，过渡齿轮采用 21 × 系列轴承支撑；齿轮箱齿轮处密封采用里面为耐高温骨架油封、外面为毡圈密封的形式，上机壳处有均匀分布的润滑孔，齿轮箱的输出轴采用花键通过法兰与布料辊连接。

齿轮箱是改变辊式布料器传动方式、分流载荷、均布载荷的关键部件。通过取消或增加过渡齿轮，可将单传动改为双传动或多级传动，合理分布载荷，延长设备使用寿命，提高设备作业率。

（4）减速机及变频调速机构。由于辊式布料器的布料辊布置紧凑，空间有限，对于单传动（如七辊）可采用减速机、电动机分体式。对于双传动（如七辊、九辊、十一辊等）为了节约空间，适合采用机电一体化的针摆减速机，功率可按照每个辊子负荷 1kW 的标准选择，比如七辊布料器，选择功率为 7kW 左右的电动机，九辊布料器，选择功率为 9kW 左右的电动机，传动比选择 35 或 43 比较合适，针摆减速机通过柱销联轴器与齿轮箱的输入轴连接。布料辊的调速方式为变频调速器改变电动机转速，其性能可靠，无级调速，运行平稳，可充分满足生产的需要。

（5）安装方式。轴承箱、齿轮箱、减速机和电动机均通过螺栓连接在底座上，形成一个整体，安装时只需将底座用四个点悬挂起来即可，安装简单方便。一般上面两悬挂点固定，下面两悬挂点用于调整螺杆进行调节辊面的倾角，辊面与水平夹角在 30°～40°之间，也可事先按照烧结工况设定倾角，采用固定安装的方式，安装完后，倾角恒定，不可调整。除减速机和电动机水平安装外，其他部件均等角度倾斜安装。

3.3.2　操作规则与使用维护要求

3.3.2.1　操作规则

（1）操作前检查。

1）操作人员必须持有操作牌。

2）开机前必须检查各运动部位，确认无人或障碍物及各部位完好。

3）确认操作盘已通知并已启动烧结机运转。

4）确认上部矿槽装三分之一的混合料后启动布料设备，方可下料生产。

（2）操作程序。

1）启动前准备：接到操作盘的生产通知后，确认设备及润滑情况良好，周围无人和障碍物后，合上事故开关，报告操作盘。

2）联锁操作：操作盘联锁启动烧结机，正常给料生产。

3）启动过程中发现有异常现象，应立即切断事故开关，并采取相应措施处理后，方可重新启动。

4）当接到操作盘停机的通知后，应立即关好料闸，方可停机。

5）事故停机时，岗位人员应先关闭料闸，然后切断事故开关检查处理后，方可再次启动。

（3）运转中异常状态的紧急处理。

1）启动后发现异常情况，应立即停机，处理好后方可再次启动。

2）事故停机后，应首先处理故障，然后才能重新运转。

3）如发现大块物料堵塞料闸，应立即疏通，然后再生产。

4）生产中注意观察下料量，如过大或过小应适当调整料闸的下料量。

5）烧结机压料时，应关闭下料闸甚至停机处理。

6）辊式布料器的辊子之间不得有粘料，应利用停机的机会清除干净，防止辊子挤压弯曲变形。

（4）运转中注意事项。

1）不准非联锁生产。

2）物料堵塞料闸时，要及时疏通，再放料。

3）生产中要经常调整下料闸门，使物料沿烧结机宽度均匀分布，提高烧结机生产效率。

3.3.2.2 使用维护

A 维护规则

开停机时，应检查设备周围是否有杂物卡阻。检修完毕试车，应注意观察辊子运转是否平稳。每月必须检查润滑油的质量，如质量下降则应更换。按照甲级设备维护标准搞好设备三清。

B 点检规则

维护点检和专业点检，必须按点检标准（表3-5）进行点检，并认真填写点检记录。点检发现问题，在点检人员可能处理的情况下，应立即处理。每月检查一次辊式布料器的齿轮箱轴承磨损情况。给料设备维护、保养标准见表3-6。

表3-5 给料设备点检标准

设备名称	点检部位	点 数	点检内容及标准	周 期
圆辊布料器	圆辊轴承	2	（1）连接螺栓紧固，无松动 （2）轴承温度正常，无异常 （3）检查振幅大小 （4）润滑状况良好，油质无变质	8h
九辊、圆辊布料器	电动机	4	（1）检查地脚以及机械连接部分有无松动现象 （2）检查电动机有无过热和振动现象。电动机运行正常，无异常杂声 （3）检查接手有无松动，电动机有无接地线 （4）检查电动机在带负荷运行中的瞬时（启动）及运行中的电流值、电压值	8h
	减速机	4	（1）润滑油不能变质，油量在油标的刻度范围，内润滑油管畅通，接头处密封良好 （2）运行平稳，无异常声响 （3）各输入、输出轴无窜动现象 （4）定位销完好	8h

设备名称	点检部位	点　数	点检内容及标准	周　期
九辊布料器	齿轮箱	4	（1）检查油质油量，保证良好的润滑。检查润滑管路有无漏油现象 （2）检查外壳结构是否完整，地脚及各部连接是否牢固 （3）检查运行是否平稳，有无振动、过热或杂声	8h
润滑系统	油　泵	2	（1）油箱油位在规定范围之间，无外溢漏油 （2）工作压力正常 （3）过滤器无异常噪声和剧烈振动，无漏油，前后压差在规定值内 （4）管道开启灵活可靠，外观无漏油，锈蚀	24h
润滑管网	油　路	4	（1）密封良好，无泄漏 （2）操作灵活 （3）备件无松动缺损 （4）各类仪表完整无损，准确	24h

表 3-6　给料设备维护、保养标准

部　位	内　容	标　准	周　期
联轴器	螺栓检查紧固	无松动缺损，无积灰，无积料	一周
	尼龙棒检查	运行正常，无磨损破损	
减速机	端盖螺栓检查紧固	无松动缺损、渗油，无积灰	一周
	吊挂螺栓检查紧固	无松动缺损，无积灰，无积料	
	轴头密封	无渗油、漏油，无积灰，无积料	
	各部轴承检查	运转正常，油温 <65℃	
	上下箱体螺栓检查紧固	无松动，无缺损，无积灰，无积料	
	销轴备帽检查紧固	无松动	
齿轮箱	上盖螺栓检查紧固密封	无松动缺损，无渗油，无积灰	一月
	下盖螺栓检查紧固密封	无松动缺损，无渗油	
	齿轮检查	无磨损、断齿现象	
	轴头密封	无渗油、漏油	
	销轴备帽检查紧固	无松动，无积灰，无积料	
轴承箱	上盖螺栓紧固密封	无松动缺损，无渗油	一月
	下盖螺栓紧固密封	无松动缺损，无渗油	
	各部轴承检查	运转正常，油温 <65℃	
	轴头密封	无渗油、漏油	
电动机	机座螺栓紧固	无松动，运转平稳，无积灰，无积料	一周
	联轴器螺栓紧固	销钉齐全，运转无异常	
	轴承端盖检查紧固	无松动，无磨损发热，无积灰，无积料	
	两端轴承检查	无异常，温度 <65℃	
	机体振动调整紧固	运转无异常振动，无积灰，无积料	
	密封端盖紧固	无松动，无变形，无积灰，无积料	
	联轴器检查	无变形，运转平稳	
	垫板调整紧固	无松动，无间隙	

部　位	内　容	标　准	周　期
润滑油泵	换向阀检查	无渗油、漏油，无积灰，无积料	一周
	给油分配器检查	指针灵活，无积灰，无积料	
	泵体基座螺栓紧固	无松动，运转正常	
润滑管路	油管接头检查紧固	无松动，无渗漏	一周
	油管检查密封	无破损漏油，无积灰，无积料	
	油管出油孔检查	无堵塞，给油畅通	
油泵电动机	十字片检查	无磨损	一周
	电动机机座紧固	无振动，运转正常，无积灰，无积料	
	电动机轴承检查	不发热，运行正常	
传动联轴器	检查噪声、振动	确定防护罩联结紧固	一月
轴承	检查泄漏、异常噪声、振动、油位	运行正常、润滑状况良好	一月
齿轮	磨损状况，运行状况	运行正常，间隙符合标准	一月
大活泥门	间隙检查，结构检查	结构无破损，间隙符合标准	一周
小活泥门	间隙检查，结构检查	结构无破损，间隙符合标准	一周
布料器的料门与滚筒	检测与滚筒间的距离	外形结构完整，间距正常	一周
齿轮箱	运行状况，有无杂声	运行平稳，无异常声音	半年
减速机	紧固件有无松动，油质是否正常，运行状况，以及润滑油油位	连接件紧固，无破损，运行平稳，油位中标线	一月

C　延长辊式布料设备寿命的措施

（1）密封是延长辊式布料设备寿命的关键。在润滑状况良好的情况下，密封质量对多辊布料器的寿命起决定作用。2000 年期间，某烧结厂七辊布料器寿命周期平均只有 25 天左右，远远小于主机设备运行周期，给该厂优化烧结机检修模型带来巨大困难。经过调研得出结论：一是单传动，齿轮载荷过大；二是密封装置受损过快，大量的细小颗粒进入齿轮箱内，加剧磨损。针对上述两个原因采取相关措施，平均寿命延长到 100 天左右，可见密封装置非常关键，它可有效避免物料进入油腔，防止齿轮产生磨料磨损。故发现密封装置出现故障应及时采取措施。

（2）辊间间距优化为 3mm 左右。由于煤粉磨制的技术进步，烧结燃料煤粉的粒度小于 3mm 的达 80% 以上，为了保证多辊布料器既对混合料具有筛分作用，又对煤粉具有筛分作用，辊间间距应设计为 3mm 左右，这样，对混合料中粗粒级且独自存在的煤粉在布料辊上部就可以筛分下去铺在混合料的表面，而细粒煤粉则随着混合料球团铺在下部，煤粉自上而下，粒度逐渐变小，达到降能节耗的目标。

（3）辊面倾角优化为 35°±3°。从延长设备运行寿命的目的出发，辊面倾角越大越好，倾角大，布料辊发生故障不能运行时，混合料仍可从上向下依靠自重滚下来，而不影响生产。但是这样不可能产生偏析效应，只有依靠布料辊传递的动力，推着混合料前行，才具有偏析效应，同时对设备寿命是一个考验，但可创造巨大经济效益，故辊面倾角设计为 35°±3° 为宜。

（4）增加变频调速器。由于偏析布料的效果与布料辊转速有很大关系，若仅从设备改进方面入手，很难完成此项工作，增加变频调速器后，调速方便，调速平稳，可根据生产需要任意调速。

（5）实行"一拖二"的最优传动方式。偏析布料器的理想传动方式应是一个电动机拖动一个布料辊，其效果非常明显，寿命周期可达2年以上，但随之出现了新的问题：1）安装空间不够，现场布置受限；2）电动机越多，故障点越多，该系统综合使用寿命反而下降。综合上述两点因素，通过长期的生产实践表明，以"一拖二"的传动单元为基础进行组合的传动方式最优，"一拖二"传动单元见图3-9。

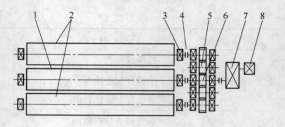

图3-9 "一拖二"传动单元示意图
1—主动辊；2—被动辊；3—支承轴承；
4—联轴器；5—过渡齿轮；6—驱动齿轮；
7—针摆减速机；8—电动机

该传动方式的特点是：有且只有三个辊子，其中一个主动辊带动两个被动辊，且两个被动辊两边分置，中间用过渡齿轮传递扭矩，一方面仅有3个辊子组合，载荷大大降低；另一方面，主动辊承受的径向挤压力大小相等、方向相反，相互抵消，仅承受扭力矩，因此寿命大大延长。对七辊布料器进行改造试验，将原来的单传动改为双传动后，寿命由原来的20天延长到100天左右。按照此理论，九辊布料器应由现在的双传动改为三传动，如图3-10所示。若三传动布置空间不够，可考虑三个传动机构的左右两边分置，中间的传动机构布置一边，上下两个传动机构布置在另一边。可以断定，按此最优方式布置，设备寿命周期可达20个月以上，可充分满足现代大生产的需求。

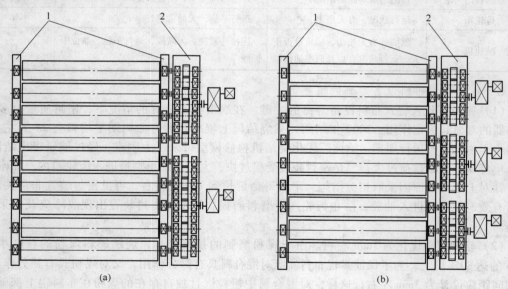

图3-10 九辊布料器传动方式的优化设计前后对比示意图
（a）在线设备布置；（b）最佳设备布置
1—支承轴承箱；2—传动齿轮箱

3.3.3 常见故障分析及处理

一般常见故障分析及处理方法见表3-7。

表 3-7　给料设备一般常见故障分析及处理方法

故障现象	故障分析	处理方法
减速机发热、振动、跳动	(1) 减速机油少或油质差，温度高 (2) 轴承磨损，温度高 (3) 轴承间隙小 (4) 连接螺栓松动 (5) 负荷过重或卡阻	(1) 加油或换油 (2) 更换 (3) 调整间隙 (4) 紧固或更换 (5) 检查处理
减速机轴窜动超过规定范围	(1) 滚珠和套磨损间隙过大 (2) 滚珠压不紧 (3) 外套转磨压盖	(1) 换轴承 (2) 调整压盖 (3) 外套加调整垫
减速机内杂声过大	(1) 滚珠隔离架损坏或滚珠有斑痕 (2) 齿轮啮合不符合要求	(1) 更换轴承 (2) 分解调整
润滑给油不畅	(1) 电动机运转异常 (2) 油路管网堵塞 (3) 定时器定时失效 (4) 油泵、油缸缺油 (5) 分配器指针不灵	(1) 电动机定检 (2) 疏通处理 (3) 调整定时 (4) 加润滑油 (5) 检查处理
圆辊给料不畅	(1) 混合料仓内产生架桥 (2) 大块物料或异物堵塞闸门，主闸门开度不够	(1) 清除架桥，清理积料 (2) 排除异物加大主闸门开度
九辊给料不畅	(1) 辊子粘料过多或转动不灵活 (2) 大块物料或异物阻塞辊子间隙	(1) 清除积料，调整转动部位 (2) 清除积料或异物
轴承温度高	(1) 油位低 (2) 轴承损坏 (3) 被动边轴承不能满足主轴热膨胀 (4) 轴承径向间隙小 (5) 油质变坏 (6) 轴承油流不足	(1) 检查轴承箱是否有泄漏，补充油至标准位 (2) 处理或更换轴承 (3) 检查轴承壳体是否对主轴形成约束，及时调整轴承 (4) 重新刮研轴瓦 (5) 更换新油 (6) 调整油流进出口
圆辊轴承间隙过大	(1) 轴瓦磨损 (2) 频繁启停圆辊 (3) 油质变差	(1) 更换轴瓦 (2) 延长圆辊启停间隔 (3) 检查油质、更换新油

思　考　题

1. 辊式布料器的偏析原理是什么？
2. 解释 BL7-14-28-2 的含义。
3. 延长辊式布料器的寿命措施有哪些？
4. 辊式布料器常见故障及处理方式有哪些？
5. "一拖二"传动单元示意图是什么，九辊式布料器最佳传动方式是什么？

3.4　烧结机

3.4.1　工作原理与功能

3.4.1.1　工作原理

烧结机是烧结厂中最主要的设备之一。根据烧结方式的不同，烧结机可分为间歇式和连续式两大类。间歇式烧结机有在炉箅下鼓风的固定烧结盘和移动烧结盘以及悬浮烧结设备等。目前这种设备几乎不采用了。

连续式烧结机有环式与带式两种。现在世界上广泛采用的是带式烧结机。这种烧结机具有生产效率高、机械化程度高、对原料适应性强和便于大规模生产等优点，世界上90%以上的烧结矿是用这种方式生产的。

目前，各烧结厂使用的烧结机几乎都是采用抽风式带式连续烧结机。把含铁原料、熔剂、燃料准备好后，在烧结配料室按一定的比例配料后经过混合和制粒形成混合料，然后布到烧结机台车上（在布混合料前先铺底料），台车沿着烧结机的轨道向排料端移动。台车上方的点火器对烧结料面进行点火，开始烧结过程，下部风箱通过抽风机强制抽风使料层自上而下发生一系列物理、化学变化，形成烧结矿，最终由尾部推至排料矿槽。下面以武钢烧结厂为例介绍烧结机主要技术参数，见表3-8。

表3-8　武钢烧结厂5台烧结机的主要技术参数

技术参数		单位	一烧	二烧	三烧	四烧	五烧
烧结机台数		台	1	1	1	1	1
烧结面积		m²/台	435	280	360	435	435
有效长度		m	87	63	72	87	87
有效宽度		m	5	4.5	5	5	5
台车数量		台	148	142	146	148	148
台车栏板高度		mm	700	630	650	700	700
风箱个数		个	23	21	23	23	23
台车运行速度		m/min	1.5~4.5	1.5~4	1.5~4	1.5~4.5	1.5~4.5
生产能力		t/h	1060	780	1060	1060	1060
头尾轮中心距		mm	104600	103690	104600	104600	104600
料层厚度		mm	700	630	650	700	700
台车尺寸（宽×长）		m×m	5×1.5	4.5×1.2	5×1.5	5×1.5	5×1.5
主电动机	型　号		Y280M-6	ZDW315-01	YZP280S-6	Y280M-6	Y280M-6
	功　率	kW	55	44	45	55	55
	转　速	r/min	326~980	400~1250	326~980	326~980	323~970
	调速方式		可控硅变频调节	可控硅变频调节	可控硅变频调节	可控硅变频调节	可控硅变频调节
减速机	型　号		BFT16-500-R2HC32F	ML3PSF120-56	JCW-560-3S-35.5-VIT	BFT16-500-R2HC32F	BFT16-500-R2HC32F
	速　比		31.5	53.67	35.7	31.5	31.5
开式齿轮	模　数		40	40	40	40	40
	速　比		53/19=2.78	53/19=2.78	53/19=2.78	53/19=2.78	53/19=2.78
总速比			2874.095	3510.54	2322.17	2380	2874.095

3.4.1.2 大型烧结机先进技术

随着烧结机的大型化，烧结机规格也不断大型化，全国已投产大于 360m² 的烧结机 37 台，其中京唐公司曹妃甸烧结机面积为 550m²，太原钢铁公司新建投产的烧结机面积已达 660m²。如此大型、重载荷的烧结机必须有与之配套的先进技术装备。

（1）计算机自动烧结控制技术。小型烧结机的烧结控制技术主要采用继电器＋接触器的强电控制方式，该方式反应慢、时滞长、可靠性低、故障率高、维护成本高。现代大型烧结机采用微电子控制技术，该方式反应快、自动控制效率高、精度控制准、故障率低、维护成本低，还可通过自反馈、自学习，实现大型烧结机生产自动化、管理高效化。

（2）不断优化烧结机安装标高。先进的铺底料烧结新技术的应用，使得大烟道排料方式由水封改为双层卸灰，为烧结机安装标高的降低，降能节耗创造了条件。大型烧结机的烧结面积大大增加，但烧结机的标高不增反降，下一步应追求进一步降低烧结主机的安装标高，为降能节耗做出新贡献。

（3）辊式布料器的偏析布料技术。该类布料器使大颗粒的烧结料滚到料层下部，细颗粒的烧结料布在料层上部，利用烧结过程的自动蓄热作用，使燃烧带下移过程的烧结温度增加，提高燃料利用率，改善烧结矿质量。

（4）交流变频电动机的变速主驱动技术。烧结机的主驱动采用交流变频电动机调速，其调速范围广，故障率低，维护简单。以前小型烧结机的直流电动机调速的故障率高，维护困难，且投资费用高。

（5）柔性传动的主驱动技术。柔性传动是一种低转速、大转矩的新型传动装置，其特点是悬挂安装、多点啮合、柔性支撑。具有安装基础小，节省基建投资；传动结构紧凑，占地面积小；可缓冲载荷，制动平衡等优点。

（6）机尾摆架无缝调台车间隙技术。该方式可实现台车与台车之间无隙配合，缓冲载荷，降低故障率；保持无隙密封，降低漏风率，提高台时产量。

（7）新型长寿的台车技术。采用铺底料烧结新工艺，减少高温烧结矿对台车的粘连，降低台车的热应力；改进台车结构，在台车主梁和算条间采用安放隔热垫，改进台车零部件的材质，阻止高温烧结矿及算条的热量传递到台车体上，减小了台车各部位的温度差，避免台车烧损塌腰，延长台车的使用寿命。

（8）大型高效的烧结环保除尘技术。在烧结机的机头、机尾均装备大型电除尘器或布袋除尘器。该类大型除尘设备具有除尘效率高、故障率低、价格成本低的优势，尤其是除尘效率高的优点在大型烧结工艺上显得尤为重要。新改扩建的现代大型烧结机均装备了大型高效的电除尘器，为改善烧结环境打下基础。

（9）余热发电技术的探索。在机尾等处安装余热蒸汽锅炉发电，产生的蒸汽可以并网发电。烧结余热发电是烧结厂重要的环保节能项目，该项目正处于工业试验阶段，其目标是实现烧结厂 30% 以上的电能自给。

（10）脱硫脱硝技术的应用。烧结生产过程中排放的大量有毒有害烟气，既浪费能源，又影响人们身体健康，更违反国家有关法律法规。现代大型烧结机装备新型的脱硫、脱硝设备对烟气加以净化。

3.4.1.3 烧结机的组成及功能

带式烧结机主要是由台车、驱动装置、原料及铺底料给料装置、点火装置、风箱、灰尘排出装置、主排气管道及骨架等部分组成，典型的带式烧结机如图3-11所示。

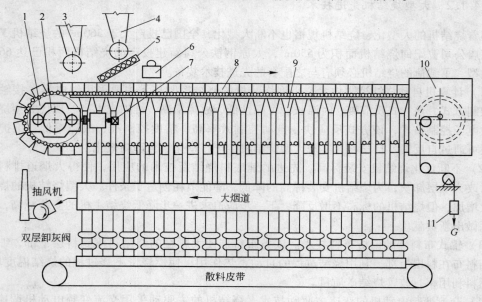

图3-11　典型带式烧结机配置示意图

1—头部星轮；2—柔性传动；3—铺底料装置；4—圆辊给料装置；5—辊式布料器；6—点火器；
7—主驱动电动机；8—台车；9—风箱装置；10—机尾摆架装置；11—机尾摆架配重

A　驱动装置

烧结机的驱动装置是使烧结台车向着一定方向运动的装置。如图3-12所示，台车在上下轨道上循环移动，在驱动装置作用下，由链轮（又称为轮）和导轨使后面的台车推动前面的台车连续移动。链轮与台车的内侧卡轮啮合，使台车能上升下降，沿着弯道翻转。台车车轮间距 a，相邻两个台车的轮距 b 与链轮节距 t 之间的关系是：$a = t(a > b)$。

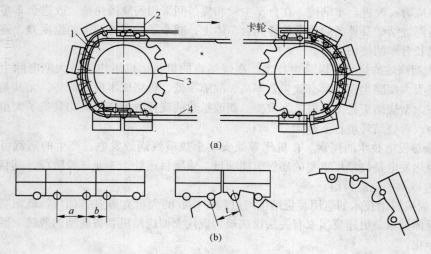

图3-12　台车的运动

（a）台车运动状态；（b）台车尾轮链轮运动状态（$a = t$，$a > b$）

1—弯轨；2—台车；3—链轮；4—轨道

从链轮与卡轮开始啮合时起，相邻的台车之间便开始产生一个间隙，在上升及下降过程中，保持着随 a、b 而定的间隙，这就避免了一个台车的前端与另一个台车后端的摩擦和冲击，造成台车的损坏和变形。从链轮与卡轮分离之前起，间隙开始缩小。由于链轮齿形顶部的修削，相邻台车运行到上下平行位置时，间隙开始减小直至消失，台车就一个紧挨着一个运动。

烧结机的驱动装置由电动机、定扭矩联轴器、减速机与开式齿轮或柔性传动装置、机头链轮主轴承调整装置等组成，各部分结构简介如图 3-13 所示。

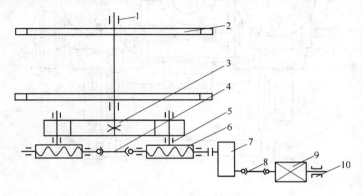

图 3-13 带式烧结机传动示意图

1—轴承；2—大星轮；3—大齿轮；4—联轴器；5—轴承；6—柔性传动；
7—减速机；8—万向联轴器；9—电动机；10—抱闸轮

a 电动机

电动机一般选用直流或交流电动机。武钢烧结厂二烧车间烧结机选用的是直流电动机，并采用可控硅直流调速系统。其余四个烧结车间的烧结机选用的都是交流电动机，采用可控硅变频调速控制，其优点是节约电能，操作简便可靠，易于维护检修。

b 定扭矩联轴器

定扭矩联轴器见图 3-14，是在台车运行阻力异常高时作为防止出现意外事故等危险而采用的。定扭矩联轴器的打滑由接近开关进行检测并在主控室有显示。

c 柔性传动装置

柔性传动装置除结构紧凑、传动速比大、转矩大、易安装找正外，其突出的特点是调节台车跑偏时齿轮的啮合不受影响。根据传动装置输出级小齿轮与大齿轮的连接形式不同，大致可分为三类，即拉杆型、压杆型和悬挂型。大多数烧结机均采用拉杆型，只是型号不同，速比不一样。

如图 3-15 所示，所谓拉杆型通常是用两根成对角线布置的拉杆将小齿轮压靠在大齿轮上。通过蜗杆（两蜗杆之间用万向联轴器连接）—蜗轮—小齿轮—大齿轮

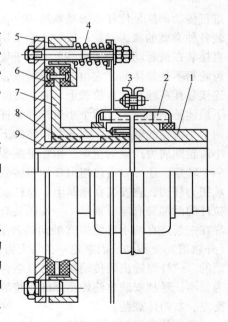

图 3-14 定扭矩联轴器

1，9—半联轴器；2—蛇形弹簧；3—罩子；
4—弹簧；5—传动板；6—摩擦片；
7—连接套；8—含油轴承

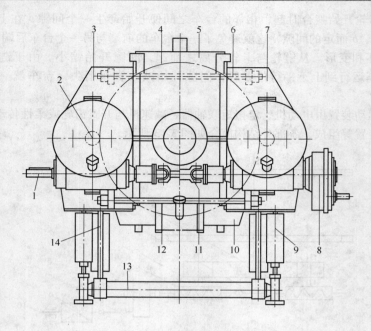

图 3-15 柔性传动示意图

1—蜗杆；2—小齿轮；3—左箱体；4—大齿轮；5—上箱体；6—上拉杆；
7—右箱体；8—输入减速器；9—重量平衡器；10—下箱体；
11—万向联轴器；12—下拉杆；13—扭矩平衡装置；14—连杆

进行传动，这是拉杆型的基本结构。在蜗杆轴的一端还可以根据传动比和布置的需要，悬挂安装各种类型的减速器。一般输入轴是用万向联轴器与固定在基础上的电动机相连。输出大齿轮直接装在被驱动轴的伸出端上，对于烧结机而言，即直接装在机头链轮的伸出轴端上。输出级齿轮箱不是整体的，它由四部分组成，即左箱体、右箱体、上箱体和下箱体，上下箱体用螺栓连接悬挂在输出大齿轮毂上，它们之间有滚针轴承或轴瓦，可以相对运动。左、右箱体与上、下箱体是不相连的，两个小齿轮和蜗杆分别装在左、右箱体的轴承孔内，两个蜗轮直接悬挂在两个小齿轮的轴伸上。左、右箱体的下面是扭矩平衡装置，中间用连杆连接，用以平衡左、右小齿轮圆周力产生的扭矩。扭矩平衡装置由曲柄、扭力杆和轴承座组成，来自两连杆的力构成一个转矩。还可以通过扭力杆的扭转变形，测定输出转矩和实现过载保护。两轴承座是用来支承扭力杆的，它安装在地基上。拉杆安装在左、右箱体的轴承座上，两根拉杆成对角线布置，拉杆的两端装有球面轴承，一端还装有蝶形弹簧，用拉杆通过左、右箱体把小齿轮和大齿轮压靠在一起。在两小齿轮齿宽的两端各装有两个靠轮，靠轮随着齿轮的啮合，在大齿轮的外圈（外轨道）上滚动。因靠轮半径与大齿轮半径之和等于中心距，所以靠轮是用来定齿轮副中心距的。拉杆型输出级传动属于两点啮合。由于采用多级部件的悬挂安装，使传动装置的结构大为紧凑，悬挂安装也使传动部件安装显得容易。在左右箱体的下面配置有重量平衡器，用以平衡左、右箱体载荷。

柔性传动装置与减速机、开式齿轮传动相比，其优点如下：

（1）一般齿轮减速机的大小齿轮轴承都是固定的，故在齿宽大于模数 5 倍时，或在载荷的影响而产生变形的情况下，齿轮要达到完好的接触是很困难的。这是由于齿轮的制造误差、轴承的安装误差和齿轮轴心线的误差引起的。此外，在使用中温度的影响，轴和箱体的弹性变形，以及基础和支承构件的变形，都与齿面接触概率的降低密切相关。因此在一般齿轮传动中，齿宽与模数的比值不得不取得小一些，通常为 10～15。同时接触系数只能取 0.4～0.7。这就迫使实际所选定的齿轮宽度超过了需要的有效齿轮宽度，从而增大了减速机的体积和重量。而柔性传动装置能得到良好的接触，可以妥善地解决由于制造误差与工作条件的影响而使齿轮啮合精度不良的问题，这是因为它能保证齿面良好的接触概率，即使齿宽为模数 30 倍的情况下，齿面接触率仍可达到 98％，因此，能显著增加齿轮的宽度。所以在齿轮模数相同的条件下，比一般齿轮所传递的转矩大。

（2）柔性传动装置是直接安装在主传动星轮轴上的，故没有必要在出力轴上再设置大型联轴器。

（3）能安装测定转矩及过载切断电源的安全装置。

（4）基础简单。因为大齿轮直接悬挂在主传动星轮轴上，没有固定在基础上的旋转运动件，基础上只设置弹性支撑平衡杆，单纯承受轴装减速机和蜗轮副等部件的重量。

（5）对烧结机台车跑偏的调整来说，具有独到的优点：一是不需要停机，随时可以调整，方便易行；二是不存在影响传动齿轮的啮合问题；三是传动速比大，安装维护简单。

d 机头链轮（给矿侧链轮或星轮）

机头链轮滚筒为焊接结构件，传动轴也是焊在筒体上成为耳轴形式。链轮齿板装配在链轮滚筒上。齿板齿面设计成曲线形状，如图 3-16 所示，使台车在给矿部和排矿部的弯道上圆滑无干涉地作上升翻转与下降翻转运动。

链轮齿板齿面要进行高频淬火，以提高硬度和寿命。一组链轮由七块二联齿板和一块三联齿板组成，用螺栓及铰孔螺栓固定在链轮体上。机

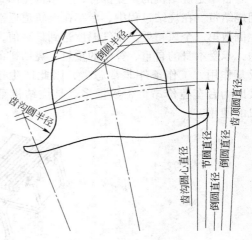

图 3-16 星轮齿轮示意图

头链轮一般设计 17 个齿（7 块 2 个组合，1 块 3 个组合，即 7×2+3=17）。在链轮滚筒外面，装有带特殊形式导向叶片的除尘滚筒，将台车上落下的烧结矿导入灰箱内。

e 机尾装置

烧结机机尾形式大体可分为两类，一类为机尾固定弯道装置，另一类为机尾活动摆架装置，当前大型烧结机多采用后者。机尾固定弯道是由左右弯道夹板、内外方钢等组成。为了调整台车的热膨胀，在烧结机尾部弯道开始处，台车之间形成一断开处，这个断开处的间隙，称为烧结机冲程。通常冲程为 160～200mm 左右。这种结构，由于台车靠自重落到回车道上，彼此间因冲击而发生变形，造成台车端部损坏，不能互相紧贴在一起，增加有害漏风。同时由于有断开处，使部分烧结矿由此缝落下，因此，设有专门的"马耳"漏斗，以排出落下的烧结矿。

机尾是活动摆架的烧结机，既解决了台车的热膨胀问题，同时也消除了台车之间的冲击及台车尾部的散料现象，大大减少了有害漏风。机尾摆架是由机尾星轮、移动架、排灰装置、平衡装置等组成。尾部星轮为通轴式，轴用锻钢制造。星轮辐板为焊接组合件，通过钩头键装配在通轴上。齿板用铰制螺栓逐块连接在辐板上。尾星轮与头星轮基本是一样的，只是外径要小一些，齿数少一些，能达到回车道轨道尾高头低，台车可在回车道上从尾部向头部滑行。

移动架由上、下框架，侧板和弯道组成，通过左右四个托辊的支承悬挂在尾部骨架上。上、下各四个导向轮使移动架只能沿纵向水平的轨道上移动，以吸收台车的热伸长。弯道采用高强度耐磨耗的材质制造，上下框架及侧板为普通碳钢组焊件。为收集台车卸矿时的散料，设置了随移动架一起水平移动的接料斗、旋转斗和固定斗，使散料能顺利地排到机下的卸料斗内。排灰装置均为焊接结构，内部设有衬板或料衬。

由滑轮、链条（或钢丝绳）配重等组成的平衡装置，通过配重向机头方向拉紧移动架，使单个台车形成了一个连续的输送带，起到了挤紧台车的作用，从而减少了台车间的漏风和漏料，消除了台车在运行过程中的挤摩和冲击。采用合适的配重，能使烧结机在运转过程中，随着温度的变化移动架自动实现调节作用，避免台车卡轨、跑偏等事故发生。为了满足安装台车和检修时取出台车的需要，在尾部骨架上设置了电动式液压千斤顶。

B　烧结机台车

台车是烧结机的重要部件，其结构见图 3-17。连续式烧结机是由许多个台车组成的一个封闭烧结带。在烧结过程中，台车在上轨道近端进行布料，点火烧结，在尾部排出烧结矿。台车在倒数第二个风箱处，排气温度达到最高值，在返回下轨道时温度下降。台车在整个工作过程中，承受本身的自重、箅条的重量，烧结矿的重量及抽风负压的作用，又要受到长时间热的反复作用，工作条件非常恶劣，因此产生很大的热疲劳，所以台车是很容易损坏的部件。又因为台车造价昂贵，数量多，是烧结机重要的组成部分，它的性能优劣，直接影响烧结机的使用。

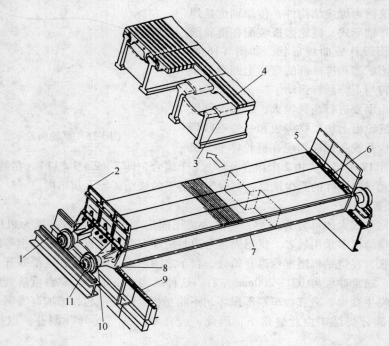

图 3-17　烧结机台车结构示意图

1—车轮轨道；2—栏板；3—隔热垫；4—中间箅条；5—箅条压块；6—两端箅条；
7—台车体；8—密封装置；9—固定滑道；10—卡轮；11—车轮

烧结机的有效烧结面积，是台车的宽度与烧结机吸风段长度（即有效长度）的乘积。随着烧结机面积的增大，台车的面积也相应增加。国内生产的烧结机台车有用于尾部弯道式的烧结机和链轮式烧结机两种。前者均为小规格的烧结机，而且将会被淘汰。目前生产的均为链轮式烧结机台车。

台车是由台车体、栏板、隔热垫、箅条、箅条压板、卡轮、车轮、车轴及空气密封装置等组成。

台车的寿命主要取决于台车体的寿命。台车体损坏的主要原因是热循环变化及与燃烧物相接触而引起的裂纹和变形。此外，高温气体对台车体的上部有强烈的烧损及气流冲刷作用。因此，台车体应选用具有足够的机械强度、耐磨性，又具有耐高温、抗热疲劳性能的材料来制造。一般采用铸钢或球墨铸铁。

台车体有整体结构、两体装配式和三体装配式三种形式，一般根据烧结机台车的宽度来确定。大型烧结机台车宽度在 3.5m 以上的，大都采用三体装配结构。这种结构的台车，把温度较低的两端和温度较高的中部分开，用螺栓连接。这种结构铸造容易，便于维护及更换中间部分。目前国内 $450m^2$ 均采用 5m 宽台车，是三体装配式结构。中间本体与两端台车体使用两组共 14 个高强度螺栓连接起来。

为了降低台车的热应力，提高台车的使用寿命，降低烧结矿对台车体的传导热，避免台车体发生塌腰，除采用铺底料烧结外，还在台车主梁和箅条间采用安放隔热垫的方法，见图 3-18，有效地阻止了高温烧结矿及箅条的热量传递到台车体上。台车体的热量不仅来自高温气体的辐射对流，而且来自与台车直接接触的箅条，通常箅条将其 30% ~ 40% 的热量传给台车体。安放隔热垫后，整个台车体温度降低，尤其是减小了主梁上部和下部的温度差，从而大大降低了由温度差产生的热应力。采用铸铁类隔热垫，大致可使台车体温度降低 150 ~ 200℃，台车越宽，效果越明显。隔热垫直接插入台车体主梁上部，并与主梁间有 5 ~ 7mm 间隙，形成了一道空气隔热层，较好地改善了台车体的变形，一根主梁上有若干块隔热垫，其拆、装需在卸掉栏板后进行。

箅条连续地排列在烧结机台车上，构成了烧结炉床。箅条的使用寿命及形状，对烧结机生产影响很大。从工作条件看，箅条处在高温激烈波动之中，大约在 200 ~ 800℃ 之间变化，由于两端散热条件差，其温度还要高出 70 ~ 100℃。同时又有高温含尘气体冲刷和氧化，所以箅条极易磨损，特别是两端尤为严重。这样就要求箅条的材料能够经受住激烈的温度变化，能抵抗高温氧化，还应具有足够的机械强度。目前，箅条材质采用较多的有铸铁、铸钢、铬镍合金或其他材料。中间箅条的形状如图 3-19 所示。

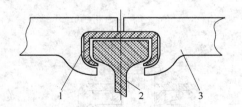

图 3-18 隔热垫结构示意图
1—隔热垫；2—台车体主梁；3—箅条

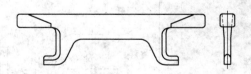

图 3-19 箅条结构示意图

箅条要求精密铸造，严格控制尺寸误差，以便于安装。另外，铸后应进行退火处理，以消除内应力及细化晶粒。箅条分为中间箅条和端部箅条，端部箅条设有卡口，通过箅条压块可将其牢牢卡住，避免了台车在翻转过程中的跌落。

台车上两箅条间的间隙为 5mm，其通风面积约占总面积的 13%（除去被隔热垫堵塞的 9% 的部分）。

台车的车轮是用高碳钢制造的，工作表面要进行高频淬火，以增强耐磨性。车轮内部装有承载能力很大的双列圆锥辊子轴承。卡轮外圆表面也要进行高频淬火处理，其内部嵌有耐磨金属（铜合金）的轴承。

　　车轴热装于台车体的轮毂中，并用紧定螺钉固定。

　　台车栏板（即挡板）由球墨铸铁制造，有整体栏板和分块栏板结构之分。分块栏板为防止相邻两块之间的漏风，在下栏板侧面开槽，压入特制的耐热石棉绳，有一定的效果。

　　C　密封装置

　　烧结矿的生产是通过抽风烧结来完成的，因此，减少漏风率即解决好密封问题就显得相当重要。在烧结生产中，风机的能量一定，如果漏风量越多，则通过烧结料层的风量就越少，对产量的影响也越大。因此，有无良好的密封，对于提高烧结设备的生产率和产品质量以及降低烧结矿成本都具有很重要的意义。烧结机的漏风，牵涉到很多方面。下面仅就烧结机台车与风箱之间以及机头、机尾等的密封装置作一些介绍。

　　烧结机台车与风箱之间的密封。目前大型烧结机主要采用下列三种形式。

　　（1）图 3-20 所示为弹性滑道密封装置。在烧结机风箱的两侧，分别安装了滑槽，滑槽与风箱之间满焊。滑槽当中装有蛇形板簧，板簧的上下方均垫有鸡毛纸垫，上面装有弹性滑板，滑板在板簧与台车的作用下可上下活动，从而保证台车的油板与滑板紧密相贴，以达到密封效果。为减小台车油板与滑板之间的摩擦阻力，每间隔几块滑板就有一块带油管的滑板，润滑油脂通过自动集中润滑装置给到滑板的表面，滑板的表面开有油槽，以储存润滑脂，使接触面保持适当的油膜，以保证台车与风箱间良好的密封性。为了防止滑板被台车推走，在每块滑板的两边都设计有定位止动块，分别嵌入滑槽的定位槽内。

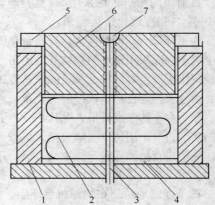

图 3-20　弹性滑道密封装置
1—滑槽；2—蛇形板簧；3—油管；4—密封垫；
5—止动块；6—滑板；7—油槽

　　（2）密封装置也是采用弹簧式结构，如图 3-21 所示。但风箱两侧采用固定滑道，而将密

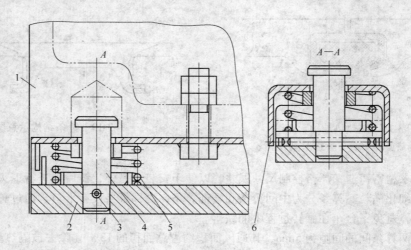

图 3-21　弹簧密封装置
1—台车体；2—密封滑板；3—弹簧销；4—销；5—弹簧；6—门形框体

封装置用螺栓连接在台车体上，密封滑板通过柱销及弹簧销装在密封装置的门形框体，由螺旋弹簧以适当的压力将其压在固定滑道上。密封板与滑道间打入润滑油脂形成油膜保持密封。目前，国内绝大多数大型的烧结机均使用这种密封装置。

（3）采用胶皮（或塑料板）密封，如图 3-22 所示。密封板是由摩擦系数低且强韧柔软的材料制成，并在 200℃ 以上高温时，仍可很好地工作。这种密封装置的特点是，台车体上的滑板并不与滑道直接接触，而是有适当的间隙。有滑道的外侧装有密封胶皮，由支承板与压板固定在滑道外侧。生产中，由于抽风机的负压作用，将密封胶皮紧贴在台车体的下部，从而达到密封效果。用这种密封形式，使车轮仅支承台车和烧结矿的重量，减少了台车滑板与滑道之间的摩擦。这对改造老烧结机来说，是一种安装较简单且经济的密封装置。某烧结厂 280m² 的烧结机属于这种密封装置。

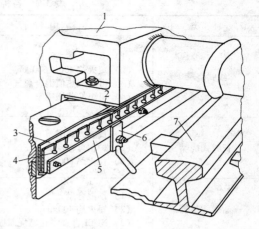

图 3-22　胶皮密封示意图
1—台车体；2—滑板；3—密封板；
4—支承板；5，6—压板；7—轨道

烧结机头、尾的密封有几种形式，而机尾则采用重锤式密封，即在密封板的中部焊一根圆轴，这根圆轴就安在半圆形凹槽的底座上，在密封板上靠机头的一端，配有重锤，重锤是用螺栓固定在密封板的端部。密封板的两端可绕圆轴上下摆动，以起到密封与保证烧结机正常运行的作用。

另一种形式是杠杆重锤式密封。此密封采用全金属结构的密封装置，该装置是由密封板及其支座、配重、调节螺杆、安装框架等组成。密封板沿台车宽度方向分成 6 段，各段可通过调节螺旋杆将密封板调节到合适的位置，使其既不与台车梁底面接触产生磨损，又使漏风量尽可能地降到最小。由于该装置采用的是全金属结构，所以使用寿命长，维修量小且密封可靠，有利于烧结机作业率的提高。

此外，较新式的密封是将一整块密封板装在金属弹簧上，以弹簧的压力，使密封板与台车底面接触，防止漏风。武钢一烧烧结机已采用这种新式密封，柔性密封装置使用效果较好。

为了防止风箱与风箱之间的窜风问题，在风箱与风箱之间还设置有中间隔板，使温度测量更加准确。

D　点火器

烧结机布料以后就是点火，点火的主要目的是将混合料中的固体燃料点燃，在抽风的作用下使料层中的燃料继续燃烧。此外，点火还可以向料层表面补充热量，以改善表层烧结矿强度，减少表层返矿。各种新型点火器的结构性能对比见表3-9。

为了达到点火目的，烧结点火应满足如下要求：

（1）有足够高的点火温度；

（2）有一定的保温时间；

（3）适宜的点火负压；

（4）点火烟气中氧含量充足；

（5）沿台车宽度方向点火要均匀。

表 3-9   各种新型点火器的比较

种　类	结 构 特 性	效　果
线式烧嘴	(1) 多孔烧嘴 (2) 短火焰 400~600mm (3) 可用低热值混合煤气 (4) 可更换前烧嘴	点火消耗 28.05MJ/t，空燃比 17
长缝式烧嘴	(1) 长缝式烧嘴 (2) 炉顶可移动 (3) 长火焰 800mm	点火消耗 28.05MJ/t（混合煤气）
面燃式烧嘴	(1) 预混合型 (2) 短火焰 400mm (3) Ni-Cr 合金多孔燃烧面板	焦炉煤气消耗 1.46m^3（标态）/t（$m=1.1$）
煤气-煤粉 混烧式烧嘴	(1) 煤混合二次空气经旋转器转入烧嘴 (2) 长火焰 800mm	(1) 煤粉（-170 目（-0.088mm））+ 焦炉煤气（混入比 10%） (2) 煤粉消耗 1.7kg/t (3) 焦炉煤气消耗 0.41m^3（标态）/t
煤粉烧嘴	(1) 作辅助点火喷煤烧嘴 (2) 长火焰 800mm	(1) 煤粉（-200 目（-0.074mm）） (2) 1.4kg/t（$m=1.3$）

　　例如，450m^2 烧结机采用双斜带式点火保温炉，其点火段长 4m，设有双排斜式（成 60°、75°安装）点火烧嘴，前排 13 个，后排 14 个，侧墙对应每排炉顶烧嘴下方共设 4 个引火烧嘴，每边 2 个，入口端墙、中间隔墙及侧墙底部设水冷套。保温段总长 18m，炉顶共设平焰式热风喷嘴 6 排共 36 个，每排 6 个，点火段和保温段的耐火衬采用整体浇注，具有气密性好、寿命长等特点。

　　新型的点火炉与原来的黏土砖点火炉不同，筑炉材料用现场捣打成形的高铝质可塑性代替黏土耐火砖砌筑炉衬，用套筒预混式烧嘴代替环缝朗式烧嘴，用平顶结构代替拱顶结构，加强绝热。

　　烘炉是延长点火炉寿命的一个重要环节。烘炉的主要任务是排除筑炉物料中的结晶水以及混料时带入的物理水（约占料重的 10% 左右）。这些物理水达到一定温度时（即 100℃ ±10℃），水分开始蒸发，若升温速度过快，将会产生很大的蒸汽压力而使炉衬爆裂，这是可塑性点火炉曲线要在 100℃ ±10℃ 温度下保温 40h 的原因及掌握烘炉的技术诀窍。

3.4.2   操作规则与使用维护要求

3.4.2.1   烧结机操作规则

　　(1) 确认有正式的点火通知，联系调度室通知煤气班和计控相关人员到场，并办理送煤气操作牌手续。

　　(2) 检查确认各种仪表和阀门灵活好用，主抽风机运转正常。

　　(3) 中控画面在"清扫"方式下点火，关闭煤气切断阀，空气调节阀设定为"0"，关闭所有烧嘴的煤气球阀、放水阀，确认放散管为开启状态。

　　(4) 启动引火风机和助燃风机，确认放散管周围 10m 以内无明火。

（5）通蒸汽清扫煤气管道，清扫15min，关闭蒸汽阀，解除水封（关闭A阀门后，打开D、E阀门放水，水放完后关闭D、E阀门，打开C、F阀门，保证水槽有溢流水，见煤气水封示意图）。

（6）通知煤气班抽盲板送煤气，待煤气置换15min后，开引火烧嘴切断阀，保证空、煤气压力不小于2000Pa，打开火嘴末端放散阀做爆发试验，连续三次合格为合格，否则重新放散，验证通过后点燃点火棒，将全部引火烧嘴点着，调节至燃烧稳定。关闭各个放散阀。

（7）主烧嘴点火前，选择"手动"方式，打开主烧嘴切断阀，设定好煤气、空气流量，煤气压力不小于2000Pa。

（8）打开邻近引火烧嘴的主烧嘴球阀，确认点燃，待燃烧稳定后依次打开相邻烧嘴的煤气球阀点火，直到全部烧嘴点着，调整至600℃待生产。在开火嘴点火时，必须有专人负责调节煤气流量和空气流量，点火器旁有专人观察点火情况。点火稳定后恢复"自动"方式。

（9）点不着火或点燃后又熄灭，应立即关闭烧嘴，查明原因，排除故障后重新按点火程序进行点火。点火完毕后通知中控。

（10）启动设备前，必须将调速器打到零位，启动设备后再缓慢调速。对烧结机而言，启动后必须经过6s，待烧结机达到初始速度方能缓慢调速。

（11）铺底料均匀，厚度为25～40mm，严禁无底料生产。特殊情况下，需经厂调同意，并采取措施，尽快回复铺底料生产。

（12）布料均匀，料层为650～700mm（含铺底料）。

（13）出现布料不均匀的情况时，检查圆辊闸门两边开度是否一致，有无变形，圆辊、九辊、挡料板、溜板等有无粘料，如有异常要及时调整或清除。

（14）点火正常，温度控制在1050℃±50℃，空煤比为（5～6.5）：1。点火煤气压力不低于3500Pa，空气压力不低于4000Pa。1号风箱风门开1/3，2号风箱风门开2/5。

（15）烧结终点位置控制在倒数第二个风箱，烧好、烧透、机尾断面均匀，红层厚度不超过1/3。根据烧结终点位置的变化及时调整机速。

（16）观察混合料水分，有异常及时通知中控调整。

（17）根据烧结过程参数和烧结矿亚铁含量及时调整煤粉配比。

3.4.2.2 烧结机使用维护要求

（1）烧结机电动机电流高或自动停机时必须查明原因，排除故障后方能生产。

（2）发现台车塌腰、轮子掉或摆动时，应及时更换台车，挡板损坏要及时更换，算条缺损应及时补齐。

（3）重点部位使用维护要求见表3-10。

表3-10　烧结机重点部位使用维护要求

检查部位	检查项目	检查标准	检查方法	检查周期
计量器具	显示 比例调节	灵敏可靠 调节灵活	目测 手试	随时 随时
圆辊给料机	轴承温度 传动部分 整体运行	<65℃ 连接固定良好 平稳，无杂声	手试 目测 耳听	2h 4h 随时

检查部位	检查项目	检查标准	检查方法	检查周期
九辊布料器	轴承温度	<65℃	手　试	2h
	传动部分	连接固定良好	目　测	4h
	整体运行	平稳、无杂声	耳　听	随　时
台　车	运　行	平稳、不啃道	目　测	随　时
	台车轮、卡轮	灵活、无磨损	目　测	随　时
	挡板、端面衬板	齐全、无破损	目　测	随　时
	台车箅条	齐全、无变形	目　测	随　时
	台车本体	无断裂、塌腰	目　测	随　时
润滑系统	油泵、给油器	压力、换向正常	目　测	2h
	节点、润滑点	无泄漏	目　测	2h
主电动机	运　行	平稳、无杂声	耳　听	随　时
	温　度	<65℃	手　试	2h
	各部位螺栓	齐全紧固	目　测	8h
	联轴器、抱闸	扭力正常无变形	目　测	停机时
柔性传动	各部位螺栓	齐全，紧固	目　测	8h
	联轴器	紧固无变形	目　测	8h
	轴承温度	<65℃	手　试	2h
	系杆、平衡杆	不变形	目　测	8h
	油位	油标中位	目　测	2h
	运　行	平稳，无杂声	目　测	随　时
头尾弯道	固定装置	无弯曲、开裂	目　测	2h
	压　道	螺栓无松动、掉落	目　测	2h
风箱密封部	阀　门	灵　活	目　测	8h
	密　封	完整、不破漏	目　测	4h
星　轮	螺　栓	齐全，紧固	目　测	8h
	齿　轮	啮合正常	目　测	8h

3.4.3　常见故障分析及处理

　　带式烧结机的台车跑偏与赶道是比较常见的故障，其产生的原因是错综复杂的，二者有相似之处，但又有不同之处。

　　所谓台车跑偏，多是指平面台车在运行过程中，其一边的台车轮缘擦着轨道，而另一边台车轮却与轨道有一定间距，台车宽度方向的中心线路与其运行方向基本一致，但与烧结机纵中心线存在平行位移，即台车没有产生歪斜。

　　所谓台车赶道，多是指回车道台车在运行中产生了歪斜，即台车宽度方向的中心线与其运行方向形成了一定夹角。赶道越严重，夹角就越大。台车赶道（图3-23）时从三个部分可以明显看出来：一是机尾冲程处（固定弯道式）：烧结机台车在下落过程中不是平行下落的，两端有先后之分，下落的冲击声也可听到有两响，机尾冲程两边也明显不一致；二是在回车道上，可以看到相邻台车的肩膀头已有明显的错位，同一台车前后轮缘与回车道的接触有明显差异；三是在机头链轮的下部，当台车车轮与链轮啮合时，两边不同步，即一边接触到了，而另一边还有明显的距离。

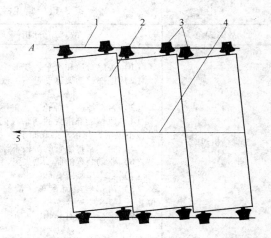

图3-23　回车道台车赶道示意图
1—回车道轨道；2—台车体；3—台车轮；
4—烧结机纵向中心线；5—回车道台车运行方向

　　引起台车跑偏的原因很多，甚至烧结机两侧空气温度差都会引起台车跑偏，但大多发生在机头链轮、机头弯道平面轨道等处。这时应当检查机头链轮轴线是否水平，其横向中心线与烧结机纵向中心线是否重合，链轮上两侧对称的小星轮是否在同一链轮轴线上，前后位置偏差应不大于0.4mm，机尾两侧弯道应相互平行，且与水平面垂直，其对称中心线也应与烧结机纵向中心线重合。上平面轨道两边是否在同一水平面上，滑道两边的阻力有无明显差异，台车体与台车轮直径是否相差大，台车油板与滑板是否存在相顶现象，以及是否有塌腰严重的台车擦风箱隔板或头尾密封板。找准原因后，即可采取应对的处理方法。

　　如果台车跑偏严重，在上述多方面的检查中均未发现异常，这时不妨采用微调头部大星轮（链轮）的方法来纠偏。具体方法是动头部大星轮的A边轴承座向里顶进（可以通过操作液压-螺旋千斤顶使其沿烧结机纵向移动，即向机尾方向收），或将另一边的轴承向机头方向外放，也可以一边收另一边放。应当注意的是移动量不可太大，以不超过10mm为宜，经此来实现台车纠偏，因此，柔性传动装置对烧结机调偏来说，具有独到的优点。

　　引起回车台车赶道的原因多发生在机尾弯道处：首先应当观察机尾弯道两边的夹板有无明显位移，两边弯道的内外方钢磨损是否一致，然后在机尾弯道处挂纵横中心线进行检查：机尾两侧夹板中心标高偏差应不大于2mm，且对应两夹板标高比差不超过2mm，弯道内侧间距不应超标，且与烧结机纵向中心线对称，中心偏差不大于1mm；两夹板与机头链轮轴线的距离应相等，偏差应不大于2mm；两侧弯道内侧挂铅垂线测量，上下偏差应不大于2mm，查出原因后，再采取相应的处理措施。

　　引起回车道台车赶道还有一种情况，即赶道现象时有时无或有时严重有时又较轻微。出现这种情况，应当观察台车在机尾卸料中台车之间是否夹进了烧结矿，尤其是夹在台车的某一端，从而引起回车道台车不正而造成赶道。如果是这种情况出现，只要在台车肩膀头之间人为地夹进炉算条便可予以纠正。

　　无论是烧结机台车跑偏或赶道，都应及时处理，否则会出现恶性循环，甚至会酿成台车掉道等事故。其他一些常见故障分析及处理方法见表3-11。

表 3-11　常见故障分析及处理方法

故障现象	故障分析	处理方法
烧结机过载	(1) 头尾弯道和水平轨变形，移位 (2) 尾部移动架移动量不一致或重锤过重 (3) 台车掉道（掉轮子，机尾弯道错位） (4) 风箱端部密封的活动板调整不当或浮动板不灵活，与台车梁底面干涉 (5) 台车密封装置的游板不浮动 (6) 驱动装置的制动器失灵 (7) 台车塌腰或变形 (8) 清扫器阻碍台车（清扫器变形或移位） (9) 运行部位有异物	(1) 修补调整或更换弯道和水平轨 (2) 检查有无异物阻碍，链轮处理灵活，调整平衡重锤 (3) 台车轮子补齐、弯道校正 (4) 检查调整风箱端部密封 (5) 清除积料或更换密封装置 (6) 检修制动器、调整闸距 (7) 更换台车 (8) 更换清扫器 (9) 清除异物
移动架超极限	(1) 移动架两侧移动量不一致 (2) 行程开关位置有误 (3) 焦粉含量过高或机速不合理，致使热膨胀过大 (4) 台车长度超差或箅板、隔热件露出 (5) 平衡重锤太轻	(1) 按前述方法处理 (2) 调整行程开关位置 (3) 改变焦粉配比或机速 (4) 更换相关零部件 (5) 调整重锤
保护装置报警	(1) 烧结机过载 (2) 极限值设置不当	(1) 按过载方法处理 (2) 按柔性传动装置和定扭矩联轴器要求处理
圆辊给料不畅	(1) 混合料仓内产生架桥 (2) 大块料或异物堵塞闸门，主闸门开度不够	(1) 清除架桥，清理积料 (2) 排除异物，加大主闸门开度
九辊给料不畅	(1) 辊子粘料过多或转动不灵活 (2) 大块料或异物阻塞辊子间隙	(1) 清除积料，调整转动部位 (2) 清除积料或异物

思 考 题

1. 烧结机的工作原理是什么？

2. 大型烧结机的先进技术有哪些？

3. 烧结机主要由哪些部分组成？

4. 烧结机的驱动机构采用的是什么方式，为什么？

5. 柔性传动具有哪些优点？

6. 烧结机的台车有哪些改进？

7. 烧结机的操作规则有哪些？

8. 烧结机主要有哪些使用维护要求？

9. 烧结机台车跑偏在现场是如何处理的？

10. 如何检查回车道机尾弯道处台车赶道的原因？

3.5 抽风机

3.5.1 工作原理与功能

3.5.1.1 概述

应用于烧结机的风机主要是叶片单级式、尺寸大型化、高功率、高电压、转速中等化的离心风机，它是烧结生产的主要设备之一，起着提供助燃空气，加大过风量，强化烧结，提高烧结生产率的作用，直接影响着烧结机的生产效率和烧结矿的产品质量。近年来，由于烧结技术的进步，烧结设备逐步大型化，风机也随之向大型化（大风量、高功率）方向发展。以风机大功率化为例，100m² 以下的烧结机所配的风机功率不超过 3000kW，200m² 以下的烧结机所配的风机功率不超过 3000kW，400m² 以下的烧结机所配的风机功率不超过 7000kW，600m² 以下的烧结机所配的风机功率不超过 10000kW。随着烧结风机的大型化，不仅对风机的制造材质、强度以及经济性和操作条件等提出了新的要求，而且对风机运行状态的控制和风机故障诊断提出了更高的要求。

3.5.1.2 风机的工作工况

衡量抽风机的综合能力应符合工作工况的要求，包括流量、负压、工作环境、转速及功率等，具体参数如下。

（1）流量，衡量风机单位时间风量大小的参数，单位 m³/min。

（2）压力，衡量风机工作负压的参数，包括进气压力和出气压力，单位 Pa。

（3）气体介质，具体参数包括：温度，单位℃；湿度，单位%；密度，单位 kg/m³，灰尘量及灰尘的种类，单位 g/m³，气体种类。

（4）转速，单位 r/min。

（5）功率，单位 kW。

3.5.1.3 抽风机的电动机功率及风量校核

（1）按照实践经验总结，抽风机电动机功率的经验公式为：

$$P = (30 \sim 35)\frac{S}{N} \tag{3-1}$$

式中　P——电动机的功率，kW；

　　　N——单台烧结机的大烟道个数或抽风机个数；

　　　S——烧结机有效面积，m²。

（2）按照实践经验总结，抽风机供应风量的经验公式为：

$$Q = (80 \sim 100)S \tag{3-2}$$

式中　Q——风机的标称风量，m³/min；

　　　S——烧结机有效面积，m²。

3.5.1.4 规格型号

烧结风机是专用风机，与一般的通用风机标号不同，其规格型号均有专用含义，见图3-24。

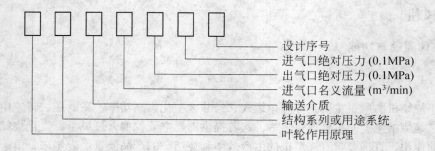

图 3-24　烧结风机规格型号标号说明

3.5.1.5　烧结风机的主要参数和风机分类

烧结风机的主要参数一般有风量、风压、气体温度、风机转速等几个方面。风机的标称风量由烧结机的有效烧结面积来决定，但是，烧结机在实际操作中，受各种因素的影响较大，风量波动较大，风机会因此产生波动现象，作为风机的特性，其波动极限风量为设计风量的50% ~60% 左右。风机的压力损耗与粉矿的粒度、料层厚度、除尘器和集尘风管的阻力有关，随着风机功率的增加，其风压也逐步增加。风机入口处的气体温度与烧结机的操作条件有关，与整个风道的漏风状况等都有一定关系，一般情况下入口处的气体温度在 120 ~150℃之间，尤其是随着环保除尘的要求，各烧结厂均投建了烟气脱硫设备，要求风机出口温度必须在 120℃以上，才有较好的脱硫效果。若低于 120℃，烟气脱硫设备的脱硫效率将会大幅度降低。风机转速的选择一般与风量、压力、叶片形式、转子材质等有关，在同样转速情况下，不同形式的叶轮，其转速各有差异。烧结风机转速一般设计为两种：1500r/min 和 1000r/min，其传动系统见图 3-25。

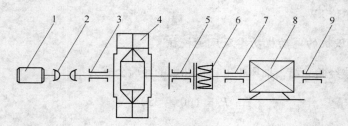

图 3-25　烧结风机传动系统示意图

1—油泵；2—联轴器；3—风机轴承；4—转子；5—止推瓦；
6—挠性联轴器；7，9—电机瓦；8—电动机

烧结风机的分类一般根据其转子叶片的形状分为四种类型（图 3-26）：径向直板形、径向弯曲形、后弯形以及翼形。叶片的形状决定进入风机气体流线形状和叶片进出口压力损失的大小，因此叶片的形状与风机效率关系很大，后弯叶片和翼形叶片的效率比较高，可以达到80% ~87%，此外叶片形状也影响转子的耐磨性能。根据运动理论，在叶片的入口处，气体沿径向流动，由于惯性和运动速度不同，粉尘与气体分离，一边向中盘集中，一边沿离心方向流出，粉尘对叶片冲击速度和角度越大的地方，磨损越大，并且磨损的程度与圆周速度的立方成正比。四种类型的风机中，翼形风机的圆周速度最大，其耐磨性最差，由于烧结粉尘是刚性、

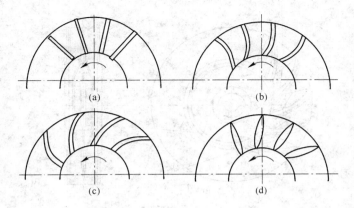

图 3-26 风机叶片形式

（a）径向直板形；（b）径向弯曲形；（c）后弯形；（d）翼形

颗粒、快速运动的介质，所以一般情况下选用后弯形风机。

3.5.1.6 主要部分的构造

风机的结构主要是由机壳、叶轮、轴、轴承、联轴器、喇叭口、风门机构、润滑系统、冷却系统等部分组成的。

A 机壳

风机机壳均采用钢板焊接结构，出口断面积较大，动压力较小，机壳内衬 12mm 厚的耐磨板，由于通过叶轮气体的最高温度达 200℃，需要有防止热膨胀的措施。机壳的支点尽量距风机中心近，以减小热膨胀对叶轮吸气环间隙的影响。机座高度尽量低，使中心偏离小。在安装时，叶轮的轴心要能保持自由延伸，为了便于安装，整个机壳可以分解为几大块安装，各大块之间采用螺栓连接，并用石棉绳等密封。

B 叶轮

烧结风机的叶轮中，直径超过 2000mm 的大型风机叶轮采用铆接结构，直径小于 2000mm 的小型风机叶轮采用焊接结构，侧盘采用锥形结构，叶轮中盘和侧盘是合金钢板或高强度钢板，叶轮要解决的一个主要问题是减小磨损，故可采用堆焊硬质合金的方法增加其耐磨性能。在一些进口的转子上，有一种特殊材料制成的耐磨层，可提高转子叶轮的磨损。轮毂一般采用板状轮毂，采用螺钉与轴连接，并且安装了护盘，这样既可以保护中盘和轮毂，又可以增加中盘刚性，还可以引导气流。有些转子采用铸钢轮毂，将叶轮铆接在轮毂上面，具体结构见图 3-27。

C 轴与轴承

烧结风机的轴一般采用实心结构，为了提高转子的刚度，使转子因不平衡产生的振动小一些，转子的临界转速比运转速度要大 100 倍以上。轴与机壳之间的密封一般有多种形式，有密封性能较好的迷宫环密封、碳素密封环、石棉绳密封等。烧结风机的轴承采用的是滑动轴承，其材质通常采用巴氏合金，此类轴瓦是运用流体动力学理论，在轴颈与轴瓦之间形成油膜，进行润滑。按照实践经验，要形成稳定的油膜，两者的顶间隙应为 $(0.17\% \sim 0.2\%) \times D(mm)$，其中 D 为轴颈直径。风机转子的止推端位于风机与电动机之间，以减少对电动机的轴向推力。风机和电动机之间的联轴器可采取万向联轴器、半刚性齿轮联轴器、蛇形弹簧联轴器等，其中

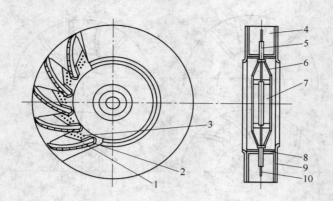

图 3-27   风机叶轮示意图

1—耐磨板（后端）；2—耐磨板（前端）；3—铆钉；4—衬板叶片；
5，10—中心板；6—锥形板；7—轮毂；8—凸缘件；9—侧衬板

由于蛇形弹簧联轴器不仅能调节部分安装误差，而且具有弹性，可减少启动时的瞬间力矩而逐渐得到广泛应用。

D   喇叭口与风门机构

喇叭口用单层钢板制成，厚度为 6~8mm，整体用环形钢板压制而成，冷态时喇叭口与叶轮间距为 7mm 左右。当风机运转时，其间隙因热膨胀而增加到 10mm 左右，间隙越大，漏风增加，风机效率减小。间隙为 10mm，与 8mm 间隙比较，风机效率降低了约 5%，因此，安装时要注意调整喇叭口与叶轮间距。风门机构的作用是调节风量和启动时减小启动力矩，烧结风机风门主要采用百叶窗结构，该结构简单，易于维修。有些风机采用圆形蝶阀，它消耗的动力较小，但因维修不便，现在基本上淘汰了。风门机构由电动和手动兼用，风门机构叶片在运转一段时间后，由于粉尘的吸附和堆积，加上阀门本身的变形，漏风问题将变得严重，影响风机的正常启动。

百叶窗结构的风门机构是由 6~8 个长方形的叶片平行排列组合而成，由风门外面的曲柄连杆连接，由一个驱动机构统一驱动。值得注意的是，此类风门机构叶片的排列是很有讲究的，为了减小启动阻力矩，保证风机正常启动，必须尽量减小叶片与叶片之间的间隙，以避免漏风，所以风门的叶片必须设计成"犬齿交错"的状态，但是不同的交错状态会将气体导向不同的方向，进而决定风机内部气体的流向，最后决定风机转子的载荷大小，图 3-28 就是一个不合理的风门机构，它的叶片是一个"上压下"的交错状态，只能逆时针旋转。正常生产

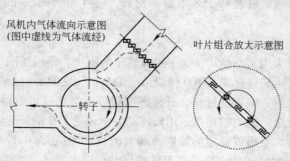

图 3-28   不合理的风门机构示意图

时，风门一般开到75%左右，此时叶片与气体流向成一定角度，将气体导向转子的上方，使气体"逆势而上"，增加了阻力，加大了转子载荷，缩短了转子寿命。图3-29是一个合理的风门机构，它的叶片是一个"下压上"的交错状态，只能顺时针旋转。正常生产时，风门一般开到75%左右，此时叶片与气体流向成一定角度，将气体导向转子的下方，使气体顺势而行，降低了阻力，减小了转子载荷，延长了转子寿命。武钢二烧结车间5100kW抽风机在1994年大修改造前，使用的是图3-28的风门结构，它的运行电流为360A，大修改造之后，它的电流为320A，降低了10%以上，效果非常明显。

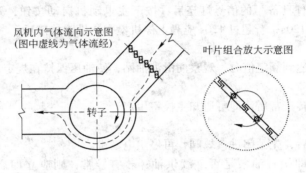

图 3-29 合理的风门机构示意图

E 润滑系统

烧结风机的润滑系统分为自供式和外供式两种。自供式就是在风机轴头安装轴头泵，为风机提供润滑；外供式是由外来的独立润滑系统为风机润滑，其中自供式系统简单，但受风机影响大，风险较大而逐步被淘汰，也有采用自供式和外供式结合使用的方式，但此方式控制系统复杂，故障多而没有得到全面推广。外供式润滑系统采用两台电动油泵，一台工作，一台备用。油泵采用齿轮泵，油冷器和油过滤器与油箱装在一起，油冷却器采用板式换热器，它比管式换热器换热效率高，性能稳定可靠，易于维护。油过滤器采用并联式，工作期间可以将一个拆卸清洗。烧结风机一般都设有高位油箱，有些轴承上还有油环，可以在突然停电时保护轴承，另外高位油箱还可以保证轴承有稳定的油压。

3.5.2 操作规则与使用维护要求

3.5.2.1 操作规则

（1）操作前检查。

1）操作人员必须持有操作牌；检查大烟道内确认无人，所有人孔门必须关严，并取回所有的进入烟道操作牌。

2）通知烧结机岗位人员将风箱执行机构关至零位，并通知电工检查电器设备。

3）检查电动油泵，油压表的高低接点应灵活可靠，正确开闭有关阀门，使油路畅通；检查油箱油量是否充足，油质应干净，油温应达到启动要求。

4）检查风门蝶阀应灵活，并关严。

5）打开油冷却器的水管开关阀，调节水压到规定值；打开空气冷却器的水管开闭阀，调节水压。

6）同时启动两台油泵，让高位油箱油位到限，油泵自动停转一台后，检查调整所有轴瓦油压达到启动条件。

7）配合电工进行模拟空投；检查所有的计器仪表、信号灯应完好。

8）检查机组周围应无障碍物和人。

9）检修后必须空载试车。

（2）操作程序。

1）启动操作：

①准备工作确认无误后，方可同意电工联系高压变电所送电。

②表示启动"条件具备"的信号灯亮后，按下主电动机启动按钮，开始标定电流最大值的持续时间不得超过120s；若超过120s应马上停机检查，排除故障后，一般应经过2h后，再进行第二次启动。

③当抽风机转速达到额定值时，观察润滑油油站，使油压保持在规定值之间，并使它高于水压。

④抽风机启动运转正常后，即可通知主控室生产。

2）停机操作：

①接到停机通知后，先关闭进口蝶阀，再停主电动机。

②停机后，应立即检查油泵是否继续供油；若有异常，则应立即启动另一台电动油泵供油。

③风机叶轮停稳后20min，方可停电动油泵。

④关闭油冷却器水管阀门。

3）紧急停机。需要紧急停机时，可先停主电动机，然后按照正常程序操作，发生以下现象，应紧急停机：

①电动机某处冒烟，或电刷滑环处出现严重火花。

②电动机或风机突然振动厉害或有金属撞击声。

③油温、油压正常，轴瓦温度忽然上升，超过80℃。

④油管断裂或油路不通。

⑤电动机和轴瓦温度、风机轴瓦温度、油压、风温及水压等发生警报。

4）运转中异常状态的紧急处理：

①停电或跳闸。应立即关闭风门并监护直到风机停稳，轴瓦温度稳定，并准确记录停电或跳闸时间及情况。

②油压低压。轴瓦处油压低于88000Pa时，应调整油压的安全阀，如果仍然无效，应立即停机。

③油温高。当主油箱油温大于43℃，应调整油冷却器的供水量，但必须使水压低于油压，如果油温仍然降不下来，应及时停机。

④停水。突然停水时，应先关闭风门，再停机处理。

⑤电动机和风机的轴瓦温度同时上升。应检查油冷却器的水温和水压，检查主油箱油位与油质。

⑥电动机一次电流和二次电流高于标定电流，应关闭风门。

⑦仅某一轴瓦温度偏高时，应加大给油量观察效果，若无下降趋势，应关闭风门，再停机处理。

5）运转中注意事项和严禁事项：

①电动机定子额定电流和转子励磁电流不得超过标定电流。

②电动机功率因数不得低于 0.9，定子温度不得大于 80℃，轴瓦温度不得超过 70℃，空气冷却器出水温度不得大于 80℃。

③油泵油压不得低于 0.19MPa，风机进口温度不得超过 150℃。

④每小时记录一次电流表、压力表、温度表的数据。

⑤烧结机停机 15min，应关闭风门；停产超过 4h，应停机。

⑥油泵停转后，严禁开进口蝶阀，以防叶轮随风力自转，烧损轴瓦。

3.5.2.2 使用维护

A 维护规则

（1）开停机时，应检查风门是否灵活，极限开关是否可靠。

（2）检修完毕试车，应注意观察风门的曲柄连杆机构工作是否平稳。

（3）定修时，应打开入孔门检查叶轮与衬板的焊接与磨损情况，做好记录。

（4）每周必须检查一次冷却水和润滑油的泄漏情况并采取校正措施。

（5）每周必须检查润滑油的质量，如质量下降则应更换。

（6）当负载因数允许时，检查进气风门挡板叶片操作是否灵活自如，如不灵活应加油和处理。

（7）按照甲级设备维护标准搞好设备三清。

B 点检规则

（1）维护点检和专业点检，必须按点检标准（见表 3-12）进行点检，并认真填写点检记录。

表 3-12 烧结风机点检标准

设备名称	点检部位	点数	点检内容及标准	周 期
抽风机	电动机	4	（1）检查地脚以及机械连接部分有无松动现象 （2）检查电动机有无过热和振动现象。电动机运行是否正常，有无异常杂声 （3）检查接手有无松动，电动机有无接地线 （4）检查电动机在带负荷运行中的瞬时（启动）及运行中的电流值、电压值	8h
	联轴器	2	（1）确认结构完整，零部件齐全，轴向无窜动，跳动间隙小于 1.5mm （2）确认两侧端盖紧密，无脱开现象	24h
	滑动轴承座	2	（1）确认润滑油无变质，油量在油标的刻度范围内润滑油管畅通，接头处密封良好 （2）确认地脚及各部连接螺栓齐全，紧固无松动 （3）确认运行平稳，无异常声音 （4）确认轴瓦无跳动、窜动现象 （5）确认定位销完好	8h
	结构机座	2	（1）确认外壳结构完整，接合处密封良好 （2）确认上下机壳盖连接螺栓紧固，无松动 （3）确认机座无脱焊及裂纹 （4）确认机座牢固无振动，垫板塞填紧密，无缝隙	24h

设备名称	点检部位	点数	点检内容及标准	周　期
抽风机	风门执行机构	2	（1）确认连杆无磨损、弯曲变形 （2）确认连接螺栓无松动 （3）确认风门执行运转灵活有效 （4）确认润滑状况良好 （5）确认风门轴头键无窜出	8h
	板式油冷却器	2	（1）确认板式油冷却器无漏油现象 （2）确认冷却温度正常 （3）确认各类供水管路畅通无堵塞 （4）确认手柄使用灵活有效	24h
	针摆减速机	4	（1）确认润滑油不变质，油量在油标的刻度范围内，润滑油管畅通，接头处密封良好 （2）确认运行平稳，无异常声音 （3）确认各输入、输出轴无窜动现象 （4）确认定位销完好	24h
	润滑油泵	4	（1）确认油位在上下限之间，无外溢漏油 （2）确认过滤器无异常噪声和剧烈振动，前后压差在规定值内 （3）确认管道开启灵活可靠，外观无漏油，锈蚀 （4）确认油流指示器结构完整，玻璃光亮	8h

（2）点检发现问题，在点检人员可能处理的情况下，应立即处理；处理不了而又危及设备正常运转的缺陷，应及时向主管人员反映。

（3）利用停机机会，每月检查一次叶轮与衬板焊接及磨损情况，并做好点检记录。

（4）利用停机机会，每月检查一次风门、膨胀节、消声器的磨损、接合情况，并做好点检记录。

（5）利用停机机会，每月检查一次叶轮、叶片的腐蚀和裂纹以及叶轮的平衡情况，发现问题应立即报告设备主管部门，并做好点检记录。

（6）利用停机机会，每半年检查一次基础和支撑结构的裂纹变形和其他损坏，发现问题应立即报告设备主管部门，并做好点检记录。

（7）利用停机机会，每半年检查一次进口调节阀叶片的全程自由度，检查叶片、叶片轴承及连接点的磨损情况，并做好记录。

C　润滑规则

（1）严格执行给油标准。

（2）油脂标号正确，油质与机具必须保持清洁。

（3）采用代用油脂，需经设备管理部门批准。

D　测试和调整规则

（1）每周检查一次联轴器的噪声及振动情况，确定连接紧固。

（2）每周检查一次轴承的泄漏、异常的噪声及振动情况，同时检查油位是否正常。

（3）每月检查一次风门、膨胀节、消声器的磨损、接合情况。

（4）每月检查一次油过滤器中的压差和出口压力，若不达标则应更换过滤网。

（5）每月检查一次风机轴和轴承的磨损情况。

（6）每半年检验一次润滑油质，若油质变差则应进行更换。

（7）经常清洗或更换过滤网。

E　清扫规则

（1）设备清扫由生产工人负责，每班必须清扫设备及地面环境一次。

（2）维护人员在调整、测试、检修后，必须清理现场。地面应无油污、水污，无调整、测试、检修后的残留物。

烧结风机设备紧固、保养标准见表3-13。

表3-13　烧结风机设备紧固、保养标准

部　位	内　容	标　准	周　期
齿轮联轴器	弹簧垫片检查	有弹性无变形，无积灰	一周
	螺栓紧固	无松动缺损，无积灰	
	定位销钉紧固	运行正常无磨损、破损，无积灰	
抽风机	上下盖螺栓紧固	无松动缺损，漏风，无积灰	一周
	机座螺栓紧固	无松动缺损，地座垫板齐全紧固	
	轴头泵密封检查	无渗油、漏油，无积灰	
	滑动轴承座检查	螺栓紧固，无振动，油温 <65℃	
	壳体螺栓紧固	无松动，无缺损，备件齐全，无积灰	
	密封石棉绳检查	无松动、缺损，不漏风，无积灰	
电动机	机座螺栓紧固	无松动，运转平稳，无积灰	一月
	接手螺栓紧固	销钉齐全，运转无异常	
	轴承端盖检查	无松动、磨损发热，无积灰	
	两端轴承检查	无异常，温度 <60℃	
	机体振动检查	运转无异常振动，平稳可靠，无积灰	
轴头油泵	连接螺栓紧固	无松动，无缺损，无积灰	一周
	密封端盖检查	无松动，无变形漏油，无积灰	
	机座检查	无松动，无缝隙、裂纹，无积灰	
	润滑点检查	管接头无破损松动，无漏油，无积灰	
板式油冷却器	连接螺栓紧固	无松动缺损，接头紧固，无漏油	一月
	冷却器检查	无变形，破损漏油，运转平稳，无积灰	
滑动轴承座	机座螺栓紧固	无松动，无缺损，手感无振动	一月
	垫板检查	无松动，无间隙，无位移，无积灰	
	端盖螺栓紧固	螺栓紧固、齐全，无松动缺损，无积灰	
	密封端盖检查	无渗油、漏油，无积灰	
	定位销钉检查	定位紧固，无位移松动，无积灰	
风　门	执行机构检查	无变形弯曲，无缺损，无积灰	一周
	连杆检查	无变形弯曲，无扭曲失效，无积灰	
	针摆减速机检查	地脚无松动，连接螺栓紧固，无积灰	

部　位	内　容	标　准	周　期
润滑油泵	油路阀门	无渗油、漏油，无积灰	一周
	油路压力表检查	指针灵活，无积灰	
	泵体基座螺栓紧固	无松动，运转正常，无积灰	
润滑管路	油管接头检查	无松动，无渗漏，无积灰	一周
	油管检查	无破损、漏油，无积灰	
	油管出油孔检查	无堵塞，给油畅通，无积灰	
油泵电动机	十字片检查	无磨损	一周
	电动机机座检查	无振动，运转正常，无积灰	
	电动机轴承检查	不发热，运行正常	
油泵油箱	箱体油缸检查	无破损、漏油，无积灰	一月
高位油箱	支撑架检查	无裂纹和脱焊，无积灰	一周
	箱体检查	无破损、渗油、漏油，螺栓紧固	
供水管路	水管接头检查	无松动，无渗漏，无积灰	一周
	水管检查	无堵塞，供水畅通，无破损漏水	
	各类阀门检查	手柄灵活，操作灵敏，螺栓紧固	

3.5.3　常见故障分析及处理

风机的状态检测和故障诊断是烧结风机正常运行的一项非常重要的内容，也是一门科技含量非常高的技术。为了准确、及时地掌握设备运行状态和判断风机故障，在生产实际工作中总结出一套符合烧结风机的状态检测和故障诊断方法。风机的运行状态一般通过轴承的温度、振动、设备的润滑状态、油压、风量、负压、电流、电压、功率因数、励磁电流等参数反映出来，因此要掌握风机的运行状况，就应对以上参数进行监控，特别是轴承的温度、轴承的振动、润滑状况，如果发现异常，就应仔细分析故障原因。

3.5.3.1　一般故障诊断方法

烧结风机的故障分析可分为三个步骤：第一步是调查，利用人的感觉器官初步掌握设备运行状况，排除或确认一些明显的故障源，同时了解设备故障产生的一般情况，这一步的技术要点是"摸、听、看、问"。第二步是测量，利用仪器测量出风机振动状况并作记录和储存。第三步是分析，根据上面掌握的情况，应用根据故障诊断理论在实践中摸索积累出来的方法，推断出故障原因，这一步，主要应用了"排除法"、"要因推导法"、"综合推导法"。

第一步的目的是为了了解设备故障的一般状况，并根据经验和感官对设备故障进行初步判断，为下一步对设备故障进行精密诊断打基础。通过"摸"和"听"，初步了解风机的振动和温度情况，并检查各部螺栓是否松动，听一听声音是否正常。"看"主要看三个方面的情况，看一看现场的实际状况，其中包括转子轴向窜动量的大小、轴承结合面是否有相对运动、润滑系统是否正常等；看一看仪器仪表反映的情况，如轴承温度、油压、废气温度、负压等情况；三是看一看岗位人员的记录，掌握近一段时间内的风机运行情况。"问"是问一问设备生产故障的大致时间以及采取的措施等。通过"摸、听、看、问"，利用积累的经验，就可以对风机故障进行大致的判断,并排除一些故障。

第二步测量。应用测振仪和精密诊断仪器对风机进行检测,从而对风机的振动状况进行定量测量。首先对每个轴承的三个方向用测振仪进行测振,即垂直径向、水平径向、水平轴向,分别测出它们的振动均方根值和三个主要振动的分频值,并作记录。如果有必要,还应该进行以下三种测量:一是利用开关风门,改变载荷,测量轴承在上述三个方向的振动均方根值的变化;二是利用启停风机的机会,改变转速,测量轴承在最大方向振动均方根值的变化;三是应用精密诊断仪器,对风机进行检测,其中包括振动量和相位量,以便利用计算机进行波形、频率分析、轴心轨迹分析及相位分析等。

第三步分析。这是最关键的一步,在调查和测量的基础上进行分析。根据多年总结的经验总结出一些故障和运行状态之间的对应关系,并制成了风机故障诊断对应表(见表3-14),通过第一步的调查,应用风机故障诊断对应表就可以初步判断或排除一些故障。

表 3-14 风机故障诊断对应表

故障原因	故障现象	用眼观察	询 问
转子不平衡	(1) 两瓦座振动异常 (2) 水平振动比垂直振动大	开关风门对振动影响不大	明显开始 振动时间
瓦背有间隙	两瓦座不一定同时振动,手感有"拍"的感觉	开关风门对振动有一定影响	上次检修时间
轴瓦故障	(1) 瓦温上升 (2) 振动异常	故障发生时间和开关风门时间对应	一般为突发性
轴擦瓦根	(1) 瓦温上升 (2) 轴向窜动大 (3) 负荷端振动大	开关风门对振动有一定影响	何时有摩擦异响
螺栓松动	(1) 松动部位振动大 (2) 可以直接发现	接合部位有油污、粉尘跳动	何时发现振动变大
油压过小	温度升高	压力表数据异常	何时压力低
油质改变	(1) 温度升高 (2) 振动加大	(1) 油变色 (2) 油箱底部油脏	何时油变色
冷却系统故障	(1) 温度升高 (2) 换热器温差小	油箱底部有水	何时温度高
气流紊乱	振动加大	(1) 废气温度超标 (2) 负压不稳 (3) 开关风门对振动有影响	何时振动大
启动困难	多次启动超时	启动前,观察风门是否关严,间隙是否过大	检修时间、项目等

应用风机故障诊断对应表可以比较明确排除或确认油压、油质、冷却系统以及螺栓连接松、轴擦瓦根等故障,对不平衡,瓦背间隙、瓦背故障以及气流紊乱等故障的判断有超过60%的准确率。

仅根据感觉进行诊断是远远不够的,为了精确诊断风机故障,必须应用检测仪器,其中包括一般测振仪和带计算机的精密分析仪器，对风机振动进行测量和数据采集，再根据设备故障诊断理论，应用"排除法"、"要因推导法"、"综合推导法"确认风机故障。

实际应用中，先用"排除法"排除一部分故障原因，然后用"要因推导法"判断故障。所谓"要因推导法"是指根据某种故障最明显的振动特征，结合风机故障诊断对应表推断设备故障，最后用"综合推导法"确认。例如若停机，振动立即下降，就很有可能是电器故障；若轴承振动加大、温度升高，出现衍生的二、三、四等倍频相干波形损坏，轴瓦就很有可能振坏。在"要因推导法"的基础上，结合掌握的其他情况，进行综合推导，就可以确认设备的故障。

3.5.3.2 滑动轴承润滑故障分析与处理

大型风机（转动速度不小于 1000r/min，转子直径不小于 2000mm）一般都采用动压滑动轴承。为了实现大型高速滑动轴承的润滑要求，动压轴承设计上都配备了稀油润滑系统，这种润滑系统为每个轴承提供 0.1MPa 以上的压力和足够的油量，能够满足动压轴承的润滑、承载的要求。

但是，在实际运行过程中，由于各种原因动压轴承常常出现一些润滑方面的故障，严重的甚至烧毁轴承、拉伤转子的轴颈，造成重大设备事故。因此，分析动压轴承润滑方面故障产生的机理，正确诊断设备故障，具有非常现实意义。

一般来说，动压轴承润滑方面出现的故障可分为两类：一是轴承结构缺陷造成的润滑故障、润滑系统故障；二是油质问题造成的轴承润滑不良。这两类故障在感官上都显示出温度上升、振动增加，但是其形成的机理不同，反映出来的振动特性也不同，通过对振动进行测试和分析，可以准确地诊断出设备故障产生的具体原因。

轴承本身结构缺陷往往造成润滑状况不良。由于旋转轴在轴承的油膜内转动，会把油膜带到四周，当轴的侧向间隙过大时，出现油膜蜗动，甚至出现油膜振荡。而当轴的间隙过小时，轴与轴承之间不能形成良好的油膜，出现摩碰现象，并且不能较好地散热，引起轴承振动大，温度高，严重的会造成轴承烧毁。这两种振动尽管都是由于润滑不良造成的，但是其振动特性是不相同的，反映出振动的现象也不一样。

润滑系统故障或油质问题造成的轴承润滑不良一般有以下几种情况。一种是润滑油中含水量超标。通过抽风机润滑系统图可以知道，空气中的水分可以通过油箱进入润滑油中，当油冷器出现故障，出现内泄，油路和水路相窜时，冷却水也可以进入润滑油中，造成油质乳化。当乳化油进入轴承时，润滑油不能形成良好的油楔，造成摩碰。第二种情况是润滑油中杂质含量超标。润滑油中杂质主要是指机械杂质，它一般来源于润滑系统中锈蚀、磨损的零部件、管路以及轴承摩碰产生的杂质。当润滑油中杂质含量超标，其杂质破坏形成的油膜，在轴和轴承表面产生硬性的拉伤，加快轴承的磨损。第三种情况是润滑油压力不足或油量过小，润滑油压力不足造成的效果也是轴承的油量过小。当油路中的阀门损坏、油过滤器杂质含量大或者油的黏度过大造成管路压力损失过大、喷油嘴安装不当等，都将使轴承的润滑油油量不足。如果没有足够的油量形成油膜，将造成轴与轴承之间的硬性摩碰。第四种情况是润滑油变质，润滑油的酸值超标。造成润滑油酸值超标的原因一般是使用周期过长，或者润滑油本身质量低劣。变质的润滑油不能满足动压轴承润滑的要求，因为它不能形成良好的油膜，承载能力不强，轴承振动加大，温度升高。

油膜的干摩擦，一般是由于油量不足，不能形成良好的油膜造成的，这种振动一般都是高频的，其频率一般不会是其基频的倍数。它们在频闪灯下不会出现固定的图像，类似于有缺陷的滚动轴承所产生的振动,利用这些特征就可以判断动压轴承是否存在干摩擦。出现这种情况,一般检查油路是否有故障、侧间隙是否过小,从而解决干摩擦的问题。

当润滑油中水含量超标、润滑油中杂质含量超标或润滑油酸值超标时,轴承的振动加大、温度升高,这是由于轴承出现摩碰现象产生的。这种情况下,其波形图、轴心轨迹图都比较杂乱,频谱分布也是从低频到高频都有。通过化学分析,可以得到比较正确的结论。当润滑油出现这种情况时,处理方式是换油,或添加适当的添加剂。

思 考 题

1. 风机的基本结构分哪几部分?
2. 风机的运行状态通过哪些参数反映出来?
3. 百叶窗风门机构的叶片如何组合排列?
4. 润滑系统分为哪几种?
5. 每个风机为什么要求设计高位油箱?
6. 风机转子失衡与 轴瓦损坏的表象有什么不同?
7. 大型风机一般是同步还是异步电动机,为什么?

3.6 破碎设备

烧结矿的破碎可分为一次破碎和二次破碎两个阶段。一次破碎即热破碎,采用单辊破碎机,这种破碎机安装在烧结机排矿槽的下部,主要破碎刚从烧结机上排下来的烧结矿饼,破碎后烧结矿的粒度为 100~150mm。烧结矿经冷却和一次筛分后需要进行二次破碎,二次破碎常采用双齿辊破碎机。

破碎机是烧结生产工艺的主要设备之一,其主要用途:一是破碎烧结矿,以便于筛分、整粒以及运输,以满足高炉用料粒度的需要;二是可以缓冲大块烧结矿对下道工序筛分机械的冲击,均衡烧结矿的分配。烧结矿破碎机的运行情况直接影响到烧结生产是否正常,破碎设备主要有单辊破碎机和双齿辊破碎机两种,其中单辊破碎机主要依靠辊齿与箅板之间的咬合来破碎热烧结矿,而双齿辊破碎机主要是靠两个辊齿之间的咬合来破碎冷烧结矿。

3.6.1 单辊破碎机

3.6.1.1 工作原理与功能

A 工作原理

单辊破碎机是由电动机驱动减速机的,减速机带动辊轴,辊轴上交错分布着一些辊齿,随着辊轴的转动,辊齿交错通过固定箅条的间隙处,矿块在辊齿与箅板间受剪切破碎,破碎效率高,粒度均匀,起到了破碎大块物料,便于下道工序顺利进行、均衡物料的作用。单齿辊破碎机用于破碎烧结机卸出的大块热烧结矿饼,其温度高达1000℃左右。因其长期处于高温、多尘的工作环境中,必须由耐高温、抗磨损的材料制成。为了延长其使用寿命,国内外除了选用优质材料或表面堆焊耐热、耐磨的硬化层以外,还采用了分别给单辊轴通水和给箅板通水冷却的方式以达到延长使用寿命的效果。

　　B　结构与功能

　　单辊破碎机的结构主要是由传动装置、单辊辊轴（辊齿）、辊轴给排水冷却装置、辊轴轴承支架、箅板及保险装置等组成的，其结构如图3-30所示。

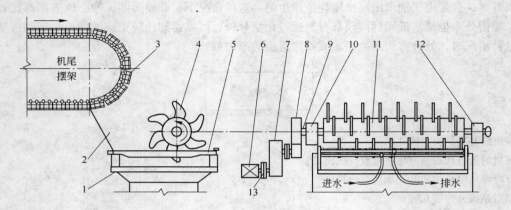

图 3-30　热矿单辊破碎机配置简图
1—水冷箅板台车；2—机下漏斗；3—烧结机台车；4—单辊齿；5—水冷箅板；
6—电动机；7—减速机；8—大开式牙；9—小开式牙；10—辊轴轴承座；
11—单辊轴；12—旋转给水接头；13—定扭矩联轴器

　　传动装置由电动机、减速机和保险装置组成。保险装置主要有定扭矩和保险销两种形式。目前采用较广泛的是定扭矩装置，当破碎机工作时，有异物进入使破碎机过负荷时，破碎机转矩超过了设定值，联轴器打滑，这时由打滑检测器测出并控制破碎机停机和设备联锁，而保险销形式则通过保险销被剪断来保护电动机和破碎机。

　　单辊轴给排水冷却装置由主轴、辊齿、轴承、给排水冷却装置组成。主轴是空心轴，以便于通水冷却，用25号碳钢或40Cr钢锻制而成，辊齿按圆周方向与主轴焊接，辊齿端都可以堆焊抗高温耐磨层，也可镶齿冠，以提高辊齿使用寿命。

　　箅板近几年多采用活动形式，即将其搁置于移动检修台车框架的限位槽内，便于检修或更换箅板。箅板又可分为水冷形式和保护套形式两种。水冷箅板制成单根式，中间通水冷却。保护套箅板上不套耐磨、耐热铸造保护帽，保护套可调头，可更换。

　　a　齿形特点

　　合理地选择齿形有助于物料的破碎效果。齿形与齿布置的有机匹配对物料的破碎效果、降低能耗、减少齿的磨损有着重要意义。物料的破碎方式取决于齿的形状。齿形的选择直接影响破碎效率、能量消耗及磨损程度。齿的形状多种多样，不同的齿形使物料产生破碎的机制不完全相同，下面对几种有代表性的齿形进行讨论。

　　（1）圆柱形齿。该种齿形的头部为球形，其头部接触物料而使物料破碎，齿压入物料的过程中，物料的裂隙首先发生在球体与物料接触的四周边缘，边缘的裂隙延伸到物料的深处。由于球体底部的物料处于多向压缩状态，其抗剪切强度提高，故裂隙向深度伸展受到阻碍，进一步加大载荷，球体底部的极限区迅速发展，并对周围未产生裂隙的物料产生压力，最终导致整个物料的破解和崩离。球体对物料的破碎主要是拉应力，而不是压应力与剪应力。

　　（2）五棱形齿。该种齿形实质上是锐形齿对物料产生破碎，锐形齿压入物料，当载荷很小时尖棱底部的物料就出现了极限状态。从破碎开始，齿棱将产生弹性变形，同时尖棱与物料的接触面积迅速增大，然后压皱。压皱后期，表层产生第一循环的压碎，齿棱压入物料至一定深度，再进一步是齿将产生第一循环所产生的破碎物压密，这压密过程，称为中间循环的压皱和压碎。中间循环一直延续到齿压入物料并完全被物料夹持，此后压实体迅速传递变形，直至发生压碎的最后环节。所以，锐形齿破碎物料，是压皱和压碎共同作用的结果，是齿在受夹持条件下，有压皱、压碎以及发生大体积剪切的过程。

（3）四棱形齿。该种齿形在破碎时，是两棱的平面接触物料并施力破碎物料，施力一开始产生弱性变形，然后从接触的轮廓线开始出现裂隙，在棱边缘外的裂隙首先出现，且发展快，在棱齿下部的裂隙是沿着最大剪切应力面的方向发展。随着载荷的增大，这两组裂隙向深度延伸，由于细小裂纹的产生，在齿面下形成一个粉碎区（即压实核），最终达到极限状态，物料产生破碎。在单颗粒物料的压碎裂试验中，该种齿形一次能把物料破碎成 3~4 块，破碎效果比较好。

b 齿形排列

齿形排列方案对破碎效果影响很大。齿形的合理排列，可以减少物料的重复破碎、降低能耗、使机器负荷均匀等。下面将对齿形排列方案进行讨论。

（1）均布型排列。排列布置的展开图如图 3-31 所示，该种排列使轴的受力均匀，不会出现偏载现象，另外，排与排的间距为合格产品粒度尺寸，它可使合格产品顺利排出机外而避免受再次破碎，但这样排列，齿数较多，装拆不方便，在转速相同的情况下，单位时间破碎点多，齿的寿命会降低。

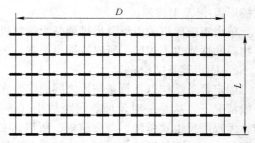

图 3-31 均布型齿布置
—表示齿的位置；L—给料口长度；
D—辊子直径

（2）齿差型排列。排列布置的展开图如图 3-32 所示，该种布置方案，齿数较少，装拆工作量少，而且整机的成本有所下降，齿与齿的间距较大，有跑粗的可能性。但当转速调整合理时，从理论上讲不能跑粗，这是因为在两齿之间的大块没有足够的时间排出机外，就被后面的齿破碎了。这种布置方式，同时参加破碎的齿数不可能保持恒定，故轴上的载荷不均匀，呈周期性变化。

（3）跟进型排列。排列布置的展开图如图 3-33 所示，该种布置能更好地发挥每个齿的作用，兼有上两种齿的优点。由于齿的布置是有规律的，在转速一定的条件下，齿与齿的间隙也是相对稳定的，这给大块物料跑粗排矿创造了可能性。

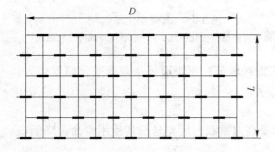

图 3-32 齿差型齿布置

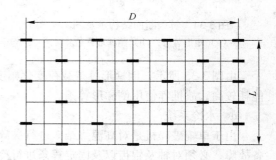

图 3-33 跟进型齿布置

齿与齿形排列是独立的两部分，又是一个有机的联系体，互不可缺，只有齿形选择得好、齿排列得合理，才能使机构达到最佳工作状态，输出最佳工作参数。

由于齿形与齿布置的研究没有成熟的理论和有价值的实验可供参考，所以必须在一定的理论指导下进行全面的实践探索。为此，有关专家把齿形与齿形排列组合成多种匹配方式分别实验，得出如下结论：

（1）在齿形方面，由实验数据可知，五棱形齿破碎物料消耗的功率较小，圆柱形齿次之，这和前面的分析基本吻合。

（2）在齿排列方面，齿差排列较均匀，排列和跟进排列消耗的功率小，这说明齿的排列对能量消耗是有影响的。

（3）从破碎效果看，五棱形齿-齿差型排列效果最好，其金属单耗和单位功率综合指标明显优于其他齿形和排列，所以通过实验综合评价，在今后单辊破碎机齿辊设计中，应优先选用五棱形齿-齿差型排列。

单齿辊破碎机的齿形及齿排列是影响整机性能的关键参数，由于破碎机所处工况各异、破碎物料的性质也不相同，所以效果也不同。

c　固定箅条结构

固定箅条结构以及箅条与齿之间的间距大小决定着破碎质量的好坏与箅条寿命的长短。在一般情况下，这是一对矛盾。间距越小（一定范围内），破碎质量越好，破碎的烧结矿越均匀，齿辊磨损也就越快，寿命越短，所以，必须使用特殊抗磨材料，这就增加了成本。相反，间距越大，破碎效果越差，但是其使用寿命较长。除了间距大小之外，箅条断面形状与破碎能耗也有一定关系。箅条断面结构如图 3-34 所示。

一般工厂企业用的单辊破碎机的固定箅条断面结构有两种：（1）矩形箅条；（2）倒梯形箅条。采用矩形箅条时，破碎承受载荷逐渐增大，达到一定值时候突然卸荷，直至为零，两者承载情况见图 3-35。

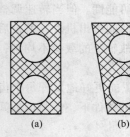

图 3-34　箅条断面结构示意图
（a）矩形箅条；（b）倒梯形箅条

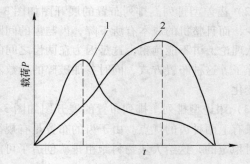

图 3-35　载荷变化图
1—倒梯形箅条载荷变化曲线；2—矩形箅条载荷变化曲线

由图 3-35 所示，倒梯形箅条载荷变化幅度小，能耗较低，而矩形箅条载荷变化幅度较大，能耗较高，故推荐使用倒梯形箅条。

d　水冷系统

由于单辊破碎机是对高温烧结矿进行破碎，承受高温重载，故要延长其使用寿命，降低设备故障，必须对轴及辊齿以及固定箅条进行冷却。

筒体轴的冷却方式是将轴制成中空的空心轴，一端通水，再由另一端返回，辊齿的冷却方式也是将辊齿做成中空形式，通过轴的冷却水延伸至空心辊齿进行冷却。

固定算条的冷却方式是将算条做成中空的，一端通水，再由另一端按原路返回进行冷却。随着算条的逐渐磨损，其壁厚逐渐磨薄，若强度不够时，就会发生突然脆断，造成事故，故对固定算条应定期检查，及时更换。

C 规格及性能

剪切式单辊破碎机的破碎效率高、处理能力大，破碎的烧结矿粒度均匀、粉碎少，设备结构简单、重量轻、故障少，特别是能适应在环境差、温度高的条件下工作，但辊齿易磨损，齿板及算板寿命较短，需经常更换。武钢烧结厂的5个烧结车间的单辊破碎设备各种性能见表3-15。

表 3-15 武钢烧结厂单辊破碎机性能参数

区域 性能参数	一烧	二烧	三烧	四烧	五烧
规格/mm×mm	2400×5120	2400×4800	2400×4340	2400×5120	2400×5120
形 式	剪切式	剪切式	剪切式	剪切式	剪切式
齿 数	3×14（排）	3×16（排）	3×14（排）	3×14（排）	3×14（排）
转速/r·min⁻¹	8.48	6.3	6.26	8.48	8.66
生产能力/t·h⁻¹	1223	784	300	1150	1323
固定算条	17 排	17 排	15 排	17 排	17 排
算条间隙/mm	190	170	180	170	170
电动机功率/kW	200	200	200	200	200
电动机转速/r·min⁻¹	735	985	735	735	735
电动机型号	YKK450-8	YKK450-6A	YKK450-8	YKK450-8	YKK450-8

3.6.1.2 操作规则与使用维护要求

A 操作规则

（1）接到生产指令，详细检查设备本体，牙冠、轴承座的螺丝是否齐全、紧固、润滑良好、漏斗畅通。

（2）检查确认无误，合好紧停开关，选择开关置于自动位置。

（3）设备运转正常后，报告中控室，电除尘不转时，不能生产。

（4）带负荷停机后，必须确认下岗位已运转，本岗位方能非联锁启动设备。

（5）各紧固螺栓的固结情况应定期检查，发现松动时立刻拧紧。

（6）随时注意观察各润滑点的给油情况，密封点的密封情况，冷却水的水流、水压、水温等情况。注意排除各种障碍物。

（7）辊轴、水冷式算板、轴承的冷却水供水量均可通过供水闸门进行调节。调节水量以供、排水温差 $\Delta t = 4 \sim 5℃$ 为合适（在热负荷情况下，即正常生产时）。

（8）岗位巡检，随时观察烧结机生产和卸料情况，保证下料畅通。

（9）单辊机因故短期停机时，一般不停冷却水。当破碎机需长时间停机时，则需待机内烧结矿已卸空并且残存的矿冷却到符合要求的温度后，才能停止供水。

（10）单辊溜槽堵大块，捅料困难时，必须先通知电除尘关风门，然后打水急冷烧结矿，捅出大块。

（11）漏斗堵时，先敲打下部漏斗，若无效，可在捅料口用大锤将铁钎打入漏斗内，再上下活动铁钎，并将水管插入捅料口冲料，同时通知双层卸灰阀放灰。

（12）漏斗中堵有铁块或箅子处理不了时，应及时报告班长，采取措施，排除故障。

（13）单辊冷却水突然断水时应立即停机处理。

B　单辊破碎机的检查维护

（1）运转中的注意事项：

1）单辊破碎机为剪切式破碎，所有烧结矿必须通过星轮剪切后，从箅板缝中排出，故不许烧成熔融烧结矿，以免星轮及箅板产生严重黏结而形成卡料事故，要严格控制烧结终点温度，机尾不应有堆料现象。

2）保证冷却水不断供应，压力一般保持在 0.1～0.2MPa。

3）单辊水冷辊与辊轴端温度在50℃以下，要定期检查与清除水冷轴承通水管中的水垢。

4）岗位上的电动机温度不应超过65℃，轴承温度不超过60℃。

5）要经常检查衬板与齿冠磨损情况，当表面磨损量达到50mm左右时应予以更换。

6）当衬板与齿冠及清扫器有松动变形或磨损严重时，应立即停车更换处理，以免形成卡料事故。

7）更换齿冠时必须拧紧螺栓，然后试用一个班后重新紧固，最后把螺钉尾部螺母焊死。

8）更换衬板后检查螺栓是否拧紧，箅板上是否有异物遗留，否则不准开机。

9）发现烧结矿粉末过多或固定碳过高应向烧结机工及时反映。

10）发现马鞍漏斗、单辊箱内堵塞后，要用工具捅，不要打水，以免设备变形。

（2）停车后的维护：

1）要检查锤头是否松动，并设法紧固，若已松动并且磨损严重，应坚持更换。

2）检查更换开式齿轮的润滑油（4～6个月一次）。

3）检查单辊水冷系统，以确保管路畅通不堵。

4）检查并紧固电动机、减速机的地脚螺栓，并搞好环境卫生，以确保电动机、减速机完好。

3.6.1.3　单辊破碎机常见故障分析及处理

单辊破碎机常见故障、原因及处理方法见表3-16。

表 3-16　单辊破碎机常见故障、原因及处理方法

故　障	原　　因	处 理 方 法
定扭矩联轴器打滑	齿冠松动偏斜断裂，铁块卡住单辊或烧结矿堆积过多，衬板断裂而偏斜	紧固或更换齿轮，处理障碍物或更换衬板
轴瓦温度高	轴瓦缺油，冷却水量小或断水	加油，处理冷却水，检查水压、水质及管道
单辊窜动严重	负荷不均匀、不水平，止推轴瓦失效	检查轴的水平或更换轴瓦
开式齿轮轴承发热	轴瓦缺油，固定轴套或张紧装置松，撬端盖，轴承不进油，油路不畅，轴颈中心不正	加油，紧固轴套或张紧装置，清洗轴承，检查轴瓦孔，畅通油路，重新找正
齿辊轴产生跳动	齿辊轴承座螺栓松，齿辊轴轴承配合不良	拧紧，研制修理
减速机发热、振动、跳动	油少或油质差，负荷过重，地脚螺栓松，轮齿磨损或折断	加油或换油，清除部分物料，找正后把紧，检查更换

故　障	原　因	处 理 方 法
马鞍漏斗堵塞	烧结机碰撞间隙大，马鞍漏斗衬板变形，大块卡死	调整烧结机碰撞间隙，处理马鞍漏斗变形或勤捅漏斗
机尾簸箕堆料	过烧粘炉箅子，清扫器磨损，未及时处理积料	严格控制烧结终点，检查补焊或更换清扫器或及时清理积料
单辊箱体连接螺丝断裂	前后壁变形	更换螺栓，检查箱体前后壁
算板在台车上振动	算板在台车上没有卡住	重新固定
台车发生振动	台车在前后支座上搁置不平	重新调整放置

3.6.2　双齿辊破碎机

3.6.2.1　工作原理与功能

A　工作原理

双齿辊破碎机主要用于冷烧结矿的破碎。冷却后的烧结矿通过一次筛分，筛出大于50mm的烧结矿，再通过双齿辊破碎机破碎，其目的是控制烧结矿入炉粒度，为高炉提供粒度均匀的烧结矿。

电动机的动力通过安装在其轴上的定扭矩皮带轮，经过三角皮带传递给减速机的输入轴，再经过减速机和联轴器驱动固定辊转动，通过安装在固定辊端头的连板齿轮箱中的连接，使活动辊（可水平移动，用于调辊轴之间的间隙）与之作相反同步旋转。当物料经过料斗进入两辊之间时，由于辊子作相反旋转，在摩擦力和重力作用下，物料由两辊之间的齿圈咬入破碎腔中，在冲击、挤压的磨削作用下而破碎，破碎后的成品矿自下部料斗口排出，见图3-36，从而

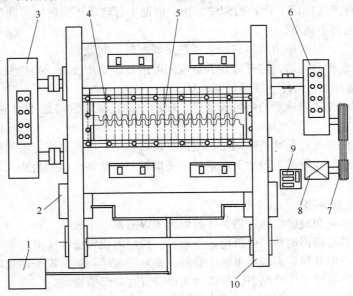

图 3-36　冷矿双齿辊破碎机结构示意图

1—液压系统；2—液压缸；3—连板齿轮箱（同步器）；4—固定辊；5—活动辊；
6—传动装置；7—三角皮带；8—电动机；9—速度检测器；10—架体

实现破碎物料的功能。三角皮带的松紧程度是通过调整电动机与底座之间的调整座来实现的。定扭矩皮带轮是为保护设备而设置的,当机器在工作中出现异常情况,如硬块卡在两齿辊中,而速度检测器又未起作用时,定扭矩皮带轮产生打滑,从而起到安全保护作用。

　　B　结构与功能

　　a　液压系统

破碎机正常工作时,油泵电动机处于停止状态,电磁换向阀为开启状态,辊间距保持不变。调整辊间隙或排出大块硬物时,先启动油泵电动机,油泵工作,关闭电磁换向阀,使液压系统向储能器供高压油,用以压缩储能器中的氮气,使传动辊在底机架中向水平移动,使齿辊之间空隙增长,此时可加入间隙调整垫块或排出齿间大块异物。注意取杂物时,应关严手动回油阀,防止突然停电,电磁阀回油。大块硬物尺寸过大,若卡在齿辊中,超过活动辊移动距离140~160mm时,触及安装在两侧的极限开关,油泵停止工作,从而保护设备。

　　b　功能

冷矿破碎机是强制排料、破碎大块烧结矿的设备,也是在伴有冲击、振动负荷的苛刻条件下工作的机械设备。目前国内外在冷烧结矿破碎中,几乎都采用双齿辊破碎机,这是因为双齿辊破碎机与其他类型破碎机相比,具有如下的优点:

　　(1)结构简单、重量轻、投资少。

　　(2)破碎过程的粉化率低,产品多为立方体状,成品率高。

　　(3)破碎能量消耗小。

　　(4)工作可靠、故障少、维护使用操作方便。

　　(5)自动化水平较高,可自动排除故障。

3.6.2.2　双齿辊破碎机间隙调整方法和维护

　　A　间隙调整方法

　　(1)两辊平行度(间隙一致)的调整方法,借助平行联动机构的同步调整运动来完成。

　　(2)辊间间隙大小调整:

　　1)先打开氮气,具有压力后再启动液压泵来调整辊子间隙。

　　2)液压泵电动机启动后,打开需要调整辊间隙的液压螺旋开关,当达到需要的辊间隙时,应先关闭液压螺旋开关,再停止液压泵电动机。

　　3)通过液压调整达到满意的出料粒度后,应用手动定位装置将辊子固定,从而起到双重保险的作用。

　　4)手动定位位置通过手动调整蜗轮,使推杆前后移动,以达到固定辊间隙的目的。

　　5)当液压调整后,用扳手转动手动蜗轮,使推杆与活动轴承接触为止。

　　B　检查维护

　　(1)运转中注意事项:

　　1)非破碎物体应在破碎物料进到料斗前取出,以防发生事故。

　　2)设备运转正常后再给料,停机前停止给料,待辊内物料全部排出后才可停机。

　　3)为提高生产率及保护齿辊尽可能少磨损,必须使破碎物料沿辊子轴线均匀分布。

　　4)严禁在氮气系统工作情况下,用手动定位装置直接调整辊隙。

　　5)经常注意氮气瓶的压力情况,检查氮气是否泄漏(用肥皂水检查氮、液系统连接部位有无渗漏现象)。

　　6)经常注意液压缸压力情况,以保证齿辊有足够的压力(一般氮气压力控制在7~8MPa,

液压控制在 9.5~11MPa）。

7）设备轴承座定期加油，轴承最高温度不允许超过65℃。

8）在冬季，液压站和干油泵的室温必须保持在10℃以上，以防止润滑油冻结。

9）辊子被大块物料挤住，或有金属物进入辊内，应停机处理，不得在运转中用手搬或用钩子钩，停机处理要通知集中控制室，得到允许后要切断事故开关。

（2）停机后维护：

1）检查各类连接与紧固用的螺栓是否松动，如有异常应及时紧固。

2）检查齿辊表面堆焊的一层高硬度耐磨合金是否磨损严重，若有局部磨损可进行小面积修补，必要时全套更换齿辊。

3）检查辊子颈处密封，如发现密封圈失效，应及时更换，防止矿粉进入轴承发生研磨而损坏轴承。

4）检查氮气、液压缸装置及润滑管道是否泄漏，若泄漏要及时处理。

5）设备本身必须经常保持清洁，停机后必须扫除灰尘，清理机旁积料，露出设备本色。

思 考 题

1. 单辊破碎机齿形有哪几种，各有什么特点？
2. 单辊破碎机齿布置有哪几种，各有什么特点？
3. 单辊破碎机是采用什么措施保护传动机构的？
4. 单辊破碎机日常维护应注意哪些问题？
5. 单辊破碎机常见故障有哪些及如何处理？
6. 双齿辊破碎机和单辊破碎机有什么区别？

3.7 冷却设备

3.7.1 概述

从烧结机卸下的烧结矿平均温度达750℃左右，直接进入高炉冶炼，会使烧结矿的运矿设备、高炉矿槽、称量车和炉顶设备使用寿命降低，同时也使劳动环境恶化。冷却机可使烧结矿温度冷却到150℃以下。冷矿进入高炉冶炼，除能克服上述缺点外，还能使高炉降低焦比，提高高炉使用系数。因此，尽管烧结矿冷却需用较大的冷却设备，但国内外在新建的烧结机中都采用了冷却设备，这样，冷却下来的烧结矿可以直接用胶带运往高炉进行冶炼。

通常烧结矿冷却采用强制通风冷却方式，采用的设备有带式冷却机、环式冷却机和烧结机上冷却等多种结构形式，其中，带式和环式冷却机是比较成熟的冷却设备，在国内外都获得了广泛的应用。

带式冷却机和环式冷却机均有较好的冷却效果，两者相比，带式冷却机的优点是：

（1）冷却过程中同时起到运输作用。

（2）对于两台以上烧结机的厂房，工艺上便于布置。

（3）台车是矩形，易于布料均匀。

（4）台车卸料时，翻转180°，有利于清理台车算板的堵料等；台车与密封罩之间的密封结构简单。

带式冷却机的缺点是空车行程台车数量较多，占一半以上，故设备重量大，与相同处理能力的环式冷却机相比，约重四分之一。环式冷却机台车利用率高，是大型烧结机的首选，缺点是起不到运输烧结矿的作用，多台布置比较困难。

从通风方式来说，带式冷却机和环式冷却机又都有鼓风冷却和抽风冷却两种，但自从20世纪70年代以来，由于鼓风冷却机具有突出的优点，特别是随着烧结机的大型化，冷却机的规格也相应地增大，结构更加完善，从而更加显出鼓风冷却的优点，因此，近年来，鼓风冷却在国内外得到了大力发展，成为当前冷却设备的发展趋势。鼓风冷却的优点主要有：

（1）冷却效果好，对环境污染少。鼓风冷却具有料层厚、冷却时间长，烧结矿与冷风能充分进行热交换，因此，产生的粉尘少。大块烧结矿也能得到充分冷却。

（2）设备费和经营费低。鼓风冷却机的冷却面积与烧结面积之比约为1，因此，单位面积处理量大，在相同的处理能力时，冷却面积大为减少，故设备重量轻，投资省，同时所需的冷却风量也较低。由于风机的空气是常温，从而避免了粉尘对风机的磨损和高温对风机的影响。风机叶轮材料不必用昂贵的耐热合金或笨重的铸钢，而且风机叶轮寿命也得到提高。风机轴承的润滑方式简单，热量测量方便。风机启动容易，因为风机在常温启动，电动机不需要过多的富余容量，功率因素高，装机容量相应地减少。鼓风冷却比较容易实现密封，因为密封处是冷风，所以用普通橡胶代替抽风冷却使用的耐热橡胶，并且使用寿命提高。同时，端部密封也比较简单，漏风率大大减少。

（3）鼓风冷却机可以对鼓出的废气余热进行回收，发展废气回收利用技术。

机上冷却技术在20世纪50年代初问世，是美国和苏联研制出来的，但由于当时一些技术问题和经济问题未及时解决，导致机上冷却工艺发展缓慢。进入70年代中后期，机上冷却开始积极推广。国内水钢烧结厂和首钢二烧，均采用了机上冷却工艺。

实践生产表明，机上冷却工艺是可行的，其具有如下优点：

（1）工艺流程构造简单，工艺布置紧凑。

（2）设备构造简单，检修工作量少，易于操作。

（3）烧结矿成品率高，返矿量少，耗碳量低。

（4）烧结矿强度好，FeO含量低，厂区环境得到改善。

机上冷却设备实际上是延长了烧结机。将烧结机延长的部分作为冷却段，并增设冷却抽风机以增大烧结机主抽风机功率，因此，机上冷却具有电耗高，基建投资大，对原料的适应性差，操作条件受到一定限制，烧结机台车炉箅条消耗量大等弱点，使机上冷却工艺发展缓慢，还需要进一步完善。

3.7.2　带式冷却机

3.7.2.1　工作原理与功能

A　工作原理

带式冷却机主要由链条、台车、传动装置、拉紧装置、托辊组、密封装置和风机组成。台车通过螺栓固定在链条上，链条拖着台车在托辊上缓慢运行，台车底部设有透风的箅条，四周采用橡胶密封，端部采用扇形密封板装置。冷空气由台车底部箅条缝隙进入，通过热烧结矿进行热交换，使烧结矿得以冷却。带式冷却机多采用鼓风式冷却方式，成倾角向上安装，使上下平面的链条在重力作用下全部拉紧，以确保台车运行平稳，见图3-37。

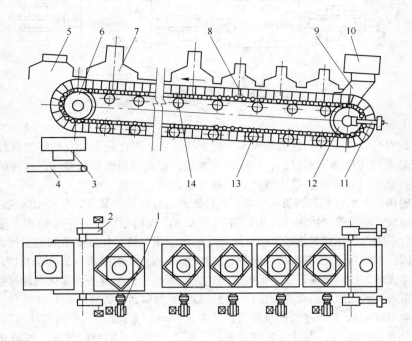

图 3-37　带式冷却机结构示意图

1—鼓风机系统；2—驱动机构；3—下料斗；4—成品皮带机；5—机头除尘罩；
6—头部链轮；7—烟罩烟窗；8—链节；9—给矿斗；10—单辊破碎下料；
11—张紧装置；12—尾部链轮；13—下支撑托辊；14—上支撑托辊

B　主要部件结构

（1）台车。台车是烧结矿的承载机构，是由普通碳素钢焊接而成，成框架结构。因此具有结构简单、加工方便、造价低等优点。

算板采用多块式结构，即每个台车的算板由多块相同的算板组成，每块算板单独制造，通过螺栓固定在台车框架上，这样既利于加工制造，也利于算板检修。算板主要结构有两种形式：一种采用钢板冲压组成。为了防止算板变形而在算板下部焊上加强筋板，这种算板由于装料底部平整，容易清扫堵塞算板的堵料，故算板通风性好。另一种是采用扁钢制成百叶式算板，通风缝隙为 4~10mm，倾角为 20°~35°。这种算板制造简单，刚性好，透风面积大，但算板缝隙不易清扫堵料。对于抽风式带式冷却机，为了防止散料从台车板缝隙中散落，往往在算板下面设有网格约 12mm 的筛网。

台车侧面设计扇形板，用螺栓与台车进行连接或直接焊接在台车车体上，在台车运行过程中，覆盖台车与台车端面之间的缝隙，既可以减少风量损失，提高烧结矿的冷却效果，又避免台车漏料。

台车两侧扇形板之间设三角梁，其作用是支撑两侧的扇形板，防止变形，更重要的是覆盖两台车之间的缝隙，防止料进入台车间夹帮，损坏台车。

（2）牵引和支承装置。链条是带式冷却机的牵引装置，工作中拖着台车运行。带冷链板广泛采用 16Mn 或 35CrMo 等合金钢板焊接成箱体形（图 3-38），链条上部焊有座子，用筋板加

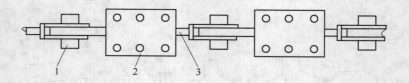

图 3-38　带式冷却机某链条示意图
1—销轴；2—链板；3—链节

固，台车两端安装在座子上，链条与台车通过螺栓连接。因此链条具有较好的抗拉强度及耐磨性。套筒和轴采用优质碳素钢锻造，并进行热处理，以提高强度和耐磨性，这种链条具有工作可靠，使用寿命长，日常维护量少等特点，具有很大的优越性。

支承托辊用于支承台车和链条的重量，也是链条运行的导回装置，托辊由滚轮、销轴、止推轴承和支架组成。辊轮等用铸钢件，表面进行淬火，以提高耐磨性。托辊轴承采用带止推的轴承，以提高台车跑偏对托辊负重的影响，提高托辊的使用寿命。托辊安装间隙根据设备的结构而定，上平面因台车布料后负荷较大，托辊承受较大的载荷，平均距离约为台车长度的 0.6 倍，回车道面因台车无料，托辊负荷轻，距离可适当加大。为避免台车链条连接处间隙接触托辊时，阻力集中，回车道托辊间隙应避免取连接尺寸的倍数，一般取台车长度的 1.1～1.6 倍，比如某带冷机台车长度为 1000mm，则上平面托辊距离设计为 600mm，回车道托辊距离设计为 1200mm。

滚轮采用单辊缘形式，轮缘安装在链条的外侧，作为链条的导向装置，可防止台车过度跑偏，便于更换。

（3）传动和拉紧装置。带式冷却机的传动装置多采用柔性传动装置，由无级调速电动机、联轴器、柔性传动装置和链轮组成。柔性传动装置运行稳定，扭力杆可实现监护预警保护，提高设备保护性能，国内先进的带式冷却机基本采用柔性传动装置。带式冷却机传动装置设置五道保护屏障，即电动机电流过载保护、定扭矩联轴器尼龙棒过载剪切保护、定扭矩联轴器摩擦片过载保护、柔性传动挂箱极限位保护及扭力杆过载保护，为带式冷却机提供了稳定的保护平台。为了使设备结构不过大，同时也要确保设备的运行比较稳定，因此，国内外链轮齿数普遍采用 10 个，设计上一般应使链轮齿数与台车个数保持非倍数比，以便台车和链轮齿交错啮合，均匀磨损，减少冲击载荷。而且轮齿和轮壳分开制造，通过配合螺栓连在一起，既可以降低设备的制造费用，也便于更换。

带式冷却机尾部装置设拉紧装置，以调节链节的张紧程度。拉紧装置采用计电开关进行高低压自动控制，调节尾部的拉紧力，尾部液压推杆装置具有升缩功能，以确保带式冷却机受力稳定；过载缓冲保护，采用丝杠进行调节定位。

（4）密封和散料处理装置。为了提高冷却效果和改善操作环境，所有台车上部都设置罩子，下部设计动静密封装置，普遍采用橡胶板，风箱上设计 L 形密封槽（图 3-39）。当台车运行时，风箱处静密封板与台车接触，台车上动密封板沿风箱上 L 槽运动，形成一个双层密封，以提高密封效果。密封板通常采用硅橡胶，具有高耐磨性及抗高温特点。

散料收集遍及整个冷却机，在头尾星轮处安装散料漏斗，台车回车道范围设计收集溜槽，以收集台车算板间隙落下的散料，溜槽下设计刮板拉链机或皮带，根据溜槽的存料情况进行连续或间隙运行。

C　技术性能参数

带式冷却机的产量与料层厚度和所需冷却时间有关，可采用下式计算：

$$Q = \frac{Fh\gamma}{t} \tag{3-3}$$

式中 Q——冷却机产量，t/h；

   F——有效冷却面积，m²；

   h——料层厚度，m；

   γ——烧结矿堆密度，t/m³；

   t——冷却时间，min。

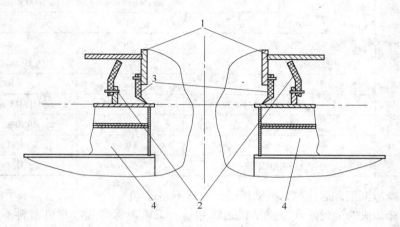

图 3-39 风箱密封装置

1—台车；2—静密封板；3—动密封板；4—风箱

带式冷却机的驱动功率可用下式计算：

$$N = \left[\mu_1 L_1 (7.2VW + Q) + QH + 3.6V\mu_2 L_2 \right] \eta / 270 \tag{3-4}$$

式中 N——实际驱动功率，kW；

   μ_1——静摩擦系数，一般取 $\mu_1 = 0.14$；

   L_1——冷却机水平投影距离，m；

   L_2——冷却机垂直投影距离，m；

   V——冷却机水平运行速度，m/min；

   W——冷却机台车单位长度重量，kg/m；

   H——冷却机提升高度，m；

   μ_2——动摩擦系数，一般取 $\mu_2 = 0.12$；

   Q——冷却机产量，t/h；

   η——驱动机构效率。

带式冷却机技术参数见表 3-17。

3.7.2.2 操作规则与使用维护要求

A 操作规则

（1）启动设备前，检查冷却机设备状态是否良好，确保冷却机内无人和障碍物，润滑状态应良好。启动冷却机前，先启动至少 2 台风机，优先启动 1 号鼓风机，否则，冷却机不能启动。

表 3-17　某厂 326m² 带式冷却机技术参数

名　　称		单　位	技 术 参 数
带式冷却机	有效冷却　长　度	m	93.17
	面　积	m²	326
	速　度	m/min	0.1～1.61
	倾斜角度	(°)	3.5
	台　车　规　格	mm×mm×mm	1000×3500×1500
	数　量	台	220
	生产能力	t/h	620
柔性传动	型　号		CHL18-560-1.2
	中心距	mm	2000
	初级减速机型号		H1SH3（i=28）
电动机	型　号		YPBFE225M-6
	功　率	kW	30×2
	调速范围	r/min	323～970

（2）带式冷却机正常运行时，电动机运行电流不超过 70A。

（3）带式冷却机的运行速度与烧结机运转相适应，以确保带式冷却机布料不超过台车上边沿。

（4）合理控制带式冷却机风机运行，以确保经带式冷却机冷却后的烧结矿表面温度低于150℃，没有红料。

（5）不跑空台车。

（6）自动运行时，无特殊情况，不准单停。

（7）带式冷却机需要停机时，报告中控室，由中控负责停机，紧急状态可通过现场急停停机。

　B　使用维护

（1）带式冷却机维护必须保持各润滑点有油，链条上有油，严格执行加油标准，定期进行油脂化验，确保油脂清洁，以提高设备的使用寿命，减少台车的运行阻力，见表 3-18。

表 3-18　带式冷却机润滑

给油部位	润滑方式代码	润滑剂牌号 国产 夏	润滑剂牌号 国产 冬	润滑点数	第一次加入量	补油量	补油	换油
轴承	CML	高温压延脂 2 号		6	3	1	7 天	12 月
	HL	高温压延脂 1 号						
柔性传动	OB	460 号机械油		3	450	30	1 月	12 月
链节	HL	100 号机械油（废）		—	—	0.5	8h	—
托辊	HL	高温压延脂		440	220	0.1	2 周	—

注：CML—电动干油站；OB—油池；HL—手动。

（2）应注意观察链条的跑偏情况，严重时应及时调整。

（3）应检查回车道尾部星轮处台车积料情况，如发现积料，应立即停机处理，避免台车夹料。

（4）应检查台车链条连接处螺栓情况，确保螺栓无松动。

（5）头尾轮横向中心线与机体中线不重合度至少每两年测量一次。

（6）柔性传动必须每两年测试和调整一次。

（7）台车托辊根据链节运行进行调整。每次的调整必须做好记录。

（8）严格执行点检标准（见表3-19），按周期进行点检；若发现问题，应立即联系处理。

（9）随时对链节的张紧程度进行调整，严格关注制动器的张紧程度，随时调整。

表3-19　带式冷却机点检标准

点检部位	点检项目	点检方法	点检基准	点检周期
电动机	温　度	测　量	<65℃	1 天
	运　行	耳　听	平稳、无杂声	1 天
	联轴器	观　察	紧固、齐全	1 天
柔性传动	油　位	看油标	油位中线	2 周
	齿轮啮合	观察、耳听	平稳、无杂声	1 天
	轴承温度	测　量	<65℃	1 天
	接手螺栓	观　察	紧固、齐全	1 天
头尾轮	轴承温度	测　量	<65℃	1 天
	啮合链节	观　察	平稳、不卡链节	1 天
	润　滑	观　察	轴承有油	1 天
台　车	运　行	观　察	平　稳	1 天
	箅板筛网	观　察	齐全、不漏大块	1 天
	链节及润滑	观　察	不跑偏、链节有油	1 天
防尘罩	台车两边密封胶皮	观　察	齐全、紧固完整	1 天
	机头、尾密封板	观　察	不刮料、齐全	1 天

3.7.2.3　常见故障分析及处理

（1）带式冷却机跑偏是比较常见的故障。所谓台车跑偏，多是指台车在运行过程中，一边的台车链条与托辊边缘接触，而另一边的链条与托辊边缘有一定的距离。带式冷却机跑偏减小了托辊的使用寿命，增加了链节的磨损。引起台车跑偏的因素很多，常见的因素是尾部拉紧装置两侧拉紧不一致或台车两侧的托辊高度及托辊摆放方向造成两侧链条受力不均。托辊调节的方法如下：

1）观察台车跑偏的部位。由于带式冷却机设计有一个向上的爬坡，链条在上平面及回车道平面链条受重力作用拉紧，先要确定台车运行时跑偏的区域，判断需调节托辊的区域，由于托辊有很多组，台车在哪一区域跑偏，就调节哪一区域的托辊。

2）托辊调节方法有两种，即托辊加垫法及托辊调向法。托辊加垫法就是在边缘摩擦的面加垫，使这侧台车提高，利用台车自身的重力分力，调整台车向低处跑偏，使台车走正。托辊调向法是现场常用的调节跑偏的方法，站在台车跑偏的点，从台车运动的方向观察，对车轮外缘沿着台车运行的方向进行一定角度的侧向调整，使托辊对链条产生一个侧向运行分力，从而调整链条向对面运行，一般调节幅度为15°左右，为了避免单组托辊受力，需同时调节3~5组托辊，同时沿相反的方向调节对面侧托辊，使托辊形成平行四边形框架。托辊调节时，应避免八字形托辊出现，八字阵形会造成托辊受力加剧，降低托辊的使用寿命。

（2）带式冷却机链条松紧不适宜。带式冷却机回车道链条松紧对回车道的运行有很大的影响，当回车道链条过松时，链条会出现掉链或台车在尾部形成拖链，使台车运行出现短暂停滞，而后突然加速运行。台车运行速度波动，易造成台车在回车道形成局部拱形，引起台车链条连接螺栓受力松动、台车墙板受力墙板变形等缺陷，加剧链条销轴的磨损，严重时造成链条拉断。链条太紧，易造成链条受力加大，严重时可造成链条受力断裂，引起重大事故。链条的松紧通过台车运行状态及尾部星轮接触情况进行判断。由于链条连接轴在长期的运行过程中会产生磨损，因此，链条松紧要定期进行观察，一般每半年要对链条进行一次调整。带式冷却机链条通过尾部拉紧装置进行调整，需要注意的是链条要保持两侧进星轮时同步，如果不同步，要进行尾部拉紧装置及托辊的调整，以确保同步运行。

带式冷却机常见故障及处理方法见表3-20。

表3-20　带式冷却机常见故障及处理方法

缺陷与故障现象	原因分析	处理方法
台车链条跑偏	对称两托辊轴心线与机体纵向中心线垂直度误差大	调节托辊
	头部链轮轴心线与机体纵向中心线垂直度误差大	挂线检查调整头部链轮
	尾部链轮不正	调整尾部拉紧装置
	头尾部链轮一左一右窜动	检查头尾部链轮窜动间隙并按要求调整
柔性传动运行不平稳、温度高	减速机油量不够	适量加油
	轴承间隙过小	调整轴承间隙
	透气孔堵	清理透气孔
	轴承有杂物或损坏	清洗轴承或换新
电动机振动过大	电动机轴承坏	换轴承
	电动机与柔性传动快速轴不同心	检查重新找正
台车掉大块或冷却效果差	箅条变形缝大	重新排整箅条
	筛网堵塞	清除堵塞物
	动、静密封胶皮损坏多，漏风严重	更换动、静密封胶皮

[**案例**]　某带式冷却机运行两年后，在回车道出现6s左右的停滞，随后会出现一个加速运行。台车在回车道发生明显碰撞的声音，链条在回车道头部星轮处出现下沉，后尾部链节逐渐拉紧，绷紧到一定程度后，会突然快速成波浪状滑行，滑行距离多达200mm之多。台车链螺栓几乎全部被拉松，最大拉伸量超过3mm，台车在回车道互相碰撞。将尾部拉紧装置两侧各收紧20mm后，台车运行稳定。

3.7.3　环式冷却机

3.7.3.1　工作原理与功能

鼓风环式冷却机结构见图3-40。

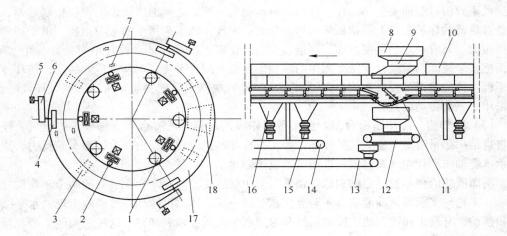

图 3-40 鼓风环式冷却机结构示意图

1—挡轮；2—鼓风机；3—台车；4—摩擦轮；5—电动机；6—驱动机构；7—托轮；
8—破碎机下溜槽；9—给矿斗；10—罩子；11—曲轨；12—板式给矿机；
13—成品皮带机；14—散料皮带机；15—双层卸灰阀；16—风箱；
17—摩擦片；18—曲轨下料漏斗

A 结构组成

鼓风环式冷却机是一种通用机型机械。风机鼓入的气体通过风箱和台车箅板穿过料层将块矿热量带走，使烧结矿温度降到 150℃ 以下。鼓风环式冷却机的结构组成主要有机架、回转框、台车驱动装置、导轨、给排料斗、鼓风系统、密封装置、双层卸灰阀、排气烟囱等。

（1）骨架。骨架为钢结构，其环形骨架部分、立柱及支撑梁用螺栓把合，构成的整体框架、立柱沿圆周方向分为三列。

（2）传动装置。传动装置一般包括减速机、电动机、联轴器、摩擦轮组、弹簧、骨架等构件及润滑减速机的油路、马达管道等，如图 3-41 所示，传动装置为 2~3 套。环式冷却机在卸料时，台车曲轨向下运动，由于水平推力的左右产生一个倾翻力矩，传动装置与摩擦板啮合处，运行时产生一个力矩，所以传动位置十分重要。合成力矩应使冷却机受到的平移力尽量减少到接近于零，这样才会避免回转框架转动时产生水平摆动，从而使运行平稳。

环式冷却机台车运行速度应适应烧结机运行速度的要求，通常在 1:3 范围内调节，开始高速向下转动，然后向下调整，传动装置要求长期连续运转，并能满足调整要求，保持恒扭矩特征。

两个摩擦轮，一个为主动轮，另一个为被动轮，主动轮与减速机传动轴连接。主动轮轴用两滚动轴承支撑，该滚动轴承座装在固定传动架上，与减速机连接。被动轮装在一摆动的底架上，在侧面设有支杆和弹簧，通过调节弹簧的弹力以保证啮合点的夹紧力。调整被动轮的弹簧，通常采用宝塔弹簧和蝶形弹簧，为保证电动机和

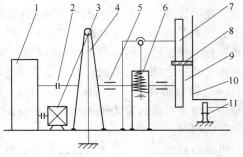

图 3-41 传动装置示意图

1—减速机；2—联轴器；3—电动机；4—摆动装置；
5—轴承；6—蝶簧装置；7—被动摩擦轮；8—摩擦板；
9—主动摩擦轮；10—台车；11—轨道

减速机不致因过载而受损伤，在设计时，电动机与减速机之间的连接采用定扭矩联轴器，作为设备过负荷的保护装置。减速机采用稀油润滑，摩擦轮轴承采用干油集中给脂。由于回转框架直径很大，具有一定的柔度，加上制造、安装的误差，很难保证摩擦片绝对处在一个水平上，因而把整个传动装置铰接于两个支座的断轴上，通过配重平衡自动调节传动装置，使环冷机平稳运行。传动装置可设一套或多套，根据冷却机的规格来确定，如 $610m^2$ 的鼓风环式冷却机，就采用了三套传动装置。

（3）冷却槽。冷却槽即台车。台车带料作圆周运行，通过台车下部鼓入的空气，经过料层将烧结矿热量带走，使烧结矿冷却。台车在冷却环上运动时，由荷重引起车轮反力，则车轮轴承承受轴向和径向载荷，因此选用圆锥辊子轴承。

前面所述的台车通过心轴和球铰轴承与三角梁连接，与每个台车装有的两个车轮构成三点支承，车轮与支承部转动荷重，转动点使台车成一摆动体，可冷却环运动时出现的水平微量波动和摆动，有利于在卸料曲轨段的运行和返回水平轨道上顺利卸料，这种结构经生产现场证明是一种成熟的典型结构。

台车宽度与冷却机有效面积、回转框的中心距、曲轨区域的长度及卸料斗的高度等许多因素有关。台车宽度过大容易引起回转框运行的摆动，也给密封带来困难。台车中心长度过大则会减少台车个数，也会增加卸料区域长度及卸料斗的高度，一般选择在 2100mm 以下为宜；台车中心长度小会增加台车个数和重量，更主要的是会减小通风面积，但是在保证足够的通风面积和强度的基础上设计应尽量减小中心长度，台车个数应该取 3 的倍数。例如，武钢 $450m^2$ 的环式冷却机台车数为 75 块。

台车箅板是在角钢制造的框架上，焊接扁钢构成百叶形式。

台车宽度方向安排三排箅板，用压板和沉头螺栓将箅板固定在台车上，每排箅板一端与压板焊接三处，另一端不焊，作为热胀冷缩的调节。箅条之间间隙决定有效通风面积，箅条的间隙及倾角可根据经验选取，如某厂 $450m^2$ 的环冷箅条间隙为 13.5mm，与水平呈 24°倾角。

大型环式冷却机回转框架为多边形，它由内外环及三角梁构成，三角梁与台车个数相同，与内外环用高强度螺栓连接。内外环视外形尺寸分为若干块，一般分段个数与台车相同，各段之间在侧面和底面通过连接板连接起来，构成整体回转框架。在内外环根据需要安装挡轮，侧挡轮与侧导轨之间留有间隙，间隙为 5mm。在外环外侧装有润滑台车与三角梁之间的球铰轴承，给脂分配器及其配管球铰轴承使用干油，给脂不良，轴承易磨损，且更换困难直接影响作业率，因此操作时，控制给脂压力，严格掌握给脂周期及给脂量是十分关键的。

三角梁连接内外环并装有台车内外侧板，因其中心断面为三角形故称三角梁，如图 3-42 所示。三角梁也是主要承载件，其结构刚性好，装配后的回转精度高，在梁中部一侧焊有一块三角锥形凸块，插在台车两个三角锥凸块之间，可限制台车在复位时的摆动和窜动，使台车轮缘与水平轨道之间间隙一致，以保证环式冷却机平稳运行。

（4）密封装置。冷却机密封的好坏，直接影响冷却效果，所以应尽量减少漏风率。现在大型环式冷却机密封分为机械动静密封胶皮式密封和水密封，水密封效果好，是现在环冷机上较先进的密封。

机械动静密封胶皮式密封通过台车上动密封胶皮与回转框架上的静密封胶皮实现密封，成环形。从给矿到排矿整个圆周的密封如图 3-43 所示，这种密封是在台车密封板下风箱之上形成密封腔，每道密封分两层，内层密封板吊挂在台车密封侧板下，跟台车一起转动，称为动密封；外层密封板固定在位于风箱之上的密封腔座面上，固定不动，故称静密封。台车轴部密封是在台车车轴上和两侧部与冷却环下部吊装的密封板槽部密封，台车沿卸料曲轨运行时，密封面脱开台

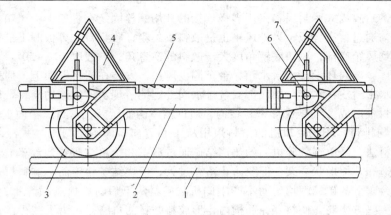

图 3-42　三角梁示意图

1—轨道；2—台车体；3—车轮；4—三角梁；5—箅板；6—球形轴承；7—连接件

车处于水平轨道时密封面接触形成密封。端部密封是指设在鼓风区域第一个和最后一个风箱上面的横向密封座的上面密封。该表面为一平面，平面高度可以调整，在台车下面横向挂着橡胶板，橡胶板与密封座上平面接触，形成密封，以上三种密封形成一个密封腔，如图 3-43 所示。

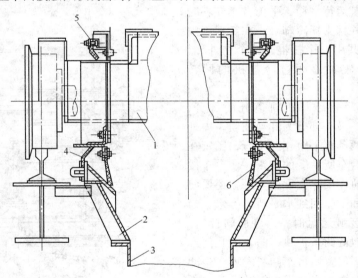

图 3-43　空气密封室

1—台车；2—密封座；3—风箱；4—静密封；5—台车轴密封；6—动密封

　　水密封式环冷台车本体设计为一个中腔，中腔底面为一块整体钢板，起到密封作用，中腔为内空，台车内侧有一风箱与内环密封槽连接，引导鼓风机风进入台车。上面为箅板结构，起通风作用。台车与环冷框架设密封胶皮，通过密封胶皮密封端部密封。由于端部密封相对不发生运行，密封橡胶板使用寿命长，密封效果好。同时台车中腔可以将箅板漏下的散料进行搜集，台车运行到曲轨时，与台车料层一起倒料，故环境效果好，是现在比较先进的密封形式。

　　(5) 鼓风系统。鼓风式环冷机离不开鼓风机、风箱风管。鼓风机台数根据环冷冷却面积而定。现大型烧结机一般布置 5~7 台风机，留 1~2 台作为备用风机。冷却风机布置形式根据冷却方式，一般尽量布置在内环，以节约场地面积。

机械动静密封胶皮式密封风箱是用多板焊接的并用螺栓固定在骨架上，风箱的作用是保证鼓入的气体均匀通过台车算板，另外风箱也是散料收集箱，收集台车算板漏下的散料，为使散料能顺利滑落到风箱底部，风箱底部角度大于散料的逆息角，一般取 40°~50°。

水密封式环冷在内环设计密封水箱，台车侧设风箱，安装在回转框架上，通过密封槽水进行密封，故称水密封。在水密封槽底部安装排水阀，定期清理水槽内侧的集料。回转框架上风箱与水槽内密封板形成一个 U 字形密封结构，通过槽体两侧压差，密封风箱内空气。

（6）给矿与排料。环式冷却机的给料采用从中心方向，即给矿口与环式冷却机切线方向垂直的给矿布料法，经单辊破碎机后的热烧结矿通过溜槽和给料斗布置到台车上。

给料斗构造和几何形状复杂，但要防止落差过大，使烧结矿粉碎而影响料层透气性，而且还要使布置到台车上的矿粒度均匀而不产生偏析。矿料落下后对料槽磨损严重，为防止磨损，在矿槽内壁焊一些方格筋，使料存在筋槽内，形成料磨料的自磨衬；为了减少落差，漏斗做成阶梯形，可以延长漏斗使用寿命和防止因落差较大造成烧结矿粉矿较多；为防止矿斗受高温矿料烧烤变形，采用部分位置通水冷却，加高铬铸铁衬板。

排料斗主要是接受冷却后的矿料并排出，同时在矿斗设有卸料曲轨。当台车运行到曲轨处将矿料卸在矿斗内，料在斗内不停留直接排到重型板式给矿机上，经胶带机运至后工序，同给料斗一样，为克服对内壁的磨损，内壁上焊有许多格板，形成自磨料层。

为了使冷却矿运行平稳，平衡台车卸料时产生的倾翻力矩并且支托冷却环，在卸料区内外侧设置托辊，共用五个托辊，三个在外侧，两个在内侧，托辊轴心通过冷却机的回转中心。

（7）轨道。环式冷却机轨道分两部分，一部分为水平轨，另一部分为卸料曲轨，内外各一条成环形。两条水平轨相互平行，固定在骨架上，并支承台车所承受的荷重，使台车按其轨迹运行；曲轨作用除支承台车外，还要使台车能顺利卸料和平稳回到水平轨道上来，为防止台车在曲轨区域运行时，出现脱轨掉道，还设置与曲轨相似的两条护轨。曲轨的几何形状是复杂的，它不但要使台车卸料时不产生冲击力，还要保证台车的料全部卸完。

（8）散料收集与双层卸灰阀。环式冷却机的散料主要是装卸时沿台车算板空隙落下的，还有一些是台车运行鼓风过程中落下的。在鼓风区域内，由风箱收集散料，通过设在风箱下的双层卸灰阀储存并定期排出。

双层卸灰阀由上阀和下阀组成，阀体呈圆锥体，一般采用球磨铸铁材质作为阀座与阀体，接触面进行加工，并在阀座加工面处，用橡胶圈密封。阀体启闭是由气缸通过自动控制，但也可手动操作，如图 3-44 所示。卸料时上下阀

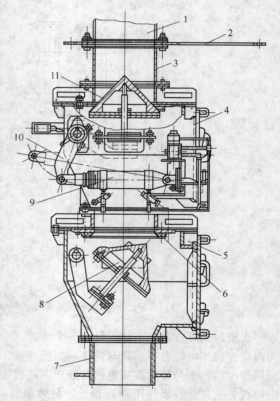

图 3-44　双层卸灰阀示意图

1—风箱；2—插板；3—连接管；4—上阀体；
5—下阀体；6—橡胶圈；7—排除管；8—下阀座；
9—气缸；10—连接杆；11—上阀座

体处于一开一闭位置，散料不排出时，下阀体关闭，上阀体开启；排料时上阀体关闭，下阀体打开，将料排出，这样开关既能保证散料的收集和排出，又能保证风不从风箱口和双层阀外漏。

B 技术性能参数

（1）生产能力的计算：

$$P = 60BHv\gamma \tag{3-5}$$

式中 P——生产能力，t∕h；

B——有效冷却宽度，m；

H——料层高度，m；

v——冷却台车移动平均线速度，m∕min；

γ——烧结矿堆密度，t∕m³，取 $\gamma = 1.5$t∕m³。

（2）风量的计算：

$$V = \frac{UQ}{60} \tag{3-6}$$

式中 V——冷却需要的（标准状态下）总风量，m³∕min；

U——单位烧结矿所需（标准状态下）风量，m³∕t；

Q——冷却机设备生产能力，t∕h。

C 设备性能

环式冷却机设备性能见表3-21。

表 3-21　环式冷却机设备性能

名　　称		项　目	单　位	396m² 型	460m² 型
环式冷却机		有效冷却面积	m²	396	460
		处理能力	t∕h	842	最大1150，正常880
		台车旋转方向		顺时针	顺时针
		回转中径	m	$\phi42$	$\phi48$
		回转周期	min	57.3 ~ 171.8	48.35 ~ 145.1
		有效冷却时间	min	49.2 ~ 147.6	42.16 ~ 126.56
		排料温度	℃	≤150	≤150
		台车宽度	m	3.2	3.5
		台车栏板高度	m	1.5	1.5
		台车数	个	72	75
		烧结矿密度	t∕m³	1.6	1.6
驱动装置（两套）	电动机	型　号		YVP180L-8W	YZP160L-4W（IP15）
		额定功率	kW	11	15
		额定转速	r∕min	720	1460
		变频调速范围	r∕min	240 ~ 720	480 ~ 1460
		额定电压	V	AC380	AC380
	减速机	主减速机型号		4C560NE5-1525	3C560NE-1240
		主减速机速比		125.478	25
		额定输出扭矩	N·m		300
		辅助减速机型号		KF97AR	KF127AD8
		辅助减速机速比		13.85	62.6
		总速比		1737	1565
	摩擦驱动装置	驱动摩擦轮直径	mm	$\phi1000$	$\phi1200$

名　称		项　目	单　位	396m² 型	460m² 型
冷却风机	主参数	型　号		G4-73-NO25D	RJ160-DW2480F
		风　量	m³/min	45300 ~ 48400	9200
		全　压	Pa	4071 ~ 3646	4116
		数　量	台	5	5
	电动机	型　号		YKK560-8W	YKK6302-8W
		功　率	kW	710	1000
		转　速	r/min	740	730
		电　压	kV	10	10

3.7.3.2　操作规则与使用维护要求

A　操作规则

（1）正常操作由集中控制室统一操作，机旁操作是在集中控制室操作系统发生故障时或试车时使用。

（2）高压鼓风机必须按照高压设备启停要求执行（如进行空操作试车）。

（3）布料要铺平铺满，料层控制在工艺要求范围内。

（4）操作工要经常观察冷却情况，发现问题及时检查原因，采取措施。

（5）检修停机时，鼓风机不能与烧结机同步停，必须将料冷却到要求范围内，才可停鼓风机。

（6）出口料废气温度不得大于冷却要求温度（一般为120℃左右）。

B　使用维护

（1）调整转速应保持料层厚度相对稳定，保证料铺得均匀，以充分提高冷却效果。

（2）当冷却机的来料过小时，应减慢冷却机的运行速度；当来料增大时，应增加速度，其目的是充分利用冷风提高冷却效果，不要烧坏皮带。

（3）经常检查曲轨处台车运行轨迹，曲轨上不允许有大块料堆积，否则易引起台车掉道。

（4）检查台车轮运行间隙，晃动大、后盖密封间隙较大的，都表明轴承有磨损。环式冷却机台车轮定修要逐步进行开盖检查轴承，确保轴承间隙保持在规定的标准内，以一年为周期，要确保每个轴承检查到位，轴承润滑良好。

（5）平面轨迹不能位移，每段轨道都应装有止动挡铁，如掉落应及时补齐。

（6）定期检查环冷机挡轮，对不转的挡轮要利用检修安排更换，确保环冷机圆形曲线运行。在更换内圈挡轮时，先要测量好距离，安装时还原尺寸，以免造成圆形轨迹发生改变。

（7）如有台车轮外圆切轨，应及时调整。

（8）检修时，要进入烟道内查看台车大梁、铰座等是否完好。

C　设备点检

设备点检标准见表3-22。

表 3-22 设备点检标准

检查部位	检查项目	检查标准	检查方法	检查周期
电动机	运　行	平稳，无杂声	耳　听	2h
	温　度	<65℃	测	4h
	各部位螺栓	齐全、紧固	手　试	2h
	联轴器	扭力正常，无变形	目　测	2h
减速机	运　行	平稳，无杂声	耳　听	2h
	温　度	<65℃	测	4h
	各部位螺栓	齐全、紧固	手　试	2h
	润　滑	油位、压力正常	目　测	2h
环式冷却机	摩擦轮	平稳，不打滑	目　测	2h
	摩擦片	螺栓齐全，无损坏	目　测	随时
	挡轮、托辊	平稳，磨损正常	目　测	2h
	轴　承	平稳，无杂声	目　测	2h
	台车轮	无磨损，不摇头	目　测	2h
	轨道、曲轨	无磨损、断裂、变形	目　测	2h
	通气板	不堵，不漏	目　测	2h
	密封胶皮	齐　全	目　测	8h
	运　行	平稳，无杂声	耳　听	2h
	进出口溜槽	衬板齐全，不漏料	目　测	2h
冷却风机	运　行	平稳，无杂声	耳　听	2h
	轴承温度	<65℃	测	2h

3.7.3.3 常见故障分析及处理

（1）环式冷却机打滑。所谓打滑是指环冷机在运行时自动停或自动转慢（非电气原因）。在生产中及检修后环冷机打滑是经常遇见的情况（特别是只有一套传动装置），其原因是由于摩擦轮与摩擦片之间的摩擦力减少所致。处理打滑的作业标准如下：

1）及时发现，及时切断事故开关。

2）检查打滑原因。

3）打滑是因摩擦轮未压紧摩擦片，若用套筒扳手拧紧摩擦轮弹簧螺母（两个螺母长度应一致）仍无效，则用手拉葫芦等帮助运转。

4）如打滑是因摩擦片有油污，则应停机去掉油污，用手拉葫芦等帮助运转。

（2）环式冷却机台车卡或掉道。环冷机台车卡或掉道的原因有三个方面：一是台车错位，二是台车轮轴弯，三是台车轮轴承损坏。处理环冷台车卡或掉道的作业要求是：

1）及时发现立即停机。

2）事故原因不明，不允许强行转车。

3）因台车错位所致，应在有专人指挥下用千斤顶等工具使台车复位。

4）如因台车轮轴弯，更换台车轮轴。

5）台车轮轴承损坏，更换台车轮轴承或台车轮。

（3）进出口漏斗堵塞。

1）进口堵料是因环冷机打滑未及时发现，出口堵料是有堵物或下道设备未运转。

2）处理漏斗堵料的作业标准是：

①及时发现，立即停机；

②需有两人以上配合；

③捅料时要控制下料量，以免压停胶带运输机；

④关好捅料门。

（4）环式冷却机其他故障处理。

1）台车"飞车"（飞车是指台车未沿曲轨缓慢卸料，而是突然掉下去）时，应查明原因。如果台车错位按上述方式处理，若是台车挡板或其他部位变形，找出卡阻原因后处理。

2）风机运转时，发生金属撞击声，应立即停机，检查处理方能运转。

思 考 题

1. 带式冷却机有哪些优点？
2. 简述带式冷却机的工作原理。
3. 简述带式冷却机跑偏调节方法。
4. 简述环冷机的工作原理。
5. 简述环冷机的常见故障。
6. 已知某环式冷却机风量为 $5400m^3/min$，为冷却烧结矿，每吨烧结矿需消耗 $1800m^3$，求该环式冷却机的冷却能力。
7. 某环式冷却机的冷却面积为 $140m^2$，烧结矿冷却至排料漏斗的时间为 20min，已知烧结矿进入环式冷却机布料厚度为 250mm，烧结矿堆密度为 $1.8t/m^3$，求该环冷机的冷却能力。
8. 某环式冷却机的风量为 $3000m^3/min$，每小时冷却的烧结矿量为 150t，求每吨的冷却风量。
9. 某环冷机每小时运转两圈，冷却烧结矿 216t，此时共用风量 $864000m^3$，已知烧结矿在环冷机上铺料厚度为 300mm，烧结矿堆密度为 $1.8t/m^3$，求该环冷机面积。

3.8　整粒筛分设备

随着高炉现代化、大型化和环保节能的需要，对烧结矿的质量要求越来越高，对烧结矿的粒度也提出了更高的要求，一般来说，对于小于 5mm 烧结矿必须返回重新烧结，对于大于 5mm 的烧结矿也要求分为大烧和小烧，分级入炉。烧结矿筛分整粒技术就是随高炉冶炼技术的发展而逐步发展完善的一项技术，近年来，国内新改扩建的烧结厂大都设有整粒筛分系统。

设有整粒系统的烧结厂，一般烧结矿从冷却机卸料后要经过冷破碎，然后经过 2~4 次筛分，分出小于 5mm 粒级的矿料作为返矿，10~20mm（或 15~25mm）粒级的矿料作为铺底料，其余的为成品烧结矿，成品烧结矿的粒度上限一般不超过 50mm。经过整粒的烧结矿粒度均匀，粉末量少，有利于高炉冶炼指标的改善，如德国萨尔萨吉特公司高炉使用整粒后的烧结矿入炉，高炉利用系数提高了 18%，每吨生铁焦比降低 20kg，炉顶吹出粉尘减少，炉顶设备的使用寿命延长。

烧结厂的整粒流程各异。大型烧结厂多采用固定筛和单层振动筛作四段筛分的整粒流程，如图 3-45a 所示。冷破碎为开路流程，每台振动筛分出一种成品烧结矿或铺底料，能较合理地控制烧结矿上、下限粒度范围。成品中的粉末少，设备维修方便，总图布置整齐，是一个较为合理的整粒流程，但投资较大。小型烧结厂则多采用单层或双层振动筛作三段筛，如图 3-45b 所示。

目前，世界各国对烧结矿的整粒都很重视，整粒流程也日臻完善。在众多流程中，图 3-45a较为合理，不过，由于烧结矿经过热破和冷破后，大于 50mm 粒级的烧结矿很少，不少烧结厂已停止使用 50mm 振动筛和冷破碎机。

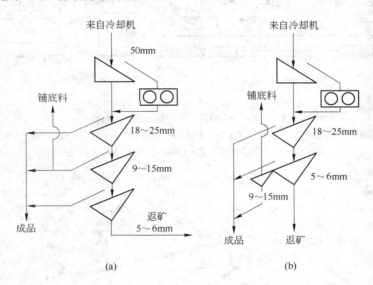

图 3-45　烧结整粒筛分流程
（a）单层振动筛作四段筛分的整粒流程；（b）单层筛分三段四次冷筛分流程

3.8.1　工作原理与功能

现代烧结厂采用的振动筛主要为冷烧结矿振动筛和热矿振动筛两种。20 世纪之前，小型烧结机由于烧结单机面积小、自动控制程度低、人工控制随意性大，造成烧结边际效应影响大，生产的细粒级烧结矿所占比重大，若任其通过冷却机，则透气性很差，难以保证冷却效果，故必须配备热矿筛（图 3-46），安装在单辊破碎机之后、冷却机之前。新建的大型烧结机由于烧结面积大型化、自动控制程度高，烧结边际效应影响所占比重相对较小，故只需配备冷矿振动筛即可。但二者的工作原理和结构基本相同，一般都是由筛框、筛板及紧固装置、振动器及传动装置、减振系统、冷却及润滑系统、料斗及除尘罩等组成。按照筛框的运动形式不同，常用的振动筛可分为双轴直线振动筛和单轴圆振动筛；按照振动筛减振形式的不同，可分为一次减振振动筛和二次减振振动筛；按照双轴直线激振器同步方式的不同，可分为自同步和强制同步振动筛；按照激振器与筛框配置关系不同，可分为激振器一体式和分体式振动筛；按照激振器在筛框配置位置的不同，可分为上振式和下振式振动筛。此外，还有双轴激振器偏移式（图 3-47）和三轴椭圆振动筛等形式的振动筛，但它们均是以基本振动筛为基础复合而成的，其基本原理不变。比如，椭圆振动筛是由双轴直线振动筛和单轴圆振动筛简单组合而成，其运动轨迹是由圆和直线复合而成的椭圆，故命名椭圆振动筛。

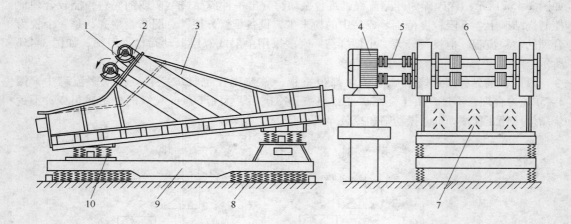

图 3-46   SZR3175 热矿振动筛示意图

1—激振器偏心配重块；2—激振器；3—筛框；4—电动机；5—弹性联轴节；6—中间轴；

7—筛板；8—二次减振弹簧；9—二次减振架；10— 一次减振弹簧

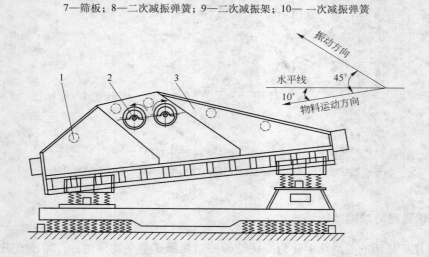

图 3-47   激振器偏移式振动筛示意图

1—支撑梁；2—激振器；3—筛框

3.8.1.1 原始设计参数与性能参数计算

A 原始设计参数

筛分机械的原始设计参数包括：筛孔尺寸、烧结矿的堆密度 γ、筛面倾角 α、抛射角 δ、振幅 A、电动机转速 n、激振器轴承、筛分效率、有效筛分面积 F 等，这些原始设计参数有的是基本参数，有的是过程参数和标称参数，过程参数和标称参数可通过基本参数计算得出。下面以典型的双箱式直线振动筛为例介绍各种性能参数的计算。

B 筛机主要性能参数的计算

（1）振动频率：

$$\omega = \frac{2\pi n}{60}$$

式中，n 为电动机转速，r/min。

（2）振动强度：

$$K = \frac{\omega^2 A}{g}$$

（3）抛掷指数：

$$D = K\frac{\sin\delta}{\cos\alpha}$$

（4）抛掷运动临界转速：

$$n_0 = 30\sqrt{\frac{g}{\pi^2 A\cos\delta}}$$

3.8.1.2 筛箱和减振架重量、重心和转动惯量的计算

在计算之前必须在笛卡儿坐标系上建立筛机结构简图，如图 3-48 为筛箱结构示意图，图 3-49 为减振架结构示意图。参考筛箱及减振架的设计图纸，可得出每一个零部件在示意图中相关位置，通过计算可分别求出筛箱及减振架的重量、重心及转动惯量，一般情况下，对直线振动筛机而言，应尽可能将其重心设计在靠近激振力作用线，以保证直线振动，防止扭振。若激振力通过重心下方，则入口振幅小，出口振幅大，这对筛分效果不是很有利。一般要求激振力通过重心上方，此时，入口振幅大，出口振幅小，这对筛机比较有利。

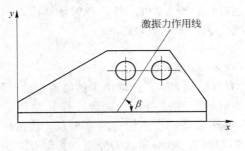

图 3-48　筛箱结构示意图

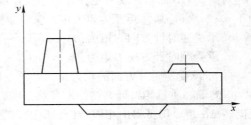

图 3-49　减振架结构示意图

3.8.1.3 强制同步振动筛激振力与运动轨迹

A　初始安装角度

安装偏心块时，可通过调节同步器人字齿，使两套激振器的偏心距平行，且与水平方向成一定角度 β，如图 3-50 所示。

B　停车角度

停车角度是作用于每一套激振器偏心块的力矩总和为零的点，由于初始安装角度为 β，故停车时，其偏心距与 β 的线平行的点为停车点。由于齿轮的啮合作用，此时对每一套激振器转轴而言，其承受力矩之和等于零，即 $m_0 gr\sin\beta - m_0 gr\sin\beta = 0$。按照此条件，有两个停车点，如图 3-51 所示，其偏心距均与水平方向的夹角为 β，这两个停车点是否稳定，还须通过力矩分析得出

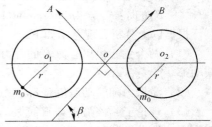

图 3-50　初始安装角度

结论。对图3-51a而言，现假定受外界干扰作用：o_1 顺时针旋转 $\Delta\alpha$ 角度，则 o_2 逆时针旋转 $\Delta\alpha$ 角度，由于 $o_1 o_2$ 的偏心质量矩互为阻力矩，忽略摩擦阻力矩，其产生效果如下：

o_1 承受顺时针方向力矩为：$m_0 gr\sin(\beta - \Delta\alpha) - m_0 gr\sin(\beta + \Delta\alpha) < 0$

o_2 承受逆时针方向力矩为：$m_0 gr\sin(\beta - \Delta\alpha) - m_0 gr\sin(\beta + \Delta\alpha) < 0$

即 o_1 承受逆时针方向的动力矩，o_2 承受顺时针方向的动力矩，这样 o_1、o_2 的偏心质量均又回到初始停车点。同理，若 o_1 轴和 o_2 轴反向转 $\Delta\alpha$ 角，仍可得出相同结论，所以，对图3-50 所示的停车点是一个稳定的停车点。

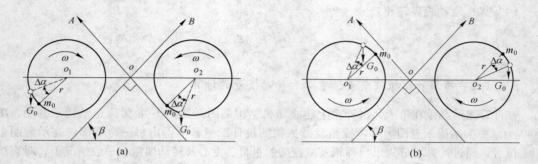

图 3-51　筛机偏心配重两种停车点示意图
（a）稳定的停车点；（b）不稳定的停车点

对图3-51b而言，现假定受外界干扰作用：o_1 逆时针旋转 $\Delta\alpha$ 角，则 o_2 顺时针旋转 $\Delta\alpha$ 角，由于 o_1、o_2 偏心质量矩互为阻力矩，忽略摩擦阻力矩，其产生的效果如下：

o_1 承受逆时针方向力矩为：$m_0 gr\cos(\beta - \Delta\alpha) - m_0 gr\sin(\beta + \Delta\alpha) > 0$

o_2 承受顺时针方向力矩为：$m_0 gr\cos(\beta - \Delta\alpha) - m_0 gr\cos(\beta + \Delta\alpha) > 0$

即 o_1 承受逆时针方向的动力矩，o_2 承受顺时针方向的动力矩，这样由于偏心质量的作用，o_1、o_2 的偏心质量均将远离初始停车点，回归到图3-51a所示的停车点。同理，若 o_1 轴和 o_2 轴反向转 $\Delta\alpha$ 角，仍可得出相同结论，所以，图3-51b停车点是一个不稳定的停车点。该情形如果稍有一点外界干扰作用，就会远离初始停车点，回归到图3-51a所示的停车点。但有时也会出现图3-51b所示的停车点，此时用脚蹬一下，就会回归到图3-51a所示的稳定的停车点。

C　旋转时激振力方向与作用点

以稳定停车角度为起始点，选择几个任意角度，旋转360°，分析受力状况如图3-52所示。

图中九个受力分析图是 ω 旋转360°的受力情况，由受力状况分析可知：A方向受力总是等于零，B方向受力由 $-8m_0\omega^2 r \rightarrow 0 \rightarrow 8m_0\omega^2 r \rightarrow 0 \rightarrow -8m_0\omega^2 r$，如此循环。

即　A方向：$F_A = 4m_0\omega^2 r\sin\omega t - 4m_0\omega^2 r\sin\omega t = 0$

　　　B方向：$F_B = 4m_0\omega^2 r\cos\omega t + 4m_0\omega^2 r\cos\omega t = 8m_0\omega^2 r\cos\omega t$

根据以上分析，现总结如下：

（1）两个偏心块离心力R的合力总是平行于OB，即激振力是直线定向作用，故称为直线振动筛。

（2）激振力随时动态值是 $8m_0\omega^2 r\cos\omega t$，其最大值为 $8m_0\omega^2 r$，此刻对应最大振幅值。

（3）理论上，该筛机是直线振动筛，实际上，由于同步运行的偏差度，存在回转激振力矩作用，此类筛机不是严格意义上的直线振动筛，一般要求垂直振动方向上的振幅不大于3mm。

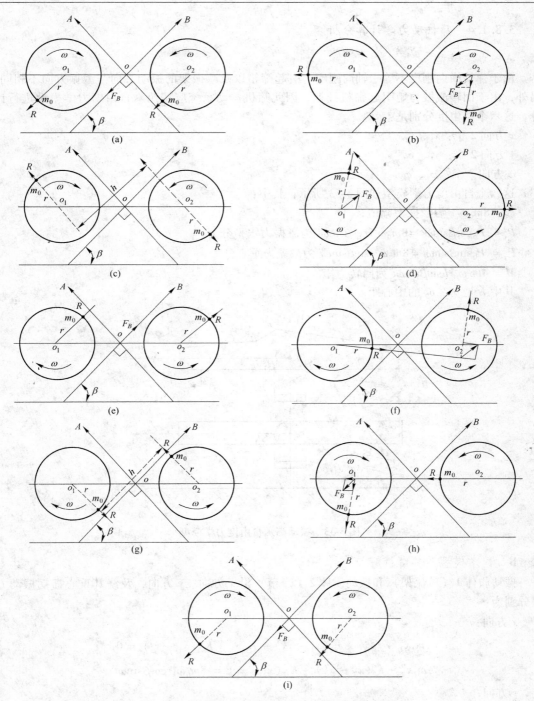

图 3-52 激振力在各种运行状态下的受力分析图

(a) $\omega t = 0$ 时，$F_A = 0$，$F_B = -2m_0\omega^2 r \times 4$，$F_B$ 的作用点在 o 点；(b) $\omega t = 40°$时，$F_A = 0$，F_B 的作用点在 o_2 点；

(c) $\omega t = 90°$时，$F_A = 0$，$F_B = 0$，力偶矩 $\boldsymbol{M} = R \cdot h$；(d) $\omega t = 140°$时，$F_A = 0$，F_B 的作用点移至 o_1；

(e) $\omega t = 180°$时，$F_A = 0$，$F_B = -2m_0\omega^2 r \times 4$，$F_B$ 的作用点在 o 点；(f) $\omega t = 230°$时，$F_A = 0$，F_B 的作用点在 o_2 点的下方；

(g) $\omega t = 270°$时，$F_A = F_B = 0$，F_B 的作用点在 o 点；(h) $\omega t = 320°$时，$F_A = 0$，F_B 的作用点移至 o_1 点；

(i) $\omega t = 360°$时，$F_A = 0$，$F_B = -2m_0\omega^2 r \times 4$

3.8.1.4　筛机动力学计算分析

A　力学模型

由于弹簧横向刚度不等于轴向刚度，引起筛箱以及减振架的振动方向与激振方向不相同，另外，由于回转激振力矩引起筛机摇摆，因此筛机振动系统应按照六自由度力学模型进行计算，这六个自由度分别是：

x 方向 2 个：x_1、x_2

y 方向 2 个：y_1、y_2

φ 方向 2 个：φ_1、φ_2

这六个自由度力学模型如图 3-53 所示，其中：

$P_0 = 8m_0\omega^2 r$ 为激振力幅值；

$P_x = P_0\cos\beta\sin\omega t = 8m_0\omega^2 r\cos\beta\sin\omega t$ 为激振力水平分力；

$P_y = P_0\sin\beta\sin\omega t = 8m_0\omega^2 r\sin\beta\sin\omega t$ 为激振力垂直分力；

$M = 4m_0\omega^2 rL\sin\beta\sin\omega t$ 为回转力矩。

其中 L 是 $o_1 \sim o_2$ 的中心距。

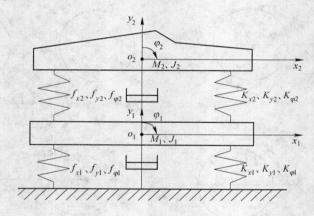

图 3-53　振动筛六自由度力学模型

B　数学模型及其解析解

振动质体 1（减振架）和振动质体 2（筛箱）沿 x 方向、y 方向，及绕其重心摇摆振动方程分别为：

x 方向：

$$m_1 x_1'' + f_{x1} x_1' + f_{x2}(x_1' - x_2') + K_{x1} x_1 + K_{x2}(x_1 - x_2) = 0$$

$$m_2 x_2'' + f_{x2}(x_2' - x_1') + K_{x2}(x_2 - x_1) = 8m_0\omega^2 r\cos\beta\sin\omega t$$

y 方向：

$$m_1 y_1'' + f_{y1} y_1' + f_{y2}(y_1' - y_2') + K_{y1} y_1 + K_{y2}(y_1 - y_2) = 0$$

$$m_2 y_2'' + f_{y2}(y_2' - y_1') + K_{y2}(y_2 - y_1) = 8m_0\omega^2 r\sin\beta\sin\omega t$$

φ 方向：

$$m_1 \varphi_1'' + f_{\varphi1} \varphi_1' + f_{\varphi2}(\varphi_1' - \varphi_2') + K_{\varphi1} \varphi_1 + K_{\varphi2}(\varphi_1 - \varphi_2) = 0$$

$$m_2\varphi_2'' + f_{\varphi2}(\varphi_2' - \varphi_1') + K_{\varphi2}(\varphi_2 - \varphi_1) = 4m_0\omega^2 r\sin\beta\sin\omega t$$

以上方程组的形式完全相同，其解形式也完全相同，它们的通解包括自由振动和强迫振动两部分，强迫振动是方程的特解，对于稳定运行阶段，只存在强迫振动部分。

经过解析解法，可得有阻尼二自由度振动系统的强迫振动特解如下：

x 方向：

$$x_1 = \lambda_{x1}\sin(\omega t - \alpha_{x1}) , \quad x_2 = \lambda_{x2}\sin(\omega t - \alpha_{x2})$$

式中　λ_{x1}，λ_{x2}——分别为 m_1、m_2 的 x 方向振幅；

　　α_{x1}，α_{x2}——分别为 m_1、m_2 的 x 方向相位角。

y 方向：

$$y_1 = \lambda_{y1}\sin(\omega t - \alpha_{y1}) , \quad y_2 = \lambda_{y2}\sin(\omega t - \alpha_{y2})$$

式中　λ_{y1}，λ_{y2}——分别为 m_1、m_2 的 y 方向振幅；

　　α_{y1}，α_{y2}——分别为 m_1、m_2 的 y 方向相位角。

φ 方向：

$$\varphi_1 = \theta_{\varphi1}\sin(\omega t - \alpha_{\varphi1}) , \quad \varphi_2 = \theta_{\varphi2}\sin(\omega t - \alpha_{\varphi2})$$

式中　$\theta_{\varphi1}$，$\theta_{\varphi2}$——分别为 m_1、m_2 的 φ 方向摇摆幅角；

　　$\alpha_{\varphi1}$，$\alpha_{\varphi2}$——分别为 m_1、m_2 的 φ 方向摇摆相位角。

整理得 x、y、φ 方向的位移公式为：

$$x_1 = \lambda_{x1}\sin(\omega t - \alpha_{x1}) , \quad x_2 = \lambda_{x2}\sin(\omega t - \alpha_{x2})$$

$$y_1 = \lambda_{y1}\sin(\omega t - \alpha_{y1}) , \quad y_2 = \lambda_{y2}\sin(\omega t - \alpha_{y2})$$

$$\varphi_1 = \theta_{\varphi1}\sin(\omega t - \alpha_{\varphi1}) , \quad \varphi_2 = \theta_{\varphi2}\sin(\omega t - \alpha_{\varphi2})$$

根据 x、y、φ 方向矢量之和求得筛机振动位移为：

$$\lambda_1 = \sqrt{\lambda_{x1}^2 + \lambda_{y1}^2} , \quad 振动方向角 \beta_1 = \arctan\frac{\lambda_{y1}}{\lambda_{x1}}$$

$$\lambda_2 = \sqrt{\lambda_{x2}^2 + \lambda_{y2}^2} , \quad 振动方向角 \beta_2 = \arctan\frac{\lambda_{y2}}{\lambda_{x2}}$$

上述两振动质体六自由度的数学模型，其解析解非常繁琐，仅适合理论研究，不适合实际应用。下面给出一个简化约束条件之后的结论，简化条件为：（1）各部位阻尼为零；（2）筛箱重心振动近似直线；（3）减振架振动近似等于零。由此得出结论：

$$MA = 8m_0 r \tag{3-7}$$

式中　M——筛箱整体质量（含参振过筛物料质量）；

　　A——筛箱振幅；

　　m_0——单个偏心块总偏心质量，由于一个筛机共有 8 个偏心块，故总偏心质量为 $8m_0$；

　　r——偏心距。

经变换得：

$$A = 8\frac{r}{M}m_0 \tag{3-8}$$

通过大量的生产实际检验证明，该简化公式与解析解的结论非常接近，也与实测值非常接近，其误差不超过 5%，故在实际生产当中，均采用简化公式进行分析和计算，即计算出筛箱

总质量 M、偏心块总质量 $8m_0$ 及偏心距 r 以后，就可以计算出筛箱振幅。

3.8.1.5　筛机固有频率计算

根据有关参考文献，可以计算双箱筛（两质体六自由度）的无阻尼筛机的固有频率。设定 $f_{x1} = f_{x2} = f_{y1} = f_{y2} = f_{\varphi1} = f_{\varphi2} = 0$ 时，固有频率为：

x 方向：

$$\begin{aligned}\omega_{0x1}\\\omega_{0x2}\end{aligned} = \omega_0 \sqrt{\frac{1}{2\mu}\left[(\mu + \rho + 1) \pm \sqrt{(\mu + \rho + 1)^2 - 4\rho\mu}\right]}$$

式中，$\mu = \dfrac{m_1}{m_2}$；$\rho = \dfrac{K_{x1}}{K_{x2}}$；$\omega_0 = \sqrt{\dfrac{K_{x2}}{m_2}}$。

y 方向：

$$\begin{aligned}\omega_{0y1}\\\omega_{0y2}\end{aligned} = \omega_0 \sqrt{\frac{1}{2\mu}\left[(\mu + \rho + 1) \pm \sqrt{(\mu + \rho + 1)^2 - 4\rho\mu}\right]}$$

式中，$\mu = \dfrac{m_1}{m_2}$；$\rho = \dfrac{K_{y1}}{K_{y2}}$；$\omega_0 = \sqrt{\dfrac{K_{y2}}{m_2}}$。

φ 方向：

$$\begin{aligned}\omega_{0\varphi1}\\\omega_{0\varphi2}\end{aligned} = \omega_0 \sqrt{\frac{1}{2\mu}\left[(\mu + \rho + 1) \pm \sqrt{(\mu + \rho + 1)^2 - 4\rho\mu}\right]}$$

式中，$\mu = \dfrac{m_1}{m_2}$；$\rho = \dfrac{K_{\varphi1}}{K_{\varphi2}}$；$\omega_0 = \sqrt{\dfrac{K_{\varphi2}}{m_2}}$。

利用上述公式，可对筛机的理想工况进行计算分析，得出各个方向筛机固有频率。通过大量的计算表明，无阻尼固有频率非常接近有阻尼固有频率，两者误差不超过5%，故可用无阻尼固有频率计算结果代替有阻尼固有频率计算结果。同时，通过计算发现，除去不考虑摆动固有频率外，x、y 方向固有频率的大小排序一般是：$\omega_{0x1} < \omega_{0y1} < \omega_{0x2} < \omega_{0y2}$。基于上述结论，一般双箱筛（两质体六自由度）筛机幅频特性见图3-54。

筛机幅频特性图清楚地表明，筛机在启动时，依次通过共振区的顺序是：$\omega_{0x1} \rightarrow \omega_{0y1} \rightarrow \omega_{0x2} \rightarrow \omega_{0y2}$，即首先通过减振架水平方向的共振区，然后通过减振架垂直方向的共振区，再通

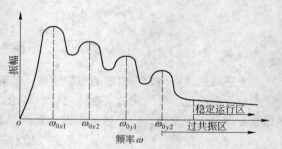

图 3-54　振动筛幅频特性

过筛箱水平方向的共振区，最后通过筛箱垂直方向的共振区，最终在远大于 ω_{0y2} 的过共振区域的稳定运行区域平稳运行。停机时正好相反，依次通过共振区的顺序是：$\omega_{0y2} \rightarrow \omega_{0x2} \rightarrow \omega_{0y1} \rightarrow \omega_{0x1}$，即首先通过筛箱垂直方向的共振区，然后通过筛箱水平方向的共振区，再通过减振架垂直方向的共振区，最后通过减振架水平方向的共振区，趋于停机。通过现场观察与此结果相符。

3.8.1.6　双电动机自同步直线振动筛原理

在我国烧结筛分整粒生产工艺过程中，自同步直线振动筛占了50%以上，其结构特点是：

双轴双 Y 系列电动机驱动，与强制同步筛相比，其双轴之间没有采用同步器相连，仅靠 Y 系列电动机比较柔和的载荷-转速特性（Y 系列电动机的转速随载荷的变化适当发生变化）自适应，以达到自同步，该系列筛机故障率低、作业率高、设计制作成熟可靠而被广泛采用，并被推选为筛机的发展方向。由于自同步振动筛与强制同步筛的结构特点不同，理论基础不同，故有必要对自同步振动筛原理作一个简要介绍。

（1）两者的区别。强制同步振动筛是靠同步器进行传动，以达到强制同步的目的。同步器内部安装了齿数、模数相等的三个齿轮，外接两台 Y 系列电动机传动，两台电动机转速相等、方向相反，使两个偏心块旋转轴相对旋转。安装时，通过调整同步器的啮合状态，使两个偏心块与水平线成一定的倾斜角度，这样，筛箱重心与偏心块中心连线的中点在连线方向的合力不为零，该连线的垂直方向上的合力总为零，以此达到自同步振动的目的。自同步直线振动筛取消了同步器，靠自适应协调功能，即追逐力矩达到自同步直线振动。

（2）自同步直线振动筛的优点。

1）利用自同步原理，代替了强制同步器，使转动部位结构简化，简化了润滑设备维护和检修等日常性的工作，减少了设备故障。

2）减小了启动和停车通过共振区的垂直和水平方向上的共振振幅，减小了对地基产生的冲击动载荷。

3）自同步直线振动筛容易实现"三化"。

4）自同步直线振动筛靠追逐力矩实现同步，运行平稳，自适应工况变化的能力强，从未出现由于"失步"而影响生产的现象。

（3）自同步直线振动筛自同步原理。自同步直线振动筛筛箱结构受力分析见图 3-55。设 o_1、o_2 中心连线的中点为 o'，筛箱重心为 o，假定偏心力 P_1、P_2 的合力指向 y 方向，若有外力作用使 o_1 偏心块慢于 o_2 偏心块，且两者相位角相差 $\Delta\varphi$，通过力学分析可知：o_1 偏心块将受到一个加速度的作用力矩，o_2 偏心块将受到一个减速度的作用力矩，二者之和将产生一个追逐力矩，该追逐力矩使 o_1 偏心块加速，使 o_2 偏心块减速，直至二者再次同步，此时追逐力矩消失；若外力作用使 o_1 偏心块快于 o_2 偏心块，且二者相位角相差 $\Delta\varphi$，同样通过力学分析可知，o_1 偏心块将受到一个减速度的作用力矩，o_2 偏心块将受到一个加速度的作用力矩，二者之和将产生

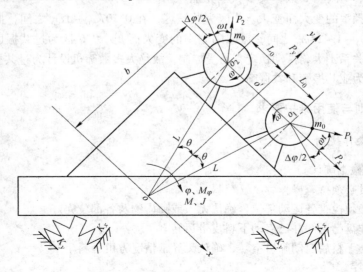

图 3-55 直线振动筛筛箱受力分析图

一个追逐力矩，该追逐力矩使 o_1 偏心块减速，使 o_2 偏心块加速，直至二者再次同步，此时追逐力矩消失。由上述分析可知，无论 o_1 偏心块和 o_2 偏心块谁快谁慢，一旦二者出现相位角偏差，就会产生追逐力矩，该追逐力矩总是使超前的偏心块减速，使落后的偏心块加速，直至二者再次同步运行为止，故在设计自同步直线振动筛时应考虑以下因素。

1）两台电动机的转矩差 ΔM_g 应尽量小，即应选择同一型号的电动机，而且二者特性系数 C_1、C_2 应接近相同，实验指出，当两台电动机性能相差比较悬殊时，不可能实现自同步。

2）激振器两根主轴的摩擦力矩应接近相等，即使 ΔM_f 趋近于零，因此，轴承的密封应采用迷宫式密封装置为宜，以减小摩擦阻力矩之差。

3）增大稳定性指数，应考虑将激振器安装在距筛箱重心较远处。

4）偏心块质量力矩 $m_0 r$ 和角速度 ω 愈大，则愈容易实现自同步，即大偏心质量矩和高转速的激振器自同步性能更好。

3.8.1.7　筛机幅频特性

筛机按照幅频特性可分为亚共振筛、共振筛和过共振筛等三类。亚共振筛是指在工作频率 ω（电动机的转速）小于筛机固有频率 ω_0 的工况下工作的筛机。共振筛是指在工作频率 ω 接近于筛机固有频率 ω_0 的工况下工作的筛机，即满足 $0.707\omega_0 < \omega < 1.414\omega_0$ 的条件。而过共振筛是指在工作频率 ω 远大于筛机固有频率 ω_0 的工况下工作的筛机，即满足 $2\omega_0 < \omega$ 的条件，生产实际当中称为振动筛。烧结生产使用的筛机大部分是过共振筛，如 LZS3080 分级筛的工作频率与固有频率之比 $\omega/\omega_0 = 2.7 > 2$，过共振筛由于其在远离共振区域工作，振幅受工作频率波动影响不大。图 3-56 所示为一个筛机在其他条件不变时，振幅随筛机振动频率变化而变化的曲线趋势。工作频率可分为三个区域，分别是 A 区、B 区和 C 区，其中 A 区是亚

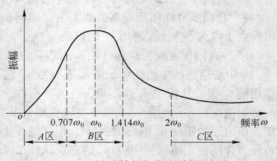

图 3-56　振动筛振幅与频率的关系

共振区，振幅随频率的变大而变大。B 区为共振区，在 $0.707\omega_0 \sim 1\omega_0$ 之间，振幅随频率的变大而变大；在 $1\omega_0 \sim 1.414\omega_0$ 之间，振幅随频率的变大而变小。C 区为过共振区，该区域内的振幅与频率变化关系不大，振动稳定，易受控制，故绝大多数筛机设计为过共振筛，除非有特殊需要，才设计为亚共振筛和共振筛。

3.8.2　操作规则与使用维护要求

3.8.2.1　操作规则

（1）操作前检查确认。

1）操作人员必须持有操作牌。

2）开机前必须检查各运动部位，确认无人或障碍物及各部位完好。

3）确认操作盘已通知并已启动下料皮带运转。

4）确认筛上无料后启动筛机空转，确认无异常情况方可下料生产。

（2）操作程序。

1）启动前准备：接到操作盘的生产通知后，确认设备及润滑情况良好，振动和运转部位

周围无人和障碍物后，合上事故开关，报告操作盘。

2）联锁操作：操作盘联锁启动运输皮带后，启动筛机，待筛机运转正常，方可打开矿槽闸门给料生产。

3）启动过程中发现有异常现象，应立即切断事故开关，并采取相应措施处理后，方可重新启动。

4）当接到操作盘停机的通知后，应立即关好矿槽闸门，待筛机上无料时，方可停机。

5）事故停机时，岗位人员应先关闭矿槽闸门，然后切断事故开关，检查处理后，方可再次启动。

6）生产过程中，发现筛板破损，应及时修理或更换。

7）需要非联锁操作时，应征得操作盘的同意后，方可自行启动；当筛机上有料时，应待下岗位的设备转起来后，方可启动筛机。

（3）运转中异常状态的紧急处理。

1）启动后发现异常情况，应立即停机，处理好后方可再次启动。

2）事故停机后，应首先关闭矿槽下料闸门，然后切断事故开关，处理好故障后才能重新运转。

3）如发现大块物料，应立即仔细检查筛网，找出破损的地方，停机补好后再生产。

4）生产中注意观察返矿皮带返矿量，如过大或过小应适当调整筛机的下料量。

5）筛板与卡板松时，两者之间应垫胶皮固定，以免从缝中跑大料。

6）筛机压料时，应半闭下料闸甚至停机处理。

7）偏心块轴承抱死，应及时用手动加油泵加油，或打开清洗加油。

8）横梁断裂，应及时进行加固处理。

（4）运转中注意事项和严禁事项。

1）不准非联锁生产。

2）生产中要经常调整下料闸门，使物料沿筛机宽度均匀分布，以提高筛机筛分效率，有大块料堵住闸门时，应取出，使闸门顺利畅通。

3）岗位人员应随时注意调节返矿平衡、破碎和筛分平衡。

4）筛板孔因料堵死影响筛分效率时，要关闭下料闸，空转筛机并敲打筛板，再放料。

5）严禁不关闭下料闸门停筛机。

3.8.2.2　使用维护

A　维护规则

（1）筛子应在无负荷状态下启动，启动前应检查有无阻碍筛子运动的物体，物料排净后方可停机。

（2）应经常检查各连接螺栓是否松动，筛板的紧固情况，发现问题及时处理。

（3）定期、定时、定量给轴承加油。

（4）按照甲级维护标准进行设备三清。

B　点检规则

（1）维护点检和专业点检，必须按点检标准（表3-23）进行点检，并认真填写点检记录。

（2）点检发现问题，在点检人员可能处理的情况下，应立即处理解决，处理不了而又危及设备正常运转的缺陷，应及时向主管人员反应。

（3）每月检查一次振动轴承磨损情况。

表 3-23　筛机点检标准

部　位	点检内容	点检标准	点检周期
仪　表	显　示	灵　敏	8h
电动机	温　度	<65℃	8h
	运　转	平稳，无杂声	8h
	地脚螺栓及电线	牢固，可靠	8h
筛　机	筛　框	平稳，无裂纹	24h
	筛　板	无裂纹、磨损及松动	8h
	振动轴承温度	<75℃	24h
	同步器	平稳、不发热	24h
	万向节	齐全，完好	4h
	振动弹簧	无噪声，无断裂现象	48h
润　滑	油　管	不　漏	8h
	油　泵	完　好	8h

C　润滑规则

（1）严格执行给油标准。

（2）油脂标号正确，油质与机具必须保持清洁。

（3）采用代用油脂，需经设备管理部门批准。

D　设备测试和调整规则

（1）筛机振动轴承每月打开一次测试间隙。

（2）筛箱倾角每月测试一次。

（3）每次测试后必须记录。

3.8.3　常见故障分析及处理

3.8.3.1　影响振动轴承寿命因素分析

决定一个筛机质量好坏的一个很重要的标准是振动轴承寿命的长短，有时一个振动轴承仅用 30 余天就损坏了，被迫多次更换，有的振动轴承可用 600 余天，最理想的轴承寿命为 500 天左右，在实际运行当中极少轴承能够达到此标准，故有必要对影响振动轴承的寿命因素作一个详细地分析。影响轴承寿命因素很多，有维护方面的因素，如润滑状况、安装质量等，还有诸如配重的大小、径向游隙、轴承座的圆柱度等因素，这些因素对轴承寿命起决定性的作用，下面专门对此进行分析。

（1）配重对振动轴承寿命的影响。轴承寿命校核公式为：

$$L_h = \frac{16667}{n}\left(\frac{C}{P}\right)^{\frac{10}{3}} \tag{3-9}$$

式中　L_h——轴承寿命，h；

　　　n——工作转速，r/min；

　　　C——轴承工作容量系数；

　　　P——配重产生的径向力矩，$P = 8m_0\omega_0^2 r$。

由此公式可以看出，轴承寿命与转速、轴承工作容量、承受载荷有关。一个筛机设计完毕，其工作转速、轴承的工作容量就定型了，唯一可改变的是外部载荷，轴承寿命与外部载荷 P 的 $10/3$ 次幂成反比。可见，适当减轻外部载荷对延长轴承的使用寿命是很有利的，现在的问题很明确，即在满足生产工艺基本需求的前提下，尽量减少配重，延长轴承的使用寿命。在实际生产中，可以通过如下步骤进行操作：

1）首先满足生产工艺要求，筛机铭牌上有一个性能参数振幅 A，一般过共振筛双振幅为 $8 \sim 12mm$，可取其下限，令 $2A = 8mm$，求得 $A = 4mm$。

2）代入振幅与配重关系式：$A = 8m_0 r/M$ 或 $m_0 = MA/8r$，计算出应加配重的多少。

3）还可通过逐步加减配重的方法，找到一个最佳配重。以配重为变量，以筛机的筛分效率及不堵料为优化目标，逐步减少配重，直到刚刚满足生产工艺要求为止，此配重就是最佳配重。在这种情况下，既能满足生产工艺的需要，又可最大限度地延长轴承使用寿命，通过计算可知，减少较少的配重，轴承寿命可大幅度延长。

（2）径向游隙对轴承寿命的影响分析。轴承寿命与轴承工作游隙之间的关系曲线如图 3-57 所示。图中 L 为轴承实际寿命，L_0 为轴承理想寿命。由图可知，原始径向游隙必须大于零，这样在运转后，由于热膨胀等原因，径向游隙收缩，当达到热平衡时，其径向工作游隙要略小于零，而其实际寿命要大于理想寿命。从长期生产实践中总结出来的经验表明，不同轴承类型，不同轴承的内径，其原始径向游隙应不同，原始游隙选择见表 3-24。例如，某烧结分级筛 LZS3080 以前选择 3G3634 的振动轴承，其原始径向游隙为 $180 \sim 240\mu m$，寿命较短，只有 180 天左右，现在选择 4G3634 的振动轴承，其原始径向游隙为 $240 \sim 300\mu m$，寿命可以延长 40%。

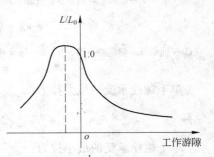

图 3-57 振动轴承寿命与工作游隙之间关系曲线

L—轴承实际寿命；L_0—轴承理想寿命

表 3-24 振动轴承原始游隙选择

振动轴承类型	圆柱辊子轴承			球面辊子轴承		
振动轴承内径/mm	<70	70 ~ 130	130 ~ 180	<70	70 ~ 130	130 ~ 180
原始径向游隙等	0	3	4	0	3	4
轴承精度等级	E	E	E	G	G	G

（3）轴承座内孔圆柱度对轴承寿命的影响分析。

圆柱度与轴承寿命关系曲线如图 3-58 所示，当轴承座是理想圆时，可获得轴承寿命延长的效果。当轴承圆柱度为 $0.15mm$ 时，$L/L_0 = 0.85$；当轴承圆柱度为 $0.30mm$ 时，$L/L_0 = 0.7$；当轴承圆柱度为 $0.4mm$ 时，$L/L_0 = 0.6$，所以建议当轴承圆柱度为 $0.4mm$ 时，即应更换轴承座。

3.8.3.2 振动器与筛箱连接螺栓强度分析

在现场实际中，经常出现振动器经过长期运行后，连接螺栓或松或断，造成振动器整体摔下来的重大设备事故，为此必须对振动器的连接螺栓强度进行校核。

现设连接螺栓 n 个，材质 A_3，内径 d_1，其各强度参数为 δ_B、δ_S、δ_{-1}、$[\delta]$，按有初始预紧力计算其承受非对称循环拉压变应力。

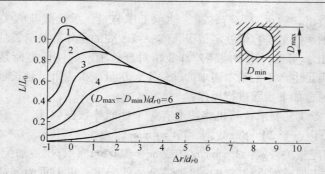

图 3-58　圆柱度对振动轴承寿命的影响曲线

L—轴承实际寿命；L_0—轴承理想寿命；Δr—安装径向游隙；$D_{max} - D_{min}$—轴承座的圆柱度；

$$d_{r0} = 0.002(D - d)\left(\frac{B}{D - d}\right)^{0.22}\left(\frac{F_r}{C_0}\right)^{0.67}$$

（C_0—轴承基本额定静负荷，N；D—轴承外径，mm；d—轴承内径，mm；B—轴承宽度，mm；F_r—径向负荷，N）

单个螺栓承受的最大拉力：

$$Q_{max} = \frac{1.3 \times 8m_0\omega^2 r}{n}$$

单个螺栓承受的最小拉力：

$$Q_{min} = \frac{0.3 \times 8m_0\omega^2 r}{n}$$

单个螺栓承受的最大拉应力：

$$\delta_{max} = \frac{Q_{max}}{\frac{\pi}{4}d_1^2}$$

单个螺栓承受的最小拉应力：

$$\delta_{min} = \frac{Q_{min}}{\frac{\pi}{4}d_1^2}$$

应力幅和平均应力计算：

$$\delta_a = \frac{\delta_{max} - \delta_{min}}{2}$$

$$\delta_m = \frac{\delta_{max} + \delta_{min}}{2}$$

疲劳强度安全系数计算：

$$S_\delta = \frac{\delta_{-1}}{\frac{K_\delta}{\varepsilon_a\beta}\delta_a + \varphi_a\delta_m}$$

通过查相关的机械设计手册可知 K_δ、ε_a、β、φ_a 等系数值。

静强度安全系数计算：

$$S_\delta = \frac{\delta_s}{\delta_a + \delta_m} \tag{3-10}$$

由上述计算结果可知 S_δ 与 [S] 的关系，一般 [S] 取 1.5~1.8，若 $S_\delta >$ [S]，则说明安

全，反之，则说明不安全。应选择直径大的螺栓或增加螺栓个数，同时，螺栓紧固工序要求用定扭矩扳手把紧，以达到每个螺栓受力均衡的目的，但在实际操作过程中，尤其是在抢修过程中，很难按照上述工序进行，只是简单地先用扳手把紧，再用大锤加力，此工序不能保证各个连接螺栓把紧程度一样，受力也不会均匀，可能造成某个螺栓先松后断，然后造成各个断裂的局面，所以应在连接螺栓紧固后，再加挡铁和卡子进行加固，以确保不出现事故。

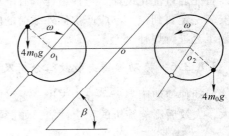

图 3-59　电动机启动计算模型示意图

3.8.3.3　驱动电动机启动力矩校核

许多情况下，比如冬季或停机后一定时间内没有运转，由于摩擦阻力矩的增大，往往出现电动机能带动筛机正常工作，但不能带动筛机正常启动的情况，故有必要对电动机启动力矩进行校核。筛机驱动电动机启动计算模型示意图见图 3-59，该图所示模型是自同步振动筛的激振器模型，由于无同步器，启动开始时，两个偏心块均垂直向下，当各自反向旋转 ωt 时，偏心块产生的力矩为：

$$M = 4m_0 gr\sin\omega t + 4m_0 gr\sin\omega t = 8m_0 gr\sin\omega t$$

启动过程回转系统刚体运动微分方程为：

$$I\ddot{\varphi} + 8m_0 gr\sin\omega t + M_r = M_q$$

式中，φ 为角位移，$\varphi = \omega t$；I 为整个系统的转动惯量；M_r 为两根主轴的摩擦阻力矩；M_q 为两台电动机的启动力矩。

经解该方程可得：

$$M_q > 0.725 \times (8m_0 rg) + M_r$$

摩擦阻力矩 M_r 理论非常复杂，可通过实验确定。一般 $M_r = (0.3 \sim 0.8) \times 8m_0 rg$，冬季取大值，为了确保正常启动，取 $M_r = 0.8 \times 8m_0 rg = 6.48m_0 rg$。

所以，$\qquad\qquad M_q > 0.725 \times 8m_0 rg + 0.8 \times 8m_0 rg$

即 $M_q > 12.2m_0 rg$ 为电动机正常启动条件。

驱动电动机启动力矩计算公式为：

$$M_q = 0.95 \times 2 \times 1.8 \times 9550 \frac{P}{n} \qquad\qquad (3-11)$$

式中　P——电动机的功率；

　　　n——转速。

若 $M_q > 12.2m_0 rg$，则电动机可以正常启动，反之则不能正常启动。电动机不能正常启动的处理方法如下：

（1）在满足生产工艺的条件下，减少配重。

（2）更换为大型电动机，增加启动力矩。

（3）用焊枪烘烤一定时间，以提高振动器的温度，释放腔内压力，降低轴承润滑油的黏度。

3.8.3.4　筛板振脱故障分析及处理

这与筛板固定方式有很大关系，整体更换筛板时要保证安装到位，固定螺栓拧紧，或把各块筛板连接起来，成为一个整体，先预紧后，空载运行 4h，再停机把各螺栓进一步加固拧紧，增加固定螺栓的放松装置，再投入生产。

3.8.3.5　筛箱侧墙板开裂故障分析及处理

首先通过优化设计，选择最佳偏心配重质量，是减少开裂的首要条件。其次是筛机各零部件安装一定要到位，不应产生额外载荷的应力，若已产生裂缝，应打坡口焊补，还应严格按照焊接工艺进行焊补。

3.8.3.6　振动弹簧失效故障分析及处理

振动弹簧使用寿命一般为 3 年，受当地气候，如高温、盐浸（如海水）、化学腐蚀等影响较大，失效后影响筛机的稳定性能，如振幅波动、产生侧振。凡弹簧失效，均应及时更换。

3.8.3.7　筛机堵料故障分析及处理

此类故障易出现在检修之后，如检修同步器或更换万向传动接手，造成起始偏转角与原始标准启动角度不一致（有同步器的筛机，自同步的筛机不存在此问题），可造成堵料，此时，按照设计参数，重新调整相关参数即可。有时，也可能由于偏心配重较轻，达不到生产工艺要求，只有通过逐步增加配重，满足生产要求，避免堵料现象的发生。

思 考 题

1. 振动筛的同步方式有哪两种？
2. 椭圆振动筛是由哪两种振动筛复合而成？
3. 振动筛偏心配重质量优化方程是什么，各参数代表什么意思？
4. 双箱筛有几个固有频率，筛机停止和启动时分别如何经过各固有频率？
5. 筛分机械有哪几种同步方式，各有什么优缺点？
6. 筛分机械操作时，为什么要先启动筛分设备的下道工序设备？
7. 影响振动轴承的寿命有哪几种，如何延长振动轴承使用寿命？
8. 振动轴承的圆柱度对其寿命有什么影响？
9. 冬季电动机启动困难的主要原因是什么？
10. 已知某大型振动筛的筛箱质量为 $M = 20000kg$，共有 8 个偏心配重块，单个偏心配重的偏心质量 $m_0 = 72.5kg$，偏心距 $r = 245mm$，试求该筛机的振幅（单振幅）是多少，若筛机正常运行，需要振幅（单振幅）为 5mm，那么，请问该偏心配重是重还是轻，应如何优化？
11. 振动器地脚螺栓的强度如何校核，如何加固？
12. 振动筛筛板开裂如何处理？

4 电力拖动设备

4.1 概述

烧结生产设备主要是以电动机为原动机的机械拖动设备。在电动机问世以前，人类多以风力、水力或蒸汽机作为原动力。19 世纪 30 年代出现了直流电动机，俄国物理学家 Б. C. 雅科比首次以蓄电池供电给直流电动机，作为快艇螺旋桨的动力装置，以推动快艇航行。此后，以电动机作为原动机的拖动方式开始为人们所瞩目。1880 年以后，由于三相交流电传输方便以及结构简单的三相交流异步电动机的发明，电力拖动技术得到了发展。20 世纪，随着社会的进步，为提高生产率和改善产品质量，工业部门对拖动设备不断提出新的、更高的技术要求，如较宽的速度调节范围、较高的调速精度、能快速地进行可逆运行以及对位置、加速度等物理量的可控性等。以蒸汽机、柴油机等作为原动机的拖动装置很难甚至不可能满足上述技术要求，而应用电力拖动装置则能很好地实现。因此，电力拖动装置被广泛用于冶金、石油、交通、纺织、机械、煤炭、轻工、国防和农业生产等部门，在国民经济中占有重要地位，是社会生产不可缺少的一种传动方式。

电动机的设备体积比其他动力装置小，没有汽、油等对环境的污染，控制方便，运行性能好，传动效率高，可节省大量能源。

电力拖动装置由电动机及其自动控制装置组成。自动控制装置通过对电动机启动、制动的控制，对电动机转速调节的控制，对电动机转矩的控制以及对某些物理参量按一定规律变化的控制等，可实现对机械设备的自动化控制。

烧结生产具有大功率、连续运转、工况恶劣等特点，烧结电力拖动可分为直流拖动和交流拖动两种；以电压等级划分，有低压（380V）和高压（>380V）两种；以速度调制划分，有定速和变速两种；以变速调制方式划分，又可分为调压调速和变频调速等。

思 考 题

1. 简述电力拖动设备发展过程？

4.2 供配电设备

4.2.1 电力系统及供配电系统概述

电力系统就是由发电厂、输电网、配电网、用户这四个基本要素构成的动力整体。电能是由发电厂生产的，为了充分利用动力资源，降低发电成本，发电厂大多建在一次能源丰富的偏远地区，而电能用户一般在大中城市和负荷集中的大工业区，因此发电厂生产出的电能要经过高压远距离输电线路输送，才能到达各电能用户。图 4-1 所示为一个典型简单的电力系统示意图。

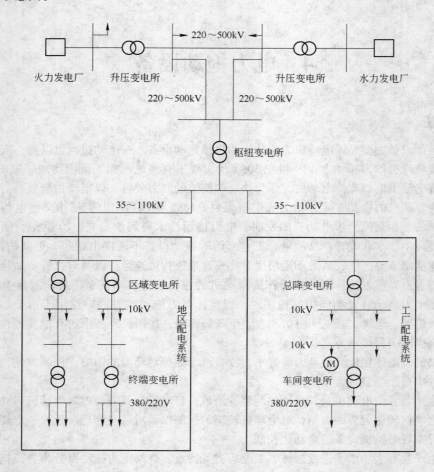

图 4-1　电力系统示意图

　　供配电系统是工业企业供配电系统和民用建筑供配电系统的总称。供配电系统是电力系统的重要组成部分，是电力系统的电能用户。对用电单位来说，供配电系统的范围是指从电源线路进入用户起到高低压用电设备进线端止的整个电路系统，它由变配电所、配电线路和用电设备构成。

4.2.2　变电所功能

　　变电所的功能是接受电能、变换电压和分配电能。变电所由电力变压器、配电装置和二次装置等构成。按变电所的性质和任务不同，将其分为升压变电所和降压变电所。升压变电所通常紧靠发电厂，降压变电所通常远离发电厂而靠近负荷中心。根据变电所在电力系统中所处的地位和作用，可将其分为枢纽变电所、地区变电所和用户变电所。枢纽变电所位于电力系统的枢纽点，联系多个电源，出线回路多，变电容量大，入口电压等级一般为 220kV 或以上；地区变电所一般用于地区或中、小城市配电网；用户变电所位于配电线路的终端，接近负荷处，入口电压等级一般都为 35kV、110kV，经降压后向用户供电。

4.2.3 烧结车间级变电所

如图 4-1 所示，烧结车间供配电系统属于大型工厂供配电系统中的车间级供配电系统，为 10kV 及 400V 变电所。高压变电所 10kV 母排进线电源来自工厂总降变电所 10kV 母排，其配出开路主要为 10kV/0.4kV 变压器和中压 10kV 电动机，少量配出开路为 10kV/6kV 或 10kV/3kV 变压器，采用中性点不接地接线方式。从技术经济指标来看，在同样的输送功率和输送距离的条件下，配电电压越高，线路电流越小，线路所采用的导线或电缆截面就越小，可减少线路的初投资和金属消耗量，减少线路的电能损耗和电压损耗，从设备的选型及将来的发展来看，采用 10kV 配电电压更优于 6kV、3kV。

低压变电所 400V 母排电源均来自本地变电所 10kV/0.4kV 变压器，配出对象为低压按系统分设备 400V 母排，进而直供配出给烧结生产主工艺设备、烧结生产除尘工艺设备、烧结生产检修照明设备等，采用中性点直接接地接线方式，接地方式为 TN 系统。

烧结车间供配电系统为两级变电所、三级配电系统模式，主接线方式为单母排分段供电。出于供电可靠性的要求，对烧结生产工艺主设备均设置：高压变电所 10kV 母排两路单独进线电源，低压变电所两台或以上可分段联络变压器。高压变电所单段进线电缆、本地进线开关、10kV 母排额定容量能满足所有烧结生产工艺主设备负荷需求；低压变电所单台变压器容量能满足所有烧结生产工艺主设备负荷需求。

烧结车间变电所 10kV 系统电源直接取自上级 10kV 线路，配电系统采用干式变压器和油浸式变压器。油浸式变压器具有较好的绝缘和散热性能，且价格较低，便于检修；但由于油具有可燃性，因此不便用于易燃易爆和安全要求较高的场合。干式变压器结构简单、体积小、质量轻，且防火、防尘、防潮，价格较同容量的油浸式变压器贵，主要用于安全防火要求较高的场所，尤其是大型建筑物内的变电所、地下变电所和矿井内变电所等。

10kV 高压变电所一次设备采用国内与进口混合型，开关柜类型为金属铠装手车户内安装式，通过装设机械及电气闭锁装置来实现防止误跳、误合断路器；防止带负荷拉、合隔离开关；防止带电挂接地线；防止带电接地线闭合隔离开关；防止人员误入开关柜的带电间隔"五防"功能。由于发生故障或需要检修试验时，可随时将其手车拉出，再推入同类备用手车，具备检修安全、供电可靠性高等特点。对于高压熔断器，主要是用于对电路及电路设备进行短路保护，具体应用时也可用于过负荷保护。在继电保护装置发展得足够安全、可靠时，供配电系统也可不配备高压熔断器。采用的高压断路器均为真空断路器，是配电线路中最为重要的电气设备，它的性能直接关系到线路运行的安全性和可靠性；高压断路器具有完善的灭弧装置，一方面根据电网的运行需要，将部分电器设备（或线路）投入或者退出运行，另一方面在电器设备或电力线路发生故障时，继电保护装置将自动发出跳闸信号，启动断路器，将故障部分设备或线路从电网中迅速切除，以确保电网其他部分正常运行。

4.2.4 烧结车间变电所二次系统

工厂供配电系统的变压器、隔离开关、熔断器、断路器、母线、架空线路及电线电缆等电气设备相互连接构成的电路称为一次接线或主接线，是工厂供配电的主体。为做到安全经济运行和操作管理方便，还需装设一系列的辅助电气设备，如控制及信号元件、继电保护装置、自动装置、监测计量仪表等，这些设备通过电压互感器、电流互感器与主接线连接，统称为二次接线系统。

烧结车间 10kV 二次系统电源为直流 220V，由蓄电池组和浮充装置并列运行提供，浮充装置给蓄电池组浮充电以弥补电池自身消耗。直流 220V 系统为继电保护和自动装置、控制信号回路、测量信号回路、显示信号回路。多台浮充装置并列运行，以保证系统的可靠性。高压二次系统最重要的装置是继电保护装置，要求其对配电线路、变压器、电动机不正常情况和故障能提供速动性、选择性、灵敏性、可靠性的保护。

　　烧结车间 400V 二次系统电源为单相交流 220V，一般独立于低压配电系统动力电源，并且有非自投备用电源，便于停机或故障状态下的状态显示和保护实现。

思 考 题

1. 电力系统由哪几个基本要素构成？
2. 变电所功能有哪些？
3. 简述烧结车间级变电所有哪些功能？

4.3　供配电系统接地方式及变电所防雷措施

4.3.1　供配电系统接地方式

　　接地系统按照功能分为工作接地、保护接地、防雷接地。工作接地是为满足电力系统或电气设备的运行要求，而将电力系统的某一点接地，如电力系统的中性点的接地；保护接地是为防止电气设备的绝缘损坏和为了避免发生人身电击事故，而将电气设备的外露可接近导体部分接地，如电动机、变压器的金属底座、外壳的接地；防雷接地是为防止雷电过电压对人身或设备产生危害，而设置的过电压保护设备的接地，如避雷针、避雷器的接地。

　　低压接地系统按照工作接地、保护接地的具体接地方式及两者之间的连接关系分为 TN（包括 TN-C、TN-S、TN-C-S）、TT、IT 三种。第一个字母表示电气设备的外露导体对地的关系，如 T 表示直接接地；I 表示不接地（包括所有带电部分与地隔离）或通过高阻抗与大地相连。第二个字母表示电气设备的外露导电部分与大地的关系，如 T 表示电气设备的外露导电部分直接接大地，它与电源的接地无联系；N 表示电气设备的外露导电部分通过与接地的电源中性点的连接而接地。后续字母表示中性线（N）与保护线（PE）之间的关系，如 C 表示中性线 N 与保护线 PE 合并为 PEN 线；S 表示中性线 N 与保护线 PE 分开；C-S 表示在电源侧一段为 PEN 线（保护中性线），从某点分开后为 N 线及 PE 线。

　　TN-C 接地系统保护线 PE 与中性线 N 是合二为一的，也称接零保护，具有接线简单、投资费用少的优点。但对于三相不平衡负荷或单相负荷以及有谐波电流的线路，PEN 线流经电流产生电压降，PEN 线上的对地电位与电气设备金属外壳直接连接使其带电，会使灵敏度较高的电子设备造成损害。TN-C 接地系统中，为防止因中性线故障而失去接地保护作用造成电击危险和损坏设备，还应对中性线进行多处接地，即重复性接地。

　　TN-S 接地系统保护线 PE 与中性线 N 是分开的，PE 线正常时不通过工作电流，只是在发生接地故障时流过故障电流，其电位正常时为零电位，不会对电子设备产生干扰。

　　TN-C-S 接地系统在 TN-C 系统中 PEN 线上的某一点向后形成 TN-S 系统。从电源到分界点（通常位于建筑物内）间节省了一根专用的 PE 线。

4.3.2 变电所防雷措施

供电系统在正常运行时，电气设备的绝缘处于电网的额定电压作用之下，但是由于雷击的原因，供配电系统中某些部分的电压会大大超过正常状态下的数值。通常情况下变电所雷击有两种情况：一是雷直击在变电所的设备上；二是架空线路的雷电感应过电压和直击雷过电压形成的雷电波沿线路侵入变电所。

4.3.2.1 直击雷过电压

雷云直接击中电力装置时，形成强大的雷电流。雷电流在电力装置上产生较高的电压，雷电流通过物体时，将产生有破坏作用的热效应和机械效应。

4.3.2.2 感应过电压

当雷云在架空导线上方，由于静电感应，在架空导线上积聚了大量的异性束缚电荷。在雷云对大地放电时，线路上的电荷被释放，形成的自由电荷流向线路的两端，产生很高的过电压，此过电压会对电力网络造成危害。

因此，架空线路的雷电感应过电压和直击雷过电压形成的雷电波沿线路侵入变电所，是导致变电所雷害的主要原因。若不采取防护措施，势必造成变电所电气设备绝缘损坏，引发事故。

变电所遭受的雷击是下行雷，主要是雷直击在变电所的电气设备上，或架空线路的感应雷过电压和直击雷过电压形成的雷电波沿线路侵入变电所。因此，避免直击雷和雷电波对变电所进线及变压器产生破坏就成为变电所雷电防护的关键。

（1）变电所装设避雷针对直击雷的防护。架设避雷针是变电所防直击雷的常用措施。避雷针是防护电气设备、建筑物不受直接雷击的雷电接收器，其作用是把雷电吸引到避雷针身上并安全地将雷电流引入大地，从而起到保护设备的作用。变电所装设避雷针时应使所有设备都处于避雷针保护范围之内，此外，还应采取措施，防止雷击避雷针时的反击事故。对于 35 kV 变电所，保护室外设备及架构安全，必须装有独立的避雷针。独立避雷针及其接地装置与被保护建筑物及电缆等金属物之间的距离不应小于 5m，主接地网与独立避雷针的地下距离不能小于 3m，独立避雷针的独立接地装置的引下线接地电阻不可大于 10Ω，并需满足不发生反击事故的要求。对于 110kV 及以上的变电所，装设避雷针是直击雷防护的主要措施。由于此类电压等级配电装置的绝缘水平较高，可将避雷针直接装设在配电装置的架构上，同时避雷针与主接地网的地下连接点，沿接地体的长度应大于 15m。因此，雷击避雷针所产生的高电位不会造成电气设备的反击事故。

（2）变电所的进线防护。要限制流经避雷器的雷电电流幅值和雷电波的陡度就必须对变电所进线实施保护。当线路上出现过电压时，将有行波沿导线向变电所运动，其幅值为线路绝缘的 50% 冲击闪络电压，线路的冲击耐压比变电所设备的冲击耐压要高很多。因此，在接近变电所的进线上加装避雷线是防雷的主要措施。如不架设避雷线，当遭受雷击时，势必会对线路造成破坏。

（3）变电站对侵入波的防护。变电站对侵入波防护的主要措施是在其进线上装设阀式避雷器。阀式避雷器的基本元件为火花间隙和非线性电阻。目前，SFZ 系列阀式避雷器，主要用来保护中等及大容量变电所的电气设备。FS 系列阀式避雷器，主要用来保护小容量的配电装置。

（4）变压器的防护。变压器的基本保护措施是在接近变压器处安装避雷器，这样可以防止沿线路侵入的雷电波损坏绝缘。

装设避雷器时，要尽量接近变压器，并尽量减小连线的长度，以便减小雷电电流在连接线上的压降。同时，避雷器的连线应与变压器的金属外壳及低压侧中性点连接在一起，这样就有效地减少了雷电对变压器破坏的机会。

变电站的每一组主母线和分段母线上都应装设阀式避雷器，用来保护变压器和电气设备。各组避雷器应用最短的连线接到变电装置的总接地网上。避雷器的安装应尽可能处于保护设备的中间位置。

（5）变电所的防雷接地。变电所防雷保护满足要求以后，还要根据安全和工作接地的要求敷设一个统一的接地网，然后在避雷针和避雷器下面增加接地体以满足防雷的要求，或者在防雷装置下敷设单独的接地体。

小变电所用独立避雷针，大变电所的独立避雷针与配电装置带电部分在空气中最短途径不得小于5m。避雷针接地引下线埋在地中部分与配电装置构架的接地导体埋在地中部分在土壤中的距离必须大于3m。变电所电气装置的接地装置采用水平接地极为主的人工接地网，水平接地极采用扁钢50mm×5mm，垂直接地极采用角钢50mm×5mm。垂直接地极间距5～6m，主接地网接地装置电阻不大于4Ω，主接地网埋于冻土层1m以下。人工接地网的外缘应闭合，外缘各角应做成圆弧形。

大变电所安装在架构上的避雷针，与主接地网应在其附近装设集中接地装置。避雷针与主接地网的地下连接点至变压器的接地线主接地网的地下连接点，沿接地体的长度不得小于15m，同时变压器门形架构上不得装避雷针。

（6）变电所防雷感应。随着电力技术的发展，变电所均有完善的直击雷防护系统，户外设备直接遭受雷击损坏的可能性很小。但雷击防护系统所产生的雷击放电及电磁脉冲，以及雷电过电压通过金属管道电缆对变电所控制的各种弱电设备产生严重的电磁干扰，就可能影响到变电设备的正常运行。

采取防雷感应保护的措施主要有：多分支接地引线，减小引线雷电流；改善汇流系统的结构，减小引下线对弱电设备的感应；除了在电源入口处装设压敏电阻等限制过压装置外，还可在信号线接入处使用光耦元件；所有进出控制室的电缆均采用屏蔽电缆，屏蔽层共用一个接地极；在控制室和通信室敷设等电位，所有电气设备的外壳均与等电位汇流排连接。

思 考 题

1. 供配电系统接地方式有哪几种？
2. 变电所防雷措施有哪些？

4.4 电动机调速原理及应用

4.4.1 交流调速装置的原理及应用

4.4.1.1 发展及其特点

20世纪50年代末开始，电气传动领域发生着一场重要的技术变革，将原来仅用于恒速传动的交流电动机实现调速控制，以取代制造复杂、价格昂贵、维护麻烦的直流电动机。随着电力半导体器件及微电子器件，特别是微型计算机及大规模集成电路的发展，再加上现代控制理论向电气传动领域的渗透，使这一变革逐步成为现实。

目前，发达国家已有一系列成熟的变频器产品，其最大容量已突破万千瓦，技术性能及经济指标已优于直流电动机传动，并在冶金、纺织、港口及加工等方面广泛应用。1985 年国际上开始出现"运动控制系统"（motion control system）的提法，美国 B. K. Bose 博士写道："当今的运输控制系统是一个新的领域，它包含着电动机、电力半导体器件，变换器电路，作为硬件的信号电子技术，自动控制理论和微型计算机等众多学科。最近又增添了大规模集成电路以及复杂的计算机辅助设计技术。"这句话高度概括了交流调速技术的特点。

4.4.1.2　调速原理

由电机学可知，交流异步电动机的转速公式如下：

$$n = \frac{60f}{p}(1 - S) \tag{4-1}$$

式中　f——异步电动机定子电压供电频率；

　　p——异步电动机的磁极对数；

　　S——异步电动机的转差率。

所以调节交流电动机的转速有以下三种方式：

（1）改变电动机的磁极对数调速；

（2）变频调速；

（3）变转差率调速。

这三种调速方法中，变极对数 p 调速和变频调速属于改变同步转速 n_0 的调速方法，在调速过程中，转差率 S 是一定的，故系统效率不会因调速而降低，而变转差率调速属于不改变同步转速的调速，存在调速范围愈宽，系统效率 η 愈低的问题，故不值得提倡。在改变 n_0 的两种方法中，又因变极调速为有级调速，调速范围窄，且不连续。所以，目前在交流调速方案中，多采用变频调速方案。

变频器因为输入、输出的电压和频率不同，又分为直接变频器、间接变频器和正弦波脉宽调制变频器三种。

直接变频器又称为 AC-AC 变频器，其作用是将恒频 f_1、恒压 u_1 的交流电源转换成频率、电压幅值可调的 f_2、u_2 交流电能输出，由于该电路是靠电网电压自然换流点换流，故输出频率的最大值仅为电网频率的 $1/2 \sim 1/3$，特别适用于大容量、要求低速传动的场合。

间接变频器又称 AC-DC-AC 变频器，它是先将交流电源整流成直流，再由逆变器将直流转换成频率、电压可调的交流输出，这类变频器特别适合于对多电动机供电，常用于不要求频繁启动、制动的场合。

正弦波脉宽调制变频器也属于电压型变频器。随着第二代全控型功率器件的出现，正弦波脉宽调制变频器受到人们的欢迎，它的特点是直流侧是不可控整流桥，逆变器由大功率开关晶体管组成，或是开关频率更高的 MOS 管组成，输出方波电压的宽度按正弦函数分布，使得谐波分量大大减小，特别适用于高性能、宽调速范围的交流传动系统。

4.4.1.3　在生产实际中的应用

以一台日本数字式变频器系统功能示意图（图4-2）为例，介绍变频器结构及应用。整个系统包括主电路和控制回路两部分，主电路包括整流器、滤波电容 C 以及逆变器三个环节。整流器和滤波电容之间的电阻 R 起限制充电电流作用，电源接触器闭合，变频器充电，电阻 R 限制起始充电电流，待电流稍小后电阻 R 被短接。快速熔断器的作用不是保护大功率晶体管，而是防止逆变器的事故进一步扩大。逆变器输入直流侧的电阻 R 为过电流的取值电阻，逆变器正常工作时流过 R 上的电流较小，过流保护电路不动作；一旦发生过电流，R 上压降增大，保护电路动作。大功率晶体管 TR 起泵升电压保护作用，当电动机在快速制动时所释放的能量使回路直流电压剧增，达到保护动作电压时，泵升保护管 TR 导通，使过高的直流电压下降，能量消耗在外接制动电阻 R_w 上。

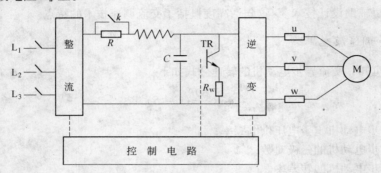

图 4-2 变频器功能示意图

控制回路为全数字工作方式，采用两片 CPU 为主、从结构，主 CPU 为 16 位微处理器，负责电压矢量控制运算、数字式 PWM 脉宽的计算和分配、各种保护功能的处理，以及主、从 CPU 之间的通信联络；从 CPU 为 4 位微处理器负责操作键盘和数码显示 LED 的管理。

速度给定信号的输入方式有三种：利用键盘直接键入、外接电位器及 4 ~ 20mA 模拟式输入，模拟电压经 A/D 转换后传送给主 CPU。

由于交流变频器结构简单、工作可靠、维护方便、调速范围宽以及显著的节约电能效果，已被广泛使用。

4.4.2 直流调速装置的原理及应用

4.4.2.1 调速原理

直流电动机因其调速特性好、启动转矩大等特点，在对电动机调速性能和启动性能要求高的生产机械上，大都采用直流电动机进行拖动。由直流电动机电枢电压方程式可得（忽略内阻压降）：

$$n = U_a/C_e\Phi \tag{4-2}$$

式中 n——转速；

$\quad\quad U_a$——电枢电压；

$\quad\quad C_e$——电势常数；

$\quad\quad \Phi$——励磁磁通。

由此式可见，欲改变电动机的转速，可以通过改变电枢电压 U_a 或改变励磁磁通 Φ 的方式进行改变，由于受电动机绕组绝缘耐压的限制，实际上调压是在 U_a 的额定电压以内调压调速；又由于一般的额定磁通设计为铁芯接近饱和状态，因此改变磁通 Φ，一般应用在减弱的方向，称为弱磁调速，使转速从额定值向上调节。

（1）晶闸管直流调速系统。给定电位器 R_g 输出一个控制电压 V_g，使触发器产生触发脉冲触发晶闸管，晶闸管整流器便输出一个直流电压 V_D。当电动机加上励磁时，电动机就以一定的转速转动，若调节给定电位器 R_g 使控制电压 V_g 减小，这时触发脉冲后，控制角 α 增大，晶闸管整流器的输出电压 V_D 减小，电动机转速下降。反之，若增加控制电压 V_g，则电动机转速上升。

（2）全数字直流调速系统。全数字直流控制装置，见图 4-3，因其结构紧凑，便于操作和维护，近几年被广泛推广使用。其控制电路与主电源完全隔离，控制功能全数字化，先进的 PI（比例-积分）调节，具有自适应电流环，以达到最佳动态性能。所有的参数设定都用软件，通过串行口面板上的按钮和液晶显示器调节完成设定。

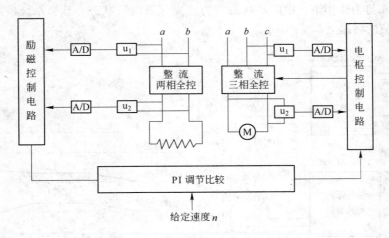

图 4-3　全数字直流调速装置方框图

电枢回路为三相全控桥，励磁回路采用单相半控桥，电枢和励磁回路的功率部分为绝缘的可控硅模块，所以其散热器不带电。

给定积分器使阶跃变化给定值输入变为一个随时间连续变化的给定值信号，加速时间和减速时间可以分别设定，速度调节器比较转速给定与速度反馈值，依据它们之间差值输出相应的电流给定值送电流调节器，电流调节器是 PI 调节器，P 和 I 的参数可以分别设定，电流值通过交流侧的电流互感器检测，经负载电阻，整流以及模数变换后送电流调节器，电流调节器的输出为触发角，同时作用于触发控制单元的还有预控制器，这些控制单元与电流调节回路共同完成转矩改变符号时的逻辑控制，触发角控制单元形成于电源同步的可控硅控制触发脉冲，同步信号取自功率部分，此为主枢回路的输出调节控制。

反电势调节器比较直流装置的给定值和反馈值，产生励磁电流以调节给定值，从而实现与直流装置相关的弱磁调节。励磁电流调节器，根据电流给定值与励磁电流反馈之差进行调节，并输出给触发励磁主回路的三相可控硅。

4.4.2.2　在生产实际中的应用

现以武钢二烧结车间烧结机（203）、减速器（204）之间的匹配传动为例，介绍直流调速设备的应用。其使用的调速装置是英国欧陆公司 VED590D 全数字直流调速装置，并配用了 PLC-C60 可编程控制器，实现 203 与 204 之间的控制，及与上位机 N90 之间的通信。

烧结机（203）为两台直流电动机驱动，烧结机减速器（204）为一台直流电动机驱动，见图4-4。当可编程控制器C60开关量输入端接到工作信号时，检查自身系统及外部条件是否具备，同时203、204直流数控装置也进行自检，若发现问题则在液晶显示器上显示报警，自检正常PLC-C60通过通信口向203、204发出工作信号，203、204调速装置解除封锁。当203调速装置接受到N90给定信号时，其装置整流输出"爬行"电压，203电动机推动台车"爬行"，消除烧结机机尾的"拉缝"，此时204装置也接收到203装置送来的运行信号，装置进行整流输出，204电动机正转（电动），消除204柔性传动齿轮箱内的齿间隙。当烧结机运行到机尾台车"拉缝"消除时，由于204液压闸未开及204电动机正转（其方向与203台车方向相反），203"受阻"电流增大。203整流装置检测到此信号时，同时向PLC-C60及204整流装置发送控制信号，即令204液压闸打开，204装置无环流逻辑控制单元工作，并与204电动机一起在烧结机台车推力作用下，由电动状态变为逆变（发电）状态，整套系统最后稳定运行在N90给定所对应的转速上，见图4-5。

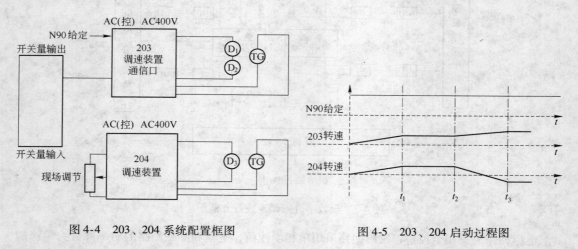

图 4-4　203、204 系统配置框图　　　　　　图 4-5　203、204 启动过程图

全数字直流数控技术是近几年来推广应用的新技术，也是今后直流调速技术发展方向，它以优良的性能、方便的维护，必将会广泛地应用到各个领域。

思 考 题

1. 直流电动机有哪几种调速方式？
2. 比较交、直流电动机调速特性，并分别叙述各自的应用范围。

4.5　低压电动机软启动器的应用

4.5.1　异步电动机的启动方式

异步电动机定子绕组接入电网后，转子从静止状态到稳定运行状态的过程，称为异步电动机的启动。电力拖动系统对电动机的启动要求是要有较小的启动电流和足够大的启动转矩，使得启动过程中一方面供电线路压降不致过大影响电网上其他负载的正常工作，另一方面能拖动负载且较快地达到稳定运行状态。因此，衡量异步电动机启动性能的主要指标是启动电流倍数（$K_I = I_{st}/I_N$）和启动转矩倍数（$K_T = T_{st}/T_N$）。

低压异步电动机的启动方式有：全压启动、降压启动、电力电子装置的软启动、电力电子装置的变频启动。采用软启动方式，有以下优点：

（1）无冲击电流。软启动器在启动电动机时，通过逐渐增大晶闸管导通角，使电动机启动电流从零线性上升至设定值，对电动机无冲击，提高了供电可靠性。平稳启动，减少了对负载机械的冲击转矩，延长了机器使用寿命。

（2）有软停车功能，即平滑减速，逐渐停机，它可以克服瞬间断电停机的弊病，减轻对重载机械的冲击，避免高程供水系统的水锤效应，减少设备损坏。

（3）启动参数可调。根据负载情况及电网继电保护特性选择，可自由地无级调整至最佳的启动电流。

4.5.2 电子式软启动器原理

电子式软启动器（soft starter）串接于电源与被控电动机之间的调压电路及其检测与控制电路。调压电路一般有六只晶闸管两两反向并联组成，类似三相全控桥式整流电路。检测电路中电压检测主要用于保证控制电路输出的触发脉冲与电源频率同步，同时还用于电源缺相保护；电流检测主要用于保证启动电流不大于设定的最大允许启动电流。软启动器启动电动机时，通过控制晶闸管的导通角，来改变晶闸管的输出电压，使其逐渐增加，电动机逐渐加速，直到晶闸管全导通，电动机工作在额定电压的机械特性上，实现平滑启动，降低启动电流，避免启动过流跳闸。待电动机达到额定转速时，启动过程结束，软启动器自动用旁路接触器取代已完成任务的晶闸管，为电动机正常运转提供额定电压，以降低晶闸管的热损耗，延长软启动器的使用寿命，提高其工作效率，又使电网避免了谐波污染。

4.5.3 电子式软启动器工作方式

电子式软启动器主要有以下几种工作方式：

（1）限流软启动。启动时电流以一定的斜率上升至某一设定值（I_{lim}），其后维持恒定，直至启动结束。其输出电压从零开始迅速增长，直到输出电流达到预先设定的电流限值 I_{lim}，然后在保持输出电流的条件下再逐渐升高电压，直到额定电压，使电动机转速逐渐升高，直到额定转速。这种启动方式的优点是启动电流小，且可按需要调整，对电网影响小，这种方式适合绝大多数应用场合。其缺点是在启动时难以知道启动压降，不能充分利用压降空间，损失启动转矩，启动时间相对较长。

（2）电压双斜坡启动。输出电压先迅速升至 U_1（U_1 为电动机启动所需的最小转矩所对应的电压值），然后按设定的速率逐渐升压，直至达到额定电压。初始电压及电压上升率可根据负载特性调整。这种启动方式的特点是启动电流相对较大，但启动时间相对较短，适用于重载启动的电动机。

（3）阶跃恒流启动。启动的初始瞬间让晶闸管在极短的时间内大角度导通，用以克服拖动系统的静阻力，然后回落，再按原设定的值线性上升，进入恒流启动。这种方式适用于重载并克服摩擦的启动场合，可缩短启动时间。

由于软启动只改变输出电压，不改变频率，也就是不改变电动机运行曲线上的 n_0，而是加大该曲线的斜率，使电动机特性变软。当 n_0 不变时，电动机的各个转矩（额定转矩、最大转矩、堵转转矩）均正比于其端电压的平方，因此用软启动可大大降低电动机的启动转矩，所以软启动并不适用于重载启动的电动机。

4.5.4　软启动器在烧结布袋除尘风机的应用

烧结一布袋除尘风机电动机 Y355M-4-220kW，额定电流 395A，配电变压器视在功率为 800kV·A，风机启动前变压器运行二次电流为 450A。全压启动时，配电变压器二次配出母线由于长时间的过电流出现抖动和异常声音，不能满足直接启动要求。使用 QB42-250 软启动器作为电动机启动控制器，当检测达到额定转速后，切换到旁路运行，启动过程中母线运行电流最大值为 1800A，能承受短时倍数过载。QB42-250 软启动器提供斜坡模式、阶跃恒流模式、阶跃恒压模式三种启动方式，启动过程中能提供缺相、欠压、短路、过热、启动超时故障保护。其参数设置如表 4-1 所示。

表 4-1　各种软启动的性能参数

参数名称	调节范围		说　明	步　长	设置值	备　注
控制模式	面　板		使用面板启动、停止按钮启停电动机		端　子	
	端　子		使用软启动器的接线端子启停电动机			
	通　信		通过 RS485 通信端口启停电动机			
工作模式	斜　坡		启动电压曲线由突跳时间 T_j、启动电压 U_s、启动时间 T_s 构成	斜　坡		完全电流闭环控制方式
	恒　流		突跳时间 T_j 内为全压，其后控制电动机端电压，使电动机启动电流始终置于恒流系数倍数内			
	恒　压		突跳时间 T_j 内为全压，其后端电压启动过程中始终置于设定的启动电压 U_s			
突跳时间 T_j/s	0~3		对于高转矩负载，软启动在初始时间输出全压，使电动机能迅速克服负载的静摩擦和惯量开始转动	0.1	0	恒流模式下建议设为 0
启动电压 U_s/V	100~380		软启动初始对电动机所加电压	10	190	
启动时间 T_s/s	5~120		输出电压从 U_s 到全压所需时间，不等于实际启动时间	1	60	
恒流系数	2~5 倍		恒流工作模式时输出恒定电流倍数值	0.1	3	
恒压值/V	150~380		恒压工作模式时输出恒定电压值	10	200	
额定电流/A	0~9999		电动机的额定电流	1	395	

避免突跳全压时将启动电压 U_s 调节到合适的值，可在启动时使负载能立即开始转动，这是因为在相同转速下电动机的输出力矩与电动机端电压的平方成正比例。当软启动器的输出电压较低时，电动机力矩小于负载的静摩擦力矩，不能使负载转动，随着输出电压的不断增大，电动机力矩克服了负载的静摩擦力矩和惯量，电动机才开始转动。针对不同的负载类型，选择合适的启动模式和启动参数，能获得很好的启动性能。需要注意的是，当启动负载为重载负荷时，软启动器的功率应大于电动机功率的 30%，以避免启动时间长导致可控硅的过热。

该电动机使用斜坡模式启动，启动过程中电流最大值为 1315A（3.3 倍额定电流），启动时间约为 50s，未影响变压器所带的其他负荷的正常工作，启动参数在所在电网的一次设备短时过载能力之内。

思 考 题

1. 电子式软启动器原理是什么？
2. 电子式软启动器工作方式是什么？

4.6 多功能电动机保护器的原理及应用

随着当代微电子技术、计算机技术和网络通信技术的迅猛发展，在工业控制自动化领域陆续出现了许多低压电动机的综合保护、测量及控制产品，它们与计算机和通信设备的有机结合，使复杂的工业生产过程自动控制和管理变得简洁、可靠和人性化。这些产品较多地使用在烧结皮带运输系统中。烧结厂的运输设备以胶带机为主，主要用作物料运输，经常会遇到带负荷启动或压料情况，电动机因频繁启动或长时间超负荷运转而导致电动机烧损，一旦电动机烧损就会带来维修成本的增加和生产经济损失。如果采用多功能电动机保护器，将使电动机烧损率大幅度降低，从而有效地提高了设备的作业率。

下面以某烧结厂采用的德国西门子公司 SIMOCODE-DP 电动机保护器为例，全面介绍多功能电动机保护器的原理及应用。SIMOCODE-DP 电动机保护器可以对现场低压电动机进行保护和监控，其优势全面超越了传统的继电器-接触器控制方式，集遥测、遥信、遥控、遥调四种功能，数字式保护功能及分体显示于一体，采用现在流行的 Profibus-DP 现场总线通信方式与PLC 的有机结合，实现了对现场低压电动机远程监控功能。

4.6.1 SIMOCODE-DP 介绍

一套完整的 SIMOCODE-DP 系统主要部件包括：参数配置软件、基本单元、扩展模块、操作面板，如图 4-6 所示。

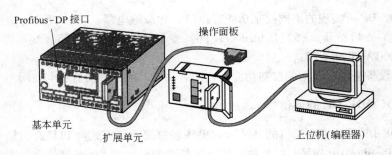

图 4-6　SIMOCODE-DP 系统的组件简图

4.6.1.1　参数配置软件

参数配置软件是进行参数化、操作、诊断及监测的软件，安装在 PC 或 PU 上，操作和维护人员可以在运行过程中读到各种统计数据：启动的次数、运行的时间、电动机的实时运行参数等。

4.6.1.2 硬件组成部件

基本单元有输入、输出单元，可执行所有保护和控制功能，并提供 Profibus-DP 的连接。输入由内部的 24VDC 电源供电。扩展模块、操作面板、手操设备或 PC 均可以通过系统接口连接。该基本单元有三种不同的控制电源电压等级：24VDC、115VAC、230VAC。

操作面板用于对柜内的驱动器进行手动控制，可以连接到基本单元或扩展模块上，由基本单元供电。通过手操设备或 PC 可实现对三个按钮和六个指示 LED 进行参数化。

4.6.2 SIMOCODE-DP 的特点

（1）集全面的电动机数字保护、现场/远方启停操作控制、三相综合电量测量及电能计量、运行状态监视、远方参数设置、保护动作记录及网络通信于一体。

（2）针对低压马达控制中心（MCC）设计，小型化的外形尺寸，适用于各种抽出式、固定式及混合式的柜型。

（3）基本单元、扩展单元与操作单元采用分体安装结构，安装、维护极为灵活、便利，在减少布线量的同时，可最合理地使用开关柜空间。

（4）具有堵转、过载、欠载、电流不平衡、接地、漏电、缺相、过压、欠压及反时限过负荷等多种数字式综合保护功能，保证现场电动机安全、可靠地运行。而且设置了各种情况的预警，以便及时排除某些故障，以减小故障停机率和对设备的机械损害。

（5）可编程的就地启、停控制，可编程的状态量采集（遥信）功能，可实现电动机运行状态的监视，对现场电动机进行远方遥控"启/停"操作。

（6）完全替代各种指针式电流表、信号灯、热继电器等常规电器元件，以减少柜内布线和元器件的安装与维护。

（7）穿芯馈电，SIMOCODE-DP 根据电动机的电流，额定载流能力 100A 以内的动力电缆都可以穿过设备上 3 个预制的穿孔，不需要端子接线，节省安装时间。

4.6.3 SIMOCODE-DP 可实现的不同控制功能

SIMOCODE-DP 可实现的不同控制功能有：（1）过载继电器；（2）直接启动器；（3）可逆启动器；（4）Y-△启动器；（5）Dahlander；（6）变极开关；（7）滑阀（编码器）；（8）电磁阀；（9）SIKOSTART 3RW22（软启动器）。

对于烧结设备来说，多用的控制功能有直接启动器、可逆启动器和电磁阀。

4.6.4 SIMOCODE-DP 的通信

SIMOCODE-DP 采用现在流行的 Profibus-DP 现场总线通信方式与 PLC 有机结合，实现远程控制和监控。Profibus-DP 现场总线数据链路协议是带主、从方式的令牌传递，主站与从站之间以主从方式通信，各主站之间由令牌协议决定总线数即发送权。物理介质通常采用双绞屏蔽电缆，总线接头采用 9 针插头，接线方便简单，容易扩展，网络上最多可连接 126 个站点。若采用光缆最大传输距离可达 90km。Profibus-DP 现场总线易于安装，因为 RS2485 的传输技术简单，双绞线的敷设不需专业知识，总线结构使得一个站点的装卸载不影响其他站点正常工作，系统的安装还可以分别进行，后期安装的系统不会对前期安装的系统造成妨碍。它的诊断功能经过扩展 Profibus-DP 对故障快速进行定位，诊断信息在总线上传输并由主站采集。Profibus-DP 现场总线属开放式通信网络，兼容性好，见表 4-2。

表 4-2 Profibus-DP 的技术规范明细表

站的总数	30 个 SIMOCODE-DP/分段； 使用 RS485 中继器，122 个 SIMOCODE-DP
传输介质	屏蔽双绞线电缆或塑料/玻璃纤维光缆
最大距离	双绞线为 9.6km，玻璃纤维光缆为 100km，塑料纤维光缆为 425m
通信协议	Profibus-DP（EN 50170，IEC 61158），Profibus-DPV1
传输速率	9.6，45.45，93.75，187.5，500，1500kBit/s

4.6.5 SIMOCODE-DP 的典型应用

通过前面的介绍可知，SIMOCODE-DP 系统实际上就是带 Profibus-DP 接口的电动机保护及控制设备。与传统的电动机控制回路相比，SIMOCODE-DP 3UF5 大大简化了电动机的控制回路，从而减少了接线，相应地减少了故障点。单独的 SIMOCODE-DP 系统就可以实现控制和监视功能以及信号处理，不需要增加过载继电器、热敏电阻计算电路、电流互感器、模数转换等，这些功能的实现完全不需要控制电路接线。启停开关直接接到基本单元的输入，接触器线圈通过基本单元的输出控制，不需要互锁的辅助触点。PLC 通过 Profibus-DP 传送启/停信号，SIMOCODE-DP 把启停、过载故障、过热故障、电流等返回信号传送到 PLC。图 4-7 为 SIMO-CODE-DP 典型应用系统设备构成图。

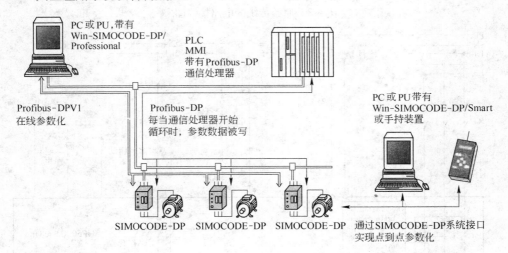

图 4-7 SIMOCODE-DP 典型应用系统设备构成图

下面通过两张电控图的比较来说明 SIMOCODE-DP 工作原理及其优势所在，原始传统的电路接线图见图 4-8，SIMOCODE-DP 的电路接线图见图 4-9。

通过比较得出结论：（1）使用 SIMOCODE-DP 在很大程度上减少了电控回路的支路。图4-9中用 SIMOCODE-DP 起到了信号预处理作用，在这个回路中没有使用附加的热继电器、热传感器、电流传感器、A/D 转换器等，控制线路分布简单明了，电动机的启动、停止开关指令直接进入到 3UF50 的基本单元的输入点（24V），通过基本单元的输出点（220V）直接控制主接触器线圈，电动机运行反馈信号通过基本单元的互感器是否检测到有电流流过来判断，这样使反馈信号更为准确。而图 4-8 中线路繁琐，与图 4-9 相比，多出的电器元件增加了电气事故点，

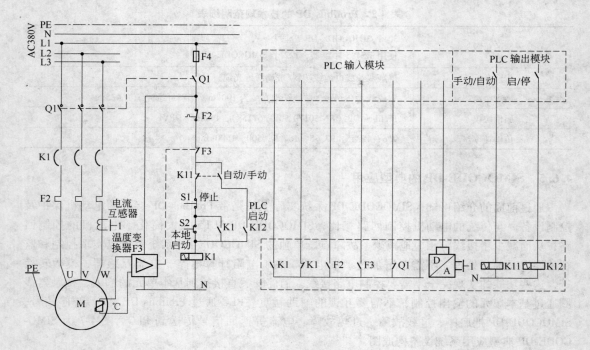

图 4-8　原始传统的电路接线图

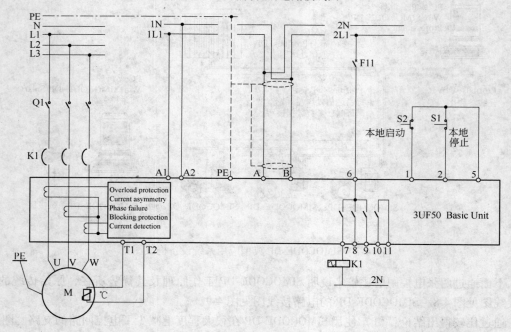

图 4-9　SIMOCODE-DP 的电路接线图

对事故的发生、判断和处理都不利，并且在热继电器簧片疲劳后不能对电动机起到有效的保护。（2）图 4-8 中远程操作是计算机通过 PLC 发出指令，再通过中间继电器的有源节点来使主接触器吸合，而图 4-9 中远程操作则是计算机通过 Profibus-DP 总线发送控制字给基本单元来实现，从中省去大量的硬接线。Profibus-DP 是一种高速和便宜的通信方式，是为自动控制系统和设备级分散 I/O 之间进行通信而专门设计的。

4.6.6　SIMOCODE-DP 在使用过程中的注意事项

（1）在使用过程中，SIMOCODE-DP 的电源开关要与控制回路的电源开关分开，避免控制回路接地而导致 SIMOCODE-DP 掉电。频繁跳电容易使基本单元内部的电子元器件受到冲击，有时还容易导致内部设置的参数丢失。

（2）在同一个总线上的站点设备应设计适量，理论上虽然可以挂 126 个 SIMOCODE-DP，为了不发生通信拥塞影响数据传输速度，应合理设计站点个数。

4.6.7　烧结厂使用 SIMOCODE-DP 的效果

使用 SIMOCODE-DP 电动机保护器对现场的电动机进行可靠稳定的控制、快速的保护和实时的监控，不仅大大减少了电动机因非质量原因造成的烧损，而且也提高了烧结机作业率，同时也提高了烧结设备自动化水平。

通过使用 Profibus-DP 总线网络，节约了大量电子元器件和控制回路硬接线，通过通信方式传送现场开关量、模拟量信号到 PLC，既稳定可靠又快速准确，而且减少了操作回路中的事故点。特别是网络故障具有自诊断功能，使维护人员可以迅速排除故障，缩短停机时间，减少了电器设备的维护量，从长远来看在人力和设备维护上都获得了较大的经济效益。

思 考 题

1. 简述典型多功能电动机保护器的原理？
2. SIMOCODE-DP 的特点有哪些？
3. SIMOCODE-DP 在使用过程中应注意哪些事项？

4.7　大型电动机降压启动

大型电动机在烧结生产中应用广泛，环冷鼓风机、除尘风机和主抽风机等就是由大型电动机来拖动的。大型电动机的启动方式通常可分为全压启动、降压启动和变频启动三种。全压启动电流可以达到额定电流的 5 ~ 7 倍，当电动机容量较大时，常会导致供电电网电压波动，影响电网其他设备的正常运行；同时大电流对电动机本身也会产生伤害，破坏绕组绝缘，缩短电动机的使用寿命；全压启动时启动转矩约为额定转矩的 2 倍，对机械负载的冲击伤害也非常大。变频启动系统涉及电力半导体变流技术、自动控制理论及电动机学三个不同的学科领域，具有启动系统结构复杂、技术难度大的特点，维护起来相当困难，而且变频启动系统设备昂贵，经济投入比较大。降压启动降低了电动机的启动电流，减少了大电流对电网和电动机的损害，系统维护比较简单，经济投入小，是既经济又实惠的启动方式。

4.7.1　大型电动机采用降压启动的条件

采用降压启动时，系统应满足下列条件：

（1）启动时所引起的电网压降，一般不应大于 10% ~ 15%；

（2）降压启动时电动机端电压应保证其启动转矩大于生产机械的静阻转矩；

（3）应符合制造厂对电动机最低端电压的要求。

4.7.2　大型电动机降压启动的方式

4.7.2.1　星三角降压启动

普通鼠笼式异步电动机在启动时将定子绕组接成星形，待启动完毕后再接成三角形，可以达到降低启动电流的效果，减轻它对电网的冲击，这样的启动方式称为星-三角降压启动，简称为星-三角启动（Y-△启动）。采用星-三角启动时，启动电流只是三角形接法启动的1/3，启动转矩也是其的1/3，适用于无载或者轻载启动的场合。与其他降压启动方式相比，星-三角启动结构最简单，价格也便宜，多用于空压机电动机的启动。

4.7.2.2　延边三角形降压启动

延边三角形降压启动和星-三角形降压启动的原理相似，即在启动时将电动机定子绕组的一部分接成星形（Y），另一部分接成三角形（△），从图形上看好像是将一个三角形（△）的三条边延长，因此称为延边三角形降压启动。延边三角形降压启动时，每相绕组所承受的电压，比星形接法时大，因此启动转矩较大。它通过改变每相两段绕组的匝数比，来得到不同的启动电流和转矩。采用延边三角形降压启动的电动机比普通电动机多了三个中间抽头，结构复杂，电动机须专门生产，因而限制了此方法的实际应用。

4.7.2.3　液阻降压启动

液阻降压启动也称为水电阻式降压启动，是在电动机定子回路中串入可变液体电阻的一种降压启动方式。在电动机定子星点短接前串接液阻，当同步电动机定子通入交流电时，液阻动极板处于最高位置，此时液阻阻值最大。随着电动机转速的逐步上升，液阻动极板缓慢下降，电阻值也慢慢减小，当电动机转速达到90%同步转速时，星点短接，液阻被切除，电动机进入全压启动状态。可变电阻一般由水和电解质组成，利用极板移动或通电后水温变化来达到调节电阻的目的，前者简称液态式，后者简称热变式。液阻降压启动电流可以控制在额定电流的1~3.3倍之间，有启动比较平稳，对机械设备冲击小的特点。缺点是启动时产生的热量使液阻升温，当达到一定温度时，系统便不能再次启动，因此对连续启动的次数是有限制的。

4.7.2.4　电抗器降压启动

电抗器降压启动是指在电动机定子回路中串入电抗器的一种降压启动方式。串入电抗器后，启动电流成正比减小，启动转矩则成平方关系减小，这样电抗器阻值的选择必须依据电动机启动时阻力矩情况来选择，只有启动转矩大于阻力矩电动机才能顺利启动。选用电抗器时便会陷入这样的矛盾之中，为了减小启动电流总希望电抗值大一些，但这样又容易造成启动困难，尤其是当电网电压不稳定和负载状况经常变化时启动更困难；为了保证启动的成功率，电抗值就要小一些，但这样启动电流又偏大。所以电抗器降压启动适于电网电压和负载（启动时）比较稳定的情况。

4.7.2.5　自耦变压器启动

自耦变压器启动是利用自耦变压器的多抽头降压启动方式，能适应不同负载启动的需要，是一种常用减压启动方式。它的最大优点是启动转矩较大,当其绕组抽头在80%处时,启动转矩可达直接启动时的64%,并且可以通过抽头调节启动转矩,所以至今仍被广泛应用。

4.7.2.6 可控硅降压启动

可控硅降压启动是利用可控硅移相调压原理的降压启动。可控硅元件在工作时谐波干扰较大,对电网有一定的影响,在电网波动同时也会影响可控硅元件的导通,特别是同一电网中有多台可控硅设备时,这种相互干扰的现象更加明显。另外,可控硅元件的故障率较高,涉及电力电子技术,对维护技术人员的要求也较高,因此可控硅降压启动应用的范围较小。

4.7.3 大型电动机降压启动实例

4.7.3.1 5100kW同步电动机的降压启动

某烧结车间两台主抽风机均由5100kW同步电动机来拖动。5100kW同步电动机的启动采用电抗器降压启动,其电气系统构成见图4-10。

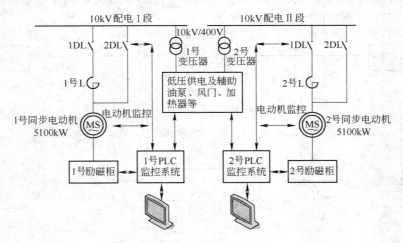

图4-10 5100kW同步电动机电抗器降压启动电气系统构成
1DL—降压启动断路器;2DL—全压运行断路器;L—降压电抗器

5100kW同步电动机电抗器降压启动过程:

(1)操作员在显示屏HMI上预先关闭风机风门和启动辅助油泵润滑系统。

(2)PLC系统自动检查油路、冷却水、温度、振动、高压部分、低压部分、励磁部分是否处于正常状态。

(3)启动电动机,10kV高压通过1DL和降压电抗器串联接入同步电动机,此时2DL处于断开位置。

(4)相应电动机的励磁控制部分伴随1DL的合闸也同时参与控制。

(5)电动机启动初期,励磁系统灭磁可控硅自动导通,对电动机励磁绕组灭磁,保护转子励磁绕组和低压整流可控硅,以及相关电路不受感应电压的冲击,同时提高电动机在异步启动时的启动转矩。

(6)电抗器电流不能突变,限制了电动机的启动电流,同时与电动机定子绕组串联分压。电动机在降压状态下开始加速,投全压计时开始,时间约70s。

（7）通过励磁检测电阻，检测电动机转子滑差（转子速度）。

（8）当转子转速达到额定转速90%或投全压计时结束时，励磁控制器发命令闭合2DL，短路启动电抗器，电动机投入全压，电动机继续加速。

（9）当转子转速达到额定转速的97%~98%时（准同步），励磁控制器立即投入励磁把转子牵入同步正常运行，启动完成，此全程约80s。

（10）启动中和运行时，高压柜上继电保护仪表对电动机定子绕组实行保护。有故障则联动励磁系统切闸，励磁系统监视自身及励磁电流是否工作正常，电动机是否有失步征兆；有故障跳闸并发信号到PLC系统显示故障信息。

通常大型电动机投全压启动电流为额定电流的5~7倍，而5100kW电动机由于其本身结构的局限，要求启动电流小于2.7倍，经过电抗器降压后，其最大启动电流为2.61倍额定电流，投全压时的冲击电流为2.52倍，满足了电动机对启动系统的要求。

4.7.3.2　5200kW同步电动机的液阻降压启动

某烧结车间的主抽风机由5200kW同步电动机来拖动。5200kW同步电动机的启动采用液阻降压启动，其电气系统构成如图4-11所示。

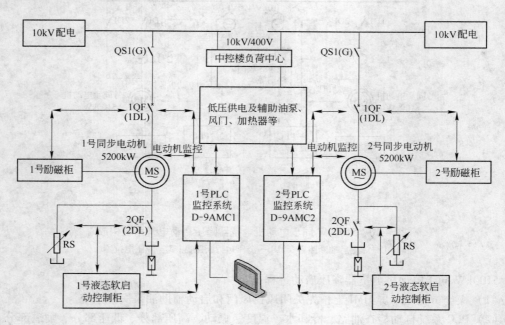

图4-11　5200kW同步电动机液阻降压启动电气系统构成

QS1—高压10kV配电隔离开关（G）；1QF—输入断路器（1DL）；

2QF—高压星点短接断路器（2DL）；RS—启动液阻

5200kW同步电动机液阻降压启动过程：

（1）启动前，操作员必须确认监控画面无故障报警，入口风门关闭，润滑油泵正常运行。

（2）电工检查电动机绝缘及吸收比、励磁集电环无麻点、无偏心；炭刷上下活动自如、压力正常；炭刷磨损不超过原长度的1/2。

（3）空操作系统时电工要联系高压室，必须断开QS1（G），励磁打工作位，液态电阻柜打联动位，才能联动检查电气系统工作状况。

（4）正式启动风机。首先系统自动将定子回路末端串入液体电阻（简称液阻），也就是2QF（2DL）断开，才能启动。

（5）在电动机启动时，10kV 电压加入电动机定子绕组，也就是1QF（1DL）闭合，定子回路末端星点串入液阻，随着电动机的异步启动自动投入。

（6）液态电阻柜，接受启动联动信号后，由液阻柜内部 PLC 在预定程序下（由时间控制）自动地调节液阻的动极板，无级地将液阻减小，电动机不断地获得加速转矩从而加速。切除液阻时间，是由液阻柜内 PLC 程序的 T37 = 5s、T38 = 8s、T44 = 38s、T47 = 43s 四个计时器来完成对动极板的时序控制，直至由励磁发出信号切除液阻，如图 4-12 所示。

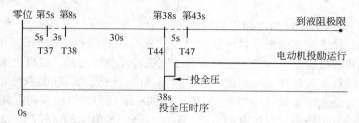

图 4-12　切除液阻投全压时序图（虚线为液阻停顿时间）

（7）相应电动机的励磁控制部分伴随1QF（1DL）的合闸也同时参与控制。

（8）电动机启动加速初期，励磁系统内部灭磁可控硅自动导通，保护转子励磁绕组和低压整流可控硅相关电路不受感应电压的冲击，同时提高电动机在异步启动时的启动转矩。

（9）励磁系统通过检测电阻，检测电动机转子滑差信号（转子速度）。当转子转速达到额定转速90%时切除液阻投入全压，也就是2QF（2DL）闭合。

（10）电动机继续加速，当转子转速达到额定转速95%~98%（准同步）时，立即投入励磁把转子牵入同步正常运行。

5200kW 同步电动机经过液阻降压后，其最大启动电流为 3.5 倍额定电流，减少了大电流对电动机和电网的冲击。

思 考 题

1. 大型电动机有几种降压启动方式？
2. 简述大型同步电动机降压启动过程。
3. 简述大型同步电动机液阻降压启动过程。

4.8　同步电动机变频软启动

同步电动机广泛应用于冶金企业，具有效率高、过载能力大、体积小、转动惯量小、维护简单等优点，特别是无刷励磁同步电动机由于取消了电刷和集电环，延长了同步电动机的连续运转时间，提高了可靠性。大型同步电动机的启动一直是个相当复杂的问题，采用同步电动机变频软启动系统涉及电力半导体变流技术、自动控制理论及电机学三个不同的学科领域，具有启动系统结构复杂、技术难度大的特点，尤其是大型无刷励磁同步电动机启动的技术含量最高。

4.8.1　同步电动机变频启动的基本原理

4.8.1.1　同步电动机的工作原理

同步电动机由定子和转子组成。其定子和异步电动机的定子结构基本相同，都是由定子铁芯、三相对称绕组以及固定铁芯用的机座和端盖等部件组成。根据交流电动机的工作原理可知，在空间上三相对称绕组中通入时间对称的三相电流会产生一个旋转磁场，此旋转磁场的同步转速 $n_0(\mathrm{r/min})$ 为

$$n_0 = \frac{60f}{p_m}$$

式中，f 为定子电源频率；p_m 为电动机极对数。

同步电动机的转子按其磁极形状可分为隐极式和凸极式两种结构形式，多为凸极式结构。转子由磁极铁芯和励磁绕组等组成。磁极铁芯由钢板冲片叠压而成，磁极上套有励磁绕组，励磁绕组由交流励磁机经过随转子一起旋转的整流器供电，组成无刷励磁系统。一般选用绕线转子异步发电机作为交流励磁机（电源），交流励磁机定子三相绕组由双向晶闸管组成的交流调压器供电。交流励磁机转子与同步电动机转子同轴，当同步电动机旋转时，交流励磁机的转子绕组就感应出交流三相电势，经过固定在同步电动机转子轴的二极管整流器整流成直流电，供给同步电动机的励磁绕组，这样就省掉了电刷和集电环。同步电动机转子励磁电流是通过控制交流励磁机定子磁场来实现的，即控制定子三相交流调压器双向晶闸管的延迟角。给同步电动机三相对称的定子绕组通入三相对称电流会在气隙内产生一旋转磁场，旋转磁场的同步转速为 n_0。同步电动机转子的励磁绕组通入直流电，在转子内产生一恒定磁场，此时转子可以看成是一块磁铁。两磁场在电磁力的作用下产生稳定的电磁转矩，驱动电动机以同步转速旋转。

4.8.1.2　同步电动机变频启动的基本概念

同步电动机是以其转速 n 和其供电电源频率 f 之间保持严格的同步关系而得名的，即只要供电电源频率 f 不变，则同步电动机的转速就恒定为常值而与负载大小无关。供电电源的频率由 0Hz 逐渐达到同步电动机额定频率，同步电动机即实现了由静止状态到额定转速的启动过程。

4.8.1.3　同步电动机变频启动原理

同步电动机变频启动系统的组成：同步电动机（MS）；变频器（CON）；转子位置检测器（PS）；控制单元（CB）。组成框图如图 4-13 所示。

控制单元作用主要是把来自转子位置检测器（PS）的信号进行分析，判断出转子的真实位置和转速后，按一定的控制策略产生控制信号，控制变频器输出三相电流（电压）的频率、幅值和相位大小，以达到同步转速跟踪转子转速的目的。根据电机学原理，假设变频器输出的是三相正弦波电流，那么在同步电动机定子中就会产生一个合成的旋转磁动势 F_j^s，进一步假设转子励磁电流恒定，转子磁动势为一常数 F_j^r，根据统一的转矩公式 $T_d = C_m F_j^s F_j^r \sin\theta$ 可知，只要能保证定子、转子磁动势同步旋转，两磁动势之间的夹角 $0° < \theta < 180°$，电动机就能产生电磁转矩 T_d。根据经验分

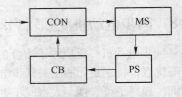

图 4-13　同步电动机变频
启动系统组成框图

析，为了确保同步电动机稳定运行，θ 须工作在 0° ~ 90°之间，当电磁转矩 T_d 大于负载 T_L 时，电动机开始旋转。由于电动机三相定子电流和定子合成磁动势有严格的对应关系，通过控制三相定子电流的频率、幅值和相位，完全可以按转矩要求控制定子磁动势的大小和方位。由于同步电动机的定子、转子磁动势始终保持同步，能控制的量就是定子电流幅值和相位，只要控制电流的这两个量，就能达到同步电动机启动的目的。

4.8.1.4 同步电动机软启动变频器系统

目前，大型同步电动机的变频器换流器件多采用半控型电力电子器件，即普通半导体晶闸管（SCR），交-直-交晶闸管电流型逆变器与同步电动机结合，利用负载同步电动机交流反电动势（电压）来关断逆变器中的普通半导体晶闸管，将省去强迫换相装置，使逆变器和由自关断半导体功率器件组成的交-直-交逆变器同样简单，这种利用负载反电动势换相 SCR 逆变器供电的同步电动机调速系统也称为负载换相同步电动机控制系统。负载换相同步电动机的换相方法有反电动势换相法、电流断续换相法。

4.8.1.5 同步电动机转子位置检测方法

同步电动机调速系统离不开对转子位置（或磁场）的检测和初始定位。只有检测出转子实际空间位置后，控制系统才能决定变频器的通电方式、控制模式以及输出电流频率和相位，准确、可靠的转子位置检测装置是同步电动机调速系统运行的必要条件。

转子位置检测器有多种形式，常用的有磁敏式、光电式、间接式等几种检测方法，用于不同的同步电动机控制系统中。

磁敏式检测方法是利用磁敏元件来反映转子的位置，它要求和同步电动机转子同轴相连的检测器转子为永磁结构，并和同步电动机的极对数相同。磁敏元件安装在检测器定子上，常用的磁敏元件有霍尔元件、磁敏电阻、磁敏二极管、晶体管等，以霍尔元件为最佳。

光电式检测方法是利用光电元件，对带有槽口（或栅）的旋转圆盘的位置进行通断变化，产生一系列反映转子位置的脉冲信号。

间接式转子位置检测是利用电枢绕组感应电动势（或电压）间接检测出转子位置的方法，它只需用传感器检测出同步电动机定子电压（有时用到电流），通过同步电动机理论，找出对应关系，进行转子位置的辨识。

4.8.2 同步电动机变频软启动的电气设备系统构成

下面介绍某烧结厂抽风机的电气系统构成、主要变频启动装置工作原理以及电动机启动过程，其电气系统构成简图如图 4-14 所示。

（1）10kV 配电盘 SWB1（运行母线）。10kV 配电盘 SWB1 由下列部件组成：10kV 进线断路器（MBI）；变频启动系统电源断路器（MBC）；1 号抽风机运行断路器（MBL1）；2 号抽风机运行断路器（MBL2）。

（2）10kV 配电盘 SWB2（启动母线）。电动机在启动系统输出和 SWB1 的运行柜输出之间切换。配电盘由下列部件组成：启动母线电源连接柜（DSC）；1 号抽风机启动断路器（MBM1）；2 号抽风机启动断路器（MBM2）。

（3）变压器。变压器采用两台铸塑树脂变压器：降压变压器 TR1 在变频启动整流电路一侧将电网输入的 10kV 变压到 2.6kV，以供整流输入端使用。升压变压器 TR2 在电动机一侧将输出的 2.4kV 变压到 10kV，以供电动机使用。

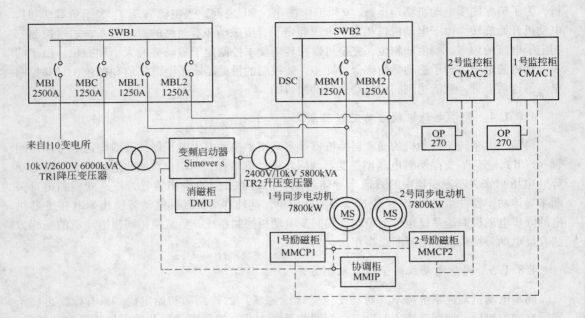

图 4-14　大型同步电动机电气系统构成简图（虚线为系统现场 DP 总线）

SWB1—高压 10kV 配电柜；MBI—输入断路器；MBC—启动变频器断路器；MBL1、MBL2—运行断路器
SWB2—高压 10kV 启动配电柜；DSC—输出隔离柜；MBM1、MBM2—电动机启动断路器

（4）变频启动系统。抽风机同步电动机启动核心部件采用西门子公司的 Simovert S 变频启动器，额定功率为 4700kW，此装置是被两风机分享使用，由功率部分、控制部分、协调部分三部分组成。

功率部分包括控制装置：线路（整流）端变流器；电动机（逆变）端变流器；直流电抗器；退磁装置。

控制部分为变频启动系统的 SimadynD 控制系统，经由现场总线的通信线路和控制电缆与励磁装置连接。

协调部分在收到任一励磁装置的启动要求时，将 Simovert S 启动系统分配给相应的电动机，它通过现场总线实现与励磁装置以及 Simovert D 控制系统之间的通信。

（5）励磁装置（MMCP）。每台电动机各配有一个励磁控制装置，经由现场总线和控制电缆，与变频软启动系统控制部分相连接，以传递启动/停止命令和状态信号，同时为同步电动机交流励磁机提供电源。励磁装置通过单独的现场总线线路与相关监控系统（CMAC）连接。

（6）电动机。电动机是带有凸极转子的无刷励磁同步电动机，定子侧额定值为 7800kW、10kV、513A、1000r/min（功率因数 0.9 时），励磁电动机的额定电压为 175V、电流为 56A。

（7）CMAC 装置（监控系统装置）。每一风机配有一台控制、监测辅助设备的 CMAC 柜，CMAC 通常是相应风机的控制点。励磁装置接受来自相应 CMAC 装置的运行指令，另外 CMAC 提供对润滑油等辅助设备的控制。CMAC 装置配有一个基于 SimaticS7-300 的 PLC 系统，通过一专用现场总线与其相应的励磁装置 PLC 系统通信。CMAC 装置为主导、励磁装置从动。每一 CMAC 装置配有一个 OP270 显示终端用于控制和监测其相应的抽风机状态。

4.8.3 无刷励磁同步电动机的启动过程

4.8.3.1 无刷励磁同步电动机的启动控制

无刷励磁同步电动机启动的全过程是由励磁器控制的。励磁器是通过现场总线连接到变频器上的，当励磁器准备就绪后，启动辅助装置，并命令 Simovert S 变换器上的开、闭环控制系统启动。Simovert S 变换器的开环、闭环控制功能由数字 Simadyn D 控制系统控制，所有任务被分配给它的处理器，处理器位于控制单元里。每个处理器都在指定的采样时间里处理特定任务，这些功能由标准化的单元组成（功能块 FB），多种功能可以被划分为两组：高级功率提升控制和监视与闭环控制和与驱动相关的开环控制。

Simadyn D 控制系统控制当收到"励磁器准备就绪后"的信息后，开环控制系统命令空气冷却器工作，并将反馈一个"辅助装置已工作"的信号，然后励磁器将给电动机磁场馈送能量，并闭合变频器与电动机之间的隔离开关 MBM 和给变频器开环控制系统发一个启动指令。在此之后，变频器开环控制系统将闭合进线侧变压器的前主断路器 MBC，使变频器的闭环控制系统就绪，同时要求励磁电流闭环控制系统也要就绪。当触发脉冲就绪时，变频器的闭环控制系统会得到通知，接着转子的位置检测步骤开始。通过检测到的转子位置，Simadyn D 控制系统会给出相应的触发脉冲序列，控制电动机旋转、加速。

4.8.3.2 无刷励磁同步电动机与电网同步过程

在变频器开始启动电动机并按照启动特性曲线将电动机加速到比同步转速低2%的速度上时，电动机的同步程序开始启动。励磁电流的设定值是一个电枢电流与速度的函数值，它是在启动过程中由变频器定向闭环控制系统来设定的。装在变频器中的自动同步器将对电网电压与电动机电压进行比较，当达到同步器启动转速时，同步器将针对电压和频率的上升和下降输出相应脉冲并转移到变频器闭环控制系统上。另外，速度的设定值可从电压脉冲信号上获得，而且此设定值需与励磁电流设定值叠加。如果电动机频率、相位和电压绝对值与电网频率、相位和电压绝对值在允许的误差范围内，自动同步器将发出同步脉冲信号，并输送给励磁器，同步脉冲信号使励磁电流设定值锁定，而且同步器将发指令闭合电网和电动机间的断路器 MBL，电动机由外部电网供电，电动机启动成功。收到确认信号后，励磁器将给变频器一个关机命令，收到励磁器发出关机命令后，变频器的闭环控制系统立即降低电流，关断变频器，通报励磁器发指令断开变频器前的断路器 MBC。在收到禁发脉冲的回馈信号后，励磁器断开隔离开关 MBM。当收到隔离开关"已断开"的回馈信号时，变频器与励磁器的工作交接便宣告完毕。然后 SimadynD 控制系统开启退磁程序，退磁程序结束，变频器便处在准备就绪状态，随时准备再次工作。

4.8.4 发展前景

随着电力电子学、微电子技术和现代电动机控制理论的发展，为交流电气传动产品的开发创造了有利条件，使得交流传动逐步具备了宽调速范围、高稳速精度、快速动态响应等良好的技术性能，特别是交流电动机矢量控制理论的产生以及变频应用技术的推广，为同步电动机调速奠定了坚实的基础。一直困扰人们的同步电动机启动麻烦、重载时有振荡及失步等问题已不复存在，同步电动机的应用前景十分广阔。利用变频器启动无刷励磁大型同步电动机，启动平稳，不存在失步问题，对电网也完全没有冲击，控制系统可靠性高，能够很好地满足生产的需要，因此无刷励磁同步电动机变频软启动技术具有较高的推广价值。

思 考 题

1. 简答同步电动机转子位置检测的常见方法。
2. 简述无刷励磁同步电动机与电网同步过程。
3. 无刷励磁同步电动机的启动过程是什么？

4.9　常见故障分析及处理

4.9.1　三相交流异步电动机常见故障分析及处理

三相交流异步电动机应用广泛，是烧结设备的主要动力源。三相交流异步电动机在运行时，会发生各种故障，及时判断故障原因，进行相应处理，是防止故障扩大，保证设备正常运行的一项重要的工作。下面就三相交流异步电动机一些常见故障进行分析，并给出排除方法。

（1）通电后电动机不能转动，但无异响，也无异味和冒烟。

故障原因：电源未通（至少两相未通）；保险丝熔断（至少两相熔断）；热继电器调得过小；控制设备接线错误。

故障排除：若是电源回路开关、接线盒处有断点，则进行修复；若是保险丝型号、熔断原因，更换新保险丝；检查热继电器整定值与电动机配合情况；改正接线。

（2）通电后电动机不转，有嗡嗡声。

故障原因：定、转子绕组断路（一相断线）或电源一相失电；绕组引出线始末端接错；电源回路接点松动，接触电阻大；电动机负载过大或转子卡住；电源电压过低；轴承卡住。

故障排除：查明断点予以修复；检查绕组极性，判断绕组末端是否正确；紧固松动的接线螺丝，用万用表判断各接头是否假接，若是假接则予以修复；减载或查出并消除机械故障，检查是否把规定的△接法误接为Y；若是电源导线过细使压降过大，则予以纠正；修复轴承。

（3）电动机空载电流不平衡，三相相差大。

故障原因：重绕时，定子三相绕组匝数不相等；绕组首尾端接错；电源电压不平衡；绕组存在匝间短路、线圈反接等故障。

故障排除：重新绕制定子绕组；检查并纠正；测量电源电压，设法消除不平衡；消除绕组故障。

（4）电动机空载，过负载时，电流表指针不稳、摆动。

故障原因：笼型转子导条开焊或断条；绕线型转子故障（一相断路）或电刷、集电环短路装置接触不良。

故障排除：查出断条予以修复或更换转子；检查转子绕组回路并加以修复。

（5）电动机运行时响声不正常，有异响。

故障原因：转子与定子绝缘纸或槽楔相碰；轴承磨损或油内有砂粒等异物；定、转子铁芯松动；轴承缺油；风道填塞或风扇碰风罩；电源电压过高或不平衡；定子绕组错接或短路。

故障排除：修剪绝缘纸，削低槽楔；更换轴承或清洗轴承；检修定、转子铁芯；加油；清理风道，重新安装；检查并调整电源电压；消除定子绕组故障。

（6）运行中电动机振动较大。

故障原因：轴承磨损间隙过大；气隙不均匀；转子不平衡；铁芯变形或松动；联轴器中心未校正；风扇不平衡；基础强度不够；电动机地脚螺丝松动；笼型转子开焊断路，绕线转子断路，定子绕组故障。

故障排除：检修轴承，必要时更换；调整气隙，使之均匀；校正转子动平衡；校直转轴；重新校正，使之符合规定；检修风扇，校正平衡，纠正其几何形状；进行加固；紧固地脚螺丝；修复转子绕组，修复定子绕组。

（7）轴承过热。

故障原因：润滑脂过多或过少；油质不好含有杂质；轴承与轴颈或端盖配合不当（过松或过紧）；轴承内孔偏心，与轴相碰；电动机端盖或轴承盖未装平；电动机与负载间联轴器未校正；轴承间隙过大或过小。

故障排除：按规定加润滑脂（容积的 1/3～2/3）；更换清洁的润滑脂；过松可用黏结剂修复，过紧应车、磨轴颈或端盖内孔，使之适合；修理轴承盖，消除碰点；重新装配；重新校正，调整皮带张力；更换新轴承。

（8）电动机过热甚至冒烟。

故障原因：电源电压过高，使铁芯发热大大增加；电源电压过低，电动机又带额定负载运行，电流过大使绕组发热；修理拆除绕组时，采用热拆法不当，烧伤铁芯；定、转子铁芯相擦；电动机过载或频繁启动；笼型转子断条；电动机缺相，两相运行；重绕后定子绕组浸漆不充分；环境温度高，电动机表面污垢多，或通风道堵塞；电动机风扇故障，通风不良；定子绕组故障（相间、匝间短路；定子绕组内部连接错误）。

故障排除：降低电源电压（如调整供电变压器分接头），若是电动机 Y、△接法错误引起，则应改正接法；提高电源电压或换粗供电导线；检修铁芯，排除故障；消除碰点（调整气隙或锉、车转子）；减载；按规定次数控制启动；检查并消除转子绕组故障；恢复三相运行；采用二次浸漆及真空浸漆工艺；清洗电动机，改善环境温度，采用降温措施；检查并修复风扇，必要时更换；检修定子绕组，消除故障。

4.9.2 电动机炭刷使用过程中的常见故障分析及处理

炭刷是电动机固定部分和转动部分之间传递能量信号的装置，一般由纯炭加凝固剂制成，外形多为方块，卡在金属支架上，由弹簧把它紧压在旋转轴上。炭刷作为一种滑动接触件，在烧结电气设备中得到广泛的应用。炭刷使用性能良好的标志应该为：

（1）在换向器或集电环表面能较快形成一层均匀、适度和稳定的氧化薄膜。

（2）炭刷的使用寿命长，并不磨损换向器或集电环。

（3）炭刷具有良好的换向和集流性能，使火花抑制在允许的范围内，并且能量损耗小。

（4）炭刷运行时，不过热，噪声小，装配可靠，不破损。

炭刷在运行过程中常常会产生打火、震颤和磨损不均匀现象，应进行及时的维护，从而避免设备事故的发生。下面分别就不同的故障现象分析原因并给出排除方法。表 4-3 为炭刷打火原因和排除的方法，表 4-4 为震颤原因和排除的方法，表 4-5 为磨损不均匀原因和排除的方法。

表 4-3 炭刷打火原因和排除方法

打 火 原 因	排 除 方 法
附加极调整不良	分流或调整附加极气隙，或改换炭刷型号
云母突出	下刻云母或使用磨蚀性较大的炭刷
换向器升高片连接处断开	重新焊接
炭刷位置不正确	调整刷握至正确位置
刷握的间距或排列不匀	纠正刷握的间距和排列
换向器或集电环偏心	最好在额定转速下车削或重新研磨
换向器松动，换向片有高低	紧固，车削或重新研磨
换向片有油污	清理换向片和密封轴承
炭刷黏附或滞留在刷握里	检查炭刷尺寸是否正确，清扫炭刷和刷握除去毛刺
炭刷磨合不佳	磨合炭刷
炭刷型号不适合	更换新型号炭刷

表 4-4 炭刷震颤原因和排除方法

震 颤 原 因	排 除 方 法
换向片或云母突出	紧固换向器，下刻云母
刷握距换向器或集电环太远	调整刷握至换向器的距离为 2mm
换向器或集电环椭圆	车削或重新研磨换向器或集电环
刷握安装松动	安装紧固片
炭刷在刷握内太松	如果刷握磨损，需更换
炭刷型号不合适	更换新型号炭刷

表 4-5 炭刷磨损不均匀原因和排除方法

磨损不均匀原因	排 除 方 法
电动机过载	降低和限制电动机负荷
换向器或集电环上有油污	清扫换向器或集电环
炭刷和刷杆间的电阻不均等	清扫和紧固连接处
炭刷接触面有磨蚀粒子	重新磨合和清扫炭刷表面
电流分配不均匀	调整炭刷压力
炭刷型号混用	只可安装一种型号的炭刷

4.9.3 同步电动机常见启动故障分析及处理

同步电动机由于运行效率高、稳定性好、转速恒定等优点广泛应用于烧结生产中。熟悉同步电动机启动故障，并及时排除故障，对电动机本身及生产系统都具有现实意义。下面介绍同步电动机启动常见故障分析和处理方法。

（1）同步电动机通电后不能启动的故障分析及处理。同步电动机接通电源后，不能启动和运行，一般有以下几方面的原因：

1）电源电压过低：由于同步电动机启动转矩正比于电压的平方，电源电压过低，使得电动机的启动转矩大幅下降，低于负载转矩，从而无法启动，对此，应提高电源电压，以增大电动机的启动转矩。

2）电动机本身的故障：检查电动机定、转子绕组有无断路、短路，开焊和连接不良等故障，这些故障都可使电动机无法建立额定的磁场强度，使电动机无法启动；对定、转子绕组故障可用摇表逐步查找，视具体情况，对定、转子绕组进行相应处理。

3）控制装置故障：此类故障多为励磁装置的直流输出电压调整不当或无输出，造成电动机的定子电流过大，致使电动机过流保护动作或引起电动机的失磁运行，此时，检查励磁装置的输出电压、电流是否正常，如电压或电流波形不正常，为了节省时间，更换备用触发板。

4）机械故障：如被拖动的机械卡住，也可能造成电动机不能启动，此时应盘动电动机转轴，查看转动是否灵活，机械负载是否存在故障。

（2）同步电动机不能并网运行的故障分析及处理。

1）电源电压过低：电源电压过低，造成同步电动机的转速达不到并网时的转速；解决办法是适当提高电源电压。

2）机械负载过大：负载过大也会造成同步电动机转速达不到并网时的转速；解决办法是减轻机械负载，特别是风机类负载，此时要确认风门是否完全关闭。

3）励磁绕组短路：由于励磁绕组存在短路故障，因而不可能产生额定磁场强度，导致电动机只能在低于同步转速下运行而不能牵入并网运行。查找励磁绕组短路，视短路程度采取局部修理或重新绕制。

4）励磁装置的故障：同步电动机异步启动还会发生投励过早问题（即投入励磁时，电动机转子转速过低），会使电动机无法并网，此时应检查投励环节是否存在故障，如励磁装置有故障，输出的电流低于额定值，导致电动机电磁转矩过小而不能牵入同步，此时应仔细检查励磁装置，发现问题及时排除。

思 考 题

1. 三相交流异步电动机常见故障分析及处理方法有哪些？
2. 同步电动机常见启动故障分析及处理方法有哪些？

5 自动控制设备

5.1 概述

5.1.1 自动控制技术的发展

科学技术和控制理论的发展，促进了自动控制技术的发展，也使得实际应用的控制工具和控制手段越来越丰富。特别是进入 20 世纪 90 年代后，随着微电子技术、计算机技术、电力电子技术和检测技术的迅速发展普及，微处理器在控制装置、变送器上的广泛使用，现场仪表（传感器、变送器、执行器等）得以智能化。在控制工具方面，出现了一种新的控制系统，称为现场总线系统（field bus system）。它是计算机技术、通信技术、控制技术的综合与集成，特点是全数字化、全分散式、可互操作和开放式互联网络；它克服了 DCS 的一些缺点，对自动控制系统体系结构、设计方法、安装调试方法和产品结构产生了深远影响。

尽管先进过程控制能提高控制质量并产生较明显的经济效益，但它们仍只是相互孤立的控制系统。许多专家进一步研究发现，将控制、优化、调度、管理等集于一体的新控制模式和信号处理、数据库、通信以及计算机网络技术进行有机结合发展起来的高级自动化具有更重要意义，因此也就出现了所谓综合自动化系统，被称为计算机集成过程系统 CIPS（computer intergrated process system）。CIPS 除了要完成传统 DCS 过程控制系统的功能外，还要实现运行支持和决策支持的功能，包括质量控制、过程管理、在线优化、经营管理、决策分析等，其系统构成见图 5-1。

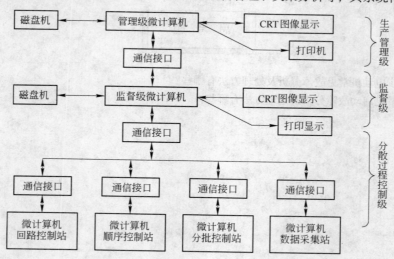

图 5-1 CIPS 系统构成示意图

5.1.2 自动控制在烧结生产中的作用

随着烧结技术和控制技术的进步，烧结过程自动控制技术也得到了相应发展。20 世纪 50

年代，只是对烧结过程的压力、温度、流量等进行测量，仅实现局部控制和单回路控制系统，对于比较重要的工艺变量则设计串级调节系统或前馈调节系统；60年代向高效率和可靠性方向发展；70年代到80年代，随着种类繁多的PLC（可编程控制器）和DCS（分散式控制系统）在自动控制领域的应用，基于现代控制理论的先进过程控制应运而生，极大地提高了生产自动化水平和管理水平；提高了产品质量，降低了能源消耗和原材料消耗；提高了劳动生产率，保证了生产安全，促进工业技术发展，创造了最佳经济效益和社会效益。

近年来钢铁工业对原料要求日益提高和设备向大型化发展，对烧结过程控制提出了更高的要求。现代烧结过程的控制非常复杂，它涉及温度、压力、速度、流量等大量物理参数，包括物理变化、化学反应、液相生成等复杂过程，以及气体在固体料层中的分布、温度场分布等多方面问题。从控制角度来看，烧结过程是多变量、分布参数、非线性、强耦合特征的复杂被控对象，传统依靠人工"眼观-手动"调节方法已经无法满足大型烧结设备的控制要求，需要更加精确和稳定的自动控制。

5.1.3　烧结生产过程自动控制体系结构

烧结厂作为钢铁联合企业中重要组成部分，其流程工业自动化自下而上分为过程控制、过程优化、生产调度、企业管理和经营决策等5个层次，见图5-2。L1～L3级面向生产过程控制，强调的是信息时效性和准确性；L4～L5级面向业务管理，强调的是信息关联性和可管理性。

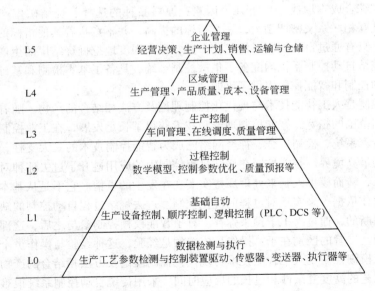

图5-2　烧结生产自动化体系结构及分级

企业管理级（L5）主要完成销售、研究和开发管理等，负责制定企业的长远发展规划、技术改造规划和年度综合计划等。

区域管理级（L4）负责实施企业的职能、计划和调度生产，主要功能有生产管理、物料管理、设备管理、质量管理、成本消耗和维修管理等，其主要任务是按部门落实综合计划的内容，并负责日常管理业务。

生产控制级（L3）负责协调工序或车间的生产，合理分配资源，执行并负责完成企业管理级下达的生产任务，针对实际生产中出现的问题进行生产计划调度，并进行产品质量管理和控制。

过程控制级（L2）主要负责控制和协调生产设备能力，实现对生产的直接控制，针对生产控制级下达的生产目标，通过数学模型、人工智能控制系统等优化生产过程工艺参数、预测产品质量等，从而实现高效率、低成本的冶炼过程。

基础自动化级（L1）主要实现对设备的顺序控制、逻辑控制及简单数学模型计算，并按照过程控制级的控制命令对设备进行相关参数闭环控制。

数据检测与执行级（L0）主要负责检测设备运行过程中的工艺参数，并根据基础自动化级指令对设备进行操作。执行级根据执行器工作能源的不同可分为电动执行机构、液压执行机构和气动执行机构，如交流电动机、液压缸、气缸等。

对大型企业而言，希望最高管理级网络直达基层原始数据级，基层原始数据直达最高管理决策层，以减少原始数据的加工、衰减、变质等，为最高决策层准确决策，提供技术数据支持。对烧结工艺过程来说，L0 和 L1 级已经相对比较成熟，L2～L5 级正在迅速发展。L1 和 L2 级是烧结自动控制的关键环节，其中 L2 级是目前许多冶金工作者研究的重点，其目标是追求信息自由、快速、准确地交换，实现数据、资源、指令共享互通，以追求企业效益最大化。

5.1.4　模糊控制技术

降低生产成本，同时确保质量提高，已成为个体企业应对日益严峻的国内外市场竞争的唯一途径。烧结矿综合成本取决于以下几个因素：原料品种的选择、烧结矿生产率、能源消耗等，这些因素既互相联系又密切制约，一个指标的提高，并不意味着其他指标的同步提高，有时甚至是降低，只有通过自动控制系统优化参数，最大限度地挖掘烧结厂的生产潜力，才能节约成本。目前烧结自动控制系统均配备了集散控制系统，具备了基本检测和基础控制功能，为进一步实现自动控制和智能控制提供了可能。

智能模糊控制是人工智能技术与现代化控制理论及方法相结合的产物。随着计算机技术不断发展及其应用范围的拓宽，智能控制理论和技术获得了长足发展，在工业控制中取得了令人瞩目的成果。专家系统、模糊集合、神经网络已成为智能控制技术的三大支柱，是烧结工业自动化控制追求的最高境界。智能控制在烧结过程控制中的应用避开了过去那种对烧结过程深层规律无止境探求，转而模拟人脑来处理那些实实在在发生的事情。它不是从基本原理出发，而是以事实和数据作依据，来实现对过程的优化控制。过去烧结过程自动控制的缺憾和不足是靠操作工头脑来判断的，通过人工干预来弥补。有了智能模糊控制参与之后，这部分工作可以通过计算机来实现。二者的区别在于：操作员依赖的是经验，这种经验与操作员个人的素质有很大关系；而智能模糊控制是人工智能技术与现代化控制理论及方法相结合的产物。

由于烧结工艺的高度复杂性和过长的反应时间，采用传统自动控制系统很难实现对烧结过程的精确有效控制。近几年烧结自动控制在传统的一级机控制系统（又称基础自动化系统）之上，出现了二级机过程优化控制系统，利用有效的数据管理系统和相关的优化数学模型，特别是先进的模糊控制技术预测有关工艺参数给定值变化对烧结矿产量及质量的影响，从而达到有效地优化工艺过程、提高产量、提高一级品率、减少波动和降低成本的目的。二级机系统包括一套过程信息管理系统及在它之上在线过程模型的集合。过程模型被用来直接控制过程，并被组织成两组：一组为烧结生产率（产量）控制，另一组为烧结质量控制。这些模型都是在线运行的，直接控制烧结工艺过程中不同的给定值，它们能够在没有人工干预的情况下闭环控制烧结过程，实现烧结过程控制的完全自动化。

思 考 题

1. 简述自动控制技术的发展过程?
2. 自动控制在烧结生产中的作用有哪些?
3. 烧结生产过程自动控制体系结构是什么,可分为几级?
4. 模糊控制技术是指什么,烧结生产自动控制技术的发展方向是什么?

5.2 烧结生产自动控制系统的典型配置

烧结工艺过程的成品整粒系统、烧结冷却系统、配料混合系统之间有着直接的连锁关系,整个工艺过程设备台数、种类繁多,所以烧结控制系统可以配置成一个集中监视、操作,分散实现控制的系统。另外,由于原料从配料矿槽经配料、混合、加水、烧结、冷却、破碎、筛分等多个工序过程,到最后成品烧结矿的分析指标出来,需经过几个小时,这期间的数据必须进行跟踪处理,才可以准确地掌握实时的工艺过程,以及对随后的工艺过程的优化提供依据,所以,功能完善的烧结控制系统须有二级机系统对工艺过程数据进行处理、对工艺过程控制进行优化。图 5-3 所示为一个烧结自动控制系统的典型配置。

5.2.1 一级机的配置及功能

一级机系统由两级网络连接而成,一级网络上的设备为带 CPU 控制站、PC 机操作站。一个控制站承担一个完整工艺子系统的控制任务,如配料系统、混合料系统、整粒系统等都可由一个控制站来实现控制,PC 机操作站用于对各工艺系统的监视及操作。同时,每个控制站都可作为多个零级网络(现场局域网)的主站,连接在零级网上的从设备主要有马达保护控制设备或智能 MCC、变频器、仪表等产生信息量较大控制设备。烧结自动控制系统的一级控制系统用于实现烧结过程各个子系统间、设备间连锁关系、时序关系,实现对工艺设备的控制、保护以及对整个工艺过程进行操作、监视。

5.2.1.1 一级网络

工业以太网技术已发展成熟,目前已能提供 100MB 的工业快速以太网网络设备。由于以太网通信速度快、容量大、维护方便,易与工厂内外 Internet 连接等诸多优点,以太网技术已越来越广泛地应用于工业领域,所以在烧结自动化控制系统中,一级机也可以采用以太网技术达到快速通信的要求。

将联锁关系紧密的工艺子系统控制站、操作站连接在同一个以太网交换机下,一则可以减少计算机控制设备故障对生产过程的影响,二则可以大大减少通过上一级以太网交换机的信息量,从而有效地优化网络性能。

控制站设备目前使用较多有施耐德公司的 QUANTUMN 系列 PLC、西门子公司的 PCS7 系列 PLC、AB 公司的 CONTROL LOGIX 系列 PLC。由于计算机技术的广泛应用,现在的 PLC 系统已不是传统意义上可编程逻辑控制器,它的功能得到了极大地扩充和提高,除了可以进行可编程的逻辑控制以外,还可进行有效 PID 调节、数值计算甚至模糊数学的运算。所以在烧结控制系统中,这样一个控制站可以用来实现整个工艺系统包括逻辑控制和过程回路调节等所有控制

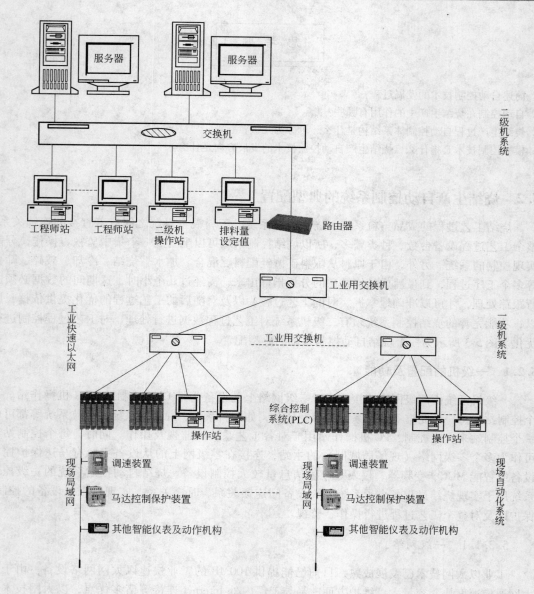

图 5-3   烧结控制系统典型配置

任务。

操作站目前使用较多的有基于 Windows 操作系统 iFix、Intouch、WinCC 等监控软件，除了可实现生产过程的监视及操作外，还可实现报警及记录、过程参数曲线、报表等功能。

5.2.1.2   零级网络

零级网络（即工业现场局域网）目前采用较多的有 MODBUS PLUS 网、ProfiBus 网、CONTROL NET 网等。在烧结控制系统中用来连接马达保护控制设备或智能 MCC、变频器、连续料位秤、配料秤、计量秤等有模拟量信号且信号量较大的设备。由于通过网络进行数字信号传送，可以将大量有效的现场信号采集进来，从而可对工艺过程进行更精确、有效的控制，同时还具备以下两个优点： （1）可以有效减小信号的衰减，以保证采集到的信号的准确性；（2）可以大大减少信号电缆和二次仪表的数量，有效地减少投入。总之，大量采用现场局域网进行设备的监视和控制已成为一种趋势，在网络技术得到广泛应用的今天，以太网技术作为工业现场局域网在烧结自动控制系统中得到了应用。

5.2.1.3 PC 机操作站

安装于烧结中央控制室的 PC 机操作站，又被称为 HMI（人机交互界面），它是联系烧结生产工艺人员和生产流程设备的纽带，既能真实反映实时生产状况，又能忠实执行生产工艺人员的操作控制指令，控制着整个烧结生产过程的顺利进行，优化烧结矿产质量。目前在烧结自动控制系统中，基于 Windows 操作系统的监控软件应用十分普遍，比如 Intellution 公司的 iFix、Wonderware 公司的 Intouch、Siemens 公司的 Wincc 监控软件、AB 公司的 RSView32 监控软件以及 Schneider 公司的 Monitor Pro 监控软件等，它们通过提供各种不同类型 I/O Driver 来实现监控画面和各控制子系统 PLC（各种不同品牌的 PLC）之间的数据读写；近年来随着工业以太网技术在工业控制中的广泛应用，工业以太网已经取代以前总线型通信网络（如 DP、CONTROL NET 等）而成为现在操作站与 PLC 的主要通信方式。操作站硬件目前使用最多的是各种工业控制计算机，如研华工控机等。

操作站一般应具备以下功能：生产工艺过程画面显示；工艺流程图及设备运转显示；运转条件确认和操作过程的显示；设备选择和运转操作控制；生产工艺过程参数控制和显示；趋势曲线管理；过程报警记录及打印；故障报警及诊断分析显示等。操作画面的设计，根据烧结生产工艺流程，可以将操作画面按工艺子系统组织，大致可分为原料准备、配料及混合、烧结和冷却、成品整粒、返矿、底料、粉尘收集、主抽风机、水道系统、余热利用和电除尘系统等。每个操作站根据实际情况（比如系统大小、操作站台数、操作习惯等）含一套或几套操作画面，操作画面按主画面、子画面或分画面来组织，以实现完整的控制和监视功能。一般在实际应用中，每个操作站会含有一个主监视画面、多个操作画面和条件检查画面，以及故障报警画面和简单的趋势曲线监视画面等。在整个监控系统的配置中，可以考虑冗余功能，应用最简单的就是操作画面的冗余，不同的操作站配置有相同的操作画面，当某台操作站出现故障时，另外的一台操作画面功能不受影响。还有就是 I/O 通信的冗余，甚至是画面和 I/O 通信的双重冗余。更甚是目前正迅速发展的以服务器为开发核心，多个操作站为其网络客户端的构成模式（即所谓网络开发版），比如 Wonderware 公司新推出的以 Industrial Application Server 产品为核心的 FactorySuite A2 工业套装软件等，它们具有强大的系统集成能力，可以快速地组建实际应用，并进行很方便的扩展。无论是硬件还是软件的构成，都是组件化的，可以根据应用的规模，随意添加、减少应用软件或硬件平台而不影响原有系统的运行，很容易实现功能和系统的不断扩展完善。同时它们还提供强大的集中开发、部署、诊断工具，提供强大的分布式系统集中管理工具。

在操作画面上每台设备都有运行和停止信号显示，有的设备还有故障信号，而阀门还有开到位与开不到位信号，这些信号代表的设备状态都被设计成用颜色来表示，通常区分如下：

（1）运行信号为绿色；

（2）停止信号为红色；

（3）轻故障信号为黄色；

（4）重故障信号为粉红色。

阀开到位为绿色、阀开不到位或者关不到位为天蓝色、阀正在开或者正在关为红绿交替闪烁、阀关到位为红色。各种颜色所代表的设备状态可根据实际情况和使用习惯来自由定义，而不会影响系统的控制功能。

5.2.2 二级机系统配置及功能

二级机系统采用 100MB 的快速以太网，其应用程序采用服务器/客户端结构。服务器端分为存储历史数据的数据库服务器、包含实时数据的数据库和应用程序的应用服务器，客户端则通过与数据库服务器和应用服务器的信息交换，实现对工艺过程需要调节部分的监视、干预。

二级机系统的功能是对工艺过程进行优化，即以最低生产成本达到稳定的烧结矿质量，最终目标是在操作员进行最少人工干预的情况下优化烧结机操作。二级机系统的功能主要分为以下两个部分。

5.2.2.1 数据管理系统

处理长期历史数据的收集、综合和维护，这些数据涉及实时生产时间、工艺性能及与工艺有关的数据（包括在线的测量数据和试验室的分析数据）。完善的数据管理以及连续的工艺参数计算使得工程师可准确地把握生产过程，从而为达到最佳的工艺性能、改进工艺和工厂操作提供充分依据。处理的原始数据源包括实时测量信号、加料量、生产数据、试验室数据、事件、模型计算结果、成本数据等。数据采集功能是将这些数据在存到数据库之前，先对它们进行预处理，分别存放在实时数据库和历史数据库中。该数据库系统是进行工艺过程优化的基本要求，包括以下几个功能块：

（1）数据通信部分：将一级机控制站采集的实时检测信号，以及一级机操作站的有关操作信息实时地传送到二级机；同时，将二级机优化模型的控制信息传送至一级机。

（2）实时数据库的维护：实时刷新实时数据库中的数据。

（3）历史数据库的维护：根据相关参数设定及时删除过时的数据，进行数据的完整性、合理性检查，以及日常的数据备份等。

（4）自动报表生成系统：每小时、每个班、每天的过程和生产数据，物料消耗，烧结机停机，烧结产品分析数据；烧结生产报表物料消耗、能源消耗、停机、生产率、烧结净产量、烧结产品分析数据；物料平衡报表混合矿成分、原料成分、焦炭成分、烧结混合料成分、计算的烧结产品成分、分析的烧结产品成分、烧结产品成分偏差。

（5）过程报警系统：所有事件（如烧结机启动或停机，与其他系统的通信问题）都在一个用户界限（事件显示器 Event Display，如上所述）中记录，事件分成几组，并且可以按是否告之操作工或仅供参考进行配置。

（6）模型参数：模型参数界限用于创建、修改、删除工艺模型和过程控制功能所使用的参数。

（7）停机记录："设备状态任务"分析烧结机所处的状态。在停机编辑器中列出了停机时间及检查时间，操作工可以输入以下数据：出现问题的设备区域，从列表中选择预先定义的区域；问题的分类（如电气、机械、液压等），从列表中选择预先定义的分类问题原因可作为自由文本输入。

（8）交接班记录：便于倒班人员维护；记录所有未被自动化系统收集的重要事件。对于经常重复的事件提供文本模板。输入诸如计划生产或计划休风时间等数据。

（9）化验室分析数据的管理维护：所有的分析都来自实验室，不需要人工输入。也可以用用户界限创建、修改和删除物料分析。分析显示配置完整，即在提供其他物料时不需要重新编程，只需修改数据库中的某些记录。

（10）标签数据的显示：标签显示用来观察时间性数据，它可以在线（画面永久刷新）或离线（从过程数据库读出数据）进行。可以从相关数据库的任意表中选择数据，这就意味着标签显示可以用来显示标签的时间性状态（主要目的）以及分析其他数据（如分析值或装入物料）。操作人员可以随时配置新的趋势图，系统对趋势图的数量没有限制。配置的趋势图可以存储，并随时调用显示。在一个趋势图内，最多可以配置 12 个不同的变量及最多 6 根不同的 Y 轴。同时，还具有图像缩放、轴重新定位及线的颜色和符号修改等其他特征。

（11）人工操作界面：用来输入各个工艺优化模型参数的输入及优化过程的监视。

5.2.2.2 烧结工艺优化模型

通过计算工艺过程中各个环节的最佳设定值以提高作业率、稳定产品质量、降低产品成本。具体说来有以下几个优化模型：

（1）混合料成分管理：为了能够在实际物料发生变化时使用计算的成分，并与不同混合料成分的烧结产品进行比较，可以将混合料成分存储在数据库中，以备后用。也可以从自动化系统中下载实际混合料成分，并根据这些数据进行计算，或者模拟与实际混合料的偏差。

（2）Microsoft Excel "规划求解" 取自德克萨斯大学奥斯汀分校的 Leon Lasdon 和克里夫兰州立大学的 Allan Waren 共同开发的 Generalized Reduced Gradient（GRG2）非线性最优化代码。线性和整数规划取自 Frontline Systems 公司的 John Watson 和 Dan Fylstra 提供的有界变量单纯形法和分支边界法。混合料包含有混云矿、白云石、石灰石、碎焦、热返矿和冷返矿等，混合料成分的重量和数量一般以湿料为基础，在计算值和实验室分析值之间如存在长期偏差，需用经验参数来进行校正。

（3）混合料量控制：需要从原料配料设备来的混合料量决定于烧结机的速度并且作相应的调节，控制回路的目标是稳定混合料流量，并保持缓冲矿槽料位恒定。二级机系统根据烧结机的速度以及中间料仓的最高和最低料位，计算总的混合料量并发送到一级机。

（4）混合料水分控制：混合料水分尽可能在最大程度上保持恒定，需要添加水量计算则依据混合料量的比，同时考虑单个原料组分的基本水分。操作员可以将单个原料组分的基本水分人工输进自动化系统。二级机用单个原料水分和原料加入量及混合料水分目标值来计算总的水需求量。

（5）烧结矿混合料仓（缓冲料斗）料位：保持中间料仓料位稳定在二级机规定的极限内，以便控制总的混合料量。

（6）烧结机速度：烧结机速度是用于总的烧结生产初始设定值。它可由操作员经自动化系统输入装置（如：键盘）人工输入，或在自动方式下由工艺模型来设定。

（7）烧结终点（烧透点/BTP）：为了优化烧结生产和质量，由二级机控制烧结终点在倒数第二个风箱中间的最佳位置。烧透点由一个基于温度的反馈控制回路来控制。另外，由一个模型来预测原料参数（分析、水分、透气性等）变化对烧透速度的影响并作为一个前馈校正值来使用。该控制回路有依据温度偏差的短时反应能力，并采用了模糊逻辑控制技术，即在得到模糊测量值后，根据评估规则生成控制信号，这些规则是根据烧结生产过程长期操作经验得来的。该控制回路适当操作与生产率控制是烧结机达到恒定的较高质量和较高生产能力的关键。

（8）返矿/燃料控制：烧结混合料的返矿比预先定义为工艺参数，由操作人员在用户界面中输入。为了保持返矿生产量和使用量之间的平衡，将加焦炭量作为控制变量。由烧结返矿槽料位来检测平衡偏差。该控制模型分为两个步骤：首先用返矿槽料位作为目标值进行添加焦炭量和烧结返矿的反馈控制，以保证返矿槽料位始终在预定范围内。当预期的和实际的返矿比超出正常范围便开始第二步，调节加焦炭量。在预定延时之后，可以重复该步骤（如有必要）。这两个控制变量只能在规定的容许范围内进行调整。

（9）碱度控制：该控制功能主要监视烧结矿分析结果的碱度指标是否满足要求。如有必要，可更改混合料成分，以获得最佳碱度；系统每次接收到新的有效化学烧结分析结果时，便会激活控制模型。该模型主要观测实际碱度和 SiO_2 分析，并且利用数据趋势、三个数据容许范围和一套定律来计算混合料成分的改进状况，从而判定是否有必要对用户选定的控制熔剂进行配比调整。在闭环方式下，该系统将根据用户选定的控制熔剂（石灰石或消石灰）进行配比调整计算，并向一级自动化系统和用户界面发送调整相应熔剂的配比设定值。否则，在用户界面仅显示结果。

（10）烧结产量模型：为进行产量控制，需要根据混合料布料情况、透气性和废气数据来计算烧结工艺周期。具体来说，就是根据测量值，进行混合料密度、透气性和烧透时间（BTT）的计算。用点火炉下面的废气流量、料层高度和压降表示混合料的透气性。这种计算概念考虑了混合料性能、混合料布料和表面点火效果，这对烧结工艺的随后进程很重要。

实际应用中二级机控制功能主要包括配比控制、料流控制、加水控制和烧结机台车速度控制，其特点是调节周期长，计算复杂，且运算量很大，适合在二级机使用高级语言（如 VB、VC ++ 等）编程。其他控制功能，由于控制回路调节周期短，计算不复杂，一级机 PLC 编程完全可以达到控制要求。

思 考 题

1. 简述自动控制一级机的配置及功能。
2. 简述自动控制二级机的配置及功能。
3. 烧结工艺优化模型有哪几个优化模型？

5.3　烧结生产过程自动控制功能及应用

5.3.1　烧结生产过程自动控制功能

5.3.1.1　原料系统

原料系统的自动控制功能构成见图 5-4。

5.3.1.2　烧结、冷却系统

烧结、冷却系统的自动控制功能构成见图 5-5。

5.3.2　原料系统控制回路及控制功能

5.3.2.1　料仓量的控制

根据贮矿槽中料位（％）或重量（t）控制配料矿槽内的料量。采用 Load cell 测量料重，将料重（t）换算成料位（％）作为矿槽库存量数据。采用料位仪（机械式或射线式），直接测量出矿槽库存料位（％）。

料仓量的控制——根据称重系统掌握，控制料仓量

配料系统的自动控制
- 配合比的设定
- 配合比的合理性检查
- 配合系数
- 排料量设定值的计算
- 圆盘工作方式的选择处理
- 控制方式的选择
- 排料量累积偏差计算处理
- 圆盘槽变更的计算处理

返矿料位、返矿及焦比的配合控制
- 返矿槽料位控制
- 返矿与燃料的控制

混合料添加水的自动控制
- 一次混合机加水处理
- 二次混合机加水处理
- 三次混合机加水处理
- 加水量的演算处理
- 水分控制修正系数的处理
- 水分跟踪的修正处理
- 原料水分移动平均演算处理

混合料槽料位自动控制
- 混合料槽入槽量的掌握
- 混合料槽排料量的演算处理
- 混合料槽收支偏差演算处理
- 混合料槽料位控制演算

混合料输送跟踪控制
- 排料量设定值跟踪情况
- 排料量、水分重量的跟踪概况
- 跟踪区域的划分
- 数据管理

图 5-4 原料系统的自动控制功能构成

铺底料槽料位控制
- 铺底料运输皮带速度演算处理
- 铺底料槽料位控制演算处理

烧结机台车料层厚度控制
- 平均层厚控制处理
- 平均层厚演算处理
- 主闸门开度控制处理

点火燃烧控制
- 比例串级控制
- 点火强度控制演算
- 空、煤比演算
- 保温炉控制
- 引火烧嘴煤、空比例控制
- 停机时的特殊控制
- 清扫时的特殊控制

图 5-5 烧结、冷却系统的自动控制功能构成

5.3.2.2 配料系统的自动控制

A 概要

烧结用的原料有各类铁矿、添加剂（白云石、石灰石等）、焦炭、返矿等，将这些原料按

照所要求的配合比进行自动给料过程称为配料系统自动控制。

所谓配合比，就是按照高炉的要求以及烧结矿的性状，经计算求出各类原料的最佳配合比。

根据被选定的配合比，按照一定的公式求出配合系数。依据混合料矿槽料位的需要，确定综合输送量，求出每个圆盘装置排料量的设定值。

由于贮矿槽空间位置不同，则设定值必须经过延时处理，使各种原料配合比一致。在排量控制过程中，测量值与设定值之间需进行偏差累积，超过一定极限时报警并进行处理。

B 配合比的设定

经化验得出配合比计算所需的原料数据（化学成分、水分含量、烧损率等）以及烧结矿的目标值（TFe、碱度），人工输入计算机系统。

由计算机进行配合比计算的料种有：各种铁矿、石灰石、白云石。

将各种原料的配合比（%）进行人工设定，并通过合理性检查以及达到目标值才能成为采用配合比。

C 配合比合理性检查

在进行上述配合比设定后要进行如下配合比合理性检查：

（1）原料总配合比之和要为100%；

（2）单种物料配合比不小于零；

（3）达到设定目标值。

根据人工设定的数据，计算机进行配合比检查计算；依据计算出的百分比进行计算分析，若计算结果未达到设定的烧结矿目标值，则调整配合百分比，重新进行计算，直至达到目标值，然后固定此百分数作为合格可用的配合比。

D 配合系数的计算

所谓配合系数，即各种原料（湿量）给料量相对总给料量（湿量）的比例系数。

配合系数演算的条件：

（1）周期性演算。定周期计算。

（2）槽变更时演算。特殊矿槽槽变更时，其配合系数需要重新计算。

（3）配合比变更时演算。由于原料性状等原因致使配合比变更，要进行配合系数重新计算。

（4）水分率变更时演算。人工变更水分率时，湿料排料量有变化，要进行配合系数重新计算。

E 排料量设定值演算处理

前述已计算出配合系数，则每个矿槽排料量的设定值为：

$$W_{si} = W_{ts} \times HK_i \tag{5-1}$$

式中 W_{si}——贮矿槽排料量设定值；

W_{ts}——综合输送量；

H——贮矿槽配合系数；

K_i——贮矿槽编号。

式中综合输送量（W_{ts}）是根据混合料矿槽料位需要量而确定的，此量就作为圆盘给料机排料量的目标设定值。

F 给料圆盘工作选择处理

给料圆盘是按照排料量设定值进行速度控制的，但是否运行、停止则由电气控制完成。因此，给料圆盘工作与否决定了其配合比有无，即圆盘在工作选择中时，相应采用的配合比大于0，相反则为0。

G 排料量累积偏差演算处理

在进行给料圆盘排料控制时，比较排料量设定值和测量值，将其偏差进行积算，并根据其偏差进行 PI 演算处理，输出速度信号指令改变排料量，最终使累积偏差趋于零：

（1）进行累积偏差演算的条件：

1）DCS 演算周期到达；

2）该圆盘给料机要在运转中。

（2）累积偏差过大的处理：

1）累积偏差过大（＋侧）时的处理；

2）累积偏差过大（－侧）时的处理；

3）累积偏差过大报警的复位。

（3）负荷率过低的处理。

（4）速度下限的处理。

H 槽变更的演算处理

某个贮矿槽在运行中由于无料以及其他原因，需变更到另一个贮矿槽运行。

（1）按照配合比进行槽变更判别处理。根据料位、负荷率、累积偏差、控制异常、控制异常停止、速度下限等信息进行槽变更。

（2）槽变更时的处理。槽变更时各物料的合计配合比不变，不进行合理性检查，此时一般进行配合系数计算，将被更换槽的配合系数自动置为"0"。而新的工作槽的配合系数则自动写为被更换槽原来的配合系数数值。

I 贮矿槽水分处理

对于配料矿槽中的燃料槽，其燃料的水分需进行检测，检测获得的数据要经过移动平均处理后再使用。移动平均是取测量曲线中四个测量值的平均值，以后进入一个新测量数据则去掉最旧的一个测量数据，仍以四个测量值的平均值作为本次测定值，照此逐步移动进行平均值计算。

为使两次采用水分率的变化幅度不要太大，对采用水分率需作变化幅度值限制。

5.3.2.3 返矿槽料位及返矿、燃料比的配合控制

烧结矿配料中的烧结返矿比被预先确定为工艺参数，由操作员输入。为了使烧结生产过程中生产的返矿和配料室配入的烧结矿返矿保持平衡，将配煤量作为控制变量来使用。根据烧结矿返矿料仓料位检测返矿平衡偏差。

A 返矿槽料位控制

该控制回路的目标是长时间地稳定返矿料仓料位。通过对烧结矿返矿和配煤量进行反馈控制，可使烧结矿返矿料仓料位保持在预先设定的范围内。

B 返矿与燃料的控制

当所需返矿和实际返矿比之间的偏差超出极限时，则修改配煤量，整个过程中碳与返矿的关系为：

$$C_{total} = C_{rawmix} \times (1 + RF \times F_{RF}) \tag{5-2}$$

式中 C_{total}——烧结矿中的碳比；

C_{rawmix}——混合料中的碳比；

　RF——返矿比；

F_{RF}——适应返矿的碳。

5.3.2.4　混合料添加水的自动控制

为了确保混合料最佳水分率并且保证烧结矿的质量，对一、二、三次混合机加水系统进行控制是很重要的。为此，要对原料的重量和水分数据进行跟踪处理。

A　一次混合机加水

一次混合机的作用为混匀，其加水为粗加水，通常是根据原料混合重量和原料原始含水量的跟踪进行前馈控制。

B　二次混合机加水

配料室输送的原料经过一次混合机加水后，含水量达到了一定值，所以二次混合机要求加水量较少，控制要求精度高，除了根据原料重量和水分的跟踪值进行前馈控制外，还在二次混合机后安装了水分检测仪表，根据测量的水分率信号进行反馈控制。

C　三次混合机加水

混合料经一、二次混合机加水控制，其水分率基本达到了水分控制要求，但在二次混合机后还要进行燃料分加，同时考虑运输过程的水分蒸发损耗，故在烧结机混合料矿槽对水分进行最终测量，从而进行最终水分的精确控制。

D　加水控制方式

a　CAS方式（前馈控制或前馈 + 反馈修正）

根据原料重量和水分跟踪值求出水分重量的数据，经过演算及修正处理，分别求出一、二、三次混合机加水量的设定值。电磁流量计测得的水量测量值与设定值比较，进行 PID 演算，给调节阀发出控制输出。

b　自动方式

由操作员设定各段混合机加水量的设定值。电磁流量计测得的水量测量值与设定比较，进行 PID 演算，给调节阀发出控制输出。

E　加水量的演算处理

分别在第一、第二、第三集合点求出合计的排料量、水分的合计重量，在操作站上设定目标水分率进行加水量演算，从而求出一次、二次、三次混合机的加水量。

F　水分控制修正系数的处理

修正系数设置是为了提高系统的控制精度。满足下列条件时，对加水进行自动修正：

（1）混合机给水切断阀打开。

（2）相关的输送设备在运行中。

（3）给水压力在下限以上。

（4）出口水分检测仪正常工作。

G　加水量

根据目标混合料水分和原料自含水分计算总的加水量，其关系式为：

$$F_{\text{water}} = M_{\text{target}} \times \Sigma(M_{\text{idry}})/100 - \Sigma(M_{\text{idry}} \times M_i/100) \tag{5-3}$$

式中　F_{water}——总加水量；

　　M_{target}——水分目标值；

M_{idry}——单位原料量；

M_i——单个原料含水量。

5.3.2.5 混合料槽料位控制

混合料槽设在烧结机头部，作为烧结机布料的缓冲给料装置，其料仓料位的波动将直接影响配料总量及烧结机机速。因此，若控制不好，会给整个系统的操作带来很大影响。

混合料槽料位控制的基本原则是使进入混合料槽的入料量和向烧结机供料的排出量在一段周期内相等，从而维持料位平衡。

A 混合料槽入槽量 W_{IN} 的掌握

从第一台给料圆盘开始到混合料矿槽止，混合料输送时间为 T_{BI}，在这段时间内将原料输送量跟踪的数据进行累加计算作为混合料槽的输入量 W_{IN}。

B 混合料槽排料量 W_{out} 演算处理

根据排料量的平均层厚（不含铺底料层厚）、台车宽度（P_w）、台车速度（P_s）、原料比重（K_{BI}）等相乘，并乘以 P_{BI} 修正系数求得预排出量 W_{out}。

$$W_{out} = P_s \times \frac{PH_R - PH_H}{1000} \times P_w \times K_{BI} \times \frac{T_{BI}}{60} \times P_{BI} \qquad (5-4)$$

式中　W_{out}——从现在时间开始经 T_{BI} 后止，从混合料槽排出的料量作为预想量，t；

P_s——台车速度，m/min；

PH_R——平均层厚设定值，mm；

P_w——台车宽度，m；

K_{BI}——原料密度常数，t/m³；

T_{BI}——从第一槽到混合料槽止的输送时间，s；

P_{BI}——修正系数，$P_{BI} = 0 \sim 1$；

PH_H——铺底料层厚，mm。

C 混合料槽收支偏差演算处理

由于烧结机台车上原料密度的变化，它的波动会引起混合料矿槽排料量变化，从而使混合料槽进、出之间的差值增大，造成混合料槽实际料位变化。因此，混合料槽进、出收支偏差还应考虑实际的料位测量值，其演算式为：

$$W_{SHD} = \frac{L_{SHS} - L_{SHP}}{T_{BI}} + W_{OUT} - W_{IN} \qquad (5-5)$$

式中　W_{SHD}——混合料槽收支偏差，t/s；

L_{SHS}——混合料槽料位设定值，t；

L_{SHP}——混合料槽料位测定值，t；

W_{OUT}——混合料槽排出量，t；

W_{IN}——混合料槽入槽量，t。

D 混合料槽料位控制演算

当混合料槽料量收支偏差大于一定值时，需重新进行综合输送量计算，以新计算出的混合料综合输送量作为原料配料输出总量，重新计算各槽的排出量设定，从而改变混合料矿槽的入槽量，使其料位重新达到平衡。

为了不使两次输送值之间变化过大，要作出变化幅值限制，另外还需对矿槽的料位上下限进行限制处理。

5.3.2.6　原料输送跟踪控制

由于配料室各贮矿槽的空间位置不同，对排料输送量的设定值必须进行跟踪处理，且根据槽位不同应有一定的延迟时间，否则配合比会发生变化。

从配料室第一个给料圆盘开始，经皮带输送直至混合料矿槽，对其设定及实际的排料量和采用的水分率进行跟踪。在跟踪的区间内将水分率换算成水分重量。

在第一集合点（配料室最后一给料圆盘末端处）对排料量和水分量进行合计，并将此数据用在一次混合机自动加水控制的计算。在第二集合点（二次混合机后）以及第三集合点（三次混合机后）与第一集合点相同，只是进行水分的修正，确定二、三次混合机加水量的设定值。此外，在混合料槽上设置有水分检测仪对三次混合排出混合料的水分进行反馈修正，以达到混合料的目标水分率。

将混合料槽的物料跟踪数据作为物料平衡控制数据使用，以达到保证混合料槽的料位平衡。

5.3.2.7　烧结冷系统控制回路及控制

A　铺底料槽料位控制

为了保持铺底料槽料位在一定范围内变化，将输送铺底料的皮带机（可调速的）速度、烧结机台车速度以及铺底料矿槽料位的测量信号进行综合演算处理，以网络通信方式将信号输出给 VVVF 马达控制装置，从而达到调速控制铺底料槽料位的目的。

a　铺底料输送皮带机速度演算处理

铺底料皮带机速度是烧结机台车速度及铺底料矿槽料位的函数，如果台车速度发生变化则铺底料皮带速度必须要变化。

b　铺底料槽料位控制演算处理

铺底料槽料位测量值信号（LHHP）与料位设定值（LHHS）比较，其偏差进行 PID 演算，修正铺底料输送皮带机的速度。

B　烧结台车料层厚度控制

料层厚度控制主要由三个部分组成，即圆辊给料机转速控制、主闸门开度控制、辅助闸门开度控制。圆辊给料机转速控制主要是调节台车纵向层厚，用六点层厚的平均设定值和平均层厚测量值之差及烧结台车速度对圆辊速度进行控制。

辅助闸门开度控制，是借助各辅助闸门相对应的层厚测量值信号与设定值进行比较，PID演算输出操作量信号去驱动辅助闸门，以保持台车横向层厚的均匀性。六点层厚设定值的平均值应与上述平均层厚设定值一致。

主闸门开度控制，应根据台车速度和圆辊给料机转速等综合计算进行控制。圆辊速度在一定范围内，不改变主闸门开度设定值；当其开度不能满足圆辊给料机在正常转速范围内工作时，对主闸门开度控制进行修正，改变主闸门开度控制设定值以控制主闸门的开度。

a　平均层厚控制处理

将台车上六点层厚测定值的平均值与六点层厚平均设定值进行 PID 演算，其输出值 PD 经台车速度补偿后发送给 VVVF 装置来调节圆辊给料机的速度。

b　平均层厚的演算处理

演算只对有效数据进行，演算法则为：

$$PHM = \frac{\sum\limits_{i=1}^{6}(PHP_I \times KE_{3I})}{\sum\limits_{i=1}^{6}KE_{3I}} \tag{5-6}$$

式中 PHM——平均层厚，mm；

  PHP_I——单个层厚，mm；

  KE_{3I}——单个层厚输入值有效否指定（1 = 有效，0 = 无效）。

C 点火炉燃烧自动控制

为了保证混合料完全烧结，应有最佳的点火温度。因此，对供给点火炉燃烧用的煤气及经预热的空气的流量进行自动控制，既能保持料层的最佳点火温度，又能实现煤气的充分燃烧。

点火炉燃烧控制有三种常规控制方式：一是根据炉内气氛温度进行煤、空比串级调节控制；二是进行点火强度控制；三是在操作站设定煤气量设定值进行煤、空比控制。

另外，为保证煤气压力在正常范围内，需对煤气总管压力进行调节。

a 比例串级控制

空气流量设定值是由煤气流量测量信号经比例环节加在空气流量调节单元，在此单元，与空气流量值进行综合运算，输出操作量信号给调节阀，调节空气流量。

煤气流量的设定值是来自温度调节单元输出，温度调节单元的反馈输入为点火炉内温度检测元件（热电偶）检出温度信号，这样便构成比例串级控制系统。

b 点火强度控制演算

所谓点火强度，即台车单位面积燃烧所需热量，其对应的煤气耗量，即可作为煤气流量调节单元的煤气流量设定值。其计算式为：

$$FS = TK \times PS \times PW \times 60 \tag{5-7}$$

式中 FS——煤气流量设定值，m^3（标态）/h；

  TK——点火强度设定值，m^3（标态）/m^2；

  PS——台车速度，m/min；

  PW——台车宽度，m。

c 空燃比演算

根据生产经验，在监控画面上手动设定空燃比值，其空燃比演算式为：

$$RP = \frac{FAP}{FGP} \tag{5-8}$$

式中 RP——空燃比；

  FAP——空气流量测定值；

  FGP——煤气流量测定值。

d 引火烧嘴煤气、空气比例控制

在监控画面上手动设定煤气流量时，通过比例单元使空气流量也做相应改变。

D BTP 控制

所谓 BTP（burn through point），即烧结台车上料层烧透点位置。实现烧结 BTP 控制，能使生产最大化，能耗最小化。

a 烧结生产过程优化控制

烧结生产过程优化控制是利用检测烧结过程中各风箱的温度、混合料的特性等参数，在其偏差时进行烧结机速度的校正，调节并修改原料成分配比以改变混合料的特性，从而在 BTP 离开设定位置前，系统提前作出响应，稳定烧结机尾端设定 BTP 的位置。

　　b　烧结机速度控制

　　在点火炉内，根据烧结台车上料层的高度、废气强度、压力、流量及混合料层的透气性、人工设定的 BTP 值，应用燃烧数学模型计算出台车上混合料垂直燃烧时间，从而计算出烧结机的期望速度 v_e，作为烧结机速度控制的设定值。

　　烧结过程中，在距离烧结终点 BTP 一定距离的区间内进行温度跟踪检测，并与历史数据进行分析比较、修正，形成对生产过程有指导性的平均温度曲线，且利用此曲线进行数学演算，计算出实际的 BTP。根据给定的 BTP 以及与实际 BTP 之间的偏差，计算出修正烧结机速度的 Δv，以对 v_e 进行修正。

　　根据烧结机速度期望参考值 v_e、手动操作时理想速度 v_0 以及对烧结机速度进行校正的 Δv，烧结机速度控制器按照模糊逻辑方式对烧结机的速度进行调节，其规则见表5-1。

表 5-1　烧结机速度控制器对速度进行模糊控制的逻辑对照

Δv　　　　　机速调节规则	LN	N	GN
GN	N	GN	GGN
N	LN	N	GN
LN	LLN	LN	N

注：N 为零偏差；LN 为小于零的小偏差；GN 为大于零的小偏差；LLN 为小于零的大偏差；GGN 为大于零的大偏差。

思　考　题

1. 简述烧结生产过程自动控制功能。
2. 简述烧结冷系统自动控制的逻辑关系。
3. 烧结机速度控制器对速度进行模糊控制的逻辑对照关系是什么？

5.4　操作规则与使用维护要求

　　从前所述，烧结自动控制系统主要由现场设备网、一级 PLC 控制系统、操作监视系统、二级优化系统和网络硬件系统构成，其主要操作规则与使用维护如下：

　　（1）烧结车间操作人员通过中控室监控画面对现场设备进行操作时要细心、耐心，不要造成误操作，或因操作急躁而造成监控画面软件响应不及时和操作失效，从而影响对现场设备的控制。

　　（2）操作人员在操作前，应该确认监控操作画面显示正常、网络通信正常。

　　（3）操作人员启、停现场设备时要按烧结工艺流程进行正确的子系统和联锁关系选择。

　　（4）在启动现场设备前，操作人员需要全面检查与启动设备有关联的辅机设备运行状况以及相关的压力、温度、流量等保护信号，确认所有信号正常。

　　（5）在启动现场设备前，操作人员需要确认该设备所有启动条件均具备，主电源已送出，无故障显示；若有故障报警，先执行故障复位操作。

（6）当出现设备不能正常启动时，操作人员要迅速切换到相关条件监视画面进行检查。

（7）当现场设备出现故障报警时，操作人员要切换到故障报警画面进行检查，查找故障原因并联系相关人员排除故障。

（8）在日常运行维护中，维护人员应定期检查自动控制系统设备的运行状况，记录下各设备的运行参数，如系统供电电源电压是否正常，接地是否牢靠，电缆对地是否有泄漏电流产生，通信接头是否牢靠，网络是否畅通等。

（9）维护人员应定期吹扫系统控制柜，紧固接线螺丝和端子。

（10）定期备份 PLC 程序、变频器、马达保护器、软启动器及高压综合保护器等智能设备的设定参数。

```
┌─────────────┐
│  思 考 题   │
└─────────────┘
```

1. 烧结自动控制系统操作规则与使用维护要求有哪些？

5.5　常见故障分析及处理

在烧结生产过程中，由自动控制系统本身故障而影响烧结正常生产的情况并不多见，但由主控室操作人员的误操作，以及现场电气设备引起的故障而影响烧结正常生产的情况比较多见。经过多年实践，自动控制系统故障主要有以下三个方面：

（1）计算机系统故障：包括二级机系统、一级机 PLC 系统、现场智能仪器仪表、PC 机操作站及现场设备网络和控制网络故障；

（2）现场设备及电气线路原因；

（3）操作人员不严格按照操作规程操作、误操作。

5.5.1　计算机系统故障处理

由于烧结自动控制系统设备较多，控制量大，组成比较复杂；子控制系统之间的通信量多而繁杂，通信距离远，烧结现场环境复杂等因素，造成控制系统有时运行不稳定，影响生产的正常进行。比如：PLC 控制站 CPU 的死机，多功能马达保护器、变频器及软启动器等智能设备故障，通信网络断开，网络设备损坏，网络线路故障，控制用 PC 机故障以及操作站监控画面工作不正常等故障。此时，应该迅速联系电气值班维护人员检查故障并通知系统维护工程师，尽快排除故障，同时也应加强设备日常维护，有效利用设备检修机会对计算机系统设备进行计划维修，从而保证控制系统各部分正常工作。近年来随着控制技术的进步和设备制造水平的提高，目前烧结采用的主流控制系统运行都比较稳定（如施耐德公司 QUANTUMN 系列 PLC，西门子公司 PCS7 系列 PLC，AB 公司的 CONTROL LOGIX 系列 PLC），出现 PLC 控制站 CPU 死机故障的可能性大大减小。在生产过程中，出现较多的故障主要是 PLC 系统的底板、电源以及单块 PLC 模板或是 PLC 模块某一通道等，其次就是 PC 机和网络设备因需要 24h 连续运行，虽然采用的都是工业级设备，但仍然比较容易发生故障，比如 PC 机的硬盘和网卡、网络交换机、光纤收发器、光纤尾纤、RJ45 水晶头和双绞线等出故障的概率比较大。

5.5.2 现场原因引起的故障处理

烧结现场生产流程设备数量多，控制保护功能要求全面，造成送到 PLC 的信号数量十分庞大，而且烧结现场环境比较恶劣，粉尘多，有时会造成由现场送到 PLC 控制站的保护信号、设备状态和一些操作选择信号与现场实际状态不符合，使 PLC 控制程序出现异常。最常见的是信号传送电缆连接端子接触不良、信号电缆接地及短路、信号电缆断线、现场保护装置误信号、电源故障以及电磁站 MCC 控制柜故障等，从而造成 PLC 控制程序误动作或不能正确执行控制动作。此时电气维护人员应该及时根据设备电气控制原理，检查可能引起故障的地方，快速排除故障，恢复生产。要求维护人员熟悉现场设备和设备的电气控制原理，做好日常维护工作，以保证设备正常运行和及时抢修故障。

5.5.3 操作不当造成的故障处理

要求操作员熟悉烧结各生产子系统工艺流程和子系统在烧结生产过程中所处的相互之间的连锁关系，以及各子系统运转所必须具备的生产条件和辅助条件，并且在准备生产时这些条件均已满足。操作员在生产操作过程中必须严格执行操作规程，杜绝习惯性操作和减少误操作，在操作确认之前一定要确认所做操作正确。当出现操作不当时，要迅速取消错误操作，并重新按照正常操作程序执行。生产操作过程中要养成多个画面交叉对照监视的良好习惯，出现故障时不要慌乱，要及时检查设备运行条件画面和故障报警显示画面，掌握设备状况，准确向检修维护人员反映故障状态，为快速排除故障提供条件。当控制网络通信出现故障，造成现场设备不能正常停止时，一定要及时联系现场岗位人员和电气维护人员采取措施将运行设备停止，以减少故障对下一次正常生产运行的影响，并及时通知系统维护人员处理。

思 考 题

1. 自动控制系统故障主要有哪几个方面？
2. 现场原因引起的故障如何处理？
3. 由操作不当造成的故障如何处理？

6　计量检测设备

6.1　概述

　　烧结生产是钢铁生产主体生产线上的一个重要工序，是炼铁生产的前工序，也就是炼铁生产的原料准备。烧结就是将添加一定数量燃料的粉状铁矿石物料（如粉矿、精矿、熔剂和工业副产品）进行高温加热，在不完全熔化的条件下烧结成块，所得产品称为烧结矿。烧结过程是一个复杂的高温物理化学反应过程，细粒物料的固结主要靠固相扩散以及颗粒表面软化、局部熔化和造渣而实现，这也是烧结过程的基本原理。为了控制烧结矿产量和质量，在烧结生产过程中采用了大量检测设备和仪器仪表，从功能上可以分为：原料性状检测设备、烧结过程产量和质量控制设备、烧结矿成品质量检测设备、大型设备保护用检测设备等；从检测信号类型和介质上可分为：压力检测、流量检测、温度检测、振动检测、料位检测、水分检测、水位检测等，如图 6-1 所示。本章着重介绍用于烧结过程产量、质量控制的仪器仪表。

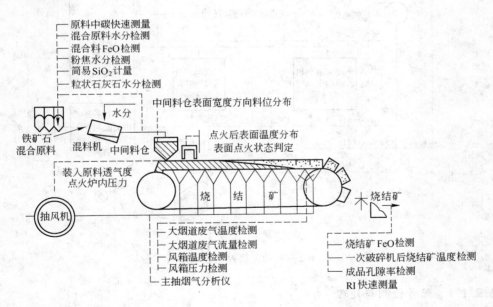

图 6-1　烧结生产中检测过程

```
思 考 题
```

1. 烧结生产中应用到哪些检测设备，它的目的和意义是什么？

6.2 电子秤称量设备

烧结生产过程中广泛使用电子秤称量系统，早期是为了对皮带上输入、输出物料进行计量，后来逐步发展到了配料领域。经过多年不断发展完善，现在已形成集圆盘配料秤、拖料秤、计量秤、料位秤于一体的动态物料测控系统，并已成为烧结生产中必不可少的重要环节。

6.2.1 配料秤

近年来随着控制和自动化仪表及计算机技术的发展，已形成一个由称重传感器、测速传感器、配料秤机架、变频器、调速电动机、下料机构及高精度积分演算控制器、PLC 等组成的闭环自动配料控制系统（目前国内烧结厂多使用 MIPS 动态物料测控系统或日本大和 CFC-100C 自动配料控制系统），如图 6-2 所示。

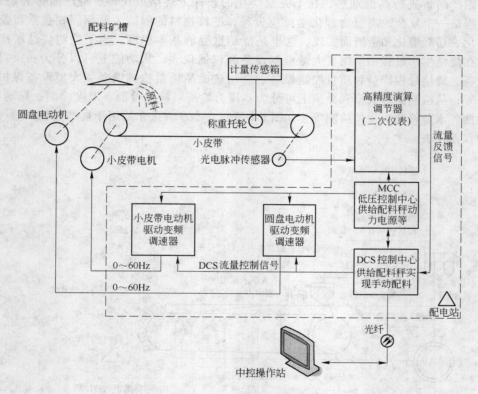

图 6-2 自动配料控制系统简图

6.2.1.1 信号检测与处理

由高精度积算仪表给配料秤架称重传感器提供高精度的 + 10V 电源，称重传感器依据配料小皮带上料流大小输出一个正比于单位长度物料重量的差压信号，然后由电路对信号进行滤波、放大、采样，再经 A/D 转换与速度信号相乘并对时间积分，依据如下数学模型计算出物料流量：

$$W_s = C \sum_{i=1}^{t} \left(V \times 1/n \times \sum_{k=1}^{n} W_{ki} \right) \left. \right\}$$
$$Q = CV \times 1/n \times \sum_{k=1}^{n} W_{ki} \qquad (6\text{-}1)$$

式中　　W_s——累计重量；

　　　　Q——瞬时流量；

　　　　W_{ki}——第 i 米处第 k 次重量；

　　　　n——单位长度上的采样次数；

　　　　t——皮带运转时间；

　　　　C——系数；

　　　　V——皮带速度。

6.2.1.2　调节控制原理

　　配料秤可以对配料矿槽散状物料的下料量进行自动调节控制，其物理过程是配料仪表将检测到皮带上的瞬时流量作为反馈信号送至 PLC 控制系统，PLC 将流量反馈信号与圆盘下料量设定信号进行比较后经过 PID 调节，再把此偏差输出控制信号转换成频率送给变频器，来驱动控制现场圆盘给料机及配料小皮带，通过速度调节实现下料量的自动跟踪调节。调节控制的数学模型如下：

$$P_k = P_{k-1} + K_p\left[\left(E_k - E_{k-1}\right)\right] + T/T_i \times E_k + T_d/T \times \left(E_k - 2E_{k-1} + E_{k-2}\right) \tag{6-2}$$

式中　　P_k——调节器输出值；

　　　　K_p——比例系数；

　　　　E_k——偏差（给定值 – 下料实际值）；

　　　　T——采样周期；

　　　　T_i——积分常数；

　　　　T_d——微分时间常数。

6.2.1.3　系统的抗干扰措施

　　烧结配料室生产现场环境恶劣，存在严重的粉尘、潮湿、腐蚀、磁场等多种干扰因素，要求仪表具有较强抑制电磁干扰以及抗振动、耐冲击、抗腐蚀等的能力。针对这一情况，在实际应用中采用了系统隔离技术，仪表的开关量 I/O 环节全部实现了高性能光电隔离，仪表与现场强电控制柜（如变频器、滑差控制器箱、直流柜）的模拟量接口采用了带光电隔离的 D/A 电路，使隔离电压达 500V AC，避免了强电反窜入仪表，实现了仪表与现场干扰的有效隔离，显著地提高系统的可靠性。同时还采用了多重数字滤波技术，有效地滤除了极低频率的干扰和高次谐波分量的干扰。

6.2.2　皮带计量秤

　　皮带计量秤系统见图 6-3，主要用于称量运输皮带上物料流量大小和计算单位时间内物料累积量。一般应用在原料系统、成品系统、返矿系统等场合，用于原料结算、烧结矿产量及返矿量统计。

　　称量秤架安装于现场皮带支架上，在它上面安装有称重传感器和速度传感器。称重传感器将皮带上输送物料的重量信号，速度传感器将检测到的皮带输送速度一并通过信号电缆传送至安装于电气室内的称量仪表，由称量仪表对皮带上物料的重量信号和皮带速度信号进行演算，转换为流量信号上传到 PLC 系统。PLC 对此信号进行累积并显示。

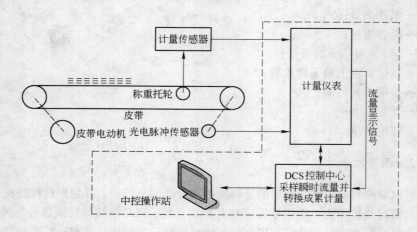

图 6-3　皮带计量秤系统简图

6.2.3　料位仪

料位仪一般安装在储料矿槽上，主要用来测量矿槽内储存的物料的重量或料位高度。一般是仪表安装在电磁站内，传感器安装在矿槽上。对某烧结物料来说，测量其重量并不是最主要的问题，主要还是关注物料的高度。在矿槽进、出料系统的控制中，需要知道矿槽料位高度，料位高时应该停止上料，料位低时应该停止排料或者进行槽切换。

一般分为称重式料位仪、重锤式料位仪、超声波料位仪、导向微波式料位仪、音叉式料位仪、振动式料位开关等，适应的场合不同可靠性也不尽相同。

6.2.3.1　称重式料位仪

现场安装的称重传感器将矿槽及物料的重量称量出来，经过变送器将重量信号送至电气室内显示仪表进行计算和显示，并转换为标准的 4 ~ 20mA 电流信号送给 PLC 系统进行运算。PLC系统根据矿槽容积和所储藏物料的密度，将料位仪送来的物料重量转换成物料占矿槽容积的百分比。

6.2.3.2　重锤式料位仪

它通过电动机—减速机—钢盘—钢绳带动一个重锤定时放至矿槽中，然后料位仪表测量放下去的钢绳长度，从而间接地测量出矿槽物料的高度，应用原理见图6-4。

6.2.3.3　超声波料位仪

超声波料位仪是测量一个超声波脉冲从发出到返回整个过程所需的时间，从而计算出距离。超声传感器垂直安装在液体或者物体的表面，它向物面或液面发出一个超声波脉冲，经过一段时间，超声波传感器接收到反射回的信号，信号经过变送器电路的选择和处理，根据超声波发出和接收的时间差，计算出物面或液面到传感器的距离，最后计算出物料的高度。

6.2.3.4　导向微波式料位仪

高频率的微波脉冲沿着一根缆、棒或包含一根棒的同轴套管运行，接触到被测介质后，微

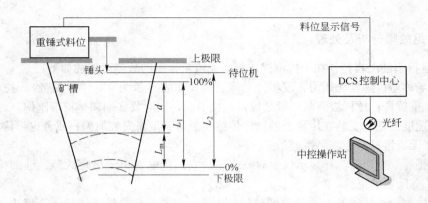

图 6-4　重锤式料位仪应用原理简图

波脉冲被反射回来，被电子部件接收，并分析计算其运行时间。微处理器识别物位回波，分析计算后将它转换成料位信号输出。

6.2.3.5　振动式料位开关

振动式料位的振棒通过电压驱动，当振棒接触到测量介质的时候，振幅被衰减。电子部件检测到这个衰减的振幅，并将它转换成一个开关量信号送至 PLC 系统用于料位控制。目前广泛应用于除尘器灰斗料位检测。

6.2.4　电子秤的操作规则与使用维护要求

（1）秤架托轮、头尾轮应无粘料；皮带无跑偏，无任何影响称量的不利因素。

（2）头尾轮直径、传动减速机的减速比、传动齿轮压盘直径应该与设计一致，保证皮带秤的准确度。

（3）十字簧片、拉簧无变形、无断裂，固定螺丝完好无缺；秤两边限位拉杆和支撑杆无变形、垂直拉杆无磨损、拉杆片紧固不缺少。

（4）测速传感器脉冲信号，负荷率表头（一般显示 80% ~100%）与实际料量一致；变送器输入、输出信号稳定；称重托辊应保持水平并且无粘料，运行平稳。

（5）两个传感器预压力检测信号不大于 10mV，传感器接线端子、插头、插座、继电器等线头、接点接触应保持良好清洁。

（6）变送器输入信号、输出信号准确无误，信号接线可靠，无接触不良。

（7）仪表各个参数正常，输入信号、输出信号、送变频器的信号接线可靠，无接触不良。

（8）检查所有的相关仪器仪表计量彩标是否过期、丢失，否则即时更换。

（9）更换小皮带，拆装称重拉杆和测速传感器，要由专业人员按设备规程进行，预防损坏设备。

（10）调整传感器预压力时，加码时刀架及砝码应全部平衡地落在称重托辊上，并且不缺少砝码；卸码时应与称重托辊分离，再进行调校。

（11）调校时先进行皮带速度和带长测量，检查传感器尽量使其波动最小，先校零再校斜率值，然后进行实物标定。

（12）计量秤秤架称量范围内的托辊无偏心、不旋转或直径大小与其他托辊不一致的现象。

（13）计量秤仪表的各个参数正常，检查仪表跳字数估算流量偏差不能超过经验值的

±5%。

6.2.5　常见故障分析及处理

（1）运行中的配料秤，在中控室操作画面无流量显示的故障可能性如下：

1）现场称重传感器无压力，现场计量箱上负荷率表显示为0%（空皮带），拉杆被磨断，需要更换称重拉杆；拉杆被磨断一般是皮带跑偏引起，同时要仔细调整皮带跑偏。

2）无速度反馈，安装在尾轮上的速度传感器脱落，重新安装加固；或者皮带传动链条断，引起无速度无流量显示，需更换链条。

3）传感器、变送器、秤显示仪表故障或是给它们供电的单元出现故障，仔细检查各部分电气参数，有问题的更换。

4）连接称量系统和PLC系统之间的信号传送电缆断开或电缆连接端子连接松。接通电缆及拧紧螺丝。

（2）配料、计量秤流量显示值与实际值不符合的故障可能性如下：

1）因现场秤架称重托辊粘料或电气系统发生零点漂移，清除托辊粘料并重新对秤进行零值和满值调校。

2）更换皮带后皮带自重发生了变化，调整配料秤拉杆使其计量箱上负荷率表显示0%，并对计量秤仪表校零去皮重。

3）因皮带秤架上更换了不同型号、规格、重量的托辊引起，例如：陶瓷托辊换成了铁制托辊，那么应该重新更换托辊或对计量秤仪表校零去皮重。

4）与皮带速度相关的设备更换了不同型号规格，例如：减速机减速比变化、头尾轮直径变化、传动齿轮变化、速度传感器变化等，注意检修维护时更换备件要符合现场条件。

思 考 题

1. 电子称量设备包括哪几种，各有什么用途？
2. 皮带计量秤有什么作用和意义？
3. 配料秤常见故障有哪些，如何处理？

6.3　调节阀系统

在烧结生产过程中主要在混合料添加水及烧结机点火炉燃烧控制时采用可连续调节阀门控制系统。根据所使用动力源不同，分为电动调节阀和气动调节阀两种。电动调节阀由阀门机械部分＋电动执行机构构成，气动调节阀由阀门机械部分＋气力驱动部件构成。

6.3.1　混合料添加水调节阀

烧结生产中，混合料的水分含量过高，不但直接影响点火及烧结效果，而且因制粒效果差等原因，导致料层透气性下降；而水分含量过低，则会因混合料过程中成球差等原因，引起结块率降低，返粉量增大，最终影响烧结矿产量和质量。所以烧结过程中的水分控制对稳定烧结生产过程、提高烧结矿产质量十分重要。

在混合机添加水控制中，一般采用前馈控制＋反馈修正的控制方式，见图6-5。预先对要

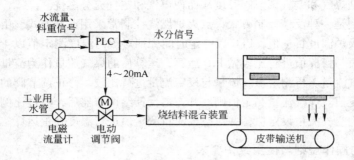

图 6-5 混合机添加水检测与调节框图

参加配料的原料水分率进行检测，并输入 PLC 系统，然后根据配料室下料量进行跟踪，计算出进入混合机的混合料重量，再通过设定混合料的目标水分率，根据这几个数据计算出需要添加的水流量作为加水设定值，并由 PLC 系统模拟量输出模块输出一个 4～20mA 的标准电流信号到加水调节阀控制阀门开启度。此时就有水流过管道中的电磁流量计，并由流量计检测出实际加水流量反馈到 PLC 控制系统。PLC 控制系统以此进行比较并进行 PID 调节以稳定水分控制。同时还在混合机出口安装有水分率检测仪，通过检测混合料的含水量来修正混合机加水流量。

6.3.2 点火炉煤气调节阀

烧结过程是以混合料表层的燃料点火开始的。为了使混合料内燃料进行燃烧和使表层烧结料黏结成块，烧结料的点火必须满足以下条件：有足够高的点火温度和点火强度；适宜的高温保持时间；沿台车方向点火均匀。所以，点火炉燃烧控制也是烧结过程控制的重点，点火的好坏将直接影响烧结过程能否顺利进行以及表层烧结矿的强度。点火温度过低，点火强度不足或者点火时间不够，将会促使料层表面欠熔，降低烧结矿的强度而产生大量返矿。点火温度过高或点火时间过长又会造成烧结料表面过熔而形成硬壳影响空气通过，降低了料层的透气性，减慢了料层垂直烧结速度，以致降低生产率。实际生产时对供给点火炉燃烧用的煤气及经预热的空气的流量进行自动控制，见图 6-6，既能保持料层的最佳点火温度，又能实现煤气的充分燃烧。点火炉燃烧控制有三种常规控制方式：一是根据炉内气氛温度进行煤、空比串级调节控制；二是进行点火强度控制；三是在操作站设定煤气流量值进行煤、空比例控制。不管哪种方

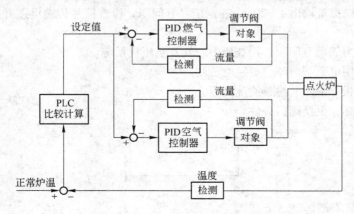

图 6-6 点火炉煤气调节阀检测与调节框图

式，均是通过控制煤气和空气调节阀开度从而使煤气和空气充分燃烧。

比例串级控制是一种反馈控制方式，点火炉燃烧控制常采用这种方式。由中央操作室在监控画面上设定点火炉温度目标值，PLC 以一定时间周期对炉内温度测定值以 4 次移动平均处理来计算，将计算值与目标值进行比较做 PID 运算，运算后的煤气流量作为流量设定值来驱动流量调节阀控制煤气流量。再测定煤气流量与设定流量进行比较，修正调节阀的开度，使温度测定值达到目标设定值。煤气流量测定值则经开方器反馈给调节器后，经过比例设定器输入空气流量调节回路作为空气流量设定值，并对空气流量测定值进行温度补正运算。

6.3.3　调节阀的操作规则与使用维护要求

（1）调节阀供电 220V AC 和 24V DC 电源应定期检查，并保持正常。

（2）调节阀电动或气动执行机构应动作可靠。

（3）调节阀阀门开启动作要保持灵敏，动作精度应保持良好。

（4）调节阀连接拉杆应保持动作灵活可靠，要求定期进行检查。

（5）调节阀内部阀板动作流畅，无卡阻现象；要求定期对阀门进行清洗。

（6）气动调节阀动力气源要求压力、流量稳定，不含水分及杂质。

（7）定期对水管和煤气管道进行清洗，预防管道堵塞。

（8）定期对调节阀开度进行调整和校准，保证控制精度。

6.3.4　调节阀常见故障分析及处理

（1）混合机添加水流量不正常，引起故障的原因如下：

1）检查水路系统是否畅通，管路有拥堵点，则需疏通输水管道。

2）添加水系统水泵运转不正常，以及管路上的阀门开启不正常，则需处理水泵及相应阀门。

3）系统中的电磁流量计工作不正常。根据观察实际流量，判断是否流量检测有问题；检查并更换流量计。

4）调节阀阀板是否有卡阻，检查清洗阀板。

（2）添加水调节阀不能正常动作，可能是以下原因引起：

1）加水管路上的水压不正常，压力低报警，检查及处理压力检测仪表。

2）调节阀交流 220V 或直流 24V 电源有问题，检查供电线路及更换电源。

3）调节阀阀门开度反馈信号有问题，处理阀门反馈信号检测及转换部分。

4）PLC 系统模拟量输出 4～20mA 控制信号有问题，检查信号传输电缆并处理或更换模拟量输出模块。

5）调节阀动力气源有问题，检查压缩空气及空压机系统。

6）气源控制用电磁阀故障，更换电磁阀。

7）调节阀阀板有卡阻，检查清洗阀板。

8）调节阀损坏，更换阀门备件。

> 思　考　题

1. 调节阀的作用和意义是什么？
2. 调节阀的操作规则与使用维护有哪些？

6.4 水分检测仪表

水分的检测和控制是烧结操作中的一个难点,严格控制混合料水分的标准值和误差范围,有助于提高混合料透气性和抑制过湿带过宽。常用的检测方法有:热干燥法、中子测定法、快速失重法、红外线测定法和电导法。其中,热干燥法和快速失重法是间歇式测定法,而中子测定法、红外线测定法和电导法可实现水分的快速在线连续测定。现场采用较多的是红外线水分仪和中子水分仪。

6.4.1 红外线水分仪

红外线水分仪工作原理是由检测仪发射一个红外光束和一个参考光束到被测物体表面,通过被测对象对红外线的吸收,并利用反射方式的不同(反射率不同)来测定水分含量。此光束的波长与红外线在水中传播的波长相近,通过反射器折射测出波长数据,经探头输出处理后转化为被测物体对象所含水分值,见图6-7。由于反射率取决于物料表面状态、颜色、化学成分及其他一些因素,为消除这些因素影响,现在还出现了一种测量更准确的红外三波长水分仪。它是用一种能被水分吸收的波长作为检测光,用两个被水分吸收比例很小的波长作为比较光,通过取检测光和比较光的反向能量比,使物料表面状态、颜色等对三种波长有同样影响。因此,其精度比两种波长的红外线水分仪准确。这种仪表测量范围为0%~40%,测定距离为7350mm,测定面积为60mm²,响应时间为0.5s。

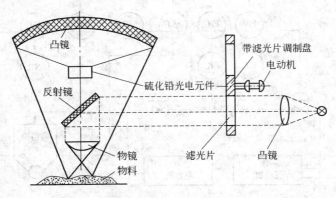

图6-7 红外线水分仪工作原理

6.4.2 中子水分仪

中子水分仪的工作原理是以核技术应用为基础的非接触式物料在线实时水分检测。中子水分仪检测物料水分所依据的主要原理是依靠水分子(H_2O)中氢(H)元素对快中子具有高慢化截面性质来测定物料中水分的净含量,并辅以特定能量的γ光子来测定物料总重量,从而得出物料中水分的含量。

目前中子水分仪有两种测量方法,见图6-8。一种是插入式,其探头装在料槽内,所用放射强度较低(约为3.7×10^9Bq);另一种是表面式(或称反射器式),在料槽外壁安装,所用放射强度较高(约为1.85×10^{10}Bq)。射线源大多采用镭-铍(^{226}Ra-^{9}Be)或镅-铍(^{241}Am-^{9}Be)。

混合料水分自动控制系统如图6-9所示,其中,一次混合机加水按加水百分比进行前馈控制,二次混合机加水是按前馈-反馈复合控制。计算机根据二次混合机实际混合料输送量及混

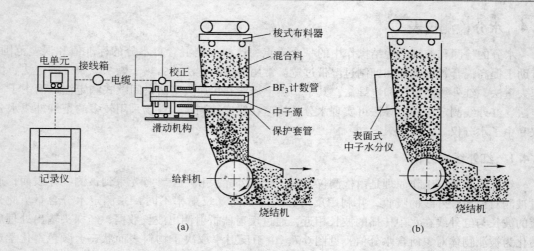

图 6-8　中子水分仪

（a）插入式；（b）表面式

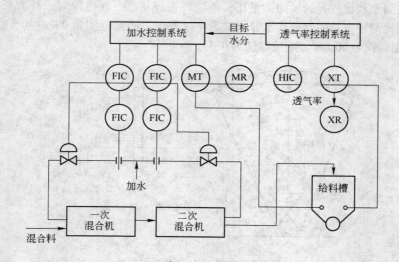

图 6-9　混合料水分自动控制系统

合料含水量与目标含水量比较，计算出加水量，作为二次加水流量设定值，这是前馈控制；然后由给料槽内的中子水分仪测出的实际水分值，与给定值的偏差进行反馈校正，为了获得最佳透气性，它还把透气性偏差值串级控制混合料湿度纳入自动控制系统。

思 考 题

1. 烧结生产中水分的检测用什么检测设备，各有什么优缺点？
2. 红外线水分检测仪的工作原理是什么？
3. 中子水分检测仪的工作原理是什么？
4. 简述烧结生产用混合料水分自动控制逻辑关系。

6.5 温度检测仪表

温度测量仪表按测温方式可分为接触式测量和非接触式测量两大类。

6.5.1 接触式测量

(1) 当物体的温度变化时，其体积和压力将发生变化（固体膨胀：双金属温度计；液体膨胀：玻璃液位温度计；气体膨胀：压力式温度计）。

(2) 当导体和半导体的温度变化时，其电阻将发生变化（金属电阻：铜、铂、镍等；半导体热敏电阻）。

(3) 当热电偶两端的温度不同时，热电偶回路中有热电势产生，热电势的大小与冷热端温度差有关。常用的热电偶分为：金属热电偶（铜-康铜、镍铬-镍硅）；贵金属热电偶（铂铑-铂、铂铑-铂铑）；难熔金属热电偶（钨-镍、钨-钼）；非金属热电偶（碳化物-硼化物）等。

6.5.2 非接触式测量

热辐射线或亮度与物体的温度有一定关系。常用的非接触式温度测量方法有：亮度法（光学高温计）、全辐射法（辐射高温计）、比色法（比色温度计）、部分辐射法（部分辐射温度计）。

6.5.3 热电偶测温原理

由两种导体组合而成，将温度转化为热电动势的传感器称为热电偶。热电偶的测温原理基于热电效应。将两种不同材料的导体 A 和 B 串接成一个闭合回路，当两个接点 1 和 2 的温度不同时，如果 $T_1 > T_2$，在回路中就会产生热电动势，在回路中产生一定大小的电流，此种现象称为热电效应。

6.5.4 热电阻测温原理

热电阻是利用其电阻值随温度的变化而变化的原理，将温度量转换成电阻量的温度传感器。温度变送器通过给热电阻施加一已知激励电流测量其两端电压的方法得到电阻值（电压/电流），再将电阻值转换成温度值，从而实现温度测量。

6.5.5 热电偶、热电阻操作规程与维护要求

(1) 热电偶、热电阻规格长度，分度号是否与工艺检测要求一致。

(2) 观察生产工序温度显示是否正常，与工艺检测是否一致。

(3) 检查热电偶、热电阻的安装是否牢固。

(4) 检查热电偶、热电阻的接线端子、分线盒、防水保护盖是否紧固。

(5) 热电偶、热电阻在工艺生产时不能随意插拔，易造成误动作。

6.5.6 常见故障分析及处理方法

(1) 热电偶、热电阻的温度显示无穷大，说明热电偶、热电阻处于开路、断路状态，或温度变送器发生开路。如果是停机状态，及时更换热电偶、热电阻，或者检查并排除温度变送器开路故障。如果是生产状态，要采取一定有效措施（短接停机联锁信号）后更换热电偶、热

电阻或者温度变送器。

（2）热电偶、热电阻的温度显示为零，说明热电偶、热电阻或补偿导线、线路、温度变送器有短路现象，应逐一检查并排除。

┌─────────────┐
│　思　考　题　│
└─────────────┘

1. 温度测量仪表按测温方式可分为哪两大类，各用在烧结生产的什么地方？
2. 热电偶、热电阻测温原理是什么？
3. 热电偶、热电阻常见故障及处理方法有哪些？

6.6　压力、流量检测设备

6.6.1　压力检测设备

压力是工业生产过程中最重要的检测、控制参数之一。所谓压力，就是均匀垂直作用于单位面积上的力。压力传感器将被测压力线性地转换为便于远距离传递的其他信号，如电阻、电流、电压或频率信号等，用于烧结生产过程的控制和显示。

压力传感器工作原理是过程压力作用于密封隔离膜片，通过封入液传导至扩散硅传感器。压力的作用使之在传感器上产生压阻效应以改变扩散硅阻值，由电桥回路转换成毫伏信号，再送往变送器电路转换成 4~20mA 输出送至 PLC 系统模拟量输入模块。温度变化造成的压力变化相当于压阻值变化的误差，由置于传感器内部的网络阻值线路补偿，从而极大地保证了测量精度。压力传感器在烧结生产过程中广泛用于水、油、压缩空气、蒸汽及风箱、风机、点火炉压力的检测，主要分为 电容式压力传感器及压电式压力传感器。

6.6.2　流量检测设备

流量计的种类有很多，如差压式流量计、电磁流量计、超声波流量计、转子流量计、涡流流量计等。差压式流量计的工作原理是利用流体通过节流装置产生的差压与流量有关这一物理现象来测量流量的；电磁流量计的工作原理是根据电磁感应定律而工作的；超声波流量计的工作原理很多，根据测量原理的不同，大致可以分为以下几类：传播速度法（时差法、相位差法和频差法）；多普勒效应法；相关法；波束偏移法等。但是目前最常采用的测量方法主要有两类：时差法和多普勒效应法。同时，根据超声波流量计使用场合不同，可以分为固定式超声波流量计和便携式超声波流量计。流量计在烧结生产工艺、能源计量中使用较为广泛，如煤气计量、压缩空气计量、蒸汽计量、水计量、混合机添加水量显示等。

┌─────────────┐
│　思　考　题　│
└─────────────┘

1. 压力检测设备工作原理是什么，可用在烧结生产的什么地方？
2. 流量检测设备工作原理是什么，可用在烧结生产的什么地方？

6.7　振动检测设备

6.7.1　振动传感器原理

在烧结生产过程中存在很多高速旋转的电气和机械设备，如烧结主抽风机、各类冷却风机及各类除尘风机。为了保证这些大型设备的稳定运行，一般在其电动机及风机两端安装振动传感器来实现振动保护。振动传感器将检测到的设备振动信号转换为电信号，并通过信号电缆传送到安装在控制室内的显示仪表。显示仪表将显示现场设备的实际振动值，同时输出标准信号给 PLC 控制系统进行显示和控制。

用来检测机械运动振动的参量（振动速度、频率、加速度等）并转换成标准电信号输出的传感器称为振动传感器。振动一般可以用以下三个单位表示：mm（振幅）、mm/s（振速）、mm/s^2（加速度）。振动位移（mm 是振动幅值）一般用于低转速机械的振动评定；振动速度一般用于中速转动机械的振动评定；振动加速度一般用于高速转动机械的振动评定。

振动传感器的种类丰富，各种振动传感器的工作原理与测量方法都不相同。振动传感器的诸多种类中，磁电式振动传感器的应用较为普遍，因此下面重点介绍磁电式振动传感器的工作原理。

磁电式振动传感器属于惯性式振动传感器。磁电式振动传感器在使用时，会和被测量物体紧固地安装在一起。当被测量物体振动时，磁电式振动传感器的外壳就会随着被测物体一起运动，而传感器内部的线圈、阻尼环和芯杆部分，在惯性的作用下相对保持静止。

磁电式振动传感器的线圈和磁铁部分，在振动时与传感器外壳发生了相对运动，与被测物体连接的运动部分为导磁材料，这样振动过程中，线圈划过磁力线就会改变线圈的磁通量，在线圈中产生感应电动势，而感应电动势的大小正比于振动速度。

磁电式振动传感器在获得电动势感应信号后，可以直接与速度形成一一对应关系，以获得振动速度测量值。电动势感应信号经过微分和积分后，磁电式振动传感器还可以得出振动的位移加速度测量值和位移测量值。

磁电式振动传感器的输出电动势是与线圈内磁通量变化直接相关的，当振动速度较低时，磁通量变化小，输出的电动势也就过小而无法感应测量，因此磁电式振动传感器存在有工作下限频率，低于下限频率的振动即无法测量。

6.7.2　操作规程与使用维护要求

（1）检查振动传感器规格、参数是否与工艺检测要求一致。

（2）确认振动传感器和显示仪表参数配合良好，现场信号显示正常、准确。

（3）观察生产设备振动检测值显示是否异常，与设备运行状况是否一致。

（4）检查振动传感器安装是否牢固。

（5）检查振动传感器的接线端子、分线盒、防水保护盖是否紧固。

（6）振动传感器在工艺生产时不能随意插拔，易造成误动作。

（7）振动显示仪表电源应定期检查，并保持正常。

（8）检查振动显示仪表接线端子是否紧固。

6.7.3　常见故障分析及处理方法

（1）振动显示为 0，说明振动检测信号处于开路、断路状态，可能是振动传感器、振动显示仪表或者信号传送电缆处于开路、断路状态，或者是振动显示仪表供电电源有问题。如果是停机状态，及时检查并排除故障，或者更换传感器、显示仪表等。如果是生产状态，则要采取一定有效措施（短接停机联锁信号）后再检查处理或更换备件。

（2）振动显示值与现场实际测量值有误差，检查振动传感器及显示仪表的接线端子是否连接紧固，振动传感器安装是否紧固，信号传送电缆屏蔽层保护连接是否可靠，显示仪表供电电源是否正常。处理发现的问题或更换备件，使振动显示正常。

思 考 题

1. 振动检测设备的工作原理是什么，有什么类型的振动检测设备？
2. 振动传感器操作规程与维护有哪些？
3. 振动检测设备常见故障及处理方法有哪些？

6.8　粉尘检测设备

烧结生产过程会对环境造成污染，其中粉尘是排放量最大、涉及面最广、危害最严重的污染物。一般在烧结生产过程中产生的粉尘量占烧结矿产量的 3% 左右。近年来我国大力推进环境综合治理，采取从紧的宏观环境政策，追求可持续性发展，对烧结粉尘治理提出了更高的要求，使烧结粉尘排放标准不断提高。为了实时掌握粉尘排放量，使得粉尘浓度检测仪器仪表广泛应用于烧结。

粉尘浓度检测仪主要原理是当烟道或烟囱内粉尘流经过粉尘浓度检测仪的探头时，探头所接收到的电荷来自粉尘颗粒对探头的撞击、摩擦和静电感应。由于安装在烟囱上探头的表面积与烟囱的横截面积相比非常小，大部分接收到的电荷是由于粒子流经过探头附近所引起的静电感应而形成的，故排放浓度越高，感应、摩擦和撞击所产生的静电荷就越强。用于接收、放大、分析和处理这些电荷使之成为在线粉尘排放显示数值的主要技术有两种：交流静电技术和直流静电技术。

交流静电技术是测量电荷信号围绕着电荷平均值的扰动量。在交流静电技术中电荷的正负平均值被过滤清除，然后系统探测剩余扰动信号的电场、波峰值、均方根值以及其他各种混合变化。以上各种数值中，均方根值能够准确显示信号的标准偏移，所以交流静电技术以监测电荷信号的标准偏移来确定交流信号的扰动量，并以即时扰动量的大小来确定粉尘排放量。根据完全相反原理，直流静电技术完全滤除以上所有的交流信号，只靠粉尘颗粒对探头的撞击和摩擦以直流电导方式传进探头，这样产生一个正负电荷平均值，经过系统的放大、分析和处理来显示粉尘的排放量。因此无论在何种情况下，交流静电监测系统的精确性比直流静电监测系统高 10 倍以上。

思 考 题

1. 粉尘浓度检测的主要目的和意义是什么？
2. 粉尘浓度检测仪主要原理是什么？

7 烧结环境保护设备

7.1 烧结生产环境治理

7.1.1 烧结生产环境污染源及特点

烧结是钢铁冶炼的重要环节，在其生产过程中会带来很多的环境问题，包括烧结矿生产过程中产生的高温废气和粉尘引起的大气污染，设备运转产生的噪声污染，部分工艺流程产生的废渣和污水等均会对环境造成污染问题。烧结生产过程产生的污染以大气污染为主，但因烧结机大型化，采用的大功率除尘、传动设备的增多，烧结的噪声治理成为了一项重要任务，如何有效地治理这些环境问题已成为烧结生产的主要工作之一。

7.1.1.1 烧结大气污染的产生及危害

烧结是目前钢铁行业大气污染最严重的工序之一，也是我国大气污染治理的重点行业。随着我国经济的发展及人们对生活质量要求的提高，国家对烧结烟气的排放要求也将进一步提高。

A 烧结大气污染的产生

烧结生产是大量的矿石、溶剂、燃料加水混合后高温点火，生产烧结矿。因矿石及燃料等均为天然生成，其中含有大量的无机、有机物质，因此烧结生产过程中会产生大量的有毒、有害气体，同时烧结矿在配料、破碎、运输过程中还会产生严重的粉尘污染，这些污染构成了烧结大气污染。烧结大气污染的主要来源有以下几个方面：

（1）烧结原料在装卸、破碎、运输过程中产生的含尘废气。

（2）烧结原料混合、加水产生的含水废气。

（3）混合料烧结过程中产生的粉尘、SO_2、NO_x 等高温废气。

烧结大气污染的治理分粉尘污染治理和烟气气态污染物治理。在烧结工序过程产生的大量有毒、有害气体中粉尘、SO_2、NO_x 占了很大的比例，同时高温烧结过程还会产生一定量的二噁英和重金属污染。我国各大钢厂烧结工序在粉尘污染的治理方面已经取得了一定成绩，技术也较成熟。但在 SO_2、NO_x、二噁英和重金属等污染物的治理方面则起步较晚。与粉尘污染的治理相比，SO_2、NO_x、二噁英和重金属等气态污染物的治理更困难，投资成本也更高，而烧结又是钢铁行业中 SO_2、NO_x、二噁英和重金属等气态污染物的排放大户，特别是我国"十二五"规划中明确烧结烟气脱硫脱硝目标，因此如何有效的治理 SO_2、NO_x、二噁英和重金属等气态污染物已成为烧结环保的重要任务。

B 烧结大气污染的危害

烧结过程中产生的粉尘、SO_2、NO_x、二噁英和重金属等污染物，对人的身体健康和生存环境会造成重大损害。粉尘、SO_2、NO_x 主要是通过呼吸道、皮肤、眼睛等途径对人体的各个系统产生危害，会引起矽肺病、结膜炎、肺气肿等疾病。而且 SO_2、NO_x 是酸雨的主要源头，酸雨可导致土壤酸化，造成工农业建筑水泥溶解，已成为人类的公害之一。二噁英、重金属通过烟气排入大气后，经过不同途径进入人类的食物链，会导致人体中毒、癌症等严重疾病。

7.1.1.2　烧结噪声污染的产生及危害

烧结噪声污染同其他工业噪声污染类似，主要特点是机械或设备的体积大，作业面大，声音辐射面广，噪声波动范围大，声源处常伴有高温和烟气，控制工程量大，难度高。

（1）烧结的噪声污染主要来源于以下几个方面：

1）烧结矿生产、冷却、除尘用大功率风机。

2）烧结原料及烧结矿运输和转运过程中产生的噪声。

3）原料及烧结矿破碎过程中产生的噪声。

（2）噪声污染的危害：

1）噪声对人体最直接的危害是听力损伤。人们在进入强噪声环境时，暴露一段时间，会感到双耳难受，甚至会出现头痛等感觉。

2）噪声能诱发多种疾病。因为噪声通过听觉器官作用于大脑中枢神经系统，以致影响到全身各个器官，故噪声除对人的听力造成损伤外，还会造成神经衰弱症状。

3）噪声也可导致消化系统功能紊乱，对视觉器官、内分泌机能及胎儿的正常发育等方面也会产生一定影响。

4）噪声对正常生活和工作的干扰。噪声对睡眠影响极大。噪声还会干扰人的谈话、工作和学习。噪声会分散人的注意力，导致反应迟钝，容易疲劳，工作效率下降，差错率上升。噪声还会掩蔽安全信号，如报警信号和车辆行驶信号等，以致造成事故。

7.1.1.3　烧结固体废弃物及水污染的产生及危害

A　烧结固体废弃物及水污染的产生

烧结生产过程中产生的固体废弃物污染和水污染相对较少。烧结生产过程中的固体废弃物污染多来自于烧结生产的污泥、矿粉、石灰石等和生产辅助环节如干法、半干法脱硫丢弃的脱硫渣，设备检修时丢弃的石棉、废油等及办公区域丢弃的含汞照明用具等。烧结生产过程中的水污染主要来源于湿法除尘、湿法脱硫产生的污水及办公区域产生的生活污水等。

B　烧结固体废弃物及水污染的危害

石灰石、矿粉、石棉的干物质或轻质会随风飘扬，会对大气造成污染，对人的呼吸系统和皮肤等造成损害。而丢弃的脱硫渣含有易分解的亚硫酸盐和重金属会对大气和土壤产生污染，造成二次污染。丢弃的废油，湿法除尘、湿法脱硫产生的污水及办公区域产生的生活污水等易对水体产生污染。

7.1.2　烧结环境污染治理

7.1.2.1　烧结大气污染治理

烧结大气污染的治理主要分粉尘污染治理和烟气气态污染物治理。粉尘污染治理设备的发展已从以前的小型分散逐步发展为现代配套大型烧结机的集中除尘、通风设备，除尘设备的大型化为现代烧结厂环境的改善创造了良好的设备基础。烧结烟气气态污染物治理设备近些年有了很大发展，特别是近些年国家对烧结烟气 SO_2、NO_x 等气态污染物排放总量的控制逐渐加大力度，各大钢厂纷纷新增烧结烟气脱硫脱硝设备，主要以脱硫设备为主，部分设备具备脱硝功能。而在重金属和二噁英的脱除方面仍然受到成本和技术水平的限制，无法推广。

A 烧结大气污染粉尘治理设备

（1）电除尘器。电除尘器在我国大型钢铁厂烧结工序的应用十分广泛，是目前烧结粉尘治理的主要设备。电除尘器因具有阻力小、运行稳定、耐高温的特点，在国内各大钢厂烧结工序有着广泛的应用，特别是在烧结机机头高温废气粉尘的脱除方面具有不可替代的优势。

（2）布袋除尘器。布袋除尘器在烧结工序中的应用多集中在常温粉尘的处理方面，但随着耐高温滤料的发展，在烧结机粉尘污染的部分高温位置如机尾除尘器已有应用。布袋除尘器具有除尘效率高（可达99%以上）的优势，因此随着国家粉尘排放控制的日益严格，布袋除尘器的应用将会越来越广泛。

（3）机械除尘器。机械除尘器分重力除尘器、惯性除尘器、旋风除尘器。重力除尘器的工作原理是利用粉尘的自身重力从烟气中分离粉尘的。惯性除尘器主要是利用气体突然改变方向，碰撞挡板而捕集粉尘的。上述两种除尘器因其除尘效率低，占地面积大，目前已很少应用，仅在含尘气体的预处理时有所应用。旋风除尘器是依靠惯性离心力将粉尘从气流中分离出来的。与以上两种除尘器相比，旋风除尘器除尘效率更高，应用在烧结工序中一些粉尘排放要求不是很高的地方。

（4）湿式除尘器。湿式除尘器是利用含尘气流与液体（通常是水）接触，借助于惯性碰撞、扩散机理将粉尘捕集。湿式除尘器中较典型的有文丘里除尘器。湿式除尘器除尘效率较高，但因其排放为污泥，处理比较困难，所以目前在钢铁企业烧结工序中应用得并不是很多。

B 烧结大气污染气态污染物治理技术

a SO_2 污染治理技术

脱硫技术主要分三类：湿法烟气脱硫、干法烟气脱硫、半干法烟气脱硫。

（1）湿法烟气脱硫采用的脱硫剂是浆液形式，脱硫副产物含水量较高，须经浓缩脱水才能得到含水量较低的副产物。湿法烟气脱硫多采用喷淋塔形式。湿法烟气脱硫有很多种，其中石灰石-石膏湿法烟气脱硫和氨法烟气脱硫应用较多，技术也更为成熟。前者是目前世界上治理工业烟气脱硫工艺中应用最广泛的一种脱硫技术，随着工艺水平和设备技术方面的进步，加之脱硫剂-石灰石地理分布广泛，价格低廉，近些年石灰石-石膏湿法烟气脱硫在我国得到了广泛应用。氨法脱硫主要是以氨水为脱硫剂，价格稍贵，但其产物亚硫酸铵经氧化可制成化肥产品，因此对于氨水来源丰富的工业企业，可采用此技术。

（2）干法脱硫技术采用干态脱硫剂，脱硫副产物也是干态的固体，如炉内喷钙尾部烟气增湿活化脱硫法，该法操作简单，工艺简洁，但脱硫效率较湿法和半干法低。

（3）半干法脱硫技术介于湿法和干法之间，脱硫剂以雾化的或加湿的小颗粒为主，副产物是干态的固体。以 ALSTOM 公司开发的 NID 脱硫工艺为例，其脱硫效率可达90%以上，终产物多采用抛弃方式。其终产物也有经过处理生产石膏的，但因成本较高，应用不多。

b NO_x、重金属、二噁英等气态污染物治理

烧结烟气脱除 NO_x、重金属、二噁英等气态污染物技术应用较少，主要以脱硫兼顾脱除以上污染物为主。以活性炭法为例，该法同时兼顾脱硫脱硝，甚至还可脱除烟气中的重金属、二噁英等气态污染物，但该法投资和生产成本均较高，仅有为数不多的厂家应用。

7.1.2.2 烧结噪声污染治理

声音的传播可分为声源、传播途径、受者三部分，因此噪声污染的治理也应从这几方面考虑。工业主要是通过选用低噪声的生产设备和改进生产工艺，或者改变噪声源的运动方式（如用阻尼、隔振等措施降低固体发声体的振动）来减少噪声。

A　风机噪声的治理

风机的噪声主要是机壳、电动机、轴承等机械性噪声和风机进出口产生的空气动力性噪声。这些噪声以风机进出口产生的空气动力性噪声最强。消除方法主要采取下列措施：

（1）在风机进出口加装消声器。烧结目前的风机消声器多安装在风机出风口，对于噪声较大的风机也有进出口均安装消声器的。

（2）将整个风机用密闭的隔声罩包裹起来。这种方法往往会造成风机散热困难，温度升高，对风机的使用产生影响。可通过增加隔声罩内空气流动速度来进行降温，如采用排气扇等方式。

（3）改造风机房，使噪声无法传播出去。以往多采用隔声材料，但会使风机房内噪声增大，影响风机的日常巡检。随着多孔吸声材料的应用，房内噪声大的问题已基本解决。

B　烧结其他噪声污染的治理

设备本身因生产需要，产生的噪声值已定，烧结原料及烧结矿在运输、转运和破碎过程中产生的噪声治理多采用增加隔声罩或增设隔声墙的方式，材质也多为多孔吸声材料，既吸收了噪声，又不会使隔声罩和隔声墙内噪声过大。

7.1.3　烧结固体废弃物及水污染治理

烧结固体废弃物污染的治理可采用分类回收（如废油、含汞照明灯具等）、集中填埋（如石棉等）、返回生产工序（如生石灰、矿粉等）。水污染治理则可将污水通过自建小型污水处理厂或通过管道送往较大的污水处理厂。

思　考　题

1. 烧结生产对大气有什么污染？
2. 烧结大气污染的主要来源有哪几个方面，如何治理？
3. 烧结生产的噪声污染主要来源于哪几个方面，如何治理？
4. 烧结固体废弃物及水污染的产生及危害有哪些？
5. NO_x 气态污染物的污染后果有哪些？

7.2　除尘设备

烧结大气污染粉尘的主要特性有：高温、铁质、微粒级、黏性等，这些特性决定了烧结粉尘的治理设备主要有电除尘器和布袋除尘器等，下面就这两种设备进行详细介绍。

7.2.1　电除尘设备

7.2.1.1　工作原理与功能

电除尘器因具有收尘效率高、处理烟气量大、阻力损失小、使用寿命长、运行费用低等特点，因此广泛应用于烧结工序的除尘领域。

A　电除尘器的工作原理

电除尘器的工作原理是含尘气体通过高压静电场时，粉尘在电场内荷电，同时在电场力的作用下向异性电极运动并积附在电极上，依靠自身重力或通过振打等清灰方式使电极上的灰落入灰斗中，从而达到除尘的目的。具体可以通过电晕放电、粉尘荷电、粉尘的运动与收集几个阶段来分析。

（1）电晕放电。电场由阳极（又称收尘极）和阴极（又称放电极，多数阴极为线状故称为阴极线）组成，当阴极与阳极之间加上高压直流电源时，在两极之间便会产生不均匀电场。随着电场电压的不断升高，阴极线的尖端处由于电场强度的增强，会使其周围的气体电离，如果电压进一步升高，便能在阴极线尖端看见淡蓝色的光晕，这一现象称为电晕放电，开始产生电晕放电的电压称为起晕电压。发生电晕放电后，如果电压继续升高，便会使电场产生火花放电，此时可以听到电场有噼啪的放电声，但电压如果继续升高，就会使极间气体被击穿，造成电场接地，此时电流会急剧增大，而电压则会急剧下降。为了确保电除尘器的稳定运行，电除尘器往往都装有电压调节装置，以避免出现电场击穿短路现象。

（2）粉尘荷电。发生电晕放电后，气体被电离，电场阴极释放的电子和气体电离产生的正负离子会在运动中与通过电场的气体中的粉尘结合，使粉尘荷电。粉尘在电场中的荷电可以分为两种方式：

1）电子和正负离子在电场作用下向异性电极运动中与粉尘碰撞而使粉尘荷电，称为电场荷电；

2）电子和正负离子在电场内不规则的热运动而与粉尘碰撞使粉尘荷电，称为扩散荷电。

（3）粉尘的运动与收集。电场中粉尘荷电后向异性电极运动时，主要受电场力和介质阻力作用，这两种力的共同作用形成了粉尘的驱动力，其运动速度称为驱进速度，计算公式为：

$$\omega = kqE/3\pi d\mu \tag{7-1}$$

式中　　ω——驱进速度，m/s；

　　　　k——修正系数；

　　　　q——粉尘荷电量，C；

　　　　E——粉尘所处位置的电场强度，V/cm；

　　　　d——粉尘粒径，cm；

　　　　μ——烟气黏度，Pa·s。

驱进速度越大，证明该种粉尘越容易被捕集，因此驱进速度是电除尘器设计的一个重要参数，影响驱进速度的因素很多，大多是通过理论计算和实测除尘效率来求得，此时的驱进速度称为有效驱进速度。

在电除尘器中，粉尘荷电主要为负电荷，荷电粉尘向阳极运动并被捕集，故阳极称为收尘极，但也有少量粉尘荷正电荷，向阴极运动并被捕集。

B　影响电除尘器工作效率的因素

（1）粉尘特性：主要包括粉尘的粒径分布、真密度、堆积密度、黏附性和比电阻等。

（2）烟气性质：主要包括烟气温度、压力、成分、湿度、流速和含尘浓度等。

（3）结构因素：包括阴极线的几何形状和数量、收尘极的形式、同极间距、极板面积、电场长度、供电方式、振打方式、气流分布等。

（4）操作因素：包括伏-安特性、漏风率、气流短路、二次扬尘等。

C　电除尘器的结构及功能

电除尘器的结构（图7-1）主要包括：电除尘内部系统、电除尘器结构件、电除尘器气流分布装置以及电除尘器辅助部件等四大部分，其中电除尘内部系统主要包括阳极系统、阴极系统、阳极振打系统、阴极振打系统等；电除尘器结构件主要包括进出口封头、底梁、灰斗、壳体、顶盖等；电除尘器气流分布装置主要包括进口气流分布板和出口槽型板、导流板、内部挡风装置等；电除尘器辅助部件主要包括钢支架、顶部检修吊机、各层走梯检修平台、保温、雨棚、灰斗围墙等。

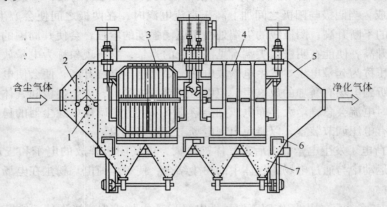

图 7-1　电除尘器结构简图

1—振打器；2—气流分布板；3—电晕电极；4—收尘电极；

5—外壳；6—检修平台；7—灰斗

　　电除尘器根据收尘板形式的不同可分为板式电除尘器和管式除尘器。烧结烟气除尘主要采用板式电除尘器，故本书只重点介绍板式电除尘器。板式电除尘器电场有效高度与宽度的乘积即为电除尘器的有效断面面积，通常以其平方米数来表示电除尘器的规格。板式电除尘器的电场主要是阴极线与平行的阳极板组成的非均匀电场，阴极系统和阳极系统是板式电除尘器的主要结构。

　　a　阴极线

　　阴极线又称电晕线，是电除尘器的关键部件，对除尘器的性能影响很大。阴极线应具有电气性能良好（起晕电压低、击穿电压高等）、强度高、耐腐蚀性能好、振打力传递好等特点，主要结构形式见图 7-2。

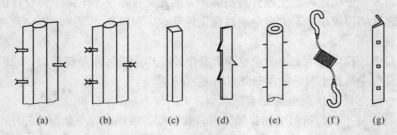

图 7-2　阴极线结构简图

（a）管形芒刺线；（b）新型管形芒刺线；（c）星形线；（d）锯齿线；

（e）鱼骨针刺线；（f）螺旋线；（g）角钢芒刺线

　　b　阳极板

　　阳极板又称收尘极，大多阳极板是用薄钢板轧制而成，其主要形式见图 7-3。阳极通道间距通常为 300mm，但由于电除尘器整流电源技术的进步，可以提供更高的电源，近些年宽极距

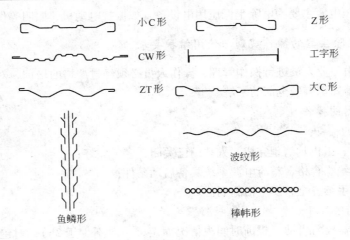

图 7-3 阳极板结构简图

（≥400mm）电除尘器得到了广泛应用。

c 壳体

电除尘器壳体是确保电除尘器形成一个独立的收尘空间，并为电除尘器其他设备提供支撑，因此壳体应有足够的刚度和稳定性，并密封严密（漏风率在 5% 以下）。

d 振打装置

振打装置是保证电除尘器除尘效率的重要辅助设备，是极线极板清灰的主要工具。振打装置应能使电极获得合适的振打力，既能使电极上的粉尘脱落，又不致产生较大的二次扬尘。振打装置又分为阴极振打和阳极振打，阴极振打与外界应具有良好的绝缘。

e 绝缘装置

电除尘器阴极系统的绝缘是保证电除尘器正常运行的基本条件，绝缘被破坏会引起电场短路，使电场失效。电除尘器的绝缘装置主要是对阴极框架起支撑吊挂作用的瓷套管和确保阴极振打与壳体绝缘的瓷转轴。

f 气流分布装置

气流分布装置主要作用是保证烟气进入电除尘器后，在电除尘器的有效截面上均匀通过。目前的气流分布装置多采用多孔板。

g 灰斗

灰斗是用来存储电除尘器收集的粉尘的。为了保证粉尘干燥，防止烟气中水分的凝结，造成粉尘结块阻塞卸灰系统，处理易结块粉尘的电除尘器往往设有专门的灰斗加热装置。

h 电除尘器电源系统

电除尘器电源系统有高压电源和低压电源两部分。电源部分是静电除尘器的一个重要部分，其性能的好坏直接关系到电除尘器的除尘效率。

高压电源部分包括整流变压器和高压控制系统。整流变压器是高压电源的核心设备，主要用于将交流电压变为直流电压和升高电压的作用。高压控制系统由电源主回路配电部分和电压控制部分组成，其中可控硅（又称晶闸管）在电路中起到了调整半导体开关的作用，为国内外普遍采用。

随着新技术的不断发展，电除尘器高压电源也有了很大的进步，如高频电源、恒源流及脉冲高压电源等的应用为高压电源的发展提供了很好的前景。

电除尘器低压电源主要为电除尘低压用电设备，如振打电动机、照明等供电。

7.2.1.2　电除尘器的操作规则与使用维护要求

电除尘器应由专业人员进行操作管理，操作人员必须经过严格的培训，对设备性能、操作要求、安全和保养知识有较全面的了解。

A　电除尘器的操作规则

（1）启动前的检查：

1）电场人员、工机具清理完成，人孔门已关闭，密封完好；

2）测量电场绝缘合格，整流电源系统具备启动条件；

3）电场启动手续齐全，安全措施到位。

（2）启动操作：

1）电场加热器提前启动（提前时间视情况而定，一般不少于2h），对绝缘瓷套管、瓷转轴等绝缘件进行加热，防止因结露影响电场正常运行；

2）启动低压控制系统及操作系统功能（料位、报警、连锁、测温等）；

3）启动电场，检查电场电流运行情况；

4）启动引风机；

5）启动振打机构。

（3）运行管理：电除尘器的运行管理对电除尘器的运行效率和安全运行具有重要意义，每班应定时巡检，检查内容如下：

1）检查电场电压、电流运行是否正常；

2）检查振轴是否转动，运行有无异响；

3）检查电除尘器运行画面或指示灯是否良好，无异常；

4）检查输送灰系统运行是否平稳，无异响；

5）每班记录运行电流、电压（一般每2h记录一次），根据实际运行情况调整至最佳状态。

（4）停运操作：

1）关闭风门后，关停引风机；

2）按顺序关掉电场的高压电源，切断高压隔离开关；

3）振打系统和输送灰系统在电场停运时继续运行，直至电除尘器粉尘灰输送干净；

4）关掉加热系统等低压电源（短时间停机可不用停低压供电系统，但应停止其操作）；

5）办理电场的停电手续，确认电场总电源切断；

6）开启人孔门，通风一段时间，便于高温除尘器废气的排放和降温；

7）对电场阴极进行物理接地，接好照明后才可进入电场检修；

8）检修完毕后，确认并关闭人孔门。

B　电除尘器的使用维护

（1）电除尘器停机时的维护。电除尘器短时间停机，主体设备处于停机时，灰斗应有一定的灰封，且加热系统应保持运行状态，避免电场低温腐蚀。电场长时间停机时振打和排灰系统应每周运行1h左右，以免传动部分锈死。

（2）电除尘器运行时的定期维护保养见表7-1。

表7-1　电除尘器的维护保养

保养部位	定期维护项目	检查周期
容易磨损机械传动部位	检查加油	1 周
振打、卸灰阀减速机	检查加油	3 个月
高压隔离开关等	检查调整机构	6 个月
高压控制柜及可控硅元件冷却风机	传动部分加润滑油	3 个月
整流变压器及阴极绝缘瓷瓶	（1）变压器油位检查 （2）高压进线接头检查 （3）瓷瓶、瓷套管擦拭	6 个月

（3）电除尘器运行时的其他维护要求。电除尘器运行 2500h 后，可按照相关技术标准，对电除尘器的一些主要参数进行测定：压力降、除尘率、漏风率、烟尘特性等。同时应定期检查电除尘器的金属构件，包括极线极板吊挂、支撑、壳体等，定期刷漆，避免腐蚀。

7.2.1.3　电除尘器常见故障分析及处理

电除尘器常见故障分析及处理方法，见表7-2。

表7-2　电除尘器故障分析及处理方法

故障现象	故障分析	处理方法
二次电流大、二次电压升不高或接近零	（1）电晕极断，与阳极板或除尘器的接地部位连接，绝缘失效 （2）绝缘装置击穿、破损、结垢 （3）灰斗积料过多，阴极与灰斗积料接触产生料接地现象 （4）收尘极变形、脱焊、移位靠近阴极 （5）电场内其他金属件掉落使阴阳极间产生接地点 （6）高压进线或变压器对地击穿	（1）拆除电晕线或对其进行加固 （2）更换或擦拭绝缘装置 （3）清除积料 （4）加固收尘极板 （5）清除金属导电体 （6）更换高压或变压器绝缘件
整流电压正常，而整流电流很小	（1）收尘极或电晕极上积灰过多 （2）阴极或阳极振打失灵	人工清除积灰或对阴阳极振打装置检查处理
二次电流、电压不稳定	（1）电晕极与阳极板间有导电体来回摆动 （2）阴极绝缘系统（瓷套管、瓷转轴等）漏电 高压开关接触不好或电场高压进线管漏水	（1）摘除导电体 （2）更换瓷套管、瓷转轴等绝缘部件或擦拭其灰尘 （3）调整高压开关或对漏水处焊补

7.2.2　布袋除尘设备

布袋除尘器是一种高效除尘器，除尘效率可达 99% 以上，因其具有除尘效率高、操作简单、对粉尘浓度变化大的适应能力强等优点，而得到了越来越广泛的应用，特别是随着近些年来清灰方式、滤袋材质等方面的不断发展，袋式除尘器在烧结除尘领域得到了广泛应用。

7.2.2.1　工作原理与功能

A　布袋除尘器的工作原理

布袋除尘器的工作原理是当含尘气体进入除尘器时，在引风机提供的负压作用下，通过布袋（或称滤料层），依靠滤料的过滤作用形成粉尘初层。粉尘初层形成前，起过滤作用的滤料层除尘效率并不高。粉尘初层形成后，滤料对粉尘的过滤效率明显提高。因此布袋除尘器主要靠粉尘初层的过滤作用除尘，滤袋只是起形成粉尘初层的作用。布袋除尘器的过滤机理可通过以下几种效应来分析。

（1）筛分效应。当粉尘粒径大于滤袋纤维间隙或粉尘层孔隙时，粉尘颗粒将被阻留在滤袋表面，该效应被称为筛分效应。清洁滤料的空隙一般要比粉尘颗粒大得多，只有在滤袋表面沉积了一定厚度的粉尘层之后，筛分效应才会变得明显。

（2）碰撞效应。当含尘烟气接近滤袋纤维时，空气将绕过纤维，而较大的颗粒则由于惯性作用偏离空气运动轨迹直接与纤维相撞而被捕集，且粉尘颗粒越大、气体流速越高，其碰撞效应也越强。

（3）黏附效应。含尘气体流经滤袋纤维时，部分靠近纤维的尘粒将会与纤维边缘接触，并被纤维钩挂、黏附而捕集。很明显，该效应与滤袋纤维及粉尘表面特性有关。

（4）扩散效应。当尘粒直径小于 $0.2\mu m$ 时，由于气体分子的相互碰撞而偏离气体流线作不规则的布朗运动，碰到滤袋纤维而被捕集。这种由于布朗运动引起扩散，使粉尘微粒与滤袋纤维接触、吸附的作用，称为扩散效应。粉尘颗粒越小，不规则运动越剧烈，粉尘与滤袋纤维接触的机会也越多。

（5）静电效应。滤料和尘粒往往带有电荷，当滤料和尘粒所带电荷相反时，尘粒会吸附在滤袋上，提高除尘器的除尘效率。当滤料和尘粒所带电荷相同时，滤袋会排斥粉尘，使除尘效率降低。

（6）重力沉降。进入除尘器的含尘气流中，部分粒径与密度较大的颗粒会在重力作用下自然沉降。

需要说明的是，布袋除尘器在捕集分离过程中，上述分离效应一般并不同时发生作用，而是根据粉尘性质、滤袋材料、气流流场不同、工作参数及运行阶段的不同，产生分离效应的数量及重要性亦各不相同。

影响布袋除尘器除尘效率的主要因素有以下几种：

（1）滤料清灰及粉尘层的影响。滤料是布袋除尘器的主要部件，清洁的滤料除尘效率很低，积尘后（即形成粉尘初层后）除尘效率逐渐提高至最大，清灰后除尘效率会有所降低。如何有效地通过清灰控制粉尘初层的形成厚度是布袋除尘器设计的重要因素之一。

（2）滤料材质的影响。机织滤料很薄，其纤维表面孔径较大，直通，需建立一层较厚的粉尘初层。针刺毡滤料则较厚，毡表面相对孔径较小，达 $20\sim50\mu m$，不直通，依靠毡内部多孔结构进行深层过滤，进而在表面建立一层较薄的粉尘初层，其除尘效率较机织滤料高。覆膜滤料薄膜上的孔径仅 $0.2\sim3\mu m$，且不直通，因此其除尘效率较前两者更高。

（3）过滤风速。过滤风速是一个重要的技术经济指标。过滤风速的大小直接影响碰撞和扩散效应，选用高的过滤风速所需要的滤布面积小、除尘器的体积和投资都会相应地减少，但除尘器的压力损失则会加大，除尘效率也会相应下降。因此过滤风速的选择应综合滤料种类、清灰方式等多种因素。过滤风速也称为气布比，即单位过滤面积通过的风量，单位为 $m^3/(m^2\cdot min)$。

　　B　布袋除尘器的结构及功能

布袋除尘器的主要结构如图 7-4 所示，主要分为上箱体、中箱体、灰斗、进出风管、滤袋及袋笼、电气控制、立柱及支撑等结构。

布袋除尘器的分类有多种方式，下面分析几种典型的分类方式。

（1）按清灰方式分类。清灰方式是决定布袋除尘器性能的一个重要因素，与除尘效率、压力损失、过滤风速均有一定关系。清灰的基本要求是从滤袋上迅速而均匀地清除沉积的粉尘，同时又能保证一定的粉尘初层，并且不损伤滤袋，消耗的动力较少。烧结布袋除尘器多采用逆气流清灰和长袋低压脉冲袋式除尘器。

1）机械振动清灰。机械振动清灰是利用机械装置轮流振打或摇动各组滤袋的框架，使滤袋产生振动而清除滤袋上积附的粉尘。机械振动是最原始的清灰方法，利用机械动力把悬挂在除尘器滤袋上的黏结尘块抖落进灰斗，但是，对于黏性较强、颗粒较细的粉尘则达不到应有的清灰效果。其优点是不需连接压缩气，可作为小型机械安装在生产流程中的中、低负荷过滤设备上。缺点是只能离线清灰，清灰时必须关闭进气口，暂停过滤系统。设备带有很多机械动力结构件，需要经常维护和替换。对于黏性比较强的粉尘，不能有效清灰。除尘器阻力高，滤袋使用寿命短。

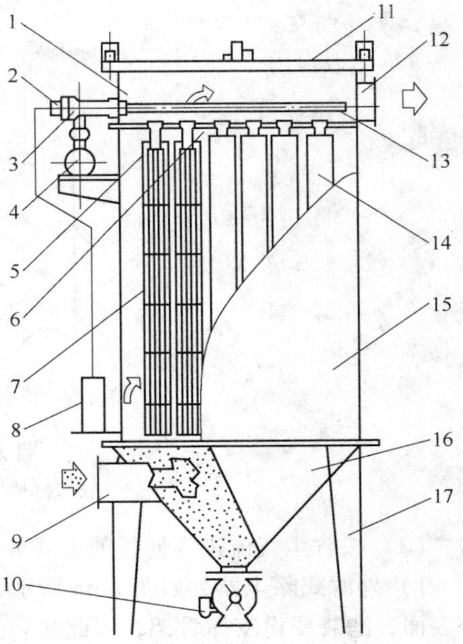

2）逆气流清灰。逆气流反吹袋式除尘器是利用逆流气体从滤袋上清除粉尘的袋式除尘装置。有反吹风和反吸风两种形式。清灰时要关闭正常的含尘气流，开启逆气流进行反吹风，此时滤袋变形，积附

图 7-4　低压脉冲布袋除尘器结构
1—上箱体；2—电磁阀；3—脉冲阀；4—气包；
5—喇叭管；6—花板；7—滤袋架；8—控制仪；
9—进风口；10—排灰装置；11—上盖板；
12—出风口；13—喷吹管；14—滤袋；
15—中箱体；16—灰斗；17—支腿

在滤袋内表面的粉饼被破坏、脱落，通过花板落入灰斗。滤袋内安装支撑环以防止滤袋完全被压瘪。清灰周期为 0.5~3h，清灰时间为 3~5min。反吹式的吸气时间约为 10~20s，视气体的含尘浓度、粉尘及滤料特性等因素而定。过滤速度通常为 0.5~1.2m/min，相应的压力损失为 1000~1500Pa。逆气流反吹式袋式除尘器结构简单、清灰效果好、维修方便，对滤袋损伤小，主要适用于玻璃纤维滤袋。

3）气环反吹清灰（图 7-5a）。在滤袋外侧设置一个空心带狭缝的环，圆环紧贴滤袋的表面往复运动，并与高压风机管道相接，由圆环上正对滤布表面的狭缝喷出高速气流，射在滤袋上，以清除沉积于滤袋内侧的粉尘层。这种清灰方式清灰能力较强，可实现在线清灰，但清灰装置复杂，费用较高。

4）脉冲喷吹清灰（图 7-5b）。脉冲清灰除尘器是目前国际上最普遍、最高效的滤袋除尘器。其特点是在每一个脉冲阀的出口安装喷吹管，负责对准安装在喷吹孔底下的滤袋，进行高效脉冲清灰。其特点是可根据现场工艺的实际情况，灵活设计在线或离线的高效率均匀清灰系统，克服了以上各种清灰方法的不足，如可以根据工艺需要和系统压力，选择高压或低压，在线或离线脉冲清灰；结构简单，可选择不同尺寸的滤袋和脉冲阀，灵活设计滤袋的分布，制造各种处理风量的机组。脉冲阀工作寿命一般为 5 年以上，滤袋是 2 年以上。脉冲清灰运作费用低，采用压缩气能源喷射引流，保证滤袋底部清灰压力。在国内具有大量的成功应用实例。

5）复合清灰。复合清灰是指多种清灰方式结合的清灰方式，具有清灰灵活的特点，尤其适合收灰量大的布袋除尘器。

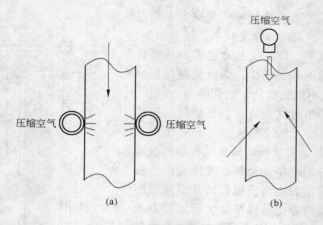

图 7-5　布袋清灰示意图

（a）气环反吹清灰；（b）脉冲喷吹清灰

（2）按含尘气流进入滤袋的方式分类。

1）外滤式除尘器，如图 7-6a 所示，含尘气体由滤袋外侧流向滤袋内侧，粉尘沉积在滤袋外表面，滤袋要设支撑骨架，因此滤袋的磨损较大。

2）内滤式除尘器，如图 7-6b 所示，含尘气流由滤袋内侧流向外侧，粉尘沉积在滤袋内表面。其优点是滤袋外部为清洁气体，便于检修和换袋，当被过滤气体无毒且温度不高时，可不停机对除尘器进行检修。

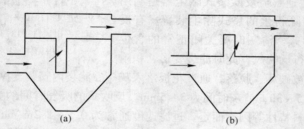

图 7-6　含尘气流进入滤袋示意图

（a）外滤式除尘器；（b）内滤式除尘器

（3）按滤袋形状分类。

1）圆袋式除尘器。大多数布袋除尘器都采用圆形滤袋。圆形滤袋结构简单，便于清灰，其直径通常为 120~300mm，袋长 2~12m，滤袋的长度和直径之比一般为 10~25 倍。最佳的长径比一般根据滤料的过滤性能、清灰效果和投资来确定。增加滤袋长度可节约占地面积，但对清灰要求较高。

2）扁袋式除尘器。扁袋除尘器滤袋呈扁平形，滤袋间隙较小，内部有骨架支撑，同样体积的除尘器内，扁袋的过滤面积一般比圆袋大 20%~40%。但扁袋的结构较复杂、检修换袋不方便，因此应用较少。

7.2.2.2　操作规则与使用维护要求

A　布袋除尘器的操作规则

（1）启动前的检查。

1）除尘器启动前布袋除尘器各部件齐全完整，机械转动部分灵活，各人孔门关好；

2）除尘风机手动转动无卡阻；

3）除尘器启动手续齐全，安全措施到位。

（2）启动操作。

1）启动低压控制系统及操作系统功能（料位、报警、连锁、测温、压差等）；

2）启动引风机；

3）启动清灰系统。

（3）运行管理。布袋除尘器的运行管理要求每班应定时巡检，检查内容如下：

1）布袋除尘器烟囱是否有冒灰现象（目视）；

2）清灰系统是否正常，运行有无异响；

3）布袋除尘器运行画面或指示灯是否良好，无异常；

4）输灰系统运行是否平稳，无异响；

5）每班记录布袋除尘器压差（一般每2h记录一次），根据实际运行情况调整清灰系统运行参数。

（4）停运操作。

1）关闭风门后，关闭引风机；

2）清灰系统和输灰系统在布袋除尘器停运时继续运行，直至布袋除尘器粉尘灰输送干净；

3）办理除尘器的停电手续；

4）开启人孔门，便于废气的排放；

5）检修完毕后，确认并关闭人孔门。

B　布袋除尘器的使用维护

布袋除尘器的使用维护分日常维护保养和维护两部分。

（1）布袋除尘器日常维护保养要求见表7-3。

表7-3　布袋除尘器日常维护保养

保养部位	定期维护项目	检查周期
容易磨损机械传动部位	检查加油	1周
振打、卸灰阀减速机	检查加油	3个月
清灰系统（脉冲阀、反吹风机等）	检查调整机构	1个月
布　袋	检查布袋破损情况	1个月
布袋风机	轴承换油	6个月

（2）布袋除尘器其他维护要求。布袋除尘器布袋破损后一定要及时更换，布袋破损不但影响除尘效率，还会对除尘风机叶轮造成严重的磨损，因此布袋的使用周期到后，应逐步进行更换，但最好是一次性整体更换。同时，对于需要压缩空气的清灰系统，还要定期检查压缩空气系统的油水过滤系统，定期排水，保障清灰系统的正常运行。

7.2.2.3　常见故障分析及处理

常见故障分析及处理方法，见表7-4。

表 7-4　常见故障分析及处理方法

常见故障	故 障 分 析	处 理 方 法
烟囱冒灰	（1）滤袋掉落或破损 （2）布袋除尘器净气室与尘气室磨穿漏气	（1）荧光粉检测，更换滤袋 （2）焊补磨穿处
箱体冒烟	进口风温过高，出现烧袋	更换布袋，调整烟气温度
风机正常运转，吸尘点冒灰或灰斗存灰很少	（1）吸尘管道堵塞 （2）滤袋粘袋结垢严重，设备阻力增大 （3）风机转速不够 （4）风机风门未开 （5）布袋除尘器清灰系统未工作	（1）对尘管道进行清堵，或对除尘系统进行风量平衡 （2）更换布袋或检查清灰系统，及时调整清灰参数 （3）检查风机电动机是否运行正常 （4）检查调整风门 （5）恢复清灰系统功能
反吹风机电动机、脉冲电磁阀或其他清灰方式有异响，动作不正常	（1）电动机烧毁 （2）电磁阀烧毁 （3）继电器动作不正常 （4）脉冲控制仪故障 （5）阀门不到位或卡死	（1）更换电动机 （2）更换电磁阀，并检查线路是否有短路现象 （3）更换继电器 （4）重新设定脉冲控制仪参数或更换 （5）更换阀门或重新调整阀门
布袋除尘器风机	（1）振动过大 （2）轴承温度过高	（1）风机转子磨损，更换或修复 （2）轴承磨损，更换；或润滑油不足，加油

思 考 题

1. 烧结粉尘的特点有哪些，适合用什么除尘器来治理？
2. 电除尘器的工作原理是什么？
3. 布袋除尘器的工作原理是什么？
4. 电除尘器的常见故障有哪些，如何处理？
5. 布袋除尘器的常见故障有哪些，如何处理？
6. 电除尘器和布袋除尘器相比，各适合什么性质的粉尘治理？

7.3　NID 半干法烟气脱硫设备

7.3.1　工作原理及功能

7.3.1.1　工作原理

　　阿尔斯通半干法烟气脱硫工艺（NID 增湿法）是从烧结机的主抽风机出口烟道引出 130℃ 左右的废烟气（图 7-7），经文丘里管喷射进入反应器弯头，在反应器混合段将混合器溢流出的循环灰挟裹接触，通过循环灰表面附着水膜的蒸发，烟气温度瞬间降低至设定温度（91℃），同时烟气的相对湿度大大增加，形成很好的脱硫反应条件，在反应器中快速完成物

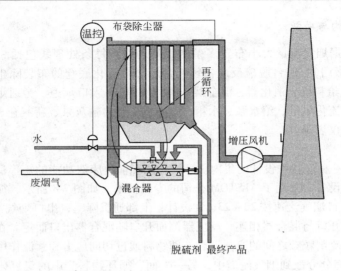

图 7-7　烟气脱硫工作原理示意图

理变化和化学变化，烟气中的 SO_2 与吸收剂反应生成亚硫酸钙和硫酸钙。反应后的烟气继续挟裹干燥后的固体颗粒进入其后的布袋除尘器，固体颗粒被布袋除尘器捕集并从烟气中分离，经过灰循环系统，与补充的新鲜脱硫剂一起再次增湿混合进入反应器，如此循环多次，达到高效脱硫及提高脱硫剂利用率的目的。洁净烟气经布袋除尘后的增压风机引出排入烟囱。

　　NID 工艺是以 SO_2 和消石灰 $Ca(OH)_2$ 在潮湿条件下发生反应为基础的一种半干法脱硫技术。NID 技术常用的脱硫剂为 CaO。CaO 在消化器中加水消化成 $Ca(OH)_2$，再与布袋除尘器除下的大量的循环灰相混合进入混合器，在此加水增湿，使得由消石灰与循环灰组成的混合灰的水分含量从 2% 增湿到 5% 左右，然后以混合器底部吹出的流化风为动力借助烟道负压的引力导向进入直烟道反应器，大量的脱硫循环灰进入反应器后，由于有极大的蒸发表面，水分蒸发很快，在极短的时间内使烟气温度从 115～160℃ 左右冷却到设定温度（91℃），同时烟气相对湿度很快增加到 40%～50%，一方面有利于 SO_2 分子溶解并离子化，另一方面使脱硫剂表面的液膜变薄，减少了 SO_2 分子在气膜中扩散的传质阻力，加速了 SO_2 的传质扩散速度。同时，由于有大量的灰循环，未反应的 $Ca(OH)_2$ 进一步参与循环脱硫，所以反应器中 $Ca(OH)_2$ 的浓度很高，有效钙硫比很大，形成了良好的脱硫工况。反应的终产物由气力输送装置送到灰库。

　　整个过程的主要化学反应如下。

在消化器内生石灰的消化反应：
$$CaO + H_2O \longrightarrow Ca(OH)_2 + 热量 \tag{7-2}$$
在反应器内生成亚硫酸钙的反应：
$$\left(CaSO_3 \cdot \frac{1}{2}H_2O\right) + Ca(OH)_2 + SO_2 \longrightarrow CaSO_3 \cdot \frac{1}{2}H_2O + \frac{1}{2}H_2O \tag{7-3}$$
有少量的亚硫酸钙会继续被氧化生成硫酸钙（即石膏 $CaSO_4 \cdot 2H_2O$）：
$$CaSO_3 \cdot \frac{1}{2}H_2O + \frac{1}{2}O_2 + \frac{3}{2}H_2O \longrightarrow CaSO_4 \cdot 2H_2O \tag{7-4}$$
通常伴随了一个副反应：烟气当中的二氧化碳和石灰反应生成碳酸钙（石灰石）：
$$Ca(OH)_2 + CO_2 \longrightarrow CaCO_3 \cdot H_2O \tag{7-5}$$

7.3.1.2　结构与功能

NID 工艺可根据烟气流量大小布置多条烟气处理线。每条处理线包括一套烟道系统设备（文丘里、烟风挡板门）、一台脱硫反应器、一台底部带流化底仓的布袋除尘器、一套给灰系统（新灰和循环灰给料机、消化器、混合器、阀门架等），入口烟道、旁通烟道、一台增压风机。辅助设备包括流化风机、给水泵、水箱、空压机、气力输灰泵、新灰仓、脱硫渣灰仓、密封风机及各类阀门仪表等。

A　反应器

NID 反应器是一种经特殊设计的集内循环流化床和输送床双功能的矩形反应器，是整套脱硫装置当中的关键设备，采用了 ALSTOM 公司的专利技术。如图 7-8 所示，循环物料入口段下部接 U 形弯头，入口烟气流速按 $20 \sim 23 \, m/s$ 设计，上部通沉降室，出口烟气流速按 $15 \sim 18 \, m/s$ 设计，其下部侧面开口与混合器相连，反应器侧面开口随混合器出口而定。在反应器内，一方面，通过烟气与脱硫剂颗粒之间的充分混合，即物料通过切向应力和紊流作用在一个混合区里（反应器直段）被充分分散到烟气流当中；另一方面，循环物料当中的氢氧化钙与烟气当中的二氧化硫发生反应时，通过物料表面的水分蒸发，使烟气冷却到一个适合二氧化硫被吸收（脱硫）的温度，来进一步提高二氧化硫的吸收效率。烟气在反应器内停留时间为 $1 \sim 1.5 \, s$。

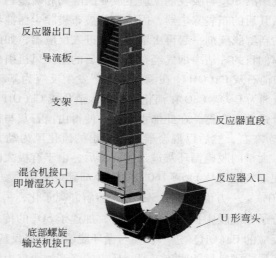

图 7-8　NID 反应器结构示意图

为防止极少数因增湿结团而变得较粗的颗粒在重力的作用下落在反应器底部，减小烟气流通截面，在 U 形弯头底部设有一个螺旋输送机，通过该螺旋输送机将掉到底部大块结团的物料输送出去，并经电动锁气器排入输灰系统。

B　沉降室

沉降室位于 NID 反应器和布袋除尘器之间，是这两个设备的连接部件，设计成灰斗形式。烟气在反应器顶部导流板的作用下，烟气降低流速进入沉降室后，使颗粒较大的粉尘通过重力沉降直接进入沉降室下方的流化底仓中，大大降低了对布袋除尘器布袋的磨损，提高了布袋的寿命。

C　消化器

消化器是 NID 脱硫技术的核心设备之一，其主要作用是将 CaO 消化成 $Ca(OH)_2$。采用

ALSTOM公司的专利技术产品,消化器如图7-9所示。

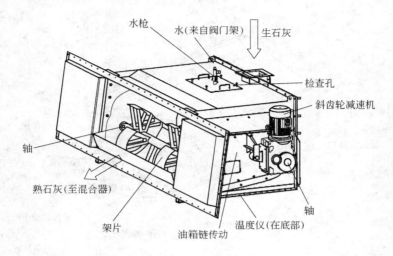

图 7-9　NID 消化器结构示意图

　　CaO 来自石灰料仓,通过螺旋输送机送至消化器,在消化器中加水消化成 Ca(OH)$_2$,再输送至混合器,在混合器中与循环灰、水混合增湿。消化器分两级,可以使石灰的驻留时间达到10min 左右。在第一级中,石灰从螺旋输送机过来进入消化器,同时工艺水由喷枪喷洒到生石灰的表面,通过叶片的搅拌被充分混合,同时将消化器温度沿轴向控制在 85 ~ 99℃ 左右,消化生成的消石灰的密度比生石灰轻松多,消石灰飘浮在上面并自动溢入第二级消化器,水和石灰反应产生大量的热量,形成的蒸汽通过混合器进入烟气当中。在第二级中,几乎 100% 的CaO 转化为 Ca(OH)$_2$,氢氧化钙非常松软呈现出似流体一样的输送特性,在消化器的整个宽度上均匀分布,这一级装配了较宽的叶片,使块状物保留下来,其他物料则溢流进入混合器中。通过调节消化水量和石灰之间的比率(水灰比),消石灰的含水量可以达到 10% ~ 20%,其表面积接近于商用标准干消石灰的两倍,非常有利于对烟气中 SO$_2$ 等酸性物质的吸收。

　　D　混合器

　　NID 混合器如图7-10 所示,包括一个雾化增湿区(调质区)和一个混合区。在混合区,根据系统温度控制的循环灰量,通过 SO$_2$ 排放量控制从消化器送来的消石灰量,将循环灰和消石灰在混合器内混合。

　　混合部分有两根平行安装的轴,轴上装有混合叶片,混合叶片的工作区域互相交叉重合。这些叶片与轴的中心线有一定的角度,但叶片旋转时,叶片的外围部分是沿着轴向前后摆动的。为了降低混合器的能耗,在混合器底部装有流化布,混合动力是 20kPa 左右的流化风,使循环灰和消石灰两者充分流化,增大孔隙率及混合机会,然后由摆动的叶片完成两者的混合,不仅动力消耗低、磨损小,而且混合均匀。在与混合区相连的雾化增湿区,喷枪的内管和外管之间通入流化风,可以防止喷嘴末端堵塞。被雾化的工艺水喷洒在混合灰的表面,使灰的水分由原来的 1.5% ~ 2% 增加到 3% ~ 5% 左右(质量分数),此时的灰仍具有良好的流动性,再经反应器的导向板溢流进入反应器。

　　E　生石灰仓底变频螺旋和生石灰输送螺旋

　　螺旋输送机是一种常用的粉体连续输送机械,其主要工作构件为螺旋,螺旋通过在料槽中做旋转运动将物料沿料槽推送,以达到物料输送的目的。螺旋输送机主要用于输送粉状、颗粒

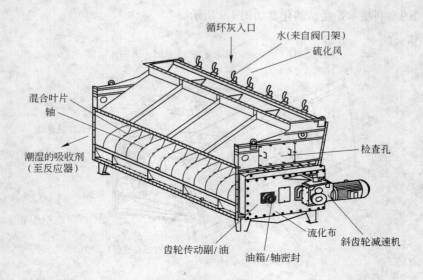

图 7-10　NID 混合器结构示意图

状和小块状物料，具有构造简单、占地小、设备布置和安装简单、不易扬尘等特点。为避免螺旋中过多的吊装轴承，影响输送，故采用多级螺旋，单级螺旋一般不超过 8m。

7.3.2　操作规则与使用维护要求

7.3.2.1　操作规程

A　启动前准备

(1) 空压机开启运行正常，无异常响声；排出压缩空气管道、过滤器及储气罐内的积水；空压机压力为 0.65 ~ 0.7MPa；仪表储气罐、输灰储气罐及布袋喷吹罐压力为 0.42 ~ 0.7MPa；将布袋顶部脉冲压力调整为 0.30 ~ 0.35MPa，则压缩空气准备就绪。

(2) 确认烟道内没有人员；烟道的人孔门、开孔及检查孔确认关闭；烟道的压差及温度数据显示仪表正常；各进出口挡板门、风门手动开启自如后将之关闭并设置为远程控制；检查反应器底部是否有积灰，如开启增压风机，插入 5m 长的风管吹起积灰，使之随气流返回到布袋底仓，则烟道系统准备就绪。

(3) 供水系统水箱水位高于"低值"（ >1.5m）；一常用水泵、一备用水泵的进出口阀门开关正确；阀门架手动截止阀全部打开，流量控制阀及切断阀单动开闭自如后将之关闭并设置为远程控制，则供水系统准备就绪。

(4) 石灰仓料位如"低低"仅有脱硫剂 9t，应及时通知供料单位注入石灰，保证运行时不出现"低低"料位报警；石灰给料机、螺旋输送机点动无异常响声且电流正常后停止并设置为远程控制，则石灰给料系统准备就绪。

(5) 远程单动密封风机、混合器及消化器，其运行电流不大于额定电流，无异常响声及漏灰漏油现象之后关闭并设置为远程控制；多次启闭循环灰给料机抱闸，启闭自如（循环灰给料机切不可停机时单动，防止落下的循环灰压死下部混合器），则循环灰给料系统准备就绪。

(6) 流化风机冷却水压力为 0.2 ~ 0.4MPa；启动流化风机，再开启入口挡板门；流化风机运行无异常响声，其运行电流不大于额定电流；入口过滤器压降不大于 500Pa；调节每根流化风分支管阀门，使压降为 1kPa 左右，保持流化风母管总风压大于 14kPa；调节加热蒸汽使流化风温度保持在 90～110℃ 之间，则流化风系统准备就绪。

（7）开启增压风机集中润滑系统，使油泵处于一用一备自动运行状态，油槽液位正常；检查增压风机冷却水压力为 0.2～0.4MPa；风机轴承箱及电动机的视油镜油位正常，压力及振动显示值无异常；将风机入口风门关至零位，则增压风机系统准备就绪。

（8）在中控画面检查"烟风系统"、"循环灰子系统"、"石灰给料及消化子系统"及"除灰系统"等顺控启动条件均满足，则 NID 系统准备就绪。

B　启动程序

（1）烧结机启动后，如烟气温度大于 90℃，投运 NID 烟风系统顺控，顺控会自动开启入口主挡板门→关闭密封风机→开启布袋除尘器入口挡板门→同时关闭密封流化风→打开增压风机出口挡板门→关闭密封风机→启动增压风机→风机变频控制器运行频率至设定赫兹→开启风机入口挡板门→达到设定的烟风流量，则烟风系统投运成功。

（2）循环灰子系统顺控启动步骤：混合器及消化器的密封风机启动→混合器启动→循环灰给料冷却风机及投闸开启→循环灰给料机启动→反应器直段压差正常→阀门架吹扫风开启→阀门架吹扫风关闭→水系统启动→混合水关断阀开启→反应器出口温度控制开启（即水泵开启、流量控制阀开启）→循环灰子系统启动完成。

（3）石灰给料及消化子系统顺控启动步骤：混合器及消化器的密封风机启动→混合器启动→消化器启动→二级石灰螺旋输送机启动（如有）→一级石灰螺旋输送机启动→石灰给料机的冷却风机启动→石灰给料机启动→水泵启动→消化水关断阀开启→SO₂ 控制程序启动→石灰给料及消化子系统启动完成。

（4）除灰系统顺控步骤：流化底仓 HH 料位超过 10min→开启仓泵维修气动阀→开启进料阀和排气阀→仓泵料位计灯亮→关闭进料阀和排气阀→出料阀打开→一次气阀打开→二次气阀打开→输灰管压不大于 75kPa→关闭一、二次气阀→完成一罐脱硫渣的输送→完成 N 罐脱硫渣的输送→流化底仓 H 料位超过 5min→除灰系统停止。

7.3.2.2　使用维护

A　使用要求

（1）烟风系统入口运行温度区间为 95～180℃，低于 80℃、高于 200℃会导致烟风和脱硫系统自动关闭。

（2）脱硫系统停运而流化风机在运行状态时，应开启布袋除尘器出口挡板门、增压风机风门及主烟道出口挡板门。

（3）流化风温度应保持在 90～110℃ 之间，温度过高会损坏流化布密封硅胶层，使循环灰渗漏到流化母管导致堵塞；温度过低会使循环灰结块，失去流动性。

（4）消化器、混合器如需要停机时，一定要先停运水泵，再停运循环灰给料机，但继续使消化器、混合器保持运转，使机器里的石灰及循环灰尽量处于干态并进入反应器随烟气排空。如消化器、混合器的运行电流不大于额定电流，方可确认机器里的积灰基本排空后，再手动停止机器。此举可有效防止含水积灰停机后存积板结，使机器启动电流过大，从而导致机器压料不能启动的故障。

（5）消化器消化温度应尽量保持稳定在 85～99℃ 之间，如温度过低、过高或波动范围大，则必须检查水灰比的设定、实际进水量和进灰量、运行电流及搅拌桨叶状况，找出温度不正常的原因，防止事态扩大。

(6) 混合器故障停机或停运，水泵、消化器及循环灰给料机必须停机，防止混合器出现压料故障。

(7) 增压风机突然跳电，必须首先关闭水泵、阀门架上的关断阀，关闭抱闸停运循环灰给料机，再停运消化器、混合器，防止或减轻消化器、混合器压料及反应器循环流化床塌床等故障的发生。

(8) 增压风机未转的情况下，严禁单独启动循环灰给料机，防止混合器压料及反应器循环流化床塌床等故障的发生。

(9) 布袋除尘器应尽量将压差保持在 1400 ~ 1700Pa 之间，在流量未变化的情况下，如压差出现陡升，应立即从喷吹阀、空压机、压缩空气管路及仪表等方面查找原因，并通过降低烟风流量、提高喷吹压力及频率等措施降低布袋压差，防止布袋除尘器布袋滤料过滤风速过高，导致布袋出现破损。

B　日常维护

(1) 每天清洗并更换一只混合器的喷枪，检查混合器的减速机及齿轮驱动油箱的油位，调整混合器的密封风机压力至 0.5MPa。每周清洗一次消化器的喷枪。

(2) 每天检查流化风机运行电流不大于额定电流，检查供给流化底仓及混合器的流化风量是否达标，流化母管压力应介于 14 ~ 25kPa 之间，每个支管流量保持在 1200m³/h 左右，过低或过高都应及时调整。

(3) 每两小时对脱硫现场进行一次巡检：检查压缩空气、流化风、水、油、烟气、石灰或循环灰等介质有无泄漏。手动排除压缩空气管路、罐等部位的积水。

(4) 每两小时检查确认所有运转设备应无异常响声、振动及发热现象，检查所有运转设备的电流是否在正常范围内。

(5) 每两小时检查一次反应器弯头压差，如反应器弯头压差高于 150Pa，打开反应器弯头处的检查孔，用压缩空气将沉积在底部的灰吹起随烟气带走，再转动底部螺旋将团状、块料输出反应器。

(6) 每两小时检查一次布袋除尘器喷吹系统，逐个耳听判断喷吹阀有无泄漏；检查每个气包的压力并通过减压阀调整使压力处于 0.30 ~ 0.35MPa 之间，观测每个气包的喷吹阀工作时压力下降是否一致；检查布袋除尘器进出口压差值是否不大于 1700Pa。

(7) 每天检查一次水箱水位是否与显示相符。

(8) 每两小时检查并记录一次运行参数，如有波动，应找出合理的原因，并判断是否有仪表故障。

7.3.3　常见故障分析及处理

7.3.3.1　混合器压料故障

排除混合器自身机械故障导致的混合器压料故障。混合器在运行中突然停运且停运后再次启动时，混合器因启动电流大，过热保护，无法再次启动运行时，打开混合器检查孔，如看到混合器内叶轮铺满料、循环给料机卸料槽被大块积料堵塞、混合器喷枪口处积满大块料、消化器出口板结满料、叶轮处局部或整体都呈现出料潮结状态等表象，这些表象都会导致混合机压料故障出现。

混合器上游设备有消化器、循环灰给料机，进入混合器的介质有石灰、循环灰、水、流化风和密封风，上游设备的不顺行及进入混合器的介质比例失衡，都会导致混合器压料故障出现，其中水灰比失调最易导致故障发生。

混合器压料故障的处理：

（1）办理混合器及上游设备的停电。

（2）打开混合器检查孔，先用风管将混合器内浮料、干料和细颗粒料吹起随反应器负压带入流化底仓。

（3）停运流化风机及增压风机，并办理停电手续，关闭混合器和反应器间的挡板，将增压风机风门打开，利用烟囱效应，使混合器内产生微负压。

（4）人员穿戴好劳保用品（口罩、胶鞋、护目镜、手套、安全帽、工作服），备好拎桶、铲子及尖铲，进入混合机内清理积料。必须将混合器叶轮处积料清理至叶轮全部外露，循环灰卸料槽、喷枪、消化器及混合器四壁应无块料存积或料粘壁现象。

（5）混合器清理结束，人员和机具退出混合器，办理送电，再单动混合器运转，如运行电流不大于额定电流，且无波动、无异常响声，方可判断混合器压料故障消除。

7.3.3.2 塌床故障

石灰、循环灰在混合器中增湿后，以流化风为动力借助烟道负压的引力导向进入反应器直烟道，与烟气混合建立脱硫反应过程，反应后形成的物料回到流化底仓后又通过循环灰给料机、混合器再次进入反应器直烟道，依此建立循环，直烟道中循环灰与烟气混合上升的过程称为循环流化床。如反应器弯段压差不小于 150Pa，直段压差不小于 1500Pa，则可判断循环流化床有塌床故障出现。

循环灰水分严重失调、烟气流量陡然下降或无烟气流量情况下运行循环灰系统会导致循环灰不上升，而是沉入反应器底部堵塞烟气流通，此为塌床故障原因。

塌床故障的处理：

（1）打开反应器弯头处的检查孔，用压缩空气将沉积在底部的灰吹起随烟气带走，再转动底部螺旋将团状、块料输出反应器。

（2）如积料过多可停止烟风系统，采用人工或吸排车抽吸进行清理。

（3）适度降低水灰比。

（4）检查混合器、消化器喷枪的水及流化风是否有堵塞，并及时疏通。

（5）打开混合器、消化器检查门，查看喷头是否被料包裹，并及时疏通。

7.3.3.3 流化底仓料位低故障

因循环灰循环量很大，如流化底仓料位过低，进入混合器的循环灰会突然减少或中断，而混合器增湿过程无法感知循环灰的减少或中断，这种情况极易导致混合器加水增湿过量，循环灰出现潮结并失去流动性，加大混合器负荷直至出现压料故障甚至塌床故障。

流化底仓料位低低故障一般会同时出现布袋除尘器压差过高现象，因为大量循环灰吸附在滤袋上减少了流化底仓的循环灰量。

流化底仓料位低故障的处理：

（1）该故障如无布袋除尘器压差过高现象，直接由吸排车注入脱硫渣至流化底仓为高料位即可。

（2）如伴随布袋除尘器压差过高现象，应及时查找布袋喷吹系统的故障，布袋除尘器压差恢复正常后，流化底仓料位也会同步恢复正常。也可以适当降低运行风量，减少布袋除尘器运行负荷，可提高清灰效果，加快恢复流化底仓料位。

（3）流化母管压力低会使流化底仓灰料流化效果不好，循环灰缺乏流动性，也会导致流化底仓料位过低，这时应调节流化母管及支管的压力和流量。

┌──────────────┐
│　思　考　题　│
└──────────────┘

1. 脱硫的化学反应是什么？
2. 阿尔斯通半干法烟气脱硫工艺（NID 增湿法）的原理是什么？
3. 脱硫效率和什么参数有关系？
4. 脱硫设备日常维护要求有哪些？
5. 脱硫设备常见的故障有哪些，分别如何处理？

7.4　溴化锂吸收式制冷设备

7.4.1　工作原理与功能

7.4.1.1　溴化锂吸收式制冷原理

溴化锂吸收式制冷原理是利用液态制冷剂在低温、低压条件下，蒸发、气化吸收载冷剂（冷媒水）的热负荷，产生制冷效应。所不同的是，溴化锂吸收式制冷是利用"溴化锂-水"组成的二元溶液为工质对，完成制冷循环的。

在溴化锂吸收式制冷机内循环的二元工质对中，水是制冷剂，溴化锂水溶液是吸收剂。在真空（绝对压力为 870Pa）状态下蒸发，具有较低的蒸发温度（5℃），从而吸收载冷剂热负荷，使之温度降低，源源不断地输出低温冷媒水。工质对中溴化锂溶液则是吸收剂，可在常温和低温下强烈地吸收水蒸气，但在高温下又能将其吸收的水分释放出来。制冷剂在二元溶液工质对中，不断地被吸收或释放出来。吸收与释放周而复始，不断循环，因此，蒸发制冷循环也连续不断。制冷过程所需的热能可为蒸汽，也可利用废热、废气，以及地下热水（75℃以上）。在燃油或天然气充足的地方，还可采用直燃型溴化锂吸收式制冷机制取低温冷媒水。这些特征充分表现出溴化锂吸收式制冷机良好的经济性能，促进了溴化锂吸收式制冷机的发展。

因为溴化锂吸收式制冷机的制冷剂是水，制冷温度只能在 0℃以上，为防止水结冰，一般不低于 5℃，故溴化锂吸收式制冷机多用于空气调节工程作低温冷源，特别适用于大、中型空调工程中使用。溴化锂吸收式制冷机在某些生产工艺中也可用作低温冷却水。因烧结厂有大量富余的余热蒸汽，利用溴化锂吸收式制冷机可以节约电能，达到节能减排的目的。

从热力学原理知道，任何液体工质在由液态向气态转化过程中必然向周围吸收热量。在汽化时会吸收汽化热。水在一定压力下汽化，必然有相对应的温度。而且汽化压力愈低，汽化温度也愈低，如一个大气压下水的汽化温度为 100℃，而在 0.005MPa（0.05bar）时汽化温度为33℃。如果我们能创造一个压力很低的条件，让水在这个压力条件下汽化吸热，就可以得到相应的低温。

一定温度和浓度的溴化锂溶液的饱和压力比同温度的水的饱和蒸汽压力低得多。由于溴化锂溶液和水之间存在蒸汽压力差，溴化锂溶液即吸收水的蒸汽，使水的蒸汽压力降低，水则进一步蒸发并吸收热量，而使本身的温度降低到对应的较低蒸汽压力的蒸发温度，从而实现制冷。

蒸汽压缩式制冷机的工作循环由压缩、冷凝、节流、蒸发四个基本过程组成。吸收式制冷机的基本工作过程实际上也是这四个过程，不过在压缩过程中，蒸汽不是利用压缩机的机械压缩，而是使用另一种方法完成的，见图7-11。

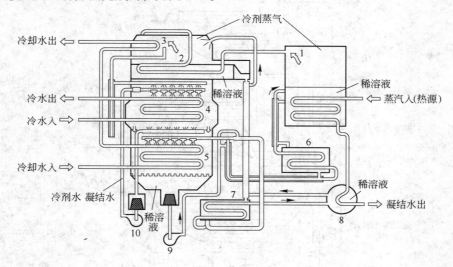

图 7-11 制冷循环图

1—高温发生器（高发）；2—低温发生器（低发）；3—冷凝器；4—蒸发器；5—吸收器；
6—高温热交换器（高交）；7—低温热交换器（低交）；8—凝水回热器；9—溶液泵；10—冷剂泵

由蒸发器出来的低压制冷剂蒸气先进入吸收器，在吸收器中由液态吸收剂吸收，以维持蒸发器内的低压，在吸收的过程中要放出大量的溶解热。热量由管内冷却水或其他冷却介质带走，然后用溶液泵将这一由吸收剂与制冷剂混合而成的溶液送入发生器。溶液在发生器中被管内蒸汽或其他热源加热，提高了温度，制冷剂蒸气又重新蒸发析出。此时，压力显然比吸收器中的压力高，成为高压蒸气进入冷凝器冷凝。冷凝液经节流减压后进入蒸发器进行蒸发吸热，而冷（媒）水降温则实现了制冷。发生器中剩下的吸收剂又回到吸收器，继续循环。由上可知，吸收式制冷机是以发生器、吸收器、溶液泵代替了压缩机。

吸收剂仅在发生器、吸收器、溶液泵、减压阀中循环，并不到冷凝器、节流阀、蒸发器中去，否则会导致吸收剂污染。而冷凝器、蒸发器、节流阀中则与蒸汽压缩式制冷机一样，只有制冷剂存在。

7.4.1.2 双效溴化锂制冷机工作原理

双效溴化锂制冷机的一般形式为二筒或三筒式，主要部件由：高压发生器、低压发生器、冷凝器、吸收器、蒸发器、高温换热器、低温换热器、冷凝水回热器、冷剂水冷却器及发生器泵、吸收器泵、蒸发器泵和电气控制系统等组成，见图7-12。制冷工作原理为：吸收器中的稀溶液，由发生泵输送至低温换热器和低高温换热器，进入高温换热器的稀溶液被高压发生器流出的高温浓溶液加热升温后，进入高压发生器。而进入低温换热器的稀溶液，则被从低压发生器流出的浓溶液加热升温。

进入高压发生器的稀溶液被工作蒸汽加热，溶液沸腾，产生高温冷剂蒸气，导入低压发生器，加热低压发生器中的稀溶液后，经节流进入冷凝器，被冷却水冷却凝结为冷剂水。

进入低压发生器的稀溶液被高压发生器产生的高温冷剂蒸气所加热，产生低温冷剂蒸气直

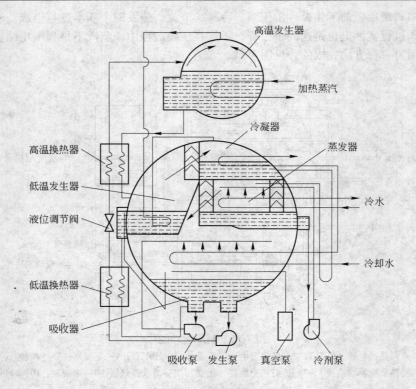

图 7-12　双效溴化锂制冷机工作原理

接进入冷凝器，也被冷却水冷却凝结为冷剂水。高、低压发生器产生的冷剂水汇合于冷凝器集水盘中，混合后通过 U 形管节流进入蒸发器中。

　　加热高压发生器中稀溶液的工作蒸汽的凝结水，经凝水回热器进入凝水管路。而高压发生器中的稀溶液因被加热蒸发出了大量冷剂蒸气，使浓度升高成浓溶液，又经高温热交换器导入低压发生器。低压发生器中的浓溶液，被加热升温放出冷剂蒸气成为浓度更高的浓溶液，再经低温热交换器进入低压发生器。浓溶液与吸收器中原有浓溶液混合成中间浓度溶液，由吸收器吸取混合溶液，输送至喷淋系统，喷洒在吸收器管簇外表面，吸收来自蒸发器蒸发出来的冷剂蒸气，再次变为稀溶液进入下一个循环。吸收过程中所产生的吸收热被冷却水带到制冷系统外，完成溴化锂溶液从稀溶液到浓溶液，再回到稀溶液循环过程，即热压缩循环过程。

　　高、低压发生器所产生的冷剂蒸气，凝结在冷凝器管簇外表面上，被流经管簇里面的冷却水吸收凝结过程产生的凝结热，带到制冷系统外。凝结后的冷剂水汇集起来经 U 形管节流，淋洒在蒸发器管簇外表面上，因蒸发器内压力低，部分冷剂水散发吸收冷媒水的热量，产生部分制冷效应。尚未蒸发的大部分冷剂水，由蒸发器泵喷淋在蒸发器管簇外表面，吸收通过管簇内流经的冷水（冷媒水）热量，蒸发成冷剂蒸气，进入吸收器。

　　冷媒水的热量被吸收使水温降低，从而达到制冷目的，完成制冷循环。吸收器中喷淋中间浓度混合溶液吸收制冷剂蒸气，使蒸发器处于低压状态，溶液吸收冷剂蒸气后，靠高低压发生器再产生制冷剂蒸气，从而保证了制冷过程周而复始的循环。

7.4.1.3　溴化锂制冷机的分类

　　溴化锂吸收式制冷机的分类方法很多，根据使用能源的不同，可分为蒸汽型、热水型、直燃型（燃油、燃气）和太阳能型；根据能源被利用的程度的不同，可分为单效型和双效型；根据各换热器布置的情况，可分为单筒型、双筒型、三筒型；根据应用范围，可分为冷水机型和冷温水机型。溴化锂吸收式制冷机依据吸收剂流程方式可分为串联方式、并联方式和串并联方式。目前更多的是将上述的分类加以综合，如蒸汽单效型、蒸汽双效型、直燃型冷温水机组等。

7.4.2　操作规则与使用维护要求

7.4.2.1　操作规则

A　开机程序

（1）打开系统的冷媒水和冷却水阀门，启动冷媒水和冷却水泵并检查其流量是否达到机组运行要求。

（2）启动发生器、吸收器泵，并调整高、低阀液位。

（3）打开疏水器凝水旁通阀，并缓缓加入蒸汽，使机组逐渐升温，同时注意高阀液位。

（4）蒸发器冷剂水位上升后启动蒸发器泵，并关闭疏水器旁通阀。

B　关机程序

（1）关闭蒸汽。

（2）机组继续运行 20min 后关闭溶液泵（使稀浓溶液充分混合，以防机组结晶）。

（3）停止冷却水、冷媒水泵。

C　紧急停机

制冷机在运转过程中，当出现下列任何一种情形时，应立即关闭蒸汽阀门，旁通冷剂水至吸收器，打开蒸汽凝结水疏水器旁通阀，并尽量按正常步骤停机。

（1）冷却水、冷媒水断水。

（2）发生器、蒸发器、吸收器泵中任何一台不正常运转。

（3）断电。

7.4.2.2　使用维护

A　维护及保养

（1）在正常运行情况下，一星期抽真空一次，如发现空气泄入机组应及时抽真空。

（2）冬季保养时最好向机组腔内充 20~30kPa 的氮气，以防空气泄入。

（3）及时清洗传热管表面污垢，冬季冷却水、冷水管路最好采用满水保养。

（4）更换老化的零部件，如隔膜片、视镜垫片等。

B　气密性检查试验

（1）溴化锂吸收式制冷机是一种以热源为动力，通过发生、冷凝、蒸发、吸收等过程来制取 0℃ 以上冷媒水的制冷设备，它利用溴化锂二元溶液的特性及其热力状态变化规律进行循环。水是制冷剂，在真空状态下蒸发的温度较低，因此对机组的真空度要求很高。而机组在运行过程中，系统内的绝对压力很低，与系统外的大气压力存在较大的压差，外界空气仍有可能渗入系统内，因此必须定期对机组进行气密性检查和试验。

（2）关于对机组气密性的校核标准，我国在《吸收式冷水机组技术条件》（ZBJ006—89）标准中规定："机组应进行真空检漏，其绝对压力小于 65Pa（约 0.5mmHg），持续 24h 绝对压力上升在 25Pa（约 0.2mmHg）以内为合格"。如果达不到上述标准应重新检漏。

（3）检漏和试验是一项细致和技术要求高的工作。气密性检查的工作程序是：正压找漏→补漏→正压检漏→负压检漏，直至机组气密性达到合格为止。正压检漏就是向机组内充一定的压力气体，以检查是否存在漏气的部位。严格地说，机组漏气是绝对的，不漏气是相对的。为了做到不漏检，可把机组分为几个检漏单元进行。凡是漏气部位必须采取补漏措施直至不漏为止。

正压检漏和补漏合格后，并不意味着机组绝对不漏，同时要进行负压检漏。高真空的负压检漏结果，才是判定机组气密性程度的唯一标准。

C　内部清洗

对溴化锂溶液循环系统的化学清洗，是在机组内部腐蚀严重，机组已不能正常工作时，所采取的一种清洗，是使机组内腔清洁的唯一手段，一般 4～5 年清洗一次。通过清洗，可将机组内腔因腐蚀产生的锈蚀物彻底清除干净，可改善内腔的传热效率，提高喷淋效果，保证屏蔽泵的正常运转，且新灌注的溶液不受杂质的影响，能在最佳状态发挥最佳的制冷力。还可添加新溶液内微量的预膜剂，通过对机组内腔壁进行预膜，使预膜剂在材质表层发生化学反应，生成惰性的保护膜从而使机组腐蚀减少，使用寿命延长。

D　冷却水、冷媒水系统的清洗

在长期的水循环过程中会在铜管、管道等内壁形成一层坚硬的污垢及锈质，有时甚至使管道产生堵塞，严重影响热质间的热量交换，导致机组制冷量大幅度下降，因此必须定时对水循环系统进行清洗。该清洗包括机组冬季保养时的铜管清洗和水系统清洗。

E　溴化锂溶液的再生处理

溴化锂溶液是机组的"血液"，经过长期的运行会发生不同程度的变化，如颜色由原来的淡黄色变为暗黄、红、白、黑等不正常颜色。溶液的浓度因腐蚀产物而降低，溶液的 pH 值变成强碱性或者偏酸性，溶液中的缓蚀剂失效，以及各种杂质离子的增加，这都将导致机组的正常制冷能力不能充分发挥，以及机组本身的腐蚀加剧，这时须对溴化锂溶液进行再生处理。溴化锂溶液再生时，针对各项指标的变化情况，在密封反应器中添加各种试剂，在高温及有压力的情况下将杂质除去，使溶液指标达到符合化工部行业标准 HG/T 2822—1996 中所规定的范围。溶液再生后，将会具有与新溶液同样的制冷效果和缓蚀效果，这种再生办法只能在溶液厂家里进行。溴化锂溶液使用年限不长的机组，平时可采用添加铬酸锂等防护剂。

F　机组调试

溴化锂制冷机新出厂或经过检修、溶液再生处理等以后，必须由专业技术人员对机组进行调试和重新调试，使之能达到最佳制冷效果。溴化锂制冷机的调试可分为：

（1）手动开机程序调试；

（2）溶液浓度的调整和工况的测试；

（3）调试和运转中出现的一般问题的分析及其处理；

（4）电气调试；

（5）验收。

G　溶液浓度的调整和工况的测试

利用浓缩（或稀释）和调整溶液循环量的方法控制进入发生器的稀溶液的浓度和回到吸收器浓溶液的浓度，这可通过从蒸发器向外抽取冷剂水或向内注入冷剂水，以调整灌注进机组的原始溶液的浓度。冷剂水抽取量应以低负荷工况能维持冷剂泵运行，高工况时接近设计指标为准。工况的测试主要内容为：吸收器和冷凝器进出水温度和流量；冷媒水进出水温度和流量；蒸汽进口压力、流量和温度；冷剂水密度；冷剂系统各点温度；发生器进出口稀溶液、浓溶液以及吸收器内溶液的浓度。

    H   验收

验收是在工况测试时开始,工况测试应不少于三次;在工况测试过程中,不应开真空泵抽气,以检验气密性;同时要测定真空泵的抽气性能和电磁阀的灵敏度;屏蔽泵运行电流正常,电动机表面不烫手(温度不得超过70℃),叶轮声音正常;自控仪器使用正常,仪表准确,开关灵敏。如上述项目均符合要求,应以测试的最高工况的制冷量为准,衡量其是否接近设计标准。一般允许误差为标准的±5%视为合格。

7.4.3　常见故障分析及处理

溴化锂吸收式制冷机(以下简称溴冷机)在日常运行使用中的常见故障有结冰、结晶、冷剂水污染、真空度下降等。由于溴冷机整体密闭,不具备可拆卸性,较之活塞式、螺杆式制冷机,其事故的原因判断和检修受到限制,常见的故障往往也成了疑难故障。下面介绍几起溴冷机疑难故障的原因分析及处理办法。

7.4.3.1　结冰故障

溴冷机正常运行时性能稳定,突然停电事故中,因操作人员未采取任何措施,待半小时后电路恢复正常时发现溴冷机内腔充满水,机组冻损。原因是停电导致冷媒水停止流动,溴冷机的制冷惯性使冷媒水结冰冻裂蒸发器铜管。处理措施如下。

(1)操作人员遇到类似事故时应沉着冷静,及时关闭蒸发器冷媒水进水阀门,打开蒸发器旁通阀,使溴冷机蒸发器内冷媒水流动起来,降低结冰可能性,待来电后再恢复正常运行。

(2)如果旁通阀流量较小,仍有冻损铜管的可能时,可开启任一对外阀门,泄漏少量空气,使制冷机停止制冷,来电时再抽真空恢复正常运行。相比铜管冻裂,泄漏少量空气造成的损失是微不足道的。

7.4.3.2　泄漏故障

"真空度是溴冷机的生命",存在泄漏的溴冷机组是无法正常运行的,一旦机组制冷量下降,首先应该怀疑的就是机组泄漏,但有些是真泄漏,有些却是假泄漏。启动真空泵抽真空,真空度不降反升,机组制冷量急剧衰减,冷水出水温度逐渐上升,这种情况最易让人判断是机组泄漏,做不做正压检漏,需由运行管理人员决定,如做检漏则至少需要一到两天时间,势必影响生产。处理措施如下。

(1)真空度是在启动真空泵后下降的,所以应当首先确认是不是抽气系统的故障。

(2)如真空泵及抽气系统均正常,则可以肯定机组存在泄漏,从制冷量衰减幅度推测漏点不小,并且极可能是由于隔膜阀片老化引起的突然泄漏。因此,在负压状态下做检漏工作:在每只隔膜阀上套一只薄膜袋,并用胶布扎口,观察薄膜袋是否"吸瘪"。如发现了有损坏的隔膜阀膜片,可在不停机情况下更换阀体,随后抽真空,机组可迅速恢复正常运行。

(3)机组负压每24h都在下降,可以肯定机组存在泄漏。溴冷机可能泄漏之处很多,如阀门、视镜、焊缝、铜管、丝堵、感温包、筒体等。在确定事故为泄漏的情况下,应做好正压检漏准备,先排除不可能泄漏之处,再按由易到难的顺序检漏。如果蒸发器、吸收器、冷凝器铜管簇内充满水,虽有内漏产生水的进入,若存在泄漏则漏水,但不会大幅影响真空度,所以可初步排除是内漏故障。接着检查阀门、视镜、丝堵、焊缝等地方,若仍没有发现泄漏之处的情况下,只有两种可能:筒体泄漏或高压发生器泄漏。两者相比筒体查漏更容易,先查筒体,最后排除高压发生器筒体内部铜管是否有泄漏。处理措施如下。

1）如筒体泄漏，对泄漏处打磨砂眼后用氢弧焊补焊。如高压发生器筒体内部铜管有泄漏，可采用胀管器胀管或铜头堵塞方式处理。

2）如机组为微漏，负压增压检测泄漏量都很小。根据泄漏情况可知泄漏点很小，若属焊缝、视镜、铜管泄漏应该很容易查出。既然查不出，说明是不易查到之处的泄漏。考虑阀门结构的特殊性，以及常用皂液起泡性不佳等因素，把阀门作为检漏对象。处理措施有：

①重点检查所有阀门、仪表及管件接头，更换起泡性好的检漏液；

②接着检查抽气系统，通过间断关闭阀门的同时监听真空泵的声音来判断阀门是否存在质量问题。当抽气系统对外阀门打开时，短时间内真空泵可抽出气体，稍后就没有气体排出了，这时应拆开隔膜阀检查膜片是否开裂。

7.4.3.3　结晶故障

溶液结晶是溴化锂吸收式机组常见故障之一。为了防止机组在运行中产生结晶，机组都设有自动溶晶装置，通常都设在发生器浓溶液出口端。此外，为了避免机组停机后溶液结晶，还设有机组停机时的自动稀释装置。然而，由于各种原因，如加热能源压力太高、冷却水温度过低、机组内存在不凝性气体等，机组还是会发生结晶事故。从溴化锂溶液的特性曲线（结晶曲线）可以知道，结晶取决于溶液的质量分数和温度。在一定的质量分数下，温度低于某一数值时；或者温度一定，溶液质量分数高于某一数值时，就要引起结晶。一旦出现结晶，就要进行溶晶处理，因此，机组运行和停运过程中都应尽量避免结晶。结晶故障处理如下：

（1）停机期间的结晶。停机期间，由于溶液在停机时稀释不足或环境温度过低等原因，使得溴化锂溶液质量分数冷却到结晶体的下方而发生结晶。一旦发生结晶，溶液泵就无法运行，可按下列步骤进行溶晶：

1）用蒸汽对溶液泵壳和进出口管加热，直到泵能运转。加热时要注意不让蒸汽和凝水进入电动机和控制设备。切勿对电动机直接加热。

2）屏蔽泵是否运行不能直接观察，如溶液泵出口处未装真空压力表，可以在取样阀处装设真空压力表。若真空压力表上指示为一个大气压（即表指示为0），表示泵内及出口结晶未消除；若表指示为高真空，只表明泵不转，机内部分结晶，应继续用蒸汽加热，使结晶完全溶解，泵运行时，真空压力表上指示的压力高于大气压，则结晶已溶解。但是，有时溶液泵扬程不高，取样阀处压力总是低于大气压，这时可通过取样器取样检测液密度是否下降，或者观察吸收器内有无喷淋及发生器有无液位，也可听泵管内有无溶液流动声音，还可用温枪检查溶液管路是否有温度变化等方式判断结晶是否已溶解。

（2）运行期间的结晶。掌握结晶的征兆是十分重要的。结晶初期，如果这时就采取相应的措施（如降低负荷等），一般情况可避免结晶。机组在运行期间，最容易结晶的部位，是溶液热交换器的浓溶液侧及浓溶液出口处，因为这里的溶液质量分数最高、温度最低，当温度低于该质量分数下的结晶温度时，结晶逐渐产生。在全负荷运行时，溶晶管不发烫，说明机组运行正常。一旦出现结晶，由于浓溶液出口被堵塞，发生器的液位越来越高，当液位高到溶晶管位置时，溶液就绕过低温热交换器，直接从溶晶管回到吸收器，因此，溶晶管发烫是溶液结晶的显著特征。这时，低压发生器液位高，吸收器液位低，机组性能下降。当结晶比较轻微时，机组本身能自动溶晶。如果机组无法自动溶晶，可采取下面的溶晶方法：

1）机组继续运行并关小热源阀门，减少供热量，使发生器温度降低，溶液质量分数也降低。

2）关停冷却塔风机（或减少冷却水流量），使稀溶液温度升高，一般控制在60℃左右，但不要超过70℃。

3）为使溶液质量分数降低，或不使吸收器液位过低，可将冷剂泵旁通阀门慢慢打开，使部分冷剂水旁通到吸收器。

4）机组继续运行，由于稀溶液温度提高，经过热交换器时加热壳体侧结晶的浓溶液，经过一段时间后，结晶可以消除。

5）如果结晶较严重，可借助于外界热源加热来消除结晶：

①按照上面的方法，关小热源阀门，使稀溶液温度上升，对结晶的浓溶液加热；

②同时用蒸汽或蒸汽凝水直接对热交换器全面加热。

6）采用溶液泵间歇启动和停止的方法溶晶：

①为了不使溶液过分浓缩，关小热源阀门，并关闭冷却水；

②开冷剂水旁通阀，把冷剂水旁通至吸收器；

③停止溶液泵的运行；

④待高温溶液通过稀溶液管路流下后，再启动溶液泵。当高温溶液加热到一定温度后，暂停溶液泵的运转，如此反复操作，使在热交换器内结晶的浓溶液受发生器返回的高温溶液加热而溶解。

7）如果结晶非常严重，具体操作如下：

①用蒸汽软管对热交换器加热；

②溶液泵内部结晶不能运行时，对泵壳、连接管道一起加热；

③采取上述措施后，如果泵仍不能运行，可对溶液管道、热交换器和吸收器中引起结晶的部位进行加热；

④采用溶液泵间歇启动和停止的方法；

⑤寻找结晶的原因，并采取相应的措施。

8）如果高温溶液热交换器结晶，高压发生器液位升高，因高压发生器没有溶晶管，需要采用溶液泵间歇启动和停止的方法。利用温度较高的溶液回流来消除结晶。溶晶后机组全负荷运行，自动溶晶管不发烫，则说明机组已经恢复正常运转。

（3）机组启动时结晶。在机组启动时，由于冷却水温度过低、机内有不凝性气体或热源阀门开得过大等原因，使溶液产生结晶，大多是在热交换器浓溶液侧，也有可能在发生器中产生结晶。溶晶的方法如下。

1）如果是低温热交换器溶液结晶，其溶晶方法参见机组运行期间的结晶。

2）发生器结晶时，溶晶方法如下：

①微微打开热源阀门，向机组微量供热，通过传热管加热结晶的溶液，使之结晶溶解；

②为加速溶晶，可外用蒸汽全面加热发生器壳体；

③待结晶熔解后，启动溶液泵，待机组内溶液混合均匀后，即可正常启动机组。

3）如果低温热交换器和发生器同时结晶，则按照上述方法，先处理发生器结晶，再处理溶液热交换器结晶。

4）在溶晶的过程中，吸收器中的溴化锂溶液温度不断升高，温度有时需升到100℃或更高。溶液泵的冷却和其中轴承的滑润是溴化锂溶液，为了保护溶液泵电动机绕组的绝缘不因过热而损坏，必须进行冷却，可以用自来水在泵壳外进行冷却。

5）轻微的结晶，排除需要连续几个小时。严重时，需十个小时或更长时间。在制冷机实际操作中，一旦发现有结晶故障时，应及时处理，避免失误，否则会造成结晶的加重或扩大，延误了溶晶的最佳时机，增加溶晶的难度。

思 考 题

1. 溴化锂的工作原理是什么？
2. 溴化锂制冷机分哪几类，各有什么特点？
3. 溴化锂内部如何清洗？
4. 溴化锂结冰的故障原因是什么，如何处理？
5. 溴化锂常见故障有哪些，如何处理？

7.5　余热利用设备

烧结工序能耗约占钢铁企业总能耗的 10%，仅次于炼铁而居第二位。随着能源的日趋紧张，节能成为烧结工序的一大主题。而在烧结总能耗中，冷却机废气带走的显热约占烧结总能耗的 20%~28%。可见，回收利用冷却机废气带走的余热成为降低烧结工序能耗的一个重要环节。

7.5.1　工作原理与功能

7.5.1.1　工作原理

国内烧结低温烟气余热回收利用从产气原理上可归纳为两大类：一类是热管式蒸汽发生器装置，另一类是翅片管式蒸汽发生器装置，两种类型的主要区别在于其主体设备蒸汽发生器不同。翅片管式蒸汽发生器采用高频焊螺旋翅片管组，管内介质为水，由管外的热废气使管内的纯水（软化除氧水）蒸发而产生蒸汽。具体运行原理是：蒸发器管程由冷却烧结矿的热废气使管内的纯水（软化除氧水）加热，产生的汽水混合物沿上升管到达锅筒，集中分离后的饱和蒸汽再进入过热器，过热后产生的过热蒸汽送至用户，锅筒由补水泵补水，蒸发器由下降管从锅筒内补水，蒸发器与锅筒之间可形成水汽的自然循环。热管式蒸汽发生器采用热管，热管分加热段和冷却段，管内的传热工质是水，热废气首先加热热管加热段内的工质水，使其蒸发到热管冷却段，再经冷却段把热量传递给冷却段套管内的纯水（软化除氧水）使其蒸发而产生蒸汽。

7.5.1.2　功能

在烧结矿的生产过程中，烧结机机尾下料烧结矿的温度可达 700~800℃，冷却机冷却过程中会排出大量温度为 280~400℃ 的低温烟气，该部分低温烟气带走的热量若不能回收，不仅浪费了宝贵的能源，而且也污染了大气环境，因此，对烧结冷却机的废气余热进行有效回收利用，对钢铁企业推行节能降耗、改善环境、发展循环经济、实现可持续发展具有十分重要的现实意义。

烧结余热的利用主要有两种功能，一是生产低品质蒸汽供生产和生活所需；二是生产高压蒸汽用来发电。从能源利用的有效性和经济性来看，将余热用来发电或作为动力直接拖动机械是最为有效的利用方式。

热管式和翅片管式蒸气发生器装置在性能上各有千秋，使用过程中也有各自的局限性，就烧结工艺而言，翅片管式余热锅炉更适用于烧结的生产。下面介绍翅片管式余热锅炉产汽用于发电的相关问题。

翅片管式余热锅炉有两种安装方式，一种是机上安装；另一种是通过引风机抽引烟气地面安装。以下就某烧结厂烧结环冷机地面安装三台余热锅炉发电为例，阐述烧结余热锅炉操作规则和使用维护要求（汽轮发电机组操作及维护等有专业规程，不在此赘述）。

7.5.1.3　系统工艺流程简介

凝汽器热水箱内的凝结水经凝结水泵加压后与闪蒸器出水汇合，然后通过锅炉给水泵打入三台锅炉省煤器内进行预热，产生一定压力下的高温水（210℃），从省煤器出口分两路分别送到余热锅炉汽包内和闪蒸器内，进入汽包的水在锅炉内循环受热，产生过热蒸汽送入汽轮机做功。进入闪蒸器内的饱和水通过闪蒸产生一定压力的饱和蒸汽送入汽轮机后级做功，做功后的乏汽经过凝汽器冷凝后重新回到热水箱参与循环。生产过程中消耗掉的水由纯水装置制取，制出的纯水经补给水泵、除氧器后进入凝汽器热水箱。余热蒸汽发电工艺流程见图7-13。

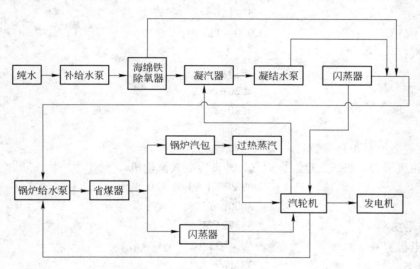

图 7-13　余热蒸汽发电工艺流程

7.5.1.4　主要设备工艺技术参数

（1）烧结环冷机余热锅炉主要设计参数。

形式：川崎 BLW　　　　　　　　自然循环锅炉

蒸汽压力（过热器出口）　　　　2.05MPa

蒸汽温度（过热器出口）　　　　364～367℃

蒸发量　　　　　　　　　　　　44.5～47.1t/h

给水温度（汽包进口处）　　　　210℃

烟气流量　　　　　　　　　　　523000～539439m³（标态）/h

烟气温度（锅炉进口处）　　　　388～394℃

烟气温度（锅炉出口处）　　　　165℃

通过锅炉的压力损失　　　　　　　　$<980Pa(100mmH_2O)$

（2）锅炉给水、炉水、蒸汽品质。

符合《火力发电机组及蒸汽动力设备水汽质量标准》（GB/T 12145—2008）要求。

1）给水：

硬度　　　　　　　　　　　　　$\leqslant 2.0\mu mol/L$

溶解氧　　　　　　　　　　　　$\leqslant 50\mu g/L$

油　　　　　　　　　　　　　　$<1.0mg/L$

pH 值（25℃）　　　　　　　　8.8 ~ 9.3

二氧化硅　　　　　　　　　　　$\leqslant 0.1 \times 10^{-6}$

2）凝结水：

硬度　　　　　　　　　　　　　$\leqslant 2.0\mu mol/L$

溶解氧　　　　　　　　　　　　$\leqslant 100\mu g/L$

二氧化硅　　　　　　　　　　　$\leqslant 0.1 \times 10^{-6}$

3）炉水：

磷酸根　　　　　　　　　　　　5 ~ 15mg/L

pH 值（25℃）　　　　　　　　9.0 ~ 11

4）蒸汽：

钠　　　　　　　　　　　　　　$\leqslant 15\mu g/L$

二氧化硅　　　　　　　　　　　$\leqslant 20\mu g/L$

铁　　　　　　　　　　　　　　$\leqslant 20\mu g/L$

铜　　　　　　　　　　　　　　$\leqslant 5\mu g/L$

（3）汽轮发电机设计参数。

1）汽轮机形式：双压、单缸、抽汽、冲动冷凝式汽轮机。

型号　　　　　　　　　　　　　NCZ33-1.91/0.8/0.37

转速　　　　　　　　　　　　　3000r/min

额定纯凝功率　　　　　　　　　33.72MW

2）发电机型号　　　　　　　　QFW-33-2C

额定功率　　　　　　　　　　　33MW

额定转速　　　　　　　　　　　3000r/min

额定频率　　　　　　　　　　　50Hz

7.5.2　操作规则与使用维护要求

7.5.2.1　操作规则

A　启动前检查

（1）从冷却机烟囱至环冷机风箱内确认无易燃物或杂物存在。烟道壳体的密封性良好，绝热层完好。各处膨胀节密封良好，膨胀位移无受阻现象。

（2）各辅机和管道附件等都已处于启动前良好状态。所有门、人孔都已关闭和密封。

（3）中央控制室内各控制屏上的热工信号、报警等良好，并已投入备用状态。各规定试验已做且合格。各控制系统处于良好的备用状态。

（4）锅炉本体各管箱及烟气管道外形正常，保温良好，无泄漏及变形，受热时能自由膨胀。锅炉汽水系统各管道、阀门外形正常，保温良好，无泄漏现象。

（5）各水位计较核准确，水位指示清晰，无泄漏，并设有高、中、低水位线标志，水位计处照明充足。

（6）各就地仪表均已投用，所有设备、仪表控制状态显示正常。

（7）锅炉各安全门完整良好，投入使用。

（8）各水泵及其电动机基础牢固，地脚螺栓无松动，接线良好，联轴器连接牢固，防护罩完好，盘动无卡涩，各轴承固定牢固，润滑油量充足，油质良好，冷却水畅通且能监控。

B 锅炉升温升压前准备工作

（1）全体工作人员各就各位，岗位职责明确。

（2）检查并给相关设备送电；

（3）检查所有电动和气动阀门并经开关试验正常后处于待机状态；

（4）对现场手动阀门进行检查并置于相应的开关状态；

（5）将安全阀投入正常运行状态；

（6）将所有仪表投入正常工作状态；

（7）检查挡板门动作是否灵活，各控制装置的电源、气源是否均处于使用状态，压缩空气压力不小于0.4MPa（汽机间压缩空气压力不小于0.5MPa）；

（8）检查锅炉本体和灰斗人孔门是否关闭严密；

（9）检查汽包及闪蒸器、凝汽器液位；

（10）准备好启动所需的工具、记录本，如测振仪、扳手、听音棒、操作票等。

C 余热发电系统精准检查及阀门确定

（1）检查给水系统，如表7-5所示。

表7-5 给水系统检查项目

名　称	位　置	名　称	位　置
锅炉给水泵进口电动门	开启	锅炉给水隔离门	关闭
锅炉给水泵出口电动门	开启	闪蒸器气动回水门	关闭
给水母管电动隔离门	关闭	闪蒸器气动回水一、二次门	开启
给水泵再循环门	开启		

（2）检查风烟系统，见表7-6。

表7-6 风烟系统检查项目

名　称	位　置	名　称	位　置
钟　罩	开启	烟道低温蝶阀	关闭
烟气高温蝶阀	关闭	引风机风量挡板门	关闭
烟道高温蝶阀	关闭		

（3）检查锅炉润滑油系统，见表7-7。

表7-7 锅炉润滑油系统检查项目

名　称	位　置	名　称	位　置
稀油站油泵出口阀门	开启	稀油站冷却水进出口水阀门	开启
引风机1号、2号、3号轴承进油阀	开启		

（4）检查汽、水系统，见表 7-8。

表 7-8　汽、水系统检查项目

名　称	位　置	名　称	位　置
省煤器入口直通阀门	开启	水位计连通阀门	开启
省煤器入口旁通阀门	关闭	平衡容器连通阀门	开启
省煤器出口水阀门	开启	疏水扩容器手动阀门	开启
省煤器进、出口向空排汽阀门	关闭	疏水扩容器电动阀门	关闭
锅炉气动调节阀	关闭	取样冷却水阀门	开启
锅炉气动调节阀一、二次阀门	开启	定排阀门	关闭
锅炉汽包入口手动阀门	开启	连排阀门	关闭
汽包向空排汽阀门	开启	汽包加药阀门	开启
饱和蒸汽向空排汽阀门	开启	供、回水管路疏水阀门	关闭
过热蒸汽向空排汽阀门	开启	过热蒸汽管路疏水阀门	开启

（5）检查循环引风机系统。1）压力表、温度计、转速表等完好无损，计量准确；2）确保油箱油位在 1/2～2/3 处；3）关闭入口挡板直至开度为零，以减少电动机启动时的负荷；4）循环风机冷却水流量及压力正常；5）检查确认工作油站、润滑油站供油正常，工作油站、润滑油站进油压力为 0.25MPa，确认轴承座无泄漏；6）检查确认风机进风、出风通畅；7）检查确认地脚螺栓已经充分紧固，与电动机的联轴器螺栓充分紧固；8）检查确认风机和风道内无任何影响风机运行的杂物，紧固所有孔门；9）检查盘车装置，接通电源转动几圈，确定盘车装置灵活，无摩擦或卡涩现象；10）连锁试验正常。

（6）确认锅炉阀门的开闭状态。开启以下阀门：1）过热器对空排汽阀；2）水位表的汽水连通阀；3）过热器出口疏水阀；4）除氧器排气阀。关闭以下阀门：1）主蒸汽阀；2）锅筒排汽阀、放水阀；3）给水调节阀；4）给水管路（操作台）疏水阀。

（7）安全附件再次确认检查。1）水位计检查：水位计玻璃管清晰、内壁无污垢、锈迹；2）压力表：表壳及玻璃完好无损，表盘刻度清晰可见，三通旋塞开关灵活自如；3）安全阀：完好无损，用手抬升安全阀手柄灵活好用。

（8）转动设备再次检查。1）转动设备完好无损，无腐蚀、磨损、开裂现象；2）转动设备地脚螺栓及其他紧固螺栓无松动现象；3）转动设备手动盘车灵活，无摩擦或卡涩现象；4）转动设备润滑油油质合格、油位正常；5）转动设备冷却水畅通。

D　锅炉操作规则

（1）锅炉上水。1）联系化验值班人员，化验锅水、除盐水等水质是否合格；2）首次运行锅炉上水须用处理后的除盐水，水质按 GB 12145—89 的规定，水温在 5～90℃ 之间。上水速度夏季不少于 1h，冬季不少于 2h；3）冷态（锅筒压力小于 0.3MPa）启炉进水至锅筒的低水位 −50mm，热态（锅筒压力大于 0.3MPa）启炉进水至锅筒的中水位 0mm；4）除氧水箱补水：启动除盐水泵进行除氧水箱补水（不经过海绵铁除氧系统时，可关闭海绵铁系统进水门直接进行凝汽器热水箱补水）；5）凝汽器热水箱补水：当除盐水箱水位高于 3.5m 时启动除盐水泵进行凝汽器热水箱补水；除氧水箱不投入时，补水直接进入凝汽器，进行凝汽器补水；6）闪蒸器补水：将凝结水再循环气动阀门至 100% 开度，启动凝结水泵，控制凝汽器热水箱水位在 0～200mm 之间，控制闪蒸器水位在 100～200 之间，正常后凝结水泵再循环门保持 20% 开度；

7）锅炉补水：启动给水泵，缓慢开启锅炉给水总门，调整汽包气动调节阀开度进行锅炉上水，当锅炉水位补至 −50mm 至 50mm 时停止向锅炉补水，进水完成，化验锅水合格后，停给水泵；8）锅炉上水完毕停泵后，检查校对锅筒水位计一次；9）在进水过程中，应检查锅筒，水箱的人孔门及各个阀门、堵头、法兰是否有泄漏现象，如有泄漏，应立即停止进水，并联系检修处理；10）检修后的锅炉内原有水必须经化验水质合格后，再将水位调整到启动水位，否则需重新上水。

（2）启动过程：当锅筒压力小于 0.3MPa（表压）时，锅炉处于冷态，当锅筒压力在 0.3MPa（表压）至 2.0MPa（表压）之间时，锅炉处于热态。由于锅炉热态启动过程是锅炉冷态启动过程的一个部分，现仅介绍锅炉的冷态启动。1）在烧结冷却机正常运行的情况下（高温段烟囱蝶阀全开，高温段冷却机烟气出、入口蝶阀全关，锅炉系统处于解列状态），关闭补冷风蝶阀，开启旁路烟囱蝶阀，打开冷却机高温段烟气出口蝶阀至全开，使冷却机高温段区域内的高温烟气进入余热锅炉；2）确认循环风机进口挡板门开度为 0%，启动润滑油泵、工作油泵，确认液力耦合器开度为 5%、液力耦合器油温不低于 25℃、滤清器后油压大于 0.08MPa、小于 0.2MPa，调节循环风机进口挡板门至 5% 开度，开启循环风机，逐渐关闭冷却机高温段烟囱蝶阀，通过液力耦合器开度和循环风机进口调节挡板门开度，使系统进入以冷却机高温段风机为送风机、以循环风机为引风机的烟气系统闭式循环状态，使环冷机上部风箱风压在 0~200Pa 内波动；3）当锅炉压力升到 0.1~0.2MPa（表压）时关闭过热器出口集汽箱的对空排气阀，冲洗锅炉水位计，并校正水位计指示的正确性，冲洗压力表导管，并验证压力表读数显示的正确性；4）随着蒸汽温度、蒸汽压力不断的升高，当中压蒸汽压力大于 1MPa（表压），蒸汽温度超过 230℃ 时（具体视汽机要求而定），逐渐将烟道高温蝶阀开至 98% 的开度，调整引风机风量挡板门，控制烟道出口负压小于 −1.3kPa，蒸汽逐步进入蒸汽管道暖管，汽机冲转工作，随后逐个关闭对空排气阀、疏水阀。

注意：中压锅炉系统在启动过程中应控制：

锅筒：　　　　升温速率　　　　　　　　<5℃/min

　　　　　　　升压速率　　　　　　　　<0.3MPa/min

过热器集箱：升温速率　　　　　　　　<25℃/min

其余部分最大升温速率　　　　　　　　<30℃/min

E　锅炉的运行

（1）概述。1）余热锅炉启动投运后必须进行监视和调整，以维持锅炉正常运行，满足汽轮机的工作要求；2）监视和调整的内容：保持正常的汽压和汽温、保持正常水位均衡进水、保持合格的蒸汽品质、保持锅炉机组安全运行工况稳定。

（2）水位调整。1）锅炉应均衡连续正常给水，不允许中断锅炉给水，水位正常工作范围为：中压锅筒为 ±200mm，低压锅筒为 ±50mm；2）锅炉给水应根据中、低压锅筒水位指示进行调整；3）水位计应按规定程序定期进行冲洗，每班至少一次，定期试验水位报警器。

（3）汽压和汽温调整。1）锅炉压力允许波动的范围，中压锅筒允许变化范围为 1.66~2.45MPa；2）安全阀门应按规定定期校验，每年至少一次，校验应在正常运行工况下进行。

（4）锅炉排污。1）严格排污制度，根据汽水、炉水化验结果，决定其排污量，确定排污阀的开度；2）排污宜在水位接近正常低水位时进行，且开度应缓慢，防止冲击；3）排污时应注意监视给水压力和锅筒水位的变化，应维持水位不低于报警水位；4）排污操作必须取得司炉工允许方可进行；5）不得同时开启两个及两个以上阀门同时进行排污；6）先全开排污一次门，再缓慢开启二次门，二次门全开 20~30s 后立即关闭，再关一次门；7）各排污点轮流排污一次；8）排污工作人员必须戴好帆布手套，使用专用工具，一人操作，一人监护；9）排污操作时，身体和头部不准正对门杆，以免意外烫伤。

（5）循环风机工况运行的注意事项。1）轴承温度正常（循环风机电动机轴承温度低于70℃、液力耦合器轴承温度低于90℃、循环风机轴承温度低于70℃）；2）轴承润滑油的油位在最高和最低运行范围内，一般保持在 1/2～2/3；3）风机无异常的噪声和振动；4）风机控制的载荷可由下列方法调节：打开进口调节门增加载荷，关闭进口调节门减少载荷；5）确保风机在不出现喘振的条件下运行，喘振会对风机及其附属风道产生严重的损坏；6）如果在调节门打开时启动风机，驱动电动机可能会过载；7）检查电动机绕线温度在135℃以下；8）出口挡板门全开，然后逐渐打开进口调节门直至获得所需的输出；9）风机不能在调节门完全关闭时运行以免振动过大和温度升高；10）监测轴承温度并检查任何非正常的振动，检查风机和电动机轴承温度在报警值以下。

F　停炉

（1）正常停炉前应对锅炉设备进行一次全面检查，将存在的缺陷记录备案，以便停炉后进行检修。

（2）逐渐关闭通向锅炉的烟气挡板门，切断热源。

（3）锅炉进烟量逐步减少，蒸汽负荷及汽压逐渐降低。当蒸汽参数低于汽轮机工作最低要求时，关闭主汽门，锅炉解列，然后打开过热器出口疏水阀 30～50min，并使水位保持在正常高水位的三分之二处。

（4）此时通过降低液力耦合器开度至最小，停止循环风机运行。

（5）锅炉解列进入冷却阶段后，应避免急剧冷却，并处于密封状态。此时不允许上水、放水。停炉 4～6h 后可以自由通风冷却。

（6）锅炉汽压未降到零时，必须保持对锅炉机组及附属设备的监视。

7.5.2.2　使用维护要求

（1）蒸发器临时停用，可按表 7-9 进行防腐（气候寒冷时不易采用）：蒸发器在将内外污垢全部清除后进行严密的隔离（所有阀门全部紧闭）加入下列保护溶液至低水位为止，然后通入剩余空气使蒸发器内产生 2～3MPa 以下的压力，保持 2～3h，在压力降低后再用保护溶液把蒸发器灌满（包括锅筒在内），再用增入溶液的方法造成 1.5～4 表压的压力，这个压力在整个保养期间也应一直保持。必须周期性地检查溶液的浓度，当亚硫酸钠的浓度降低到低于50mg/kg 时应再补加。

表 7-9　蒸发器防腐方法　　　　　　　　　　　　　　　（g）

保护溶液的成分和浓度（总盛水量参考煮炉）	
每吨锅炉水氢氧化钠（NaOH）	100
每吨锅炉水五氧化二磷（P_2O_5）	100
每吨锅炉水亚硫酸钠（Na_2SO_3）	250

（2）蒸发器承压部件检修时，应采用余热"烘干法"进行防腐，其方法是：

1）当蒸发器停止供汽后，紧闭各人孔门，减少热损失。

2）当锅筒内水温降至低于80℃时，将锅炉水全部放尽。

3）严密关闭与公用系统连接的阀门，开启对空排气阀门。

4）必要时可利用热风烘干，但必须保持过热器出口温度在100℃以上，以免结露。

（3）日常使用维护注意事项：

1）需要进入炉内检修时，必须停炉冷却到室温并充分换气后方可进行，在紧急情况下必须采取强制冷却和隔热等措施经方案认可后方可进人，并有专人负责安全监护工作。

2）不经许可不许任意拆除或毁坏安全阀，运行中安全阀不能自动排除蒸汽时，应及时向管理部门报告后用人工提起安全阀排汽。

3）当一般缺水时，应立即进行"叫水"检查，如是严重缺水，应立即停烟气停炉停止进水，如是不严重的缺水，可缓慢、少量进水，但要严格监视各种仪表的变化。

4）当停炉停烟气时，在气压降到零位前，司炉工不得离开岗位。

5）必须检查确认锅炉系统各种仪表、警报、安全装置完好、正确、灵敏方可交接班。

6）运行人员必须严格执行有关运行规程和规章制度，同时必须熟悉设备各部件的结构、性能、特点以及维修方法等。

7）为了延长锅炉的使用寿命，保证蒸汽品质，避免因水垢、水渣、腐蚀等引起事故，必须做好水质管理工作。

7.5.3 常见故障分析及处理

7.5.3.1 缺水事故

（1）锅筒缺水现象。

1）锅筒水位低于正常水位或看不到水位，水位计玻璃板呈白色。

2）低水位信号报警动作。

3）过热汽温上升，蒸汽流量可能大于给水流量。

（2）锅筒缺水原因。

1）给水自动调节失灵或给水调节阀门失控，运行未及时发现。

2）省煤器、蒸发器、主给水管道爆管。

3）汽机甩负荷，主汽压力上升，造成虚假水位。

4）给水调节阀门低流量卡住，或阀芯跌落。

5）主给水电动阀门阀芯跌落。

6）给水泵故障，给水压力低。

（3）锅筒缺水的处理。

1）给水调节阀门开度应接近全开，否则切换为手动控制；若手动无法调节，应迅速到给水操作台开启给水旁通阀。

2）若主给水压力低于正常工作压力时，启动备用给水泵。

3）若以上都正常，应校对锅筒就地水位计，沿途注意有无受热面爆管蒸汽泄漏声。

4）当低压锅筒水位下降超过 −100mm（或中压锅筒水位下降超过 −350mm）时，紧急停炉。

5）紧急停炉后，若水位从水位计中消失应叫水，经叫水后能够见到水位，应汇报班长申请上水，叫水后不能见到水位则为严重缺水，此时严禁进水。

6）将事故过程详细记录在运行日志和事故记录中。

7.5.3.2 满水事故

（1）锅筒满水的现象。

1）水位计上端尚能看到超越水位或看不到水位。

2）水位计充满锅炉水，颜色发暗。

3）水位报警器发出高水位信号。

4）饱和蒸汽带水、带盐量增加。

5）过热蒸汽温度下降或显著下降。

6）给水流量大于蒸汽流量，严重时蒸汽管道出现水击声。

（2）锅筒满水原因。

1）给水自动调节失灵或给水调节阀门失控未及时发现。

2）给水调节阀门在大流量时卡住。

3）加负荷太快或安全门动作，主汽压力急剧下降，造成虚假高水位。

（3）锅筒满水处理。

1）立即关闭给水阀门，停止水泵。

2）开启排污阀、加强放水，但要注意水位表内水位，防止放水过量造成缺水事故。过热器内的水必须放净。

3）关闭烟道阀门，停止引风机。

4）开启主汽阀、分汽缸和蒸汽母管上的疏水阀门。

5）待水位正常后，恢复正常运行。

7.5.3.3　蒸汽炉爆管事故

（1）低压省煤器、中压省煤器管、蒸发器管爆管。

1）现象。①锅筒水位迅速下降，给水流量不正常地大于蒸汽流量；②泄漏处有强烈的蒸汽泄漏声，严重时炉门密封不严密处有水蒸气喷出；③排烟温度下降。

2）处理。①确定为爆管以后，如果能暂时维持正常水位，应汇报班长申请故障停炉。如果已经无法控制维持正常水位，应紧急停炉并报告班长；②将事故过程及处理情况做详细记录。

（2）过热器管爆管。

1）现象。①蒸汽流量不正常地低于给水流量；②过热器处可听到蒸汽泄漏声；③排烟温度下降，严重时炉门密封不严密处有水蒸气喷出；④严重时主汽压力下降。

2）处理。①若判断为过热器爆管，如对运行人员和设备不构成大威胁，则应降低负荷申请故障停炉；如泄漏太大无法维持运行时应紧急停炉并报告班长；②将事故过程及处理情况做详细记录。

（3）汽水管道损坏。

1）现象。①管道泄漏处发出声响，保温层潮湿或漏汽、漏水；②管道爆破时，发出显著响声并喷出汽水；③蒸汽流量、给水流量变化异常；④蒸汽压力、给水压力下降；⑤主给水管道爆破时，锅筒水位急剧下降。

2）汽水管道损坏的原因。①材质不合格，制造或安装有缺陷；②汽水管道发生腐蚀；③蒸汽管道暖管、疏水不充分，产生严重水击。

3）汽水管道损坏的处理。①若不是主给水管道和主蒸汽管道泄漏，且未危及人身和设备的安全，锅炉主参数未受到影响，可报告班长，申请故障停炉；②若主管道破裂，水位或主汽参数无法维持，应紧急停炉并报告班长；③将事故过程及处理情况详细记录在运行日志和事故记录中。

7.5.3.4　汽水共腾事故

（1）汽水共腾现象。
1）锅筒水位发生剧烈波动，严重时水位看不清楚。
2）主蒸汽温度急剧下降。
3）蒸汽盐含量上升。
4）严重时蒸汽管道发生水冲击，法兰处冒汽。
（2）汽水共腾的原因。
1）锅水品质严重超标，水质恶化。
2）锅筒连续排污开度太小，未按规定进行定期排污。
（3）汽水共腾的处理。
1）报告班长，调节烟气系统降负荷。
2）开大连续排污阀，增加定排次数进行锅水置换。
3）开启一次阀门前及阀门后疏水并通知汽机开启机侧疏水。
4）停止加药。
5）通知化验进行锅水取样分析，待水质好转后，重新加负荷至正常。

7.5.3.5　紧急停炉事故

（1）下列情况之一均需停炉：
1）锅炉水位低于水位表的下部可见边缘，或不断加大给水及采取其他措施，但水位仍继续下降。
2）锅炉水位超过最高可见水位（满水），经放水仍不下降。
3）给水泵全部失效或给水系统故障，不能向锅炉进水。
4）水位表或安全阀全部失效。
5）锅炉现场水位计故障，中央控制室水位显示故障。
6）汽包水位气动调节阀故障。
7）过热蒸汽、供回水管路发生泄漏。
8）锅炉元件损坏，炉体接缝处漏水，钢板变形、起泡或发现裂纹，危及运行人员安全。
9）锅炉内突然发生严重的汽水共腾或炉体剧烈振动。
10）其他危及锅炉安全运行的异常情况。
（2）紧急停炉应采取的措施：
1）立即关闭烟气挡板门，切断进入锅炉的烟气，停循环风机。
2）锅炉紧急停炉时，应严密监视各部分的温度变化，必要时应根据事故的性质采取切实可行的措施，防止温度下降过快。
3）迅速切断烟气时，负荷下降很快，此时应防止发生严重缺水或满水事故，应注意调整给水量，维持正常水位，同时应注意汽压，防止安全阀动作。
4）紧急停炉的冷却过程，可通过上水、放水来降低炉温及水温，当水温降低到80℃左右可以排放炉水。

思　考　题

1. 简述余热蒸汽发电工艺流程图。
2. 余热利用操作规则有哪些？
3. 锅筒缺水事故现象、原因及处理方法有哪些？
4. 锅筒满水事故现象、原因及处理方法有哪些？
5. 紧急停炉事故现象是怎样的，紧急停炉采取的措施有哪些？

8 烧结设备发展及展望

为了满足钢铁工业不断扩大生产规模的需求，烧结设备持续地向大型化、自动化、高效化方向发展。特别是进入新世纪之后，烧结设备技术更是取得了飞速发展，逐步形成了一套成熟的、具有自主知识产权的技术创新成果，创新了一批实用技术，使烧结装备水平提升一个新台阶。

8.1 烧结设备发展技术成果

通过技术创新，烧结设备主要向单机设备大型化、运行控制自动化、生产管理高效化的方向发展；向降低设备故障，提高作业率的方向发展；向提高单机产量，创造规模效益，降低生产成本的方向发展；向实现自动控制，提高劳动生产率的方向发展。具体表现在以下 10 个方面：

（1）圆盘给料＋小皮带电子秤称量＋变频调速的自动配料技术。在小型烧结配料工艺上，采用圆盘给料＋人工称量＋直流电动机调压调速的方式配料，该配料方式存在调速精确度不高，只能分挡调速；人工称量误差大，误差范围在 ±3%，对各种原燃料的波动不能适时监控，更不能作适时调整。现代大型烧结配料采用圆盘给料＋小皮带电子秤称量＋变频调速的自动配料方式，具有无级调速，配料精度高，称量准等优势，特别是它可适时监控原燃料的变化，并作适时调整，误差控制在 ±0.5% 的范围。采用全自动配料，为稳定原燃料成分，提高烧结矿产品质量打下坚实的设备基础。

（2）开式齿轮驱动＋喷油式钢托辊支撑的混合造球技术。混合造球的关键在混合机，混合机的关键在托辊。托辊承受的是复合动载荷（其动载荷在 200t 以上），既承受动态支撑力，又承受旋转剪切力，所以托辊的运行寿命较短。为了解决这一难题，尝试过多种驱动方法，主要包括托辊支撑＋托辊驱动、托辊支撑＋开式齿轮驱动等两种方式，后一种方式分解了应力，简化了载荷，满足了生产的需要。同时，在托辊制造方式上也进行了多次探索，先后出现了橡胶轮胎托辊、聚氨酯托辊、钢托辊等形式。其中，轮胎托辊寿命仅有 3 个月，聚氨酯托辊的寿命也只有 6 个月左右。钢托辊的噪声大，现场测试可达 100dB 以上。而采用喷油式钢托辊的支撑方式，在钢托辊表面喷涂一层约 2mm 厚的油膜加以阻隔，减少了振动，降低了噪声（可控制在 65dB 以下），并可实现免维护运行。通过长期实践，开式齿轮驱动＋喷油式钢托辊支撑的混合造球技术可以实现零故障运行而被广泛应用。

（3）柔性传动＋机尾重锤摆架零缝调隙＋变频调速的烧结驱动技术。小型烧结机采用的是减速机＋开式齿轮＋有隙冲程的刚性驱动方式，减速机的故障率高，台车受冲击损坏快，漏风率高。而机尾重锤摆架调隙方式由于零缝调隙，可以减缓冲击载荷，得到广泛应用。所以，现代大型烧结机均采用柔性传动＋机尾重锤摆架零缝调隙＋变频调速的驱动方式。实践证明，只需解决好台车滑板润滑日常维护问题，这种驱动方式就可以平稳运行，降低漏风率，提高台时产量；减缓冲击，延长台车使用寿命，提高设备作业率。烧结主机设备运行周期主导着整体烧结机系统的运行检修模型，通过驱动方式的革新，将烧结主机的设备运行周期由原来的 30 天延长到现在的 60 天，提高了约 1 倍以上。

(4) 水冷箅板承料 + 可再生单齿辊剪切的破碎技术。小型烧结机主要采用固定箅板承料 + 单齿辊剪切的破碎技术。由于固定箅板内部没有通水冷却，寿命只有 3 个月左右，且整体更换需要 16h。齿辊磨损到一定程度需整体更换，整个工期需要 48h 左右，严重制约着生产节奏。现代大型烧结机采用水冷箅板承料 + 可再生单齿辊剪切破碎技术，在箅板内部通循环水进行强制冷却，寿命可以延长至 6 个月左右。单齿辊的辊齿及辊体堆焊、熔焊一层耐磨合金，可通过定期"长肉"处理的方式，实现与一代烧结机机龄同龄的阶段发展目标。

(5) 鼓风式的强制冷却技术。烧结矿的冷却主要采用抽风或鼓风的两种方式。小型烧结机主要采取抽风冷却方式，由于密封效果不佳造成冷却效果差，粉尘颗粒磨损转子叶片造成转子寿命短（每 60 天检修或更换 1 次）等原因逐步被淘汰。而鼓风冷却方式具有密封效果好、冷却效果好、鼓风转子无磨损，可以大幅度提高作业率（每 180 天检修或更换 1 次）等优点而逐步被现代大型冷却机全面采用，但是该种方式的除尘效果较差，容易造成环境污染，加强此处的污染治理将是今后努力改造的方向。

(6) 大型振动筛的冷矿筛分与整粒技术。由于热矿筛具有故障率高、运行成本高、返矿率高等"三高"的缺点，且该类热矿筛的维护周期短，仅为 1 个月，筛板整体更换周期也只有 6 个月左右。现代大型烧结机均逐步取消了热矿筛分工艺，取而代之的是冷矿筛分与整粒技术。直线振动筛、椭圆振动筛等大型冷矿顺应烧结工艺的发展逐步发展壮大。该类振动筛具有运行寿命长，筛分效率高，故障率低，维护周期为 2 个月，筛板整体更换周期可达 15 个月之久等优点，逐步得到推广应用。

(7) 高压变频软启动 + 同步运行的大型电动机控制技术。小型烧结工艺的大型电动机采用降压启动的控制技术，该方式的启动电流大，单位时间内允许启动次数受限（每 4 个小时可启动一次），对电网容量要求高。现代大型烧结机采用变频软启动 + 同步运行的控制技术。该方式启动电流小，单位时间内允许启动次数大大增加，对电网容量要求比较低。同时，由于同步运行，可以提高功率因数，提高有用功功率，大幅度降能节耗。尤其是启动次数不受限的优点在大型烧结机上显得尤为重要。针对抽风机失衡故障的处理，以前采用更换转子的办法，整个处理程序包括拆卸、外送、找平衡、回厂、安装等共需 48h，现代大型主抽风机的失衡处理均采用在线机上找平衡的办法，需要短期内反复启动多次，变频软启动为之提供了可能，只需要 6h 即可处理完毕，大大缩短了检修周期。

(8) PLC 计算机自动控制技术。小型烧结机的电气控制技术主要采用继电器 + 接触器的强电控制方式，即有源控制，该方式反应慢、时滞长、能耗高、可靠性低、故障率高、生产节奏慢，不适应现代化大生产的需求。现代大型烧结机普遍采用 PLC 微电子控制技术，即无源控制，可以实现机电控制一体化。该控制方式具有自动控制效率高、反应快、精度控制准、故障率低、能耗少、维护成本低等优势，更由于 PLC 可以实现复杂的控制模式，大大加快了生产节奏，实现了大型烧结机生产自动化、管理高效化。

(9) 精确计量 + 自反馈、自适应、自调节的过程调控技术。烧结工艺参数的量化采集是实现自动控制的基础；精准的计量是自动控制高效化的前提，计量的失准可造成自动控制失效。为了满足现代化大生产的需要，各种先进的计量技术在生产实践中得到了广泛推广和应用，应用电子皮带称重技术，可以精确控制原料配加成分；应用中子测水技术，可以精准控制水分添加数量；应用重量料位仪、超声波料位仪称重技术，可以准确测量成品矿物流分布状况等。正是这些精准的计量数据采集，为自反馈、自适应、自调节的现代化自动控制技术提供了数据，为实现人工智能管理创造了条件。

(10) 大型高效的环保除尘技术。烧结工艺的除尘设备主要包括多管除尘、布袋除尘、电除尘等。多管除尘效率可达80%左右，维修费用高，大修周期为24个月；布袋除尘效率较高可达90%，不适合潮湿高温环境、铁性介质、后期维修费用高（布袋更换周期为18个月）等特性决定其只适合原燃料的除尘；电除尘除尘效率高，可达90%以上，维修费用低，大修周期可达48个月。20世纪90年代之前，小型烧结机的机头大部分采用多管除尘。为了满足提高烧结主机设备作业率和环保节能的需求，出现了技术成熟、除尘效率高、大型化的电除尘设备，该设备适合于烧结工艺的铁性介质、高温高压、收尘量大等特点，具有除尘效率高、故障率低、可大型化、单价成本低的优势，尤其是除尘效率高的优点在大型化的烧结工艺上显得尤为重要。除尘效率高，与之串联的主抽风机磨损小，运行周期长，可达180天以上。而采用多管除尘，主抽风机的运行周期仅为90天，所以在新、改、扩建的现代大型烧结机上均安装了大型化的、高效的电除尘器，为优化烧结主机运行模型提供了条件。

8.2 烧结工艺发展及展望

烧结工艺以技术创新为先导，全面提高劳动生产率，取得了非凡的生产成果，主要表现在，单个烧结面积已达660m²；装机总量成倍增长；烧结矿年产量大幅提高；综合性能指标大幅度提升；吨矿能耗大幅度降低。计算表明，烧结行业的劳动生产率可按照每年提高20%的速度递增，远高于同期我国的GDP增长比率。随着我国基础工业的进一步发展，烧结工艺技术也得到了较快的发展，有许多的科研成果应用于烧结生产，如低温烧结技术、热风烧结技术、小球烧结（双球烧结）技术、燃料分加技术、偏析布料技术、双层布料（双碱度）技术及均质烧结技术。

（1）低温烧结。所谓低温烧结就是将烧结料层的温度控制在1250～1300℃，在烧结过程中形成强度好、还原性高、低温还原粉化率低的针状复合铁酸钙（SFCA）。其工艺的关键是厚料层和适宜的配碳，还有熔剂的粒度、混合料的制粒控制。

（2）热风烧结，是在烧结机点火炉后面装设保温炉或风罩，利用烧结过程产生的热废气或热空气进行烧结的一种新工艺。热废气由烧结机尾部风箱或冷却机的前二段提供，热风烧结的要求是风罩长度为烧结机长度的三分之一以上。

（3）HPS小球烧结（双球烧结）。小球烧结就是采用造球盘和混合机制粒，使混合料中含有烧结制粒的粒级和球团造球的粒级，让混合料中的小球粒度5～8mm的粒级含量在60%以上，利用小球之间的熔接和固结机理使烧结料黏结成块。

（4）燃料分加。燃料分加就是将配入混合料的固体燃料分两次加入。一部分燃料在配料时加入，另一部分燃料在二次混合后加入，使该部分燃料外滚子混合料的小球外面。燃料分加的特点是改善了燃料的燃烧条件，降低了燃料用量。

（5）偏析布料。在烧结料布料设备上加以改进，采用辊式布料器，形成偏析布料，使大颗粒的烧结料滚到台车的下部，让细颗粒烧结料布在料层的上部，利用烧结过程的自动蓄热作用，燃烧带下移过程烧结温度增加的原理，减少燃料用量和改善烧结矿质量；另外还有利于烧结料层的透气性改善，对提高垂直烧结速度有利。

（6）双层布料。该技术主要是作为均匀上下层烧结矿质量、降低能耗的措施，后来发展成为不同碱度的双层布料烧结，将高、低两种碱度的混合料分层布料烧结，以避开碱度在1.6倍左右烧结矿强度差的拐点。该技术还用于处理高硫铁矿石烧结，将高硫矿铺在台车下面，低硫矿铺在上层，以提高烧结脱硫率。

（7）厚料层烧结。烧结机料层厚度作为衡量烧结技术水平的综合指标，一直是烧结工作者努力的研究重点。科学研究和生产实践表明，厚料层烧结不仅能改善烧结矿的质量，也能降低热量消耗。厚料层改善烧结有以下几个功能：

　　1）改善烧结矿强度，提高成品率；

　　2）利用自动蓄热作用节省固体燃料消耗，降低总热耗；

　　3）降低 FeO 的质量分数，提高了烧结矿的还原性。

8.3　烧结设备技术发展及展望

　　为了满足烧结工艺进一步发展的需求，今后若干年内，烧结设备技术应继续坚持科技创新，向精、细、准等量化细化方向发展；向设备大型化、机械简约化、控制高效化、寿命协同化的方向发展；向提高设备作业率、提高台时产量、节能减排的方向发展。具体来说，应在以下 10 个方面取得质的飞跃。

　　（1）全面优化烧结设备空间布局。以优化烧结主机设备安装标高为切入点，全面优化烧结设备空间布局。大型烧结机的平面标高均在 +33m 左右，由于提升势能的增加，造成一次性投资大，设备故障多，后期维护成本高，烧结矿的产品质量下降，噪声与粉尘等工业污染加大等一系列不利的局面，故必须在优化各种工艺要求、设备技术参数的基础上，优化烧结主机设备的安装标高。以前烧结机大烟道的密封方式采用的是水封，必须保持一定的净空标高，现在则采用双层卸灰密封方式，为降低烧结主机设备标高创造了条件。根据实践经验预测，在目前的技术水平下，烧结机的平面标高可以降低 5m 左右，达到 +28m 以下的水平。同时，全面优化烧结设备的平面布局，缩短运输距离，减少转运和往返次数，降低提升高度，减少装备总量，由此实现减少初期投入，降低后期维护成本，提高烧结成品率，提高台时产量的目标。

　　（2）持续追求降低漏风率。向风要产量是烧结生产永恒不变的真谛。降低漏风率，可以大幅度提高烧结台时产量。据粗略估计，漏风率每降低 1%，烧结台时产量可以提高 3% ~ 5%，创效价值非常可观。目前，烧结机主要采用头尾重锤滑板式密封，两边是动静密封胶皮或动静密封滑板的密封形式，这种密封形式比较常见，但是密封效率不高，经过实测，漏风率高达 52% 以上，与本阶段发展目标 48% 的漏风率，还有一定的差距。要解决漏风的问题，必须通过科技创新，解决以下三个主要问题：一是要解决烧结机的密封形式，二是要解决大烟道、风箱支管等处的漏风问题，三是要解决双层卸灰阀的漏风问题。其中后两者更为关键，权重比例大，为此必须解决大烟道、风箱接口的热胀冷缩、磨损破漏和双层卸灰密封不严等问题。通过技术攻关，力争实现漏风率接近 40% 的十二五规划发展目标。

　　（3）增设单辊破碎机减振器。烧结生产主要冲击发生在机尾到单辊的下料过程。为了减缓冲击，延长寿命，有必要在单辊和水冷箅板的排架下加装一个减振架，通过减振架将冲击动能有效释放，以延长单辊及其配套设备的使用寿命，提高设备作业率；降低烧结矿的粉化率，提高台时产量，提高烧结矿质量；降低噪声和粉尘，减少工业污染。目前，法国有一家烧结厂已进入生产试验阶段。

　　（4）优化冷却设备运行周期。烧结矿冷却方式主要有带式冷却和环式冷却两大类。带式冷却具有运行稳定、初期投入少、维修费用低等优点，但其占地面积大，所以各大烧结厂主要采用环式冷却。但是环式冷却具有密封效果差、频繁掉轮子、后期投入大等不足之处，应在今后实践中加以改进，特别是掉轮子事故越来越成为制约优化烧结机检修模型的关键因素，必须加以解决。一是改进动静密封方式，降低漏风率；二是加大台车轮子的在线故障监测和润滑，做到预知维修，以确保与烧结主机设备运行维修模式相匹配，提高整个烧结机系统的作业率。

　　（5）大力推进大型自同步 + 激振器分离式的直线振动筛应用。在烧结冷矿筛分整粒技术中，主要采用大型直线振动筛、椭圆振动筛等进行筛分和整粒，其中又以大型直线振动筛为主要方式。而自同步 + 激振器分离式的直线振动筛具有机械结构紧凑、自适应同步调整、抗振动冲击、振幅调节方便、寿命周期长、作业效率高、维修方便（激振器一体式更换振动轴承需12h，而激振器分离式只需6h）等优势，决定其在今后应用市场上将独占鳌头。

（6）优化除尘设备运行周期。烧结铁性介质除尘主要采用电除尘，原燃料等介质采用布袋除尘，特别是与主抽风机串联的机头电除尘器，它的运行状况直接影响着烧结主机运行模式。随着除尘风机运行时间的延长，设备受损日益严重，检修频率越来越高。与烧结主机运行周期不匹配，必将造成除尘设备欠修，设备状况不断劣化，除尘效率越来越低，如此恶性循环，将会在很大程度上影响烧结机主机系统的运行效率。提高除尘设备运行寿命和除尘效率，延长设备检修周期，力争与主机运行模式相匹配。采取的措施是设备进一步大型化，降低单位除尘面积的载荷，提高除尘效率，即增加电场的数量，由3个电场增加到4个，甚至更多；增加单位烧结面积除尘比，目前单位烧结面积除尘比约为0.7~0.8，下一阶段发展目标是单位烧结面积除尘比达到1.0以上。

（7）大力推进高新耐磨材料的应用。耐磨材料经历了从高锰钢到普通白口铸铁再到高铬铸铁的不同发展阶段，目前已发展为耐磨钢、耐磨铸铁，同时高分子衬板、耐磨陶瓷等耐磨材料在生产实际中已得到了应用。烧结的工况条件恶劣：温度高、冲击大、磨损快，造成设备使用寿命周期缩短。随着烧结主机设备寿命和运行周期的延长（现在主机设备运行周期提高到60天，"十二五"规划目标是达到90天），检修模型发生了巨大变化。为了使配套设备顺应主机设备发展的需求，高新耐磨材料在烧结设备中大有用武之地。转运站的漏斗、矿槽、风箱、管道、弯头等受冲、受刷、受磨处均可大面积使用耐磨材料，以达到减少磨损，提高设备作业率，降低烧结生产成本的目的。

（8）加大检测控制技术的推广与应用，实现人工智能控制。提高计量检测仪器的精准度，采集有效参数，反馈至各自动控制子系统，实现适时适应、适时调节的过程控制，从而实现优化烧结工序，提高产品产量和质量，降低生产运行成本的目标。在配料工序上，提高电子配料秤的精度，可以提高烧结原料配比精准度；在混合工序上，准确检测水分添加量，可以为配料提供准确参数；在烧结工序上，采取烧结终点温度控制技术，可以准确控制烧结机的机速和温度，避免过烧和欠烧；在大型风机上加装在线监测仪器，根据烧结工况，适时调速，可节约大量能耗。同时，在上述各自动控制子系统优化完善的基础上，建立一个基于以太网的模糊控制技术。该项技术可以实现生产、设备、能源和物流等各项工作优化管理，极大降低运营成本，提高劳动生产率，提高产品竞争力，全面提升烧结管理水平。

（9）加强工业能源的回收与利用。在钢铁冶金工序中，烧结工序是能耗大户。烧结生产中产生的大量热能，若能加以利用，将是利国利民的好事，也是符合国家低碳经济发展的大政方针。目前烧结热能主要应用于余热锅炉发电，但不成规模。其不足之处在于蒸汽量不足，压力不稳，发电效率低，发电量少。今后努力的方向是：增加取热点，增加蒸汽发生量，并网发电；均衡蒸汽压力，稳定发电，提高发电效率，提高能源自给自足的能力，节约资源。力争实现烧结吨矿能耗"破五见四"的"十二五"规划发展目标。

（10）加强工业污染治理。在烧结生产过程中会产生大量有毒有害的烟气和噪声等，这些工业污染直排大气，既浪费能源，又影响身体健康，更违反国家有关法律法规，必须加以治理：

1）对于烧结粉尘，可采用增加收尘点，增加密封管道输送，降低烧结矿转运过程的行程和标高等方法加以治理。

2）对于烧结烟气，采用脱硫的方法加以净化。目前烧结脱硫的方法主要有干法、半干法、湿法等，但都处于工业实验阶段，均存在脱硫效率低（低于 85%）、运行不稳、工业副产品不易处理等问题，需加以改进或重选脱硫方式。下一阶段发展目标是脱硫效率达 90% 以上、作业率达 93% 以上、工业副产品 100% 回收利用。

3）对于工业噪声，一是采取降噪法，降低各处烧结矿转运的落差，降低机尾、转运站等主要噪声源处的噪声强度；二是采取消噪法，在抽风机、大型电动机等重点噪声源处安装消声器、隔声器，达到隔音减噪的目的。

8.4　烧结设备发展目标

（1）烧结设备技术创新追求的目标是：追求卓越、持续改进；增加台时产量、提高烧结矿品质；节约资源、创建友好环境。

（2）通过对烧结设备的大型化、简约化、自动化、高效化，降低设备装机总台数，减少故障源点，优化主机设备运行模式，延长主机设备运行周期；采用新材料、新设备、新工艺，优化、延长配套设备的运行周期，并逐步使二者寿命周期趋于协同，不断提高烧结设备作业率，以满足现代大型烧结机的快速生产节奏。

（3）通过改进烧结机的密封效果，改造卸灰系统的密封方式，强化风箱系统的保温效果，降低烧结机的漏风率，不断提高烧结机台时产量，以满足现代大型烧结机的高效发展目标。

（4）提高工业能源的回收利用率，加强工业污染治理是创建资源节约型、环境友好型"两型"企业的必然要求。

思 考 题

1. 烧结设备发展技术成果有哪些？
2. 烧结工艺发展成果有哪些？
3. 烧结工艺发展方向是什么？
4. 烧结设备技术发展方向是什么？
5. 烧结设备发展目标是什么？

参 考 文 献

[1] 林万明，宋秀安．高炉炼铁生产工艺[M]．北京：化学工业出版社，2010.

[2] 张树勋．钢铁厂设计原理[M]．北京：冶金工业出版社，1994.

[3] 李慧．钢铁冶金概论[M]．北京：冶金工业出版社，2004.

[4] 卢文祥，杜润生．工程测试与信息处理[M]．武汉：华中理工大学出版社，1994.

[5] 陈伯时．电力拖动自动控制系统[M]．北京：机械工业出版社，1991.

[6] 北京科技大学炼铁、炼钢组教研组．普通钢铁冶金学，1989.

[7] 中国大百科全书．矿冶篇[M]．北京：中国大百科全书出版社，1979.

[8] 李广才．采选概论[M]．北京：冶金工业出版社，1991.

[9] 周取定，孔令坛．铁矿石造块理论及工艺[M]．北京：机械工业出版社，1989.

[10] 徐名涛，段斌修．烧结设备工程技术发展展望[J]．武钢科技，2011，2.

[11] 严普强，黄长艺．机械工程控制基础[M]．北京：机械工业出版社，1985.

[12] 钟义信．现代信息技术[M]．北京：人民邮电出版社，1986.

[13] 吴兆雄．数据信号处理[M]．北京：国防工业出版社，1985.

[14] 徐同举．新型传感器[M]．北京：机械工业出版社，1987.

[15] 杨叔子，杨克冲．机械工程控制基础[M]．武汉：华中理工大学出版社，1984.

[16] 吴湘琪．数字信号处理及其应用[M]．北京：中国铁道出版社，1986.

[17] 傅祖芸．信息论基础[M]．北京：电子工业出版社，1986.

[18] 孙虎章．自动控制原理[M]．北京：中央广播电视大学出版社，1984.

[19] 张明达．电力拖动自动控制系统[M]．北京：冶金工业出版社，1983.

[20] 夏德衿．反控制理论[M]．哈尔滨：哈尔滨工业大学出版社，1984.

[21] 冯信康，杨兴瑶．电力传动控制系统原理与应用[M]．北京：水利电力出版社，1985.

[22] 杨兴瑶．电动机调速的原理及系统[M]．北京：水利电力出版社，1979.

[23] 刘竞成．交流调速系统[M]．上海：上海交通大学出版社，1984.

[24] 厉无咎，李海东，王见．可控硅串级调速系统及其应用[M]．北京：冶金工业出版社，1985.

[25] 郎晓珍，杨毅宏．冶金环保保护及三废治理技术[M]．沈阳：东北大学出版社，2002.

[26] 刘天齐．三废处理工程技术手册[M]．北京：化学工业出版社，1999.

[27] 高子忠．环境保护及三废处理[M]．北京：化学工业出版社，1999.

[28] 邓茂忠，郭亮．大型高炉纯干法布袋除尘技术的研究[J]．南方金属，2005，12：29～30.

[29] 苏天森．中国钢铁工业的清洁生产[J]．炼钢，2003，4：1～5.

[30] 张寿荣．武钢炼铁四十年[M]．武汉：华中理工大学出版社，1998.

[31] T. M. 莱温，等．钢铁企业污水污染水体的防治[M]．北京：冶金工业出版社，1984.

[32] 殷瑞钰．钢铁工业发展循环经济的有效模式与途径[J]．新材料产业，2008，7：6～8.

[33] 付君昭．钢铁冶金学（第一册）：钢铁冶金的原材料及辅助材料[M]．北京：冶金工业出版社，1991.

[34] 王悦祥．烧结矿与球团矿生产[M]．北京：冶金工业出版社，2006.

[35] 唐贤容．烧结理论与工艺[M]．北京：冶金工业出版社，1992.

[36] 王明海．炼铁原理与工艺[M]．北京：冶金工业出版社，2006.

[37] 李慧．钢铁冶金概论[M]．北京：冶金工业出版社，1993.

[38] 薛正良．钢铁冶金概论[M]．北京：冶金工业出版社，2008.

[39]　朱苗勇．现代冶金学钢铁冶金卷[M]．北京：冶金工业出版社，2005.

[40]　[日] 万谷志郎．钢铁冶炼[M]．北京：冶金工业出版社，2001.

[41]　龙红明．铁矿粉烧结原理与工艺[M]．北京：冶金工业出版社，2010.

[42]　朱廷钰．烧结烟气净化技术[M]．北京：化学工业出版社，2009.

[43]　许居鹓．机械工业采暖通风与空调设计手册[M]．上海：同济大学出版社，2007.

[44]　周兴求．环保设备设计手册-大气污染控制设备[M]．北京：化学工业出版社，2004.

[45]　孙彦广．冶金自动化技术现状和发展趋势[J]．冶金自动化，2004.

冶金工业出版社部分图书推荐

书　名	作　者	定价(元)
传热学(本科教材)	任世铮　编著	20.00
冶金原理(本科教材)	韩明荣　主编	40.00
冶金热工基础(本科教材)	朱光俊　主编	36.00
钢铁冶金学教程(本科教材)	包燕平　等编	49.00
钢铁冶金原燃料及辅助材料(本科教材)	储满生　主编	59.00
冶金过程数值模拟基础(本科教材)	陈建斌　编著	28.00
炼铁学(本科教材)	梁中渝　主编	45.00
炼钢学(本科教材)	雷　亚　等编	42.00
炉外处理(本科教材)	陈建斌　主编	39.00
连续铸钢(本科教材)	贺道中　主编	30.00
冶金设备(本科教材)	朱　云　主编	49.80
冶金设备课程设计(本科教材)	朱　云　主编	19.00
炼铁厂设计原理(本科教材)	万　新　主编	38.00
炼钢厂设计原理(本科教材)	王令福　主编	29.00
铁矿粉烧结原理与工艺(本科教材)	龙红明　编	28.00
物理化学(高职高专教材)	邓基芹　主编	28.00
物理化学实验(高职高专教材)	邓基芹　主编	19.00
煤化学(高职高专教材)	邓基芹　主编	25.00
冶金专业英语(高职高专国规教材)	侯向东　主编	28.00
烧结矿与球团矿生产(高职高专教材)	王悦祥　主编	29.00
烧结矿与球团矿生产实训(高职高专教材)	吕晓芳　等编	36.00
冶金原理(高职高专教材)	卢宇飞　主编	36.00
金属材料及热处理(高职高专教材)	王悦祥　等编	35.00
烧结矿与球团矿生产实训	吕晓芳　等编	36.00
炼铁技术(高职高专教材)	卢宇飞　主编	29.00
炼铁工艺及设备(高职高专教材)	郑金星　主编	49.00
高炉冶炼操作与控制(高职高专教材)	侯向东　主编	49.00
高炉炼铁设备(高职高专教材)	王宏启　主编	36.00
铁合金生产工艺与设备(高职高专教材)	刘　卫　主编	39.00
炼钢工艺及设备(高职高专教材)	郑金星　等编	49.00
连续铸钢操作与控制(高职高专教材)	冯　捷　等编	39.00
转炉炼钢实训(高职高专教材)	冯　捷　主编	35.00
矿热炉控制与操作(高职高专教材)	石　富　主编	37.00
稀土冶金技术(高职高专教材)	石　富　主编	36.00
火法冶金——粗金属精炼技术(高职高专教材)	刘自力　等编	18.00
火法冶金——备料与焙烧技术(高职高专教材)	陈利生　等编	18.00
湿法冶金——净化技术(高职高专教材)	黄　卉　等编	15.00
湿法冶金——浸出技术(高职高专教材)	刘洪萍　等编	18.00
氧化铝制取(高职高专教材)	刘自力　等编	18.00
氧化铝生产仿真实训(高职高专教材)	徐　征　等编	20.00
金属铝熔盐电解(高职高专教材)	陈利生　等编	18.00
炼铁计算辨析	那树人　著	40.00